Benjamin Laag

Die Kohärenz der deutschen Rohstoffpolitik

Ressortübergreifendes Selbstgespräch oder wirksame Politikkoordinierung?

Nomos

edition sigma

Die Deutsche Nationalbibliothek verzeichnet diese Publikation in der Deutschen Nationalbibliografie; detaillierte bibliografische Daten sind im Internet über http://dnb.d-nb.de abrufbar.

Zugl.: Münster, Univ., Diss., 2015

ISBN 978-3-8487-2790-2 (Print)
ISBN 978-3-8452-7173-6 (ePDF)

D6

edition sigma in der Nomos Verlagsgesellschaft

1. Auflage 2016

Druck: Rosch-Buch, Scheßlitz

Danksagung

Diese Arbeit entstand an der Graduate School of Politics (Institut für Politikwissenschaft) der Philosophischen Fakultät der Westfälischen Willhelms-Universität Münster und wurde als Dissertation angenommen.

Mein besonderer Dank gilt Prof. Dr. Paul Kevenhörster, der meinen akademischen Werdegang entscheidend geprägt hat. Ich danke ihm besonders dafür, dass er mir bis heute mit Rat und Tat zur Seite steht. Als Doktorvater war er jederzeit ansprechbar und gestattete mir zugleich die größtmögliche Freiheit beim Verfassen dieser Arbeit. Da mein politikwissenschaftliches Studium mit dem Grundkurs „Einführung in die Politikwissenschaft" bei Prof. Dr. Klaus Schubert begann und ich im Rahmen meines Dissertationsvorhabens erneut von seinen politikanalytischen Arbeiten profitieren konnte, habe ich mich besonders darüber gefreut, dass Prof. Schubert als Zweitgutachter zur Verfügung stand. Ebenfalls danke ich Prof. Doris Fuchs, Ph.D., die dieser Arbeit in einer frühen Phase wertvolle Impulse gegeben hat, sowie Dr. Matthias Freise, Geschäftsführer der Graduate School of Politics.

Für die finanzielle und ideelle Förderung dieses Promotionsvorhabens danke ich der Konrad-Adenauer-Stiftung. Das Graduiertenstipendium gewährte nicht nur optimale Rahmenbedingungen für konzentriertes wissenschaftliches Arbeiten, sondern ermöglichte viele interessante Erfahrungen und Begegnungen. Aus der Hauptabteilung Begabtenförderung bin ich unter anderem Dr. Thomas Knirsch, Dr. Michael Schmitz und Dr. Christoph von Hehl zu großem Dank verpflichtet. Für den Forschungsaufenthalt in Südafrika danke ich Dr. Holger Dix (Büroleiter KAS Südafrika) und Dr. Oladiran Bello (Programmdirektor Governance of Africa's Resources, South African Institute of International Affairs). Ein besonderer Dank gilt selbstredend den zahlreichen Interviewpartnern aus den Bundesministerien, Verbänden, Durchführungsorganisationen und Forschungseinrichtungen für ihre vielfältigen Perspektiven auf das weite Feld der Rohstoffpolitik.

Bei der Korrektur des Manuskriptes halfen mir meine Schwester Dana Laag, Nico Westphal, André Böing sowie Daniel Schmidt und nicht zuletzt Markus Michalski, mit dem ich während der Zeit in München regelmäßig die Höhen und Tiefen des Doktorandenlebens reflektieren konnte. Mein Dank gilt ihnen und außerdem den Menschen, die mich während des Promotionsstudiums auf sehr unterschiedliche Art und Weise unterstützt haben.

Herzlich danken möchte ich meinen Eltern Regina und Martin Laag, die entscheidend für so Vieles waren und sind.

Vor allem danke ich meiner Frau Sabine Laag für die beständige Unterstützung während der vergangenen Jahre. Da diese Arbeit dank ihrer Geduld und Rücksicht entstehen konnte, möchte ich ihr die folgenden Seiten widmen.

Inhalt

Abbildungsverzeichnis

Tabellenverzeichnis

Abkürzungen

AA	Auswärtiges Amt
AEUV	Vertrag über die Arbeitsweise der Europäischen Union
AfDB	African Development Bank (Afrikanische Entwicklungsbank)
AHK	Deutsche Auslandshandelskammern
AMV	Africa Mining Vision (Vision für den Bergbau der Afrikanischen Union)
AU	Afrikanische Union
BDI	Bundesverband der Deutschen Industrie e.V.
BGR	Bundesanstalt für Geowissenschaften und Rohstoffe
BMELV	Bundesministerium für Ernährung, Landwirtschaft und Verbraucherschutz
BMF	Bundesministerium der Finanzen
BMWi	Bundesministerium für Wirtschaft und Energie[1]
BMU	Bundesministerium für Umwelt, Naturschutz und Reaktorsicherheit
BMVg	Bundesministerium der Verteidigung
BMZ	Bundesministerium für wirtschaftliche Zusammenarbeit und Entwicklung
BRICS	Brasilien, Russische Föderation, Indien, China, Südafrika
BTI	Bertelsmann Transformation Index (Transformationsindex der Bertelsmann Stiftung)
CDU	Christlich Demokratische Union Deutschlands
CDI	Commitment to Development Index (Index der Entwicklungsförderung)
CFF	Compensatory Financing Facility (Kompensatorische Finanzierungsfazilität des IWF)
CGD	Center for Global Development (Zentrum für Globale Entwicklung; US-Forschungsinstitut)
CMF	Compagnie nationale des mines de France (Französisches Staatsunternehmen für Bergbau)
CPI	Corruption Perceptions Index (Korruptionsindex der NGO Transparency International)
CSR	Corporate Social Responsibility (gesellschaftliche Verantwortung von Unternehmen)
CSU	Christlich-Soziale Union in Bayernv e.V.

1 November 2005 bis Dezember 2013: *Bundesministerium für Wirtschaft und Technologie*

DAC	Development Assistance Committee (Ausschuss für Entwicklung der OECD)
DEG	Deutsche Investitions- und Entwicklungsgesellschaft
DERA	Deutsche Rohstoffagentur
Destatis	Statistisches Bundesamt
DIE	Deutsches Institut für Entwicklungspolitik
DIHK	Deutscher Industrie- und Handelskammertag
DMR	Department of Mineral Resources (Südafrika)
ECDPM	European Centre for Development Policy Management (Europäisches Zentrum für Entwicklungspolitik)
EED	Evangelischer Entwicklungsdienst
EI	Extractive Industries (Rohstoffindustrie, Gewinnungsindustrie, Abbauindustrie)
EITI	Extractive Industries Transparency Initiative (Initiative für Transparenz in der Rohstoffwirtschaft)
ENA	École Nationale d'Administration (Nationale Hochschule für Verwaltung, Frankreich)
EU	Europäische Union
EZ	Entwicklungszusammenarbeit
FAB	Fachvereinigung Auslandsbergbau und internationale Rohstoffaktivitäten
FAS	Frankfurter Allgemeine Sonntagszeitung
FAZ	Frankfurter Allgemeine Zeitung
FDI	Foreign Direct Investment (Ausländische Direktinvestitionen)
FDP	Freie Demokratische Partei
FZ	Finanzielle Zusammenarbeit
G8[2]	Gruppe der sieben führenden Industrieländer plus Russland
G20	Gruppe der 20 wichtigsten Industrie- und Schwellenländer
GeRI	Globale entwicklungspolitische Rohstoffinitiative
GG	Grundgesetz
GGO	Gemeinsame Geschäftsordnung der Bundesministerien
GIGA	German Institute of Global and Area Studies (Leibniz-Institut für Globale und Regionale Studien)

2 Aufgrund der völkerrechtswidrigen Annexion der Krim (Ukraine) durch die Russische Föderation im März 2014 treffen sich die Staats- und Regierungschefs bis auf Weiteres im G7-Format ohne Russland.

GIZ[3]	Deutsche Gesellschaft für Internationale Zusammenarbeit GmbH
GKKE	Gemeinsamen Konferenz Kirche und Entwicklung
GTAI	Germany Trade & Invest (Gesellschaft für Außenwirtschaft und Standortmarketing)
HDI	Human Development Index (Index für menschliche Entwicklung der Vereinten Nationen)
HDR	Human Development Report (Bericht für menschliche Entwicklung)
HHI	Herfindahl-Hirschman-Index
HIIK	Heidelberger Institut für Internationale Konfliktforschung
IATI	International Aid Transparency Initiative (Transparenzinitiative für ODA-Mittel)
IBRD	International Bank for Reconstruction and Development (Internationale Bank für Wiederaufbau und Entwicklung; Weltbankgruppe; „Weltbank" i. e. S.)
ILO	International Labour Organization (Internationale Arbeitsorganisation)
IMA	Interministerieller Ausschuss
IMRI	Integrated Mineral Resource Initiative (Integrierte Rohstoffinitiative Mongolei)
IWF	Internationaler Währungsfonds
JOGMEC	Japan Oil, Gas and Metals National Corporation (Japanisches Staatsunternehmen für Erdöl, Gas und Metalle)
JUG	Joined-Up Government (abgestimmtes Regieren)
KAS	Konrad-Adenauer-Stiftung e.V.
KfW	Kreditanstalt für Wiederaufbau
KMU	Kleine und mittlere Unternehmen
KORES	Korea Resources Corporation (Koreanisches Staatsunternehmen für Rohstoffe)
LDC	Least Developed Country (am wenigsten entwickelte Länder)
LME	London Metal Exchange (Londoner Metallbörse)
MCC	China Metallurgical Group Corporation (chinesisches staatseigenes Bergbauunternehmen)
MDG	Millennium Development Goals (Millenniumsentwicklungsziele)
MPRDA	Mineral and Petroleum Resources Development Act (südafrikanisches Rohstoffgesetz)
NE-Metalle	Nichteisen-Metalle
NPM	New Public Management (Neues Steuerungsmodell)

3 Nach ihrer Fusion im Dezember 2010 sind die Deutsche Gesellschaft für Technische Zusammenarbeit (GTZ), der Deutsche Entwicklungsdienst (DED) sowie die Internationale Weiterbildung und Entwicklung gGmbH am 1. Januar 2011 in der neu gegründeten GIZ aufgegangen.

NRO	Nichtregierungsorganisation
NUM	National Union of Mineworkers (Bergarbeitergewerkschaft, Südafrika)
NZZ	Neue Zürcher Zeitung
ODA	Official Development Assistance (Öffentliche Entwicklungszusammenarbeit)
OECD	Organisation for Economic Cooperation and Development (Organisation für wirtschaftliche Zusammenarbeit und Entwicklung)
OPEC	Organization of Petroleum Exporting Countries (Organisation erdölexportierender Länder)
PCD	Policy Coherence for Development (Politikkohärenz im Interesse der Entwicklung)
PGM	Platingruppenmetalle
PPP	Public-Private Partnership (hier: Entwicklungspartnerschaft mit der Wirtschaft)
ProgRess	Deutsches Ressourceneffizienzprogramm
PRT	Provincial Reconstruction Team (Regionales Wiederaufbauteam)
PRVR	Projektgruppe Regierungs- und Verwaltungsreform
PTB	Physikalisch-Technische Bundesanstalt
PVS	Politische Vierteljahresschrift
PWYP	Publish What You Pay (Initiative zur Offenlegung von Zahlungen im Rohstoffsektor)
RA	Rohstoffallianz GmbH
RWI	Revenue Watch Index (Index über die Veröffentlichung von Einnahmen im Rohstoffsektor)
SAIIA	South African Institute of International Affairs (südafrikanisches Forschungsinstitut)
S+F	Sicherheit und Frieden (Zeitschrift)
SEE	Seltenerdelemente[4]
SITC	Standard International Trade Classification (Internationales Warenverzeichnis für den Außenhandel)
SPD	Sozialdemokratische Partei Deutschlands
SWP	Stiftung Wissenschaft und Politik
TZ	Technische Zusammenarbeit
UFK	Ungebundener Finanzkredit
UN	United Nations (Vereinte Nationen)

4 Die Seltenerdelemente (engl. Rare Earth Elements, REE) oder Lanthaniden gliedern sich in leichte (Light Rare Earth Elements, LREE) und schwere (Heavy Rare Earth Elements, HREE) Seltenerd-Elemente. Vgl. Okrusch, Martin/Matthes, Siegfried, *Mineralogie: Eine Einführung in die spezielle Mineralogie, Petrologie und Lagestättenkunde*, Berlin 2014, S. 138 u. 598f.

UNCTAD	United Nations Conference on Trade and Development (Konferenz der Vereinten Nationen für Handel und Entwicklung)
UNDP	United Nations Development Programme (Entwicklungsprogramm der Vereinten Nationen)
UNECA	United Nations Economic Commission for Africa (VN-Wirtschaftskommission für Afrika)
WDI	World Development Indicators (Kennzahlen der Weltentwicklung, Weltbank)
WTO	World Trade Organization (Welthandelsorganisation)

1. Einleitung

1.1 Einführung

Der hohe Rohstoffverbrauch der Industrieländer und der wachsende Rohstoffhunger aufstrebender Schwellen- und Entwicklungsländer führen zu einer steigenden Nachfrage nach Rohstoffen in den nächsten Jahrzehnten.[5] Trotz dringender Wünsche nach einem „Global Governance System zum nachhaltigen Ressourcenmanagement"[6] erleben wir einen intensiveren Wettbewerb um Ressourcen, der nicht nur wirtschaftliche Interessen umfasst, sondern auch politische Gestaltungsmöglichkeiten globaler Rohstoffmärkte, rivalisierende Einflussversuche in rohstoffreichen Ländern, neue geostrategische Abhängigkeiten und Fragen nationaler Sicherheit.[7]

Der „Superzyklus"[8] auf den Rohstoffmärkten mit seinem vorläufigen Höhepunkt in den Jahren 2011 und 2012 führte einerseits zu neuen Politikansätzen in rohstoffarmen Industrieländern wie der Bundesrepublik Deutschland, wo rohstoffpolitische Zielsetzungen mit der Organisationsstruktur beteiligter Politikbereiche in Einklang gebracht werden.[9] Andererseits ergeben sich für rohstoffreiche Länder neue Möglichkeiten, das transformative Potenzial weltweit nachgefragter Bodenschätze für die eigene Entwicklung zu nutzen. Um den mit

5 Vgl. United Nations Environment Programme (UNEP), *Responsible Resource Management for a Sustainable World: Findings from the International Resource Panel*, Paris 2012, S. 15.

6 Bleischwitz, Raimund, Präventive Ressourcensicherheitspolitik. Initiativen und Anforderungen an ein Global Governance-System, in: *S+F,* 2009, S. 236.

7 Vgl. Kreft, Heinrich, Rohstoffsicherung – eine neue geopolitische Herausforderung, in: Meier-Walser, Reinhard/Wolf, Alexander (Hrsg.), *Neue Dimensionen internationaler Sicherheitspolitik,* München 2011, S. 168f.

8 Dobbs, Richard et al., *Resource Revolution: Tracking global commodity markets*, London 2013, S. 1; vgl. Baffes, John/Cosic, Damir, *Commodity Markets Outlook*, Global Economic Prospects Series, Nr. 4, Washington D.C. 2013, S. 6.

9 Vgl. Bundesregierung, *Rohstoffstrategie der Bundesregierung – Sicherung einer nachhaltigen Rohstoffversorgung Deutschlands mit nicht-energetischen mineralischen Rohstoffen*, Deutscher Bundestag Drucksache, 17/3399, Berlin 2010; vgl außerdem exemplarisch Ministry of Economy, Trade and Industry (METI), *Guidelines for Securing Natural Resources*, Tokio 2006; vgl. U.S. Department of Energy, *Critical Materials Strategy,* 2010; vgl. Geological Survey of Finland, *Finland's Minerals Strategy,* 2010; vgl. Ministerie van Buitenlandse Zaken/Minister van Economische Zaken, Landbouw en Innovatie, *Dutch Government Policy Document on Raw Materials (Grondstoffennotitie),* 2011; vgl. Department for Environment, Food and Rural Affairs/Department for Business Innovation & Skills, *Resource Security Action Plan: Making the most of valuable materials*, London 2012.

„Ressourcenfluch"[10] und „Paradoxon des Überflusses"[11] umschriebenen Herausforderungen erfolgreich zu begegnen, ist nicht nur eine hohe Entwicklungsorientierung staatlichen Handelns (*Good Governance*) in rohstoffreichen Ländern selbst erforderlich. Mindestens genau so entscheidend ist die Ausgestaltung der entsprechenden Politikansätze in Industrieländern, die von Rohstoffimporten hochgradig abhängig sind. Die Bundesrepublik Deutschland sieht sich dabei als Geber öffentlicher Entwicklungshilfe in der Verantwortung, eigene Rohstoffinteressen und Forderungen nach *Good Governance* gegenüber rohstoffreichen Entwicklungsländern aufeinander abzustimmen. Anders ausgedrückt stellt sich aufgrund widerstreitender Interessen innerhalb eines politischen Systems die Frage nach der Ausgestaltung einer Rohstoffpolitik an der Schnittstelle außen-, wirtschafts- und entwicklungspolitischer Zielsetzungen, Handlungslogiken und Politikansätze. Dementsprechend kündigte die Bundesregierung in ihrer Rohstoffstrategie 2010 eine „kohärente gestaltende Rohstoffaußenpolitik unter Berücksichtigung außen-, wirtschafts- und entwicklungspolitischer Ziele"[12] an.

Damit eine ressortübergreifende Rohstoffpolitik möglichst *kohärent* ist, sollten die Beiträge einzelner Politikbereiche zueinander mindestens widerspruchfrei sein und möglichst interministeriell abgestimmt sowie koordiniert umgesetzt werden. Im Gegensatz dazu verdeutlichen wohlfeile Antworten betroffener Akteure deren jeweils legitime Sicht auf das weite Feld der Rohstoffpolitik: So verweisen Ministerien auf die Verantwortung in ihrem jeweiligen Geschäftsbereich und die in der Gemeinsamen Geschäftsordnung der Bundesministerien (GGO) normierten Koordinierungsverfahren; die deutsche Wirtschaft verlangt in oszillierenden Aufschreien nach rohstoffpolitischer Unterstützung und beklagt die Tatenlosigkeit der Politik gegenüber den Entwicklungen auf globalen Rohstoffmärkten, aus denen sich heimische Unternehmen seit Mitte der 1990er konsequent zurückgezogen haben; in der Entwicklungszusammenarbeit sind Stimmen gegen den Rohstoffabbau in armen Ländern vernehmbar, die reflexartig den Vorwurf wiederholen, dass entwicklungspolitische Zielsetzungen zugunsten einer besseren Rohstoffversorgung der deutschen Wirtschaft aufgeweicht werden; im Außenministerium wird mit der Rohstoff*außen*politik eine neue Zuständigkeit und Koordinierungsaufgabe entdeckt; das

10 Engl. *resource curse*, vgl. Auty, Richard M., *Sustaining Development in Mineral Economies: The Resource Curse Thesis*, London 1993.

11 Engl. *paradox of plenty*, vgl. Karl, Terry L., *The Paradox of Plenty. Oil Booms and Petro-States*, Berkeley 1997.

12 Bundesministerium für Wirtschaft und Technologie (BMWi), *Rohstoffstrategie der Bundesregierung. Sicherung einer nachhaltigen Rohstoffversorgung Deutschlands mit nicht-energetischen mineralischen Rohstoffen*, 2010, S. 8.

Wirtschaftsministerium forciert Rohstoffpartnerschaften und den Ausbau einer rohstofforientierten Außenwirtschaftsförderung, aber die Reaktionen der deutschen Wirtschaft sind verhalten.[13]

Rohstoffpolitische Fragestellungen sind kein neues Thema, sondern wurden in der Geschichte der Bundesrepublik mit wechselnder Intensität diskutiert. In der Regel geschah dies vor dem Hintergrund ausgeprägter Interdependenzen zwischen der deutschen Wirtschaft und rohstoffreichen Ländern. So bezeichnete Vizekanzler und Wirtschaftsminister Ludwig Erhard während der allgemeinen Aussprache über das Bundeshaushaltsgesetz 1958 die damalige Baisse auf den Rohstoffmärkten als „neuralgischste[n] Punkt im Konjunkturbild der Welt“[14]. Er kritisierte ferner den zu diesem Zeitpunkt von zahlreichen Industrieländern betriebenen Lagerabbau als Herausforderung für die Kaufkraftverhältnisse rohstoffreicher Länder. Vergleicht man außerdem die rohstoffpolitische Ausgangsposition zu Beginn des 21. Jahrhunderts mit Erhards Überlegungen, Anreize zum verstärkten Import von Rohstoffen zu setzen, und dem „Intermezzo staatlicher Lagerhaltung“[15] in den späten 1970er Jahren, werden jedoch die unterschiedlichen Muster rohstoffpolitischer Debatten deutlich. Die Befürworter einer nationalen Lagerhaltung konnten sich nicht gegen eine ordnungspolitische Grundhaltung durchsetzen, die den Staat bei der flankierenden Gestaltung rohstoffpolitischer Rahmenbedingungen in der Pflicht sieht, während das operative Geschäft der Rohstoffversorgung in den Händen der Wirtschaft besser aufgehoben und von unternehmerischer Seite zu bewältigen ist – ebenfalls ein Kerngedanke der 2010 verabschiedeten Rohstoffstrategie.[16]

Mit Blick auf den Import von Rohstoffen kann konstatiert werden, dass der Wettbewerb auf den Rohstoffmärkten nicht zuletzt durch die wachsende Nachfrage aufstrebender Schwellenländer zugenommen hat. So konnten die BRICS-Staaten seit 2000 ihren Anteil an der weltweiten Wirtschaftsleistung auf

---

13 In den Worten Günther Nookes, Afrikabeauftragter der Bundeskanzlerin: „Diese vielfältigen Aktivitäten müssen verzahnt werden. Um ihnen Durchschlagskraft zu verleihen, reicht es nicht, wenn von Seiten der Wirtschaftspolitiker Rohstoffsicherheit für die Exportnation Deutschland eingeklagt wird, und die Entwicklungspolitiker feststellen, Rohstoffreichtum wirke eher als Fluch denn als Segen.“ (Nooke, Günter, Welche Rohstoffpolitik wollen wir? Deutsche Wirtschaftsinteressen und afrikanische Rohstoffe, in: Wahlers, Gerhard (Hrsg.), *Deutsche Wirtschaftsinteressen und afrikanische Rohstoffe: Nachhaltigkeit und Transparenz in der globalisierten Welt,* Sankt Augustin 2013, S. 11).

14 Deutscher Bundestag, *39. Sitzung*, Plenarprotokoll, 03.07.1958, Bonn 1958, S. 2263.

15 Behrens, Axel, *Das Rohstoffversorgungsrisiko in offenen Volkswirtschaften*, Kiel 1991, S. 35.

16 Vgl. Bardt, Hubertus/Kempermann, Hanno/Lichtblau, Karl, *Deutsche Unternehmen im Wettbewerb um Rohstoffe: Versorgungsrisiken und Absicherungsstrategien*, Forschungsberichte aus dem Institut der deutschen Wirtschaft Köln, 93, Köln 2013, S. 44.

rund 30 Prozent steigern und damit verdoppeln.[17] Gleichzeitig werden Rohstoffmärkte durch Monopolisierungstendenzen, Exportrestriktionen und Nationalisierungsversuche mindestens beeinflusst oder sogar zunehmend verzerrt.[18] Ein populäres Beispiel dafür ist der 2010 von der Volksrepublik China verhängte Ausfuhrstopp Seltener Erden[19]. Auslösendes Moment für diese Maßnahme war die Verhaftung eines chinesischen Fischers durch die japanische Küstenwache in der Nähe der Senkaku-Inseln (japanische Bezeichnung, chin. Diaoyu).[20] Diese Inselgruppe ist Gegenstand eines ungelösten Territorialkonfliktes zwischen Japan und China. Darüber hinaus hatte die kommunistische Führung in Peking die Ausfuhr der für die Produktion von Mobiltelefonen, Elektro- und Hybridmotoren oder Magneten für Windkraftanlagen benötigten Seltenen Erden verstärkt ab 2010 mit Zöllen von 15 bis 25 Prozent und einer Mehrwertsteuer von 16 Prozent eingeschränkt. Nach eigenen Angaben sollten auf diese Weise chinesische Ressourcen geschont und die mit der Gewinnung Seltener Erden einhergehende Umweltverschmutzung eingedämmt werden. Endprodukte konnten hingegen zoll- und mehrwertsteuerfrei ausgeführt werden. Nachdem die USA zusammen mit der EU, Japan und Mexiko diese Exportrestriktionen als verdeckte Industriepolitik kritisiert hatten, bestätigte die Streitschlichtung der Welthandelsorganisation (*World Trade Organization,* WTO) Anfang 2014, dass die Maßnahmen der chinesischen Regierung darauf abzielten, heimischen

17 Vgl. Erdle, Franziska, Die Welt wartet nicht auf Deutschland, in: WirtschaftsVereinigung Metalle (Hrsg.), *Nichteisen-Metalle für eine moderne Gesellschaft,* Berlin 2013, S. 44.

18 Vgl. Kreft, Heinrich, *Rohstoffsicherung – eine neue geopolitische Herausforderung,* S. 157; vgl. Mildner, Stormy-Annika/Wassenberg, Florian, Immer knapper, immer teurer? Die Importabhängigkeit bei metallischen Rohstoffen schafft Verwundbarkeiten, in: *Internationale Politik (IP),* Nr. 11/12, 2009, S. 52–58; vgl. Pilarsky, Günter, *Wirtschaft am Rohstofftropf: Der Kampf um die wichtigsten mineralischen Ressourcen,* Wiesbaden 2014, S. 97; vgl. Europäische Kommission, *Die Rohstoffinitiative – Sicherung der Versorgung Europas mit den für Wachstum und Beschäftigung notwendigen Gütern,* KOM(2008) 699 endgültig/2, Brüssel 2008, Annex 4, S. 10.

19 Seltene Erden oder auch Seltenerdmetalle kommen in der Erdhülle häufiger vor als beispielsweise Kupfer, Blei, Zinn oder sogar Gold und Platin, lassen sich jedoch nur vereinzelt kommerziell lohnend abbauen. Seltenerdelemente (engl. Rare Earth Elements, REE) bestehen aus Scandium, Yttrium sowie 15 Lanthaniden. Sie gliedern sich in leichte (Light Rare Earth Elements, LREE) und seltener vorkommene schwere (Heavy Rare Earth Elements, HREE) Seltenerd-Elemente. Vgl. Okrusch, Martin/Matthes, Siegfried, *Mineralogie: Eine Einführung in die spezielle Mineralogie, Petrologie und Lagerstättenkunde,* S. 138 u. 598f.; vgl. Hilpert, Hanns G./Kröger, Antje E., Chinesisches Monopol bei Seltenen Erden: Risiko für die Hochtechnologie, in: *DIW Wochenbericht,* Vol. 19, 2011, S. 3.

20 Vgl. Zajec, Olivier, China – Herr über die seltenen Erden, in: *Le Monde diplomatique,* Nr. 9342 vom 12.11.2010 .

Unternehmen einen privilegierten Zugang zu Seltenen Erden zu sichern, und gegen WTO-Regeln für ausländische Direktinvestitionen verstoßen.[21]

Versorgungssicherheit ist wie Sicherheit im Allgemeinen kein objektiver und unumstrittener Zustand, sondern unterliegt in der Regel der subjektiven und situativen Bewertung eines wahrgenommenen Risikos.[22] Eine Rohstoffversorgung gilt folglich als sicher, wenn ein bestimmtes Risiko als hinnehmbar eingeschätzt wird. Mit anderen Worten waren die tatsächlichen Lieferengpässe im Bereich Seltene Erden aufgrund der Ausfuhrrestriktionen Chinas möglicherweise weniger entscheidend für die rohstoffpolitischen Fortschritte in Deutschland, als das medial vermittelte und öffentlich wahrgenommene Versorgungsrisiko bestimmter mineralischer Rohstoffe.[23]

Abbildung 1: Weltweiter Metallkonsum 1990 bis 2012 (in Mio. Tonnen)[24]

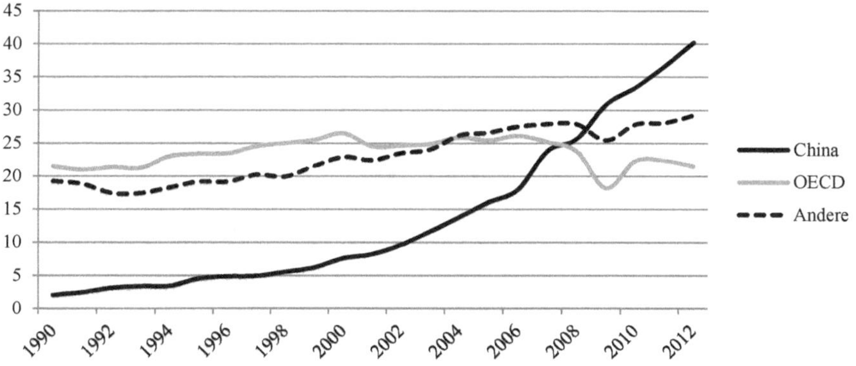

Die empirisch belegbare Zunahme des weltweiten Metallverbrauchs, der bis vor einem Jahrzehnt in den Ländern der OECD am höchsten war und seit 2006 leicht abgenommen hat, unterstreicht Abbildung 1. Das rasante Wirtschaftswachstum der Volksrepublik China führte dazu, dass der chinesische Metall-

21 Vgl. Jha, Saurav, China's Rare Earths Advantage, in: *The Diplomat*, 29.04.2014; vgl. Kühl, Christiane et al., China verspricht neue Rohstoffpolitik, in: *FTD*, 07.07.2011.

22 *Stellen Textpassagen wesentliche Aspekte einzelner Kapitel dar, werden diese im fortlaufenden Text zur besseren Orientierung durch einen Kasten hervorgehoben.*

23 „Es reichte eine Andeutung Chinas, jetzt mehr dieses Rohstoffs für die eigene Versorgung zu benötigen, um erhebliche politische Unruhe zu erzeugen." (Nooke, Günter, Internationale Aspekte deutscher Rohstoffpolitik, in: Thomé-Kozmiensky, Karl J./Goldmann, Daniel (Hrsg.), *Recycling und Rohstoffe*, Berlin 2014, S. 4).

24 Vgl. Baffes, John/Cosic, Damir, *Commodity Markets Outlook*, World Bank Global Economic Prospects, Nr. 1, Washington D.C. 2014, S. 12; eigene Darstellung und Übersetzung.

konsum ab 2008 denjenigen der OECD-Länder überflügelte und trotz der weltweiten Finanzkrise kontinuierlich zunahm. China verbraucht 2014 rund 47 Prozent des weltweit exportierten Eisenerzes und 40 Prozent des Kupfers.[25] Nach Schätzungen der Europäischen Kommission ist der Anstieg des weltweiten Konsums von Industriemetallen von 2002 bis 2005 zur Hälfte auf den chinesischen Rohstoffhunger zurückzuführen.[26] Der zusammengefasste Verbrauch anderer Länder ist ab 2004 höher als derjenige in OECD-Mitgliedsstaaten. Die Metallpreise haben sich aufgrund der gestiegenen Nachfrage aus den Schwellenländern von 2002 bis 2008 und damit kurz vor der Verabschiedung der Rohstoffstrategie verdreifacht.[27]

Abbildung 2: Rohstoffpolitik und der Deutsche Bundestag (1972 bis 2013)[28]

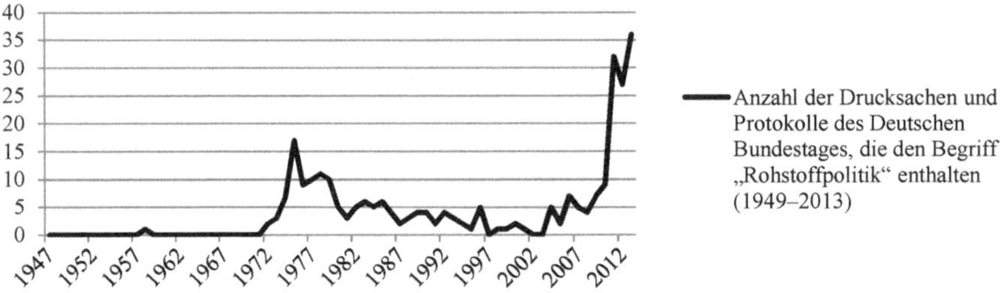

Abbildung 2 zeigt, dass „Rohstoffpolitik“ während zweier Phasen besonders intensiv im Deutschen Bundestag diskutiert wurde, und liefert auf diese Weise eine zusätzliche Begründung dafür, den aktuellen Entwicklungen gesteigerte Aufmerksamkeit zu schenken. Die vorläufigen Höhepunkte rohstoffpolitischer Debatten in den 1970ern prägten vor allem die erste Ölkrise (1973) und damit einhergehenden Versorgungsängste im Bereich der Energierohstoffe. Hinzu kam die von Entwicklungsländern während der dritten Konferenz der Vereinten Nationen für Handel und Entwicklung (*United Nations Conference on Trade and Development*, UNCTAD) in Santiago de Chile (1973) einmütig vorgetrage-

25 Vgl. Brühwiller, Tjerk, China in Lateinamerika: Ein Lächeln für Rohstoffe, in: *Neue Zürcher Zeitung (NZZ)*, 19.07.2014.

26 Vgl. Europäische Kommission, *Die Rohstoffinitiative – Sicherung der Versorgung Europas mit den für Wachstum und Beschäftigung notwendigen Gütern*, S. 4f.

27 Vgl. ebd., S. 4f.

28 Vgl. Deutscher Bundestag, *Drucksachen und Plenarprotokolle des Bundestages*, 2013. Online einzusehen unter http://suche.bundestag.de/index.do, zuletzt aufgerufen am 30.12.2013. „Rohstoffpolitik“ liefert 200 Treffer in 135 Drucksachen und 65 Plenarprotokollen.

ne Forderung nach einer „Neuen Weltwirtschaftsordnung“.[29] Zur Stabilisierung der Rohstoffpreise wurde auf der anschließenden UNCTAD Konferenz 1976 in Nairobi der Vorschlag für ein „Integriertes Rohstoffprogramm“ entwickelt, das aus unterschiedlichen Gründen jedoch weitgehend wirkungslos blieb.[30] Häufiger als zu jener Zeit werden rohstoffpolitische Diskussionen im Deutschen Bundestag wieder seit 2010 geführt, da die bereits skizzierten geänderten Rahmenbedingungen auf den globalen Rohstoffmärkten ihren Niederschlag in Regierungspapieren fanden und im Parlament kontrovers diskutiert wurden.[31] Rohstoffpolitische Kristallisationspunkte als Gegenstand dieser Studie bilden dabei die Rohstoffstrategie, die ihr vorangegangenen internationalen und nationalen Entwicklungen sowie die Umsetzung einer „deutschen Rohstoffpolitik“ gegenüber bzw. in rohstoffreichen Ländern.

Sowohl diese neuen rohstoffpolitischen Akzente der Bundesregierung als auch die Entwicklungen auf den internationalen Rohstoffmärkten fanden entsprechende Aufmerksamkeit in der Berichterstattung durch die Presse, die den rohstoffpolitischen Debatten im Bundestag vorangingen und dieses Thema somit früher aufgriffen als die Politik. Exemplarisch sei hier auf die Beiträge der Tageszeitung *Frankfurter Allgemeine Zeitung* sowie des Nachrichtenmagazins *Der Spiegel* verwiesen, die die öffentliche Relevanz des Rohstoffthemas unterstreichen (Abbildung 3).

---

29 Vgl. Deutscher Bundestag, *Jahreswirtschaftsbericht 1978 der Bundesregierung*, Drucksache, 8/1471, Bonn 1978, S. 13; vgl. Bauer, Peter T., *From Subsistence to Exchange and other Essays*, Princeton 2000, S. 63.

30 Vgl. Kap. 1.3; vgl. Nuscheler, Franz, Ressourcenarmut – „Ressourcenfluch“ – Ressourcenkonflikte, in: Menzel, Ulrich/Nuscheler, Franz/Stockmann, Reinhard (Hrsg.), *Entwicklungspolitik. Theorien – Probleme – Strategien*, München 2010, S. 222f; vgl. Harnisch, Sebastian/Schmidt, Siegmar, *Auf Augenhöhe: 50 Jahre Bundesministerium für wirtschaftliche Zusammenarbeit und Entwicklung*, Baden-Baden 2012, S. 76; vgl. Wartenweiler, Roland, Restbestände multilateraler Rohstoffpolitik, in: *NZZ*, 11.08.2004.

31 Vgl. Bundesregierung, *Deutschland und Afrika: Konzept der Bundesregierung*, 2011, S. 15 u. 41–45; vgl. Bundesregierung, *Deutschland, Lateinamerika und die Karibik: Konzept der Bundesregierung*, Berlin 2010, S. 39–46; vgl. Deutscher Bundestag, *Stenografischer Bericht der 58. Sitzung vom 15.09.2010*, Plenarprotokoll, 17/58, Berlin 2010, S. 6130 u. 6141; vgl. Deutscher Bundestag, *Antrag der Fraktion der SPD: Fairen Rohstoffhandel sichern – Handel mit Seltenen Erden offenhalten*, Drucksache, 17/4553, Berlin 2011; vgl. Deutscher Bundestag, *Antrag der der Fraktion Die Linke: Sozialen Fortschritt und regionale Integration in Lateinamerika unterstützen*, Drucksache, 17/3214, Berlin 2010; vgl. Deutscher Bundestag, *Antrag der Fraktion Die Linke: Beziehungen der Europäischen Union mit Afrika solidarisch und gerecht gestalten*, Drucksache, 17/3672, Berlin 2010.

Abbildung 3: Berichterstattung über Rohstoffpolitik (1993 bis 2013)[32]

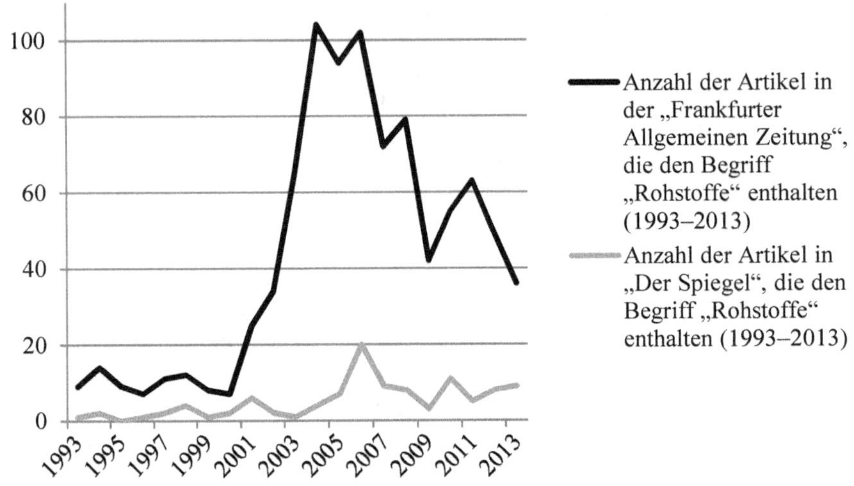

Die Höhepunkte der Berichterstattung wurden 2004 mit 100 Artikeln (FAZ) bzw. 2006 mit 20 Artikeln (*Der Spiegel*) erreicht. Diese erhöhte Aufmerksamkeit ergab sich vor allem aus dem starken Anstieg zahlreicher Rohstoffpreise.[33] Die Hausse wurde weniger auf spekulative Motive, sondern die starke Nachfrage Chinas sowie eine kurzfristig nicht zu behebende Angebotsknappheit bei Rohstoffen wie Kupfer, Nickel, Aluminium, Zink, Eisenerz oder Seltene Erden zurückgeführt.[34] Die Berichterstattung nahm schließlich im Zuge der Rohstoffstrategie (2010), die nach Ansicht eines Beobachters nicht „mit der Kommunikation einer klaren Strategie oder auch der Definition von Aufgaben- und Ziel-

32 Eigene Darstellung auf Grundlage des *F.A.Z.-Bibliotheksportals* sowie des Heftarchivs des Magazins *Der Spiegel*.

33 Nicht zuletzt aufgrund der wöchentlichen Ausgabe weist *Der Spiegel* weniger Artikel als die *Frankfurter Allgemeine Zeitung* (FAZ) auf.

34 Vgl. Büttner, Jürgen, Die Hausse der Rohstoffpreise hat reale Hintergründe, in: *FAZ*, 24.02.2004; vgl. Oppenheimer, Peter, „Anleger sollten unbedingt in Rohstoffe investieren", in: *Frankfurter Allgemeine Sonntagszeitung (FAS)*, 42, 17.10.2004; vgl. Hoffmann, Catherine, Rohstoffe kennen kein Halten mehr, in: ebd., 43, 24.10.2004; „Kein Land hatte jemals zuvor einen solch starken Anstieg des Einflusses auf die Nachfrageseite zu verzeichnen wie China." (Huy, Dieter et al., *Deutschland: Rohstoffsituation 2012*, Hannover 2013, S. 9.

stellungen seitens der zahlreichen Akteure verbunden"[35] war, erneut zu. Ebenfalls sei auf das entsprechende Interesse an Rohstofffragen in Funk und Fernsehen verwiesen.[36]

Trotzdem ist die mediale Aufmerksamkeit abgesehen von den ihr eigenen Dynamiken dahingehend zu qualifizieren, dass sie sich über einen längeren Zeitraum betrachtet wiederholt rohstoffpolitischen Fragestellungen widmet. Obwohl das Nachrichtenmagazin *Der Spiegel* stets bemüht ist, wöchentlich am lautesten im deutschen Blätterwald zu rauschen, sind die Titelbilder nicht nur ein interessanter Indikator für die publizistische Wiederkehr rohstoffpolitischer Themen, sondern auch für das zyklische Investitionsverhalten auf internationalen Rohstoffmärkten.[37] So titelte *Der Spiegel* in seiner zweiten Ausgabe des Jahres 1956 „Die Früchte des Öls" und berichtete euphorisch von der Entwicklung Venezuelas aufgrund seiner Ölexporte und hoher Rohstoffpreise. Knapp zwanzig Jahre später begleitet *Der Spiegel* die erste Ölkrise u.a. mit den Titeln „Die Folge der Ölkrise: Ende der Überflussgesellschaft" (47/1973) sowie „Rettung vor den Arabern? Öl aus der Nordsee" (53/1974) und kommentiert 2003 die US-Invasion des Iraks mit „Blut für Öl: Worum es im Irak wirklich geht" (3/2003). Neben einer erhöhten Frequenz rohstoffpolitischer Titel erweitert sich der Fokus schließlich auf nicht-energetische Rohstoffe, die im Mittelpunkt dieser Studie stehen. Beispielhaft können hier der Titel und Beginn einer mehrteiligen Serie „Der neue Kalte Krieg: Kampf um die Rohstoffe" (13/2006), das entsprechende *Spiegel Spezial* „Kampf um Rohstoffe: Die knappen Schätze der

---

35 Schwarz, Rüdiger, Nationale Rohstoffstrategie – Wie Deutschland international wieder ins Spiel kommt, in: *WeltTrends*, Vol. 19, Nr. 80, 2011, S. 99.

36 Vgl. Fletcher, James, *Greenland: To Dig or Not to Dig?* BBC World Service, London 2014; vgl. Döschner, Jürgen, *Aluminium-Produktion in Deutschland: Schmutzig, teuer, überflüssig,* 25.02.2014. Online einzusehen unter http://www.tagesschau.de/wirtschaft/aluminium102.html, zuletzt aufgerufen am 14.05.2015; vgl. ARTE, *Die geheimen Deals der Rohstoffhändler* 14.01.2014; vgl. Kerkmann, Christof, Das iPhone wird ein bisschen sauberer, in: *Handelsblatt*, 13.02.2014; vgl. Ruppert, Peter/Schück, Jo/Strompen, Michael, *Böse Mine – gutes Spiel: Das schmutzige Geschäft mit der Kohle,* ZDF, Mainz 2013; vgl. Achtnich, Tilman, *Die Story im Ersten: Sklavenarbeit für unseren Fortschritt,* ARD 2012.; vgl. Rühl, Bettina, *Rohstoff-Zertifikate – Fair Trade mit Mineralien,* radioWissen (Bayern 2), 20.04.2012; vgl. Hennings, Alexa, *MDR FIGARO Features und Essays: Die Jagd nach Yellow Cake,* Mitteldeutscher Rundfunk, 09.05.2012; vgl. Walker, Rob, *BBC Documentaries: Peru's Gold Rush,* BBC World Service, 12.07.2012; vgl. Redaktion Der Tag, *Im deutschen Interesse? Waffen gegen Rohstoff,* Hessischer Rundfunk 2, 2011; vgl. Paál, Gábor, *SWR2 Forum: Globalisierung der Knappheit – Der Kampf um Rohstoffe,* Südwestrundfunk 2, 2010.

37 Für diesen Hinweis vgl. Laag, Benjamin, *Interview mit dem Projektleiter des Sektorvorhabens „Politikberatung Mineralische und Energierohstoffe", Bundesanstalt für Geowissenschaften und Rohstoffe (BGR), vollständig transkribiert,* Hannover, 07.12.2012; vgl. Kreft, Heinrich, *Rohstoffsicherung – eine neue geopolitische Herausforderung,* S. 159.

Erde“ (5/2006) oder „Schmutziges Gold: Das mörderische Schuften für den Luxus der Reichen“ (12/2008) genannt werden.[38] Diese jüngsten Titel resultieren nicht zuletzt aus der Entwicklung weltweiter Rohstoffpreise und der damit einhergehenden medialen Aufmerksamkeit für Umweltbelastungen, Konflikte und Menschenrechtsverletzungen, die häufig mit dem Abbau von Rohstoffen einhergehen.

Abbildung 4: Entwicklung ausgewählter Rohstoffindizes (1960 bis 2013)[39]

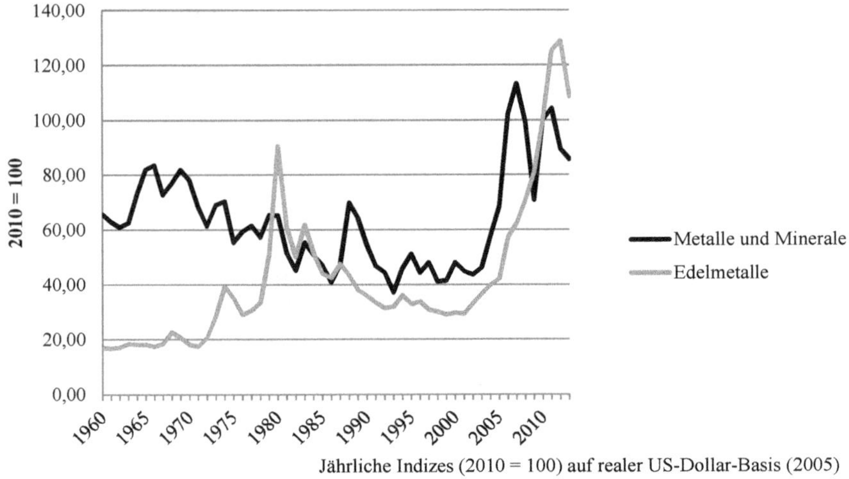

Wesentlich für die vorliegende Untersuchung sind dabei die Preisindizes der Metalle und Minerale sowie der Edelmetalle, die während der 1990er Jahre von einer insgesamt entspannten Marktsituation gekennzeichnet waren (Abbildung 4). Die Preise für Metalle und Minerale erlebten von 2002 bis 2007 einen starken Anstieg und ab 2006 ein zwischenzeitliches Rekordniveau. Der Rohstoffindex für Metalle und Minerale ließ ab Mitte 2008 bis Sommer 2009 etwas nach, verblieb jedoch auf einem insgesamt hohen Niveau, das über den Preisspitzen

38 Titelbilder und Heftarchive sind online einsehbar unter http://www.spiegel.de/spiegel/print.

39 Vgl. Weltbankgruppe, *Commodity Markets: Historical Data (Annual)*, 04.04.2014. Online einzusehen unter http://siteresources.worldbank.org/INTPROSPECTS/Resources/334934-1304428586133/pink_data_a.xlsx, zuletzt aufgerufen am 14.05.2015; eigene Darstellung und Übersetzung.

der späten 1980er Jahre lag.[40] 2011 erreichten die Preise ein Jahr vor Verabschiedung der Rohstoffstrategie einen erneuten Höchststand. Der Preisindex für Edelmetalle entwickelte sich ähnlich, stieg jedoch bereits ab 2001 zunehmend stark sowie kontinuierlich an und ließ erst nach Rekordwerten 2012 etwas nach.

Vor dem Hintergrund dieser Rohstoffhausse erhielt schließlich die internationale Debatte um die entwicklungspolitische Bedeutung der Rohstoffe neuen Schwung. Nach jahrzehntelangen ideologischen Auseinandersetzungen über eine Verbesserung bzw. Verschlechterung der Kaufkraftverhältnisse durch Rohstoffexporte veränderte sich die Debatte: multilaterale Organisationen, bilaterale Geber, Regierungen rohstoffreicher Staaten und sogar Nichtregierungsorganisationen griffen verstärkt den Gedanken auf, dass sich für die Entwicklung rohstoffreicher Länder nun erhebliche Möglichkeiten ergeben könnten.[41]

---

40 „In den vergangenen zehn Jahren lag das durchschnittliche jährliche Wachstum der Bergwerksförderung bei Eisenerz und den Stahlveredlern Chrom, Mangan, Molybdän und Wolfram bei deutlich über 5 Prozent und damit doppelt so hoch wie der 50-Jahrestrend." (Huy, Dieter et al., *Deutschland: Rohstoffsituation 2012*, S. 10).

41 Vgl. Afrikanische Union, *Africa Mining Vision (AMV)*, Addis Abeba 2009; vgl. Ncube, Mthuli et al., *African Economic Outlook 2013. Special Theme: Structural Transformation and Natural Resources*, Addis Abeba 2013; vgl. Grynspan, Rebeca, *Remarks for Rebeca Grynspan (UNDP) on the occasion of the Opening of the 67th UN General Assembly side event on „The Role of Natural Resources in Promoting Sustainable Development"*, 28.09.2012. Online einzusehen unter http://www.undp.org/content/undp/en/home/presscenter/speeches/2012/09/28/rebeca-grynspan-the-role-of-natural-resources-in-promoting-sustainable-development-/, zuletzt aufgerufen am 14.05.2015; vgl. Economic Commission for Africa, *Africa Review Report on Mining*, E/ECA/CFSSD/6/7, Addis Ababa 2009; vgl. Weltbankgruppe, *Striking a Better Balance – The World Bank Group and Extractive Industries: The Final Report of the Extractive Industries Review*, Washington D.C. 2003; vgl. Weltbankgruppe, *The World Bank Group in Extractive Industries 2010 Annual Review*, Washington D.C.; vgl. Bundesministerium für wirtschaftliche Zusammenarbeit und Entwicklung (BMZ), *Gudrun Kopp zum African Economic Outlook 2013: Afrikas Ressourcen verantwortungsvoll nutzen*, 19.06.2013. Online einzusehen unter http://www.bmz.de/20130619-2, zuletzt aufgerufen am 14.05.2015; vgl. United Nations Economic Commission for Africa (UNECA), *Launch of the African Minerals Development Centre a new dawn for Africa*, 16.12.2013. Online einzusehen unter http://www.uneca.org/print/4255, zuletzt aufgerufen am 14.05.2015; vgl. Kende-Robb, Caroline et al., *Equity in Extractives: Stewarding Africa's natural resources for all*, Africa Progress Report, 2013, Genf 2013; vgl. Curtis, Mark/Hajat, Rafiq, *Malawi's Mining Opportunity: Increasing Revenues, Improving Legislation*, Lilongwe 2013; vgl. Ramdoo, Isabelle, *From Curse to Purse: Making Extractive Resources Work for Development*, ECDPM Discussion Paper, 136, Maastricht 2012; vgl. Bello, Oladiran, *Governing Extractive Industries in Africa*, SAIIA Podcast, 23, Kapstadt 2014.

1.2 Erkenntnisinteresse und Problemstellung

Eine effiziente und wirksame Bearbeitung sektoren-, ebenen- sowie länderübergreifender Problemlagen erfordert politisch-administrative Programme, die Zielsysteme betroffener Politikfelder aufeinander abstimmen, Strukturen gewachsener Behördenarrangements berücksichtigen und Aushandlungsprozesse unterschiedlicher Ressortinteressen erleichtern. Ressortübergreifende Koordinierung wird dann notwendig, wenn materielle Problemlagen wechselseitige Abhängigkeiten organisatorisch getrennter Politiken erzeugen.[42] Dass Politik dabei nicht frei von Widersprüchen ist, liegt vor allem an dem „Fehlen objektiver Kriterien für eine optimale Sachgebietsgliederung“[43] auf ministerieller Ebene und den daraus resultierenden Zuständigkeitsfragen, Kompetenzstreitigkeiten oder Ressortkonflikten.

In diesem Zusammenhang wird häufig von beteiligten Akteuren eine pauschale oder nicht selten auf Grundlage der eigenen Interessen formulierte Forderung nach einem möglichst hohen Maß an Politikkohärenz geäußert. Dabei ist weder politisch ausgemacht, wessen Interessen und Ziele die Stoßrichtung einer möglichst kohärenten Politik prägen, noch gibt es eine einheitliche Definition, um dieses normative Leitbild für gutes Regierungshandeln systematisch zu analysieren. Der Begriff Kohärenz ist ein Lehnwort und das lateinische Wort „cohaerentia“ bedeutet wörtlich „der Zusammenhang“ oder „das Zusammenhängen“. In diesem grundsätzlichen Sinne meint das Kohärenzgebot zunächst, „klare Zielvorstellungen [zu] verfolgen“[44].

Ausgangspunkt dieser Untersuchung stellt die Beobachtung überschneidender Policy-Interessen *und* politikfeldspezifischer bzw. ministerieller Einzelinteressen in rohstoffpolitischen Fragestellungen dar.[45] Auf europäischer Ebene fordert die Rohstoffinitiative der Europäischen Kommission (2008) im Sinne einer „Rohstoffdiplomatie“ und aufgrund der hohen Importabhängigkeit von Rohstoffen[46], die EU-Außenbeziehungen auf einen „diskriminierungsfreien Zu-

42 Vgl. Bornemann, Basil, *Policy-Integration und Nachhaltigkeit: Integrative Politik in der Nachhaltigkeitsstrategie der deutschen Bundesregierung*, Wiesbaden 2014, S. 45.

43 Mayntz, Renate, *Soziologie der öffentlichen Verwaltung*, Heidelberg 1978, S. 103.

44 Glaab, Manuela, Strategie und Politik: das Fallbeispiel Deutschland, in: Fischer, Thomas/ Schmitz, Gregor P./Seberich, Michael (Hrsg.), *Die Strategie der Politik: Ergebnisse einer vergleichenden Studie*, Gütersloh 2007, S. 108.

45 „The big question is to what extent institutional division is a useful tool or a barrier to reconciling conflicting policy objectives.“ (Organisation for Economic Cooperation and Development (OECD), *OECD Environmental Performance Reviews: Germany 2012*, Paris 2012, S. 101).

46 Beispielsweise deckt die Europäische Union (EU) den Bedarf an Kobalt ausschließlich durch Importe ab, während die Demokratische Republik Kongo mit einem Weltmarktanteil von 41

gang der EU zu Rohstoffen“[47] auszurichten. Als konkrete Aufgaben europäischer Entwicklungszusammenarbeit werden die Stärkung der Staatsführung, die Förderung eines günstigen Investitionsklimas zur Erhöhung des Rohstoffangebots und die Unterstützung einer nachhaltigen Bewirtschaftung von Rohstoffen genannt.[48] Weitere Säulen der Rohstoffinitiative bilden die „Förderung einer nachhaltigen Rohstoffversorgung aus europäischen Quellen“ (innerhalb der EU) und die „Steigerung der Ressourceneffizienz und des Recyclings“ mit dem Ziel einer langfristigen Versorgungssicherheit der europäischen Industrie mit nachhaltig abgebauten Grundstoffen.[49]

In ähnlicher Art und Weise verfolgt die Bundesregierung im Rahmen ihrer 2010 verabschiedeten Rohstoffstrategie vornehmlich die „Sicherung einer nachhaltigen Rohstoffversorgung Deutschlands mit nicht-energetischen mineralischen Rohstoffen“[50] und sieht unterschiedliche Beiträge beteiligter Politikbereiche vor. Da die Rohstoffstrategie ausdrücklich den „Aufbau bilateraler Rohstoffpartnerschaften“ sowie „die Herstellung von Transparenz und Good Governance bei der Rohstoffgewinnung“[51] in Entwicklungsländern fordert, müsste die deutsche Entwicklungszusammenarbeit insbesondere in rohstoffreichen Entwicklungsländern, die rund „75 Prozent der armen Bevölkerung der Welt“[52] beheimaten, eine zunehmend bedeutende Rolle spielen.[53] Während Rohstofffragen bisher bzw. lange Zeit nicht im Zentrum deutscher Entwicklungspolitik standen, sollen Rohstoffe in Entwicklungsländern (erneut) maßgeblicher Bestandteil der Entwicklungszusammenarbeit werden. Das BMZ ver-

---

Prozent einer der Hauptproduzenten von Kobalt ist. Vgl. Europäische Kommission, *Critical raw materials for the EU,* Report of the Ad-hoc Working Group on defining critical raw materials, Brüssel 2010, S. 77ff.

47 Europäische Kommission, *Die Rohstoffinitiative – Sicherung der Versorgung Europas mit den für Wachstum und Beschäftigung notwendigen Gütern*, S. 8.

48 Ebd., S. 8f.

49 Vgl. Europäische Kommission, *Bericht der Kommission über die Umsetzung der Rohstoffinitiative,* COM(2013) 442 final, 24.06.2013, Brüssel 2013, S. 15–24.

50 Bundesregierung, *Rohstoffstrategie der Bundesregierung – Sicherung einer nachhaltigen Rohstoffversorgung Deutschlands mit nicht-energetischen mineralischen Rohstoffen.*

51 Ebd., S. 7.

52 BMZ, *Entwicklungsfaktor extraktive Rohstoffe. Ein Positionspapier des BMZ,* BMZ Spezial 166, 2010, S. 3.

53 Vgl. Flohr, Annegret/Coni-Zimmer, Melanie/Jacobs, Andreas, *Friend or Foe? Developing Partnerships in Natural Resource Governance: A Global Stakeholder Analysis*, Eschborn 2013.

sucht dieser Entwicklung Rechnung zu tragen und begreift *extraktive Rohstoffe*[54] als wesentlichen Entwicklungsfaktor zahlreicher Partnerländer. In einem entsprechenden Positionspapier (2010) werden Beiträge, Maßnahmen und Ziele eines ganzheitlichen Ansatzes der deutschen Entwicklungszusammenarbeit vorgestellt.[55] Zusammengefasst verfolgt das BMZ die Förderung von guter Regierungsführung, den Ausbau von Strukturen für eine nachhaltige Wirtschaftsentwicklung, Klimaschutz und Biodiversität sowie den Schutz der Menschenrechte im Rahmen einer so genannten „entwicklungspolitisch verantworteten Rohstoffpolitik".[56] Dieser etwas schillernde Begriff lässt vermuten, dass das BMZ neuen Kohärenzbedarf erkannt hat und entsprechend artikulieren möchte. Unabhängig von Möglichkeiten für mehr Politikkohärenz ist zunächst der Wunsch des BMZ erkennbar, zu denjenigen Politikfeldern aufzuschließen, die – wie beispielsweise die Wirtschaftspolitik – einen mutmaßlich stärkeren Einfluss auf die Ausgestaltung einer deutschen Rohstoffpolitik ausüben. Zugespitzt formuliert kann aus entwicklungspolitischer Sicht gefragt werden, ob das BMZ Geländegewinne erzielen kann oder vor allem ein „Selbstgespräch" führt.

Ausgehend von der grundlegenden Annahme, dass Regierungen sich mit erheblichen Herausforderungen konfrontiert sehen, größere Politikkohärenz zu schaffen, ergeben sich Fragen nach der Beziehung von rohstoffpolitischen Interessen und politikfeldspezifischen Zielsetzungen im politischen Kräftespiel betroffener Ressorts.[57] Aufgrund der hohen Importabhängigkeit der deutschen Industrie und der häufigen Exportabhängigkeit rohstoffreicher Länder stehen

---

54 Extraktive Rohstoffe sind ein gängiger Begriff der Rohstoffwirtschaft. In Abgrenzung zu Agrarrohstoffen und durch Recycling entstehende Sekundärrohstoffe sind hier Edelmetalle, metallführende Erze wie Eisenerze, Tantalit, Wolframit, andere Minerale wie Diamant, Fluorit, Quarz, und Gesteine wie Basalt, Granit, Kalkstein gemeint. Auf diese mineralischen Rohstoffe konzentriert sich auch die im Folgenden analysierte Rohstoffstrategie.

55 Vgl. BMZ, *Entwicklungsfaktor extraktive Rohstoffe*, BMZ Strategiepapier, 25.10.2010, Berlin 2010. Das BMZ verfolgt dabei einen nach eigenen Angaben ganzheitlichen Ansatz: Verbesserungen der gesamten Wertschöpfungskette sowie im Bereich Rohstoffmanagement (Exploration, Konzessionsvergabe, Rohstoffgewinnung, Weiterverarbeitung, Stilllegung und Rekultivierung von Abbauflächen, Recycling); Förderung der Menschenrechte, sozialer und ökologischer Mindeststandards; Förderung wirtschaftlicher, sozialer, politischer und ökologischer Rahmenbedingungen sowie Investitionsbedingungen.

56 Vgl. BMZ, *Strategien deutscher Entwicklungspolitik für eine nachhaltigere Rohstoffpolitik. Dialog mit der Zivilgesellschaft zur rohstoffpolitischen Position des BMZ. Rede von Dirk Niebel, Bundesminister für wirtschaftliche Zusammenarbeit und Entwicklung am 6. Oktober, Berlin, 2010.* Berlin 2010.

57 „[T]he general point remains that governments are faced with significant challenges in creating greater policy coherence." (Peters, B. G., Concepts and Theories of Horizontal Policy Management, in: Peters, B. G./Pierre, Jon (Hrsg.), *Handbook of Public Policy,* London; Thousands Oaks; New Delhi 2006, S. 115).

Außen-, Wirtschafts- und Entwicklungsministerium im Zentrum dieser Studie. Anders formuliert konzentriert sich die Arbeit auf eine mögliche Verbindung von Werten und Interessen, um die Politikkohärenz im Rohstoffsektor analysieren und beurteilen zu können.

Daraus ergibt sich ein zentrales Erkenntnisinteresse an *Intensität* und *Ausprägung* der Politikkohärenz. Während mit *Intensität* das grundsätzliche Maß an interministerieller Koordinierung und gemeinsamer Politikumsetzung angesprochen ist, beschreibt die *Ausprägung*, ob die Interessen betroffener Politikbereiche gleichrangige Berücksichtigung finden oder ein ressortübergreifender Ansatz eher die deutliche Handschrift eines dominierenden Ressorts trägt.

Die Forschungsfrage lautet daher in knappster Form: *Wie kohärent ist die deutsche Rohstoffpolitik?* Etwas elaborierter ergibt sich folgende erkenntnisleitende Fragestellung: *Inwiefern* zeitigen die rohstoffpolitischen Herausforderungen eine interministeriell abgestimmte Strategie mit ressortübergreifenden Politikansätzen und einer wirksamen Koordinierung der deutschen Außen-, Wirtschafts- und Entwicklungspolitik in rohstoffreichen Ländern?

Dazu müssen folgenden Unterfragen umfassend bearbeitet werden:

- Welche zentralen Akteure und politikfeldspezifischen Interessen prägen den Bereich der Rohstoffpolitik?
- Wie lässt sich Politikkohärenz als normatives Leitbild für gutes Regierungshandeln theoretisch fundieren und somit politikwissenschaftlich erschließen?
- Welche Einflussfaktoren fördern oder erschweren die Politikkohärenz einer integrativen Metapolicy?
- Was sind die Grenzen des Nutzens von erhöhter Politikkohärenz? Welcher Nutzen ergibt sich möglicherweise aus Politikinkohärenzen?
- Welche Konsequenzen ergeben sich daraus für die Umsetzung einer ressortübergreifenden Rohstoffstrategie im Hinblick auf deklarierte Politikziele, Veränderungen im administrativen Binnengefüge sowie mögliche Prioritätenverschiebungen beteiligter Politikbereiche?
- Wie erfolgreich ist der Beitrag der Rohstoffpolitik zur Versorgungssicherheit und welche Auswirkungen ergeben sich aus den rohstoffpolitischen Maßnahmen für rohstoffreiche Länder?

Die Vorgehensweise orientiert sich dabei an den Grundfragen der Implementations- und Evaluationsforschung:[58] letztere ergibt sich aus der „Frage nach Wertbezügen sowie Bewertungsmöglichkeiten“[59] und untersucht daher, ob und

58 Vgl. Kevenhörster, Paul, *Politikwissenschaft Band 2: Ergebnisse und Wirkungen der Politik*, Wiesbaden 2015, S. 37f.

59 Ebd., S. 50.

auf welche Weise die Ergebnisse einer politischen Maßnahme den deklarierten Zielen entsprechen; erstere konzentriert sich auf Einflussfaktoren, die sich sowohl aus dem „politisch administrativen Kontext“[60] als auch aus der „Eigendynamik der Implementationsphase“[61] ergeben und die effektive Umsetzung einer Maßnahme fördern oder erschweren. Mit Blick auf die Rohstoffstrategie bedeutet dies, dass das Zielsystem, bereitgestellte Ressourcen sowie die konkrete Implementation dahingehend zu analysieren sind, ob eine erhöhte Versorgungssicherheit erreicht wird und welche Implikationen sich für die Entwicklung und Stabilität der Bezugsländer ergeben. Dabei ist ferner zu klären, welche Rolle unterschiedliche Zielsysteme beteiligter Politikbereiche bei der Formulierung und Implementation einer ressortübergreifenden Rohstoffpolitik spielen.[62] Das (erweiterte) Ziel der vorliegenden Policy-Analyse ist dabei nicht nur im Sinne einer „systematische[n] Beschreibung und Erklärung der Ursachen und Folgen der Tätigkeit einer Regierung“[63] zu einem besseren Verständnis ressortübergreifender Entscheidungs- und Koordinierungsprozesse beizutragen, sondern im Ergebnis auch Politikempfehlungen für eine möglichst kohärente Rohstoffpolitik abzugeben, die konzeptionell und politisch zunächst von einer wirksamem Koordinierung der Außenwirtschafts- und Entwicklungspolitik abhängt.[64] Somit wird in dieser Studie im Kern nach einer Antwort auf die klassische politikwissenschaftliche Fragestellung gesucht: „Welches Resultat (*policy*) ergibt sich, wenn in einem politischen System (*polity*) eine bestimmte Problemlösungsstrategie (*politics*) eingeschlagen wird?“[65]. Innerhalb der Disziplin lässt sich das Forschungsvorhaben aufgrund des dezidierten Fokus auf inner- bzw. intra-administrative Koordinierungs- und Aushandlungsprozesse sowie der entscheidenden Rolle der Verwaltung bei der Politikformulierung und -umsetzung im Umfeld politikanalytischer Studien verorten, die die Rolle der Ministerialbüro-

60 Ebd., S. 38.

61 Ebd., S. 38.

62 Vgl. ebd., S. 40. „Ist das jeweilige politische Programm überhaupt durchführbar?“

63 Kevenhörster, Paul, *Politikwissenschaft. Band 1: Entscheidungen und Strukturen der Politik*, Wiesbaden 2007, S. 388.

64 Da sich aus diesem Ansatz durchaus ein „Widerspruch zwischen dem Erkenntnisinteresse der Wissenschaften und dem Handlungsinteresse der praktischen Politik“ (Kevenhörster, Paul, *Politikwissenschaft Band 2: Ergebnisse und Wirkungen der Politik*, S. 11) ergeben kann, informieren diese Politikempfehlungen nicht unmittelbar die zentrale Forschungsfrage, sondern werden im Anschluss an die politikwissenschaftlichen Analyse abgeleitet.

65 Kevenhörster, Paul, *Politikwissenschaft. Band 1: Entscheidungen und Strukturen der Politik*, S. 321.

kratie in (außenpolitischen) Entscheidungsprozessen in den Vordergrund rücken.[66]

1.3 Forschungsstand und Forschungslücke

Der ehemalige irische Ministerpräsident Patrick Bartholomew Ahern stellte während seiner Rede auf dem Millenniumsgipfel der Vereinten Nationen am 6. September 2000 in New York fest: „Coherence may be an over-used word but it is an under-used approach“[67]. Damit beschrieb er nicht nur die irischen Erwartungen an die Millenniumsentwicklungsziele, sondern umriss pointiert das Grundproblem eines Kohärenzgebotes, das allenthalben normativ-präskriptiv eingefordert wird, in der konkreten Umsetzung jedoch schwierig bleibt.[68] Die

66 Vgl. exemplarisch Blum, Sonja/Schubert, Klaus, Policy analysis in Germany: past, present and future of the discipline, in: Blum, Sonja/Schubert, Klaus (Hrsg.), *Policy analysis in Germany,* Bristol 2013; vgl. Colschen, Lars C./Hoyer, Daniel v./Weigl, Michael, *Profis hinter den Kulissen. Bürokratische Regime im internationalen Prozess zur deutschen Einheit*, München 2002; vgl. Beichelt, Timm, Die europapolitische Koordinierung der Bundesrepublik: besser als ihr Ruf, in: *Zeitschrift für Parlamentsfragen,* Nr. 4, 2007, S. 751–763; vgl. Schnapp, Kai-Uwe, *Ministerialbürokratien in westlichen Bürokratien. Eine vergleichende Analyse*, Opladen 2004; vgl. Mai, Manfred, Strukturelle Konflikte in Regierungszentralen: Zur Koordination unterschiedlicher Rationalitäten in Organisationsstrukturen, in: Florack, Martin/Grunden, Timo (Hrsg.), *Regierungszentralen: Organisation, Steuerung und Politikformulierung zwischen Formalität und Informalität,* Wiesbaden 2011, S. 107–122; vgl. Schneider, Gerald, Die bürokratische Politik der Außenpolitikanalyse. Das Erbe Allisons im Licht der gegenwärtigen Forschungspraxis, in: *Zeitschrift für Internationale Beziehungen,* Vol. 4, Nr. 1, 1999, S. 107–123; vgl. Scharpf, Fritz W., Positive und negative Koordination in Verhandlungssystemen, in: *Politische Vierteljahresschrift,* Sonderheft 24, 1993, S. 57–83; vgl. Wilson, James Q., *Bureaucracy. What Government Agencies Do and Why They Do It*, New York 1989; vgl. Haftendorn, Helga, *Verwaltete Außenpolitik. Sicherheits- und entspannungspolitische Entscheidungsprozesse in Bonn*, Köln 1978; vgl. Scharpf, Fritz W., Fallstudien zu Entscheidungsprozessen in der Bundesregierung, in: Mayntz, Renate/Scharpf, Fritz W. (Hrsg.), *Planungsorganisation. Die Diskussion um die Reform von Regierung und Verwaltung des Bundes,* München 1973, S. 98–90; vgl. Schöne, Siegfried, *Von der Reichskanzlei zum Bundeskanzleramt. Eine Untersuchung zum Problem der Führung und Koordination in der jüngeren deutschen Geschichte*, Berlin 1968; vgl. Groeben, Klaus v. d., Probleme der interministeriellen Koordinierung, in: *Die Verwaltung,* Vol. 1, Nr. 4, 1968, S. 385–406; vgl. Prior, Harm, *Die interministeriellen Ausschüsse der Bundesministerien. Eine Untersuchung zum Problem der Koordinierung heutiger Regierungsarbeit*, Stuttgart 1968.

67 Zit. n. O'Neill, Helen, Ireland's Official Aid Programme, in: Tonra, Ben/Ward, Eilis (Hrsg.), *Ireland in International Affairs: Interest, Institutions and Identities,* Dublin 2002, S. 83.

68 Vgl. Barder, Owen, *Policy Coherence is a Hobgoblin,* 29.09.2013. Online einzusehen unter http://international.cgdev.org/blog/policy-coherence-hobgoblin, zuletzt aufgerufen am

pluralistische Interessenstruktur und unterschiedliche Machtressourcen wirken nicht nur einer Selbstüberschätzung einzelner Politikfelder entgegen, sondern tragen auch dazu bei, dass Forderungen nach mehr Politikkohärenz vor allem in tendenziell schwächeren Politikbereichen wie der Entwicklungspolitik artikuliert werden.[69]

Ebenfalls lassen sich empirisch-analytische Defizite ausmachen, wenn kenntnisreichen Problembeschreibungen mit knappen Empfehlungen für verbesserte Kohärenz schließen, ohne den theoretisch vorgeschlagenen Weg entsprechend auszuleuchten.[70] Dieses Unterkapitel verortet Rohstoffpolitik zunächst entlang entwicklungstheoretischer Überlegungen, erschließt die bereits skizzierte Forschungslücke und trägt diejenigen Forschungsstände zusammen, auf denen die anschließende Analyse aufbaut.

Das wesentliche Anliegen dieser Studie ist, Rohstoffpolitik als Ergebnis interministerieller Aushandlungsprozesse zu erklären.

Dies geschieht zunächst unter Berücksichtigung der im nächsten Kapitel ausgeführten rohstoffpolitischen Interdependenzen, die einerseits die Politikansätze rohstoffdefizitärer Industrieländer prägen und andererseits entwicklungspolitische Implikationen in rohstoffreichen Förderländern hervorrufen. Daher lohnt sich an dieser Stelle ein kursorischer Blick auf klassische Entwicklungstheorien, deren Rezeption zwar merklich nachgelassen hat, aber nach wie vor ihren Niederschlag in aktuellen rohstoffpolitischen Diskussionen findet. Sowohl aus modernisierungs- als auch dependenztheoretischer Perspektive lassen sich Aussagen zu den komplexen Beziehungen zwischen Entwicklungs- und Industrieländern generieren.[71]

14.05.2015; vgl. CONCORD, *Spotlight on EU Policy Coherence for Development: The real life impact of EU policies on the poor*, Brüssel 2013; vgl. Niebel, Dirk, *Für eine kohärente Entwicklungspolitik,* 14.10.2012. Online einzusehen unter http://www.fr-online.de/meinung/gastbeitrag-fuer-eine-kohaerente-entwicklungspolitik,1472602,20593430.html, zuletzt aufgerufen am 14.05.2015; vgl. Gemeinsame Konferenz Kirche und Entwicklung, *Mehr Kohärenz, aber mit welchem Ziel?* Neunter GKKE-Bericht zur kohärenten Armutsbekämpfung in der deutschen Entwicklungspolitik, Bonn, Berlin 2010; vgl. Carbone, Maurizio, Mission Impossible: the European Union and Policy Coherence for Development, in: *European Integration,* Vol. 30, Nr. 3, 2008 S. 323–342.

69 Vgl. Lundsgaarde, Erik, *Bureaucratic Pluralism and the Transformation of Development Cooperation*, DIE Discussion Paper, 16, Bonn 2013, S. 10.

70 Vgl. Knoepfel, Peter et al., *Politikanalyse*, Opladen 2011, S. 311.

71 Zur nachlassenden Rezeption der Entwicklungstheorien vgl. Menzel, Ulrich, *Das Ende der Dritten Welt und das Scheitern der großen Theorie*, Frankfurt am Main 1992, S. 64f.

Die modernisierungstheoretische Perspektive und neoklassische Entwicklungsökonomie betonen in diesem Zusammenhang die positiven Auswirkungen, die sich für Entwicklungsländer aus den wirtschaftlichen Austauschbeziehungen (neue Märkte, Technologien, Kapitalimport) mit Industrieländern ergeben.[72] Diese förderten Wirtschaftswachstum, führten zu Produktivitätssteigerungen und trieben die Industrialisierung an – wesentliche Voraussetzungen für soziale Mobilität und Demokratisierung nach westlichem Vorbild. Langfristig führe diese gegenseitige Abhängigkeit zu wirtschaftlicher Konvergenz der Löhne, der Faktorpreise und unterschiedlicher Entwicklungsniveaus.[73] Unter Rückgriff auf Max Webers „Die protestantische Ethik und der Geist des Kapitalismus" (1905) und die von Talcott Parsons entworfenen strukturfunktionalistischen Orientierungsalternativen (*pattern variables*) hänge Modernisierung dabei vor allem von endogenen Faktoren der jeweiligen Gesellschaft ab.[74] Trotz erheblicher Vorwürfe des Ethnozentrismus, Modernismus und Normativismus rechtfertigt dieser modernisierungstheoretische Nukleus die Annahme, die Entwicklungsprobleme zahlreicher rohstoffreicher Staaten auf schwaches Wirtschaftswachstum, geringe Wohlstandseffekte, niedrige soziale Mobilität und defizitäre staatliche Institutionen zurückzuführen.[75]

Im Gegensatz dazu wird ein niedriger Entwicklungsstand aus dependenztheoretischer Perspektive insbesondere auf exogene Ursachen bzw. die Abhängigkeit der Entwicklungsländer (Peripherie) von den Industrieländern (Zentrum) zurückgeführt.[76] Handel und Investitionen bewirkten nach der normati-

---

72 Vgl. Bauer, Peter T., *From Subsistence to Exchange and other Essays*, S. 64.

73 Vgl. Mihalache-O'Keef, Andreea/Li, Quan, Modernization vs. Dependency Revisited: Effects of Foreign Direct Investment on Food Security in Less Developed Countries, in: *International Studies Quarterly,* Vol. 55, Nr. 1, 2011, S. 74; Vgl. Sachs, Jeffrey D., Bemerkungen zu einer neuen Soziologie der wirtschaftlichen Entwicklung, in: Huntington, Samuel P./Harrison, Lawrence E. (Hrsg.), *Streit um Werte,* München 2004, S. 68f.

74 Vgl. Weber, Max, *Die protestantische Ethik und der Geist des Kapitalismus*, Tübingen 1934; vgl. Parsons, Talcott, Values, Motives, and Systems of Action, in: Parsons, Talcott/Shils, Edward (Hrsg.), *Toward a general Theory of action,* Cambridge 1962, S. 216.

75 Vgl. Basedau, Matthias/Lay, Jann, Conceptualising the „Resource Curse" in Sub-Saharan Africa: Affected Areas and Transmission Channels, in: Basedau, Matthias/Mehler, Andreas (Hrsg.), *Resource Politics in Sub-Saharan Africa,* Hamburg 2005, S. 19. Zur Kritik an modernisierungstheoretischen Überlegungen vgl. Kolland, Franz, Zwischen Fortschrittsoptimismus und kritischer Gesellschaftsanalyse: Die klassischen Entwicklungstheorien, in: Fischer, Karin/Hödl, Gerald/Maral-Hanak, Irmi/Parnreiter, Christof (Hrsg.), *Entwicklung und Unterentwicklung: eine Einführung in Probleme, Theorien und Strategien,* Wien 2004, S. 89.

76 Vgl. Cardoso, Fernando H., *Abhängigkeit und Entwicklung in Lateinamerika (Dependencia y desarrollo en América Latina)*, Frankfurt 1976, S. 176; vgl. Kolland, Franz, *Zwischen Fortschrittsoptimismus und kritischer Gesellschaftsanalyse: Die klassischen Entwicklungstheorien*, S. 94ff.

ven imperialismustheoretischen Sichtweise, dass der in Entwicklungsländern erarbeite Mehrwert von wirtschaftlich stärkeren Industrieländern abgeschöpft werde.[77] Nach der sogenannten Theorie des ungleichen Tausches[78] bzw. der Prébisch/Singer-These[79] erfolge eine langfristige strukturelle bzw. säkulare Verschlechterung der Austauschrelationen (*Terms of Trade*) von Primärgütern gegenüber Industrieprodukten.[80] Diese betreffe vor allem Entwicklungsländer, deren Wirtschaftsstruktur nicht auf den Aufbau einer eigenen Industrieproduktion, sondern hauptsächlich auf den Export von Rohstoffen ausgerichtet sei, und verstetige die Dependenz der unterentwickelten Peripherie vom industrialisierten Zentrum.

Die aus diesen Überlegungen abgeleiteten Reformvorschläge einer importsubstituierenden Industrialisierung, regionaler Wirtschaftsintegration oder entwicklungspolitischer Ausgleichsfinanzierungen führten zu den bereits genannten Forderungen nach einer „Neuen Weltwirtschaftsordnung" in den 1970er Jahren. Diese hielt jedoch kein ordnungspolitisches Konzept für die Weltwirtschaft bereit und scheiterte letztlich an der Heterogenität der Entwicklungsländer sowie dem Widerstand aus den Industrieländern.[81] Aus rohstoffpolitischer Sicht war insbesondere der „Gemeinsame Fonds für Rohstoffe" (*Common Fund for Commodities*) relevant, der im Rahmen des integrierten Rohstoffprogramms ab 1980 verhandelt wurde und nach einem zähen Ratifikationsprozess (unter anderem in der Bundesrepublik) erst 1989 formal in Kraft trat. Dieser Fonds als wesentliche Institution der „Blütezeit multilateraler Rohstoffpolitik"[82] wurde gegründet, um die Weltmarktpreise von mindestens 18 Rohstoffen mithilfe von

77 Vgl. Mihalache-O'Keef, Andreea/Li, Quan, *Modernization vs. Dependency Revisited: Effects of Foreign Direct Investment on Food Security in Less Developed Countries*, S. 75.

78 Vgl. Emmanuel, Arghiri, *L' échange inégal: Essai sur les antagonismes dans les rapports économiques internationaux*, Paris 1969; vgl. Emmanuel, Arghiri, *Unequal Exchange: A Study of the Imperialism of Trade*, New York 1972. Für eine liberale Gegenposition und methodologische Anmerkungen zur Aussagekraft der *Terms of Trade* vgl. Bauer, Peter T., *From Subsistence to Exchange and other Essays*, S. 64.

79 Diese These entwickelten der keynesianische Entwicklungsökonom Hans W. Singer und Raúl Prébisch, späterer Direktor der UN-Wirtschaftskommission für Lateinamerika (*Comisión Económica para América Latina y el* Caribe, CEPAL), parallel, aber unabhängig voneinander. Vgl. Singer, Hans W., The Distribution of Gains between Investing and Borrowing Countries, in: *American Economic Review*, Vol. 40, 1950, S. 473–485; vgl. Prébisch, Raúl, Für eine bessere Zukunft der Entwicklungsländer (1968), in: Fischer, Karin/Hödl, Gerald/Sievers, Wiebke (Hrsg.), *Klassiker der Entwicklungstheorie: Von Modernisierung bis Post-Development*, Wien 2008, S. 136–145.

80 Vgl. Elsenhans, Hartmut, Nord-Süd-Beziehungen: Theorien über die Nord-Süd-Konfliktformation und ihre Bearbeitung, in: *Politische Vierteljahresschrift*, Sonderheft 21, 1990, S. 338.

81 Vgl. ebd., S. 334.

82 Wartenweiler, Roland, *Restbestände multilateraler Rohstoffpolitik*.

Ausgleichslagern (*bufferstocks*) und dirigistischen Wirtschaftsklauseln auf einem höheren Niveau zu stabilisieren, Entwicklungsprojekte im Rohstoffbereich zu finanzieren und die Märkte der Industrieländer stärker für weiterverarbeitete Produkte aus Entwicklungsländern zu öffnen. Obwohl dieser Fonds die „Hoffnung der Entwicklungsländer auf eine umfassende Reform des internationalen Rohstoffhandels“[83] widerspiegelte, wurde bereits die Funktionsweise der Ausgleichslager dahingehend beeinträchtigt, dass Produktionsquoten nicht eingehalten wurden und keine Gültigkeit für Nichtteilnehmer besaßen. Neben mangelnder Anreize für Produzenten, sich an der tatsächlichen Nachfrage zu orientieren und eine wirtschaftliche Diversifizierung voranzutreiben, erschwerten erhebliche Vorbehalte der Industrieländer sowie die einsetzende Strukturanpassungspolitik die Wirksamkeit weiterer Rohstoffabkommen.[84] Erwähnenswerte Ansätze einer international regulierten Rohstoffpolitik stellten neben der Kompensatorischen Finanzierungsfazilität (*Compensatory Financing Facility*, CFF) des Internationalen Währungsfonds (1963) die über den Europäischen Entwicklungsfonds finanzierten Programme Stabex (1975) für agrarische Rohstoffe und Sysmin (1980) für Bergbauerzeugnisse dar, die jedoch ebenfalls nur eine begrenzte Stabilisierung der Erlöse aus Rohstoffverkäufen bewirken konnten und 2000 eingestellt wurden.[85]

Neue Regulierungsversuche unternahmen die USA 2010 mit dem *Dodd-Frank Wall Street Reform and Consumer Protection Act* und die Europäischen Union 2011 mit dem Vorschlag einer Vereinbarung zur Verbesserung der Transparenz der Zahlungsströme. Diese sollen vorrangig verhindern, dass Rohstoffeinkäufe westlicher Unternehmen korrupten Regierungen zugutekommen und Konfliktparteien in rohstoffreichen Ländern wie der Demokratischen Republik

---

83 Michaelowa, Katharina/Naini, Ahmad, *Der Gemeinsame Fonds und die Speziellen Rohstoffabkommen (Studie im Auftrag des Bundesministeriums für Wirtschaft)*, Baden-Baden 1995, S. 15.

84 „Das Wort Common Fund (Gemeinsamer Fonds) ist nicht unser Vokabular.“ (Egon Bahr zit. n. Skriver, Ansgar, Das Ende der Rohstoffdiplomatie: Industrienationen leben auf Kosten der Dritten Welt, in: *Lutherische Monatshefte*, Vol. 25, Nr. 6, 1986, S. 258). Vgl. N.N., Noch nie gesehen, in: *Der Spiegel*, Nr. 24, 1976, S. 125; vgl. Nuscheler, Franz, *Ressourcenarmut – „Ressourcenfluch“ – Ressourcenkonflikte*, S. 222f.

85 Vgl. Gocht, Werner, Die Rohstoffe der Entwicklungsländer in der Weltwirtschaft – ein gutes Geschäft? in: Hohnholz, Jürgen H. (Hrsg.), *Rohstoffe und nachhaltige Entwicklung – Chance oder Konfliktpotential*, Tübingen 1998, S. 33; vgl. Jaura, Ramesh, Globalisierung, Rohstoffe und Entwicklungsländer: Eine Agenda für faire Partnerschaft, in: Hohnholz, Jürgen H. (Hrsg.), *Rohstoffe und nachhaltige Entwicklung - Chance oder Konfliktpotential*, Tübingen 1998, S. 17; vgl. Michaelis, Hans, *Europäische Rohstoffpolitik*, Essen 1976, S. 82f; vgl. Maull, Hanns W., *Strategische Rohstoffe: Risiken für die wirtschaftliche Sicherheit des Westens*, München 1988, S. 233; vgl. Europäische Kommission, *Bericht über die Umsetzung der Außenhilfe der Europäischen Kommission*, Brüssel 2001, S. 109f.

Kongo finanzieren. An der US-Börse dotierte Unternehmen sind nach den Artikeln 1502 und 1504 des sogenannten *Dodd-Frank-Act* dazu verpflichtet, Zahlungen an ausländische Regierungen offenzulegen und die Herkunft ihrer Rohstoffe aus Konfliktregionen nachzuweisen.[86] Die 2013 verabschiedeten Vorschriften der EU sehen für Unternehmen im Rohstoffsektor Offenlegungspflichten projektbezogener Zahlungsströme ab 100.000 Euro vor und müssen von den Mitgliedsstaaten bis spätestens 2015 in nationales Recht umgesetzt werden.[87] Schließlich ist noch die 2003 aus der zivilgesellschaftlichen Kampagne *Publish What You Pay* (PWYP) hervorgegangene *Extractive Industrie Transparency Initiative* (EITI) zu nennen, auf dessen Grundlage die Einnahmentransparenz durch die freiwillige Veröffentlichung von Vergabeverfahren und Verträgen zwischen Rohstoffunternehmen und den jeweiligen Regierungen erhöht werden soll. Mittlerweile zählt die durch bilaterale Geber wie die Bundesrepublik Deutschland und multilaterale Organisationen wie Weltbank, Internationaler Währungsfonds und regionale Entwicklungsbanken unterstützte Initiative 29 Mitgliedsländer (*compliant countries*) und 17 Kandidatenländer (*candidate countries*).[88]

Die beschriebenen Entwicklungen lassen sich durch die wissenschaftliche Beschäftigung mit einer deutschen bzw. europäischen Rohstoffpolitik ergänzen, die durch den „Ölpreisschock" im Oktober 1973 und erneute Preisanstiege im Mineralölbereich 1979 neuen Schwung erhalten hatte. Im Vordergrund zahlreicher Studien standen hauptsächlich Fragen der Rohstoffabhängigkeit, des Versorgungsrisikos oder der Verwundbarkeit einer rohstoffarmen Bundesrepublik Deutschland.[89] Fast zeitgleich stellten die „Neo-Malthusianer"[90] des *Club of*

86 Vgl. Gettleman, Jeffrey, The Price of Precious: The minerals in our electronic devices have bankrolled unspeakable violence in the Congo, in: *National Geographic*, 01.10.2013.

87 Vgl. Mildner, Stormy-Annika/Wassenberg, Florian, *Rohstoffreichtum darf nicht länger arm machen*, SWP-Aktuell, 43, Berlin 2012, S. 7; vgl. Hilbig, Sven, *Transparenz in den Zahlungsströmen – ein erster Schritt hin zum verantwortlichen Umgang mit Rohstoffen*, Berlin 2013; vgl. N.N., *Disclosing government payments: Implications for the oil and gas industry*, Ernst & Young 2013, o.O.

88 Extractive Industries Transparency Initiative (EITI) International Secretariat, *EITI Factsheet*, Oslo 2014. Zu den Mitgliedsländern zählt unter anderem Norwegen, zu den Beitrittsländern zählen auch die USA.

89 Vgl. Vajna, Thomas, *Importabhängigkeit und Rohstoffpolitik*; vgl. Jägeler, Franz J., *Die Rohstoffabhängigkeit der Bundesrepublik Deutschland*, Hamburg 1975; vgl. Michaelis, Hans, *Europäische Rohstoffpolitik*; vgl. Faller, Peter, *Braucht die EG eine Rohstoffpolitik? Das Rohstoffproblem: Versuch seiner ökonomisch-politischen Lösung unter besonderer Berücksichtigung der Nichteisen-Metalle*, Aachen 1978; vgl. Zeller, Jürgen R., *Nationale Rohstoffpolitik*, Bern, Stuttgart 1981; vgl. Maull, Hanns W., *Strategische Rohstoffe: Risiken für die wirtschaftliche Sicherheit des Westens*, München 1988; vgl. Hofmeier, Rolf et al., *Die wirtschaftliche*

Rome ihre Thesen über die Grenzen des Wachstums vor, auf die bis heute in Diskussionen über die Nutzung unserer endlichen Ressourcen verwiesen wird.[91] Für viele Wachstumskritiker haben die zwischenzeitlich revidierten und überarbeiteten Aussagen des *Club of Rome* einen quasi-religiösen Stellenwert erlangt, während auf der anderen Seite nicht zu Unrecht auf das Potenzial unentdeckter Rohstoffe, Preismechanismen, Substitutionsmöglichkeiten und den technologischen Fortschritt verwiesen werden darf.[92] Außerdem wurden vor diesem Hintergrund die entwicklungspolitischen Aspekte der internationalen Rohstoffwirtschaft intensiv diskutiert und damit bereits implizit die Kohärenzproblematik angesprochen.[93]

Exemplarisch untersuchte ein Bericht des Rohstoffausschusses beim Wissenschaftlichen Beirat des BMZ 1974 die „Vielschichtigkeit der Probleme einer kontinuierlichen Rohstoffversorgung sowie deren Interdependenz mit den Problemen der Entwicklungsländer“[94] und ermöglicht an dieser Stelle inhaltliche Vorüberlegungen für eine Betrachtung der 2010 verabschiedeten Rohstoffstrategie. Für viele Entwicklungsländer ergebe sich eine „Schlüsselfunktion“ des Rohstoffbereichs zur Finanzierung der eigenen Entwicklung sowie „im Hinblick auf wachstums-, beschäftigungs-, regional- und strukturpolitische Ziele“[95]. Gleichzeitig bestünde für die Bundesrepublik Deutschland eine hochgradige Rohstoffabhängigkeit, die sich aus den hohen Importquoten zahlreicher mineralischer und energetischer Rohstoffe, einer Konzentration der Bezugsquellen, kurzfristigen Lieferverträgen, geringen eigenen Reserven und der be-

---

und rohstoffpolitische Bedeutung Afrikas und seiner einzelnen Regionen (Südafrika, Schwarzafrika, Nordafrika) für die Bundesrepublik Deutschland, Hamburg 1981; vgl. Behrens, Axel, *Das Rohstoffversorgungsrisiko in offenen Volkswirtschaften.*

90 Maull, Hanns W., *Strategische Rohstoffe: Risiken für die wirtschaftliche Sicherheit des Westens*, S. 39.

91 Vgl. Meadows, Donella H. et al., *Die Grenzen des Wachstums*, Reinbek 1973.

92 Perspektivisch erscheint zudem die Förderung von Rohstoffen im Weltraum nicht unwahrscheinlich. Vgl. Kirchner, Thomas, Jagd auf Asteroide, in: *Süddeutsche Zeitung*, 04.02.2016.

93 Vgl. Kommission für Internationale Entwicklung, *Pearson Bericht: Bestandsaufnahme und Vorschläge zur Entwicklungspolitik*, Wien, München, Zürich 1969, S. 111; vgl. Weltbankgruppe, *The Mining Industry and the Developing Countries*, Washington D.C. 1977; vgl. Mezger, Dorothea, *Konflikt und Allianz in der internationalen Rohstoffwirtschaft: Das Beispiel Kupfer*, Bonn 1977, S. 125ff.; vgl. Betz, Joachim, Konfliktfähigkeit und Kooperationsbereitschaft im Nord-Süd-Verhältnis am Beispiel der Rohstoffverhandlungen im Rahmen der UN, in: Ellwein, Thomas (Hrsg.), *Politikfeld-Analysen 1979. Wissenschaftlicher Kongreß der DVPW 1.-5. Oktober in der Universität Augsburg*, Opladen 1979, S. 372.

94 BMZ, *Rohstoff- und Entwicklungspolitik*, Bericht des Rohstoffausschusses beim Wissenschaftlichen Beirat des BMZ, Bonn 1974, S. 5.

95 Ebd., S. 178; vgl. ebd., S. 40.

grenzten Funktionsfähigkeit internationaler Rohstoffmärkte zusammensetze.[96] Diese unterschiedlichen bzw. interdependenten Zielsetzungen und Ansätze der Außenwirtschafts- und Entwicklungspolitik stellten eine Herausforderung dar, wenn vitale Versorgungsaspekte entwicklungspolitische Allokationsentscheidungen beeinflussen, rohstoffarme Entwicklungsländer vernachlässigt werden oder eine entwicklungspolitisch intendierte Weiterverarbeitung bzw. Wertschöpfung im Förderland nicht unmittelbar der Logik einer Rohstoffsicherungspolitik entspricht.[97] Um dennoch dem langfristigen Ziel eines „Interessenausgleichs zwischen Erzeuger- und Verbraucherländern" zu dienen, schließt der Bericht mit dem Wunsch oder der Empfehlung, „eine sinnvolle Koordination zwischen den primär entwicklungspolitisch und primär versorgungspolitisch ausgerichteten Institutionen herbeizuführen"[98] – eine präzise Beschreibung des Untersuchungsgegenstandes dieser Arbeit.

In ähnlicher Art und Weise fordert Maull nach seiner Analyse der damaligen rohstoffpolitischen Diskussionen und Aktivitäten in der Bundesrepublik Deutschland mehr „politischen Willen und politischen Weitblick", da „[h]ier – und nicht in den geologischen Bedingungen der internationalen Rohstoffbeziehungen – die eigentlichen Engpässe und Verknappungserscheinungen zu liegen [scheinen]"[99]. Aus dieser zugespitzten Formulierung ergibt sich das Forschungsdesiderat, die widerstreitenden Interessen politischer Entscheidungen sowie deren für politischen Weitblick notwendige Koordinierung näher zu betrachten.

Der entsprechende analytische Schwerpunkt kann sowohl auf den Möglichkeiten und Grenzen internationaler Kooperation als auch auf der vorgelagerten innerstaatlichen Koordinierung betroffener Politikbereiche liegen. Umfassende Beiträge zu Kooperation oder Konflikten im Rohstoffbereich sind bereits zahlreich vorhanden und unterstreichen die Notwendigkeit sowie Herausforderungen globaler Steuerungsansätze.[100] Eine Studie der Stiftung Wissenschaft und

96 Vgl. ebd., S. 178.

97 Vgl. ebd., S. 20.

98 Ebd., S. 186.

99 Maull, Hanns W., *Strategische Rohstoffe: Risiken für die wirtschaftliche Sicherheit des Westens*, S. 238.

100 Vgl. Hilpert, Hanns G./Mildner, Stormy-Annika, *Nationale Alleingänge oder internationale Kooperation? Analyse und Vergleich der Rohstoffstrategien der G20-Staaten*, Berlin 2013; vgl. Flohr, Annegret/Coni-Zimmer, Melanie/Jacobs, Andreas, *Friend or Foe? Developing Partnerships in Natural Resource Governance: A Global Stakeholder Analysis*; vgl. Andrews-Speed, Philip et al., *The Global Resource Nexus: The Struggles for Land, Energy, Food, Water, and Minerals*, Washington D.C. 2012; vgl. Dashwood, Hevina S., *The Rise of Global Corporate Social Responsibility: Mining and the Spread of Global Norms*, Cambridge 2012; vgl. Messner, Dirk, Globale Ressourcenknappheiten und Erdsystemgrenzen im Anthro-

Politik (SWP) konstatiert in diesem Zusammenhang eine „[u]ngenügende globale Governance“[101], die auf unterschiedliche Problemwahrnehmungen und Interessen im Rohstoffbereich zurückzuführen sei. Die ordnungspolitischen Vorstellungen variierten international im Hinblick auf die Rolle des Staates, einzusetzende Instrumente, Regulierung, die Bedeutung nationaler Souveränität und die Transparenz globaler Rohstoffmärkte. Divergenzen bestünden nicht nur zwischen Produzenten- und Abnehmerländern, die Preisentwicklungen sowie Ausfuhrrestriktionen unterschiedlich bewerten, sondern auch innerhalb der beiden Gruppen. Während beispielsweise die Bundesregierung die privatwirtschaftlich verantwortete Rohstoffversorgung politisch flankiert, existieren mit JOGMEC (*Japan Oil, Gas and Metals National Corporation*) und KORES (*Korea Resources Corporation*) in Japan bzw. der Republik Korea seit den 1960er Jahren größere Staatsunternehmen, die durch Lagerhaltung und Auslandsinvestitionen zu einer verbesserten Rohstoffsicherung beitragen sollen.[102] Anfang 2014 kündigte die französische Regierung die Gründung eines staatlichen Bergbauunternehmens namens *Compagnie nationale des mines de France* (CMF) an.[103] Innerhalb der nächsten fünf Jahre seien Investitionen von 200 bis 400 Millionen Euro in französischen Überseegebieten geplant. Ein Schwerpunkt liege dabei auf den Rohstoffen Lithium und Germanium.[104]

---

pozän. Treiber, Lösungsansätze und Ambitionsniveau der Transformation zur Nachhaltigkeit, in: Reder, Michael/Pfeifer, Hanna (Hrsg.), *Kampf um Ressourcen. Weltordnung zwischen Konkurrenz und Kooperation,* Stuttgart 2012, S. 138–158; vgl. Fröhlich, Christiane/Guesnet, Lena/Müller, Marie, Versorgungssicherheit um jeden Preis? Europas Rohstoffhunger zwischen Angst vor Knappheit und Notwendigkeit zur Kooperation, in: Johannsen, Margret/Schoch, Bruno/Hauswedell, Corinna/Debiel, Thomas/Fröhlich, Christiane (Hrsg.), *Friedensgutachten 2011,* Berlin 2011, S. 136; vgl. Stiftung neue Verantwortung, *Kein Kampf um Rohstoffe: Die Zukunft der Industriepolitik liegt in internationaler Kooperation und Regulierung,* Policy Brief 05/11, Berlin 2011.

101 Hilpert, Hanns G./Mildner, Stormy-Annika, *Nationale Alleingänge oder internationale Kooperation? Analyse und Vergleich der Rohstoffstrategien der G20-Staaten*, S. 13.

102 Ebd., S. 20–25; vgl. Schwarz, Rüdiger, *Nationale Rohstoffstrategie – Wie Deutschland international wieder ins Spiel kommt*, S. 95f.

103 Der zuständige Minister Amaud Montebourg dazu in einem Interview: „Le colbertisme est de retour et c'est un bien.“ (Torgemen, Émilie, Arnaud Montebourg: La renaissance d'une compagnie nationale des mines, in: *Le Parisien*, 21.02.2014).

104 Vgl. Schubert, Christian, Frankreich gründet einen Staatsbergbaukonzern, in: *FAZ*, 21.02.2014; vgl. Wüpper, Gesche, Frankreich investiert nochmal groß in Bergbau, in: *Die Welt*, 21.02.14.

Den Überlegungen zu internationaler Kooperation oder divergierenden Interessenlagen im Hinblick auf eine internationale Rohstoffgovernance ist die in dieser Studie zentrale Frage nach der Entstehung und Umsetzung nationaler Rohstoffpolitiken vorgelagert.[105]

Mit anderen Worten stellt die Untersuchung auf die oben erwähnte innerstaatliche bzw. interministerielle Koordinierung ab. Diese ergibt sich aus zunehmend ressortübergreifenden Problemlagen und wird seit einigen Jahren von umfassenden konzeptionellen Überlegungen begleitet.

Im Bereich der Sicherheitspolitik entstand das Konzept der „Vernetzten Sicherheit“, um sicherheitspolitische Aspekte jenseits militärischer Kategorien besser zu berücksichtigen. Damit neben einem militärischen Eingreifen in akuten Krisensituationen strukturelle Konfliktursachen ganzheitlich bearbeitet werden können, sollen auf Grundlage eines gesamtstaatlichen sowie globalen Sicherheitsverständnisses relevante Strukturen und Akteure auf nationaler sowie internationaler Ebene stärker vernetzt werden.[106] Seinen Niederschlag fand dieses Konzept unter anderem in den beiden Regionalen Wiederaufbauteams (*Provincial Reconstruction Team*, PRT) mit jeweils einer zivilen und militärischen Komponente in Kunduz und Faizabad (Afghanistan), dem Ressortkreis zivile Krisenprävention und den 2012 verabschiedeten Leitlinien der Bundesregierung „für eine kohärente Politik gegenüber fragilen Staaten“.[107]

Außenpolitisch wurde die Notwendigkeit des „vernetzten Diplomaten“ postuliert, der die gestiegene Zahl außenpolitischer Versatzstücke anderer Ressorts ordnen und zueinander in Beziehung setzen müsse. Dem Auswärtigen Amt falle demnach eine neue „Koordinierungsrolle […] im Rahmen einer netzwerkorientierten Außenpolitik“[108] zu, da in anderen Ministerien mittlerweile über 100 Referate mit außenpolitischer Relevanz entstanden sind.

Neuere entwicklungspolitische Studien widmen sich ebenfalls ressortübergreifenden Politikansätzen, um die Qualität der Entwicklungszusammenarbeit

---

105 „Noch fehlt es jedoch an adäquatem Wissen über die Politiken der G20-Staaten im Bereich der Mineralien und Metalle.“ (Hilpert, Hanns G./Mildner, Stormy-Annika, *Nationale Alleingänge oder internationale Kooperation? Analyse und Vergleich der Rohstoffstrategien der G20-Staaten*, S. 17).

106 Vgl. Bundesministerium der Verteidigung (BMVg), *Weißbuch zur Sicherheitspolitik Deutschlands und zur Zukunft der Bundeswehr*, Bonn 2006, S. 24f.

107 Vgl. AA/BMVg/BMZ, *Für eine kohärente Politik der Bundesregierung gegenüber fragilen Staaten: Ressortübergreifende Leitlinien*, Berlin 2012; vgl. Borchert, Heiko/Thiele, Ralph, Vernetzte Sicherheit: Grundlagen, Zwischenbilanz und Entwicklungspotenzial, in: *Zeitschrift für Außen- und Sicherheitspolitik*, Nr. 5, 2012, S. 6.

108 Bagger, Thomas/Heynitz, Wolfram v., „Der vernetzte Diplomat“: Von Vernetzter Sicherheit zu einer „netzwerkorientierten Außenpolitik“, in: *Zeitschrift für Außen- und Sicherheitspolitik*, Nr. 5, 2012, S. 58.

besser einzuschätzen.[109] Mit diesem Ansatz soll geklärt werden, wie vernetzte Politik ausgestaltet wird und sich schließlich auf die Wirksamkeit von Entwicklungspolitik auswirkt.[110] Die Entwicklungsforschung rekurriert dabei auf die politische Ökonomie der Entwicklungshilfe, die beispielsweise im Rahmen der sogenannten *„Donor Interest – Recipient Need"*-Literatur entwicklungspolitische Allokationsentscheidungen anhand der Geberinteressen und der Bedürfnisse der Entwicklungsländer untersucht.[111] Zunehmend rücken dabei die politischen Prozesse und institutionellen Rahmenbedingungen im Geberland in den analytischen Fokus, um die „Entwicklungsorientierung von Außenpolitiken" gebündelt beurteilen zu können.[112] Faust stellt in diesem Zusammenhang die Hypothese auf, dass „die aus entwicklungspolitischer Perspektive gängigen Verwerfungen in den außenorientierten Politiken der Geber zumindest partiell aus der Durchsetzung von Sonderinteressen resultieren, die kaum im Einklang mit den umfassenden Interessen der Gebergesellschaft stehen"[113]. Ohne diesen normativen Unterton vor der Analyse der Politikkohärenz im Rohstoffsektor übernehmen zu wollen, lässt sich daraus die Frage ableiten, inwieweit und auf welche Weise sich das Zusammenwirken rohstoffpolitischer Entscheidungen in unterschiedlichen Politikbereichen auf rohstoffreiche Entwicklungsländer auswirkt oder – allgemeiner formuliert – welches Resultat sich ergibt, „wenn in einem politischen System eine bestimmte Problemlösungsstrategie politisch verantwortet und administrativ umgesetzt wird"[114]. Zur Beantwortung dieser Frage orientiert sich die Studie an dem in der liberalen Außenpolitikforschung begründeten Fokus auf „innenpolitischen Determinanten" als „wesentlicher Er-

109 Vgl. Kevenhörster, Paul, *Entwicklungshilfe auf dem Prüfstand: Entwicklungspolitische Bilanzen führender Geberstaaten*, Münster, München, New York 2014, S. 333; vgl. Faust, Jörg/ Michaelowa, Katharina, Die Politische Ökonomie der Entwicklungszusammenarbeit - Einführung und Überblick, in: Faust, Jörg/Michaelowa, Katharina (Hrsg.), *Politische Ökonomie der Entwicklungszusammenarbeit,* Baden-Baden 2013, S. 26; vgl. Lundsgaarde, Erik, *Bureaucratic Pluralism and the Transformation of Development Cooperation*, S. 9 u. 22f.

110 Vgl. Messner, Dirk/Scholz, Imme, Entwicklungspolitik als Beitrag zur globalen Zukunftssicherung, in: Faust, Jörg/Neubert, Susanne (Hrsg.), *Wirksamere Entwicklungspolitik: Befunde, Reformen, Instrumente,* Baden-Baden 2010, S. 85ff.

111 Vgl. Faust, Jörg/Michaelowa, Katharina, *Die Politische Ökonomie der Entwicklungszusammenarbeit - Einführung und Überblick*, S. 20f.

112 Faust, Jörg, Governance und die Entwicklungsorientierung von Außenpolitiken, in: Faust, Jörg/Michaelowa, Katharina (Hrsg.), *Politische Ökonomie der Entwicklungszusammenarbeit,* Baden-Baden 2013, S. 169.

113 Ebd., S. 170.

114 Kevenhörster, Paul, *Politikwissenschaft. Band 1: Entscheidungen und Strukturen der Politik*, S. 362.

klärungsfaktor für außenpolitische und außenwirtschaftliche Politiken“[115]. Lundsgaarde unterstreicht dies in einer Untersuchung des bürokratischen Pluralismus (*bureaucratic pluralism*), da staatliche Außenbeziehungen im Wesentlichen von unterschiedlichen ministeriellen Organisationsstrukturen geprägt werden und somit einer entsprechenden Koordinierung bedürfen.[116] Daraus folge der Bedarf weiterer Analysen, um konfliktive oder komplementäre Politikziele unterschiedlicher Politikfelder herauszuarbeiten und die Funktionsweise interministerieller Koordinierung zu untersuchen.[117]

Zusammengefasst ergibt sich für eine Untersuchung der Politikkohärenz aus *empirisch-analytischer* Sicht folgendes politikwissenschaftliches Forschungsdesiderat:

- Erstens konzentriert sich die Analyse der Rohstoffstrategie auf unterschiedliche Zielsysteme betroffener Politikfelder, Strukturen gewachsener Behördenarrangements sowie Aushandlungsprozesse unterschiedlicher Ressortinteressen. Sie rekurriert folglich unmittelbar auf das Thema *Koordinierung* und berührt auf diese Weise einen „Dauerbrenner der Policy- und Verwaltungsforschung“[118]. Folglich fußt diese Studie auf politikanalytischen und verwaltungswissenschaftlichen Untersuchungen von Koordinierungsproblemen, um Fragen von Politikkohärenz politikwissenschaftlich verorten und analysieren zu können.
- Zweitens weisen sowohl die Außenpolitikanalyse als auch die Globalisierungsforschung insbesondere dann Forschungsdefizite auf, wenn die Bearbeitung internationaler Problemlagen unter der notwendigen Berücksichtigung der administrativen Diversifikation der Außenpolitik bzw. der Beiträge unterschiedlicher Fachministerien untersucht werden soll.[119]

---

115 Faust, Jörg/Michaelowa, Katharina, *Die Politische Ökonomie der Entwicklungszusammenarbeit - Einführung und Überblick*, S. 25; vgl. außerdem Peters, Dirk, Ansätze und Methoden der Außenpolitikanalyse, in: Schmidt, Siegmar/Hellmann, Gunther/Wolf, Reinhard (Hrsg.), *Handbuch zur deutschen Außenpolitik*, Wiesbaden 2007, S. 825.

116 Vgl. Lundsgaarde, Erik, *Bureaucratic Pluralism and the Transformation of Development Cooperation*, S. 24.

117 Vgl. ebd., S. 22f.

118 Vgl. Deutsche Vereinigung für Politikwissenschaft (DVPW), *Call for Papers für die Jahrestagung 2013 der Sektion Policy-Analyse und Verwaltungswissenschaft: Alles eine Frage der Koordination? Policy-Making in Mehrebenensystemen*, 01. und 02. März 2013 an der Otto-Friedrich-Universität Bamberg.

119 Vgl. Weller, Christoph, Bundesministerien, in: Schmidt, Siegmar/Hellmann, Gunther/Wolf, Reinhard (Hrsg.), *Handbuch zur deutschen Außenpolitik*, 2007, S. 221; vgl. Harnisch, Sebastian, Theorieorientierte Außenpolitikforschung in einer Ära des Wandels, in: Hellmann, Gunther/Wolf, Klaus D./Zürn, Michael (Hrsg.), *Die neuen Internationalen Beziehungen. Forschungsstand und Perspektiven in Deutschland*, Baden-Baden 2003, S. 328.

- Schließlich besteht mit Blick auf die bisherigen politikwissenschaftlichen Untersuchungen, die noch keine systematische Beschäftigung mit Politikkohärenz erkennen lassen, ein hoher Bedarf an explorativen Studien, die Wechselwirkungen zwischen unterschiedlichen Politiken in konkreten Fällen untersuchen.[120]

1.4 Methodische Vorgehensweise

„The retreat into the trivial, the formal, the methodological, the purely theoretical, the remotely historical – in short, the politically irrelevant – is the unmistakable sign of a ‚noncontroversial' political science which has neither friends nor enemies because it has no relevance for the great political issues in which society has a stake."[121]

Nachfolgend wird die methodische Vorgehensweise diskutiert, indem die zur Bearbeitung der erkenntnisleitenden Fragestellung ausgewählte Datengrundlage sowie die angewandten Erhebungs-, Auswertung- und Analyseverfahren erläutert und begründet werden. Es ist zu zeigen, dass die methodische Vorgehensweise den Qualitätskriterien empirischer Sozialforschung entspricht und der Operationalisierung der Fragestellung dient. Mit einigen Bemerkungen zur Generalisierbarkeit der Forschungsergebnisse schließt dieser Abschnitt.

Das zentrale Anliegen dieser Studie ist es, neue Erkenntnisse über die Ausgestaltung ressortübergreifender Politikansätze im Rahmen der deutschen Rohstoffpolitik zu generieren. Folglich steht eine Untersuchung institutioneller und prozeduraler Aspekte im Mittelpunkt methodischer Überlegungen. Relevant sind außerdem Inhalte und Wirkungen möglicher Inkohärenzen, die die Forschungsfrage und somit das Forschungsdesign zumindest mittelbar informieren. Bei dieser Forschungsarbeit handelt es sich um eine problemorientierte, pragma-

120 Vgl. Keijzer, Niels/Oppewal, Jorrit, *Learn to walk before you run? A review of methodological approaches for evaluating coherence in the field of international cooperation*, Discussion Paper, 132, Maastricht 2012, S. 34; vgl. Dohlman, Ebba, *Which institutional structures for assuring policy coherence for development?* Brüssel 2012; vgl. King, Michael et al., *Final Report: Measuring Policy Coherence for Development, Study commissioned by The Netherlands Ministry of Foreign Affairs and the German Federal Ministry for Economic Cooperation and Development*, Maastricht 2012, S. 10; vgl. Glaab, Manuela, *Strategie und Politik: das Fallbeispiel Deutschland*, S. 110.

121 Morgenthau, Hans J., The Purpose of Political Science, in: Charlesworth, James C. (Hrsg.), *A Design for Political Science: Scope, Objectives, and Methods*, Philadelphia 1966, S. 73.

tische[122] und explorative Einzelfallstudie, die auf quantitativen und qualitativen Untersuchungsmethoden basiert.[123] Fallstudien dienen dazu, deskriptive (was) und explorative (wie und warum) Fragestellungen zu bearbeiten, kontextbezogene Analyse durchzuführen oder zunehmend Evaluierungen bestimmter Policy-Prozesse vorzunehmen.[124]

Definition des Falles: Der Untersuchungszeitraum umfasst die Entstehung, Ausgestaltung und Umsetzung der Rohstoffpolitik von 2005 bis 2013. Beim ersten Rohstoffgipfel *Rohstoffsicherheit – Herausforderung für die Industrie* im März 2005 hatten die damalige Bundesregierung und der Bundesverband der Deutschen Industrie e.V. (BDI) vereinbart, eine Rohstoffstrategie zu erarbeiten.[125] Die daraus resultierenden Vorarbeiten und ein starker Anstieg der Rohstoffpreise führten schließlich zur Verabschiedung der Rohstoffstrategie 2010 und deren Implementierung, die bis zum Zeitpunkt der Bundestagswahl 2013 untersucht wird.

Da die Rohstoffversorgung der Bundesrepublik Deutschland in hohem Maße von Importen aus rohstoffreichen Ländern abhängt, wird der analytische Fokus auf die außenorientierten Ministerien Auswärtiges Amt (AA), Bundesministerium für Wirtschaft und Technologie (BMWi) und Bundesministerium für wirtschaftliche Zusammenarbeit und Entwicklung (BMZ) begrenzt.[126] Somit ergibt sich eine Einzelfallstudie mit mehreren Analyseeinheiten (*embedded, single case study*)[127]. Die Fallstudie weist zwei fließende Grenzen auf, weil die Entscheidungen im politisch administrativen System durch externe Faktoren der internationalen Umwelt und des gesellschaftlichen Umfeldes beeinflusst werden. Außerdem ist eine ausschließliche Berücksichtigung des Untersu-

---

122 Nicht gemeint ist die umgangssprachliche Verwendung, sondern ein tendenziell philosophisches Verständnis: „Aus Sicht des Pragmatismus ist die Trennung zwischen einer (niederen) körperlich-realen Welt und einer (höheren, dahinterliegenden) geistig-abstrakten Welt falsch. Vielmehr müssen die geistigen Fähigkeit des Menschen als zusätzliche Möglichkeit der Erfassung und (nutzbringenden) Gestaltung der Welt verstanden werden, das heißt das intellektuelle Schaffen muss immer wieder in die tatsächliche Welt geführt werden und sich dort (als praktisch und nützlich) bewähren." (Klein, Martina/Schubert, Klaus, *Das Politiklexikon*, Bonn 2003, S. 231f.).

123 Vgl. Beach, Derek, *Analyzing Foreign Policy*, Houndmills 2012, S. 219ff.; vgl. Schneider, Volker/Wagemann, Claudius/Janning, Frank, Methods and study types in German policy analysis, in: Blum, Sonja/Schubert, Klaus (Hrsg.), *Policy Analysis in Germany*, Bristol 2013, S. 60f.

124 Vgl. Yin, Robert K., *Applications of Case Study Research*, Thousand Oaks 2011, S. 5.

125 Vgl. Bundesregierung, *Elemente einer Rohstoffstrategie der Bundesregierung*, Berlin 2007, S. 1 u. Fußnote 1.

126 Vgl. Schwarz, Rüdiger, *Nationale Rohstoffstrategie – Wie Deutschland international wieder ins Spiel kommt*, S. 98.

127 Yin, Robert K., *Applications of Case Study Research*, S. 7.

chungszeitraumes insofern unzureichend, als vorangegangene rohstoffpolitische Entscheidungen und Entwicklungen das Regierungshandeln prägen (Pfadabhängigkeit) und Implikationen für eine zukünftige Rohstoffpolitik auch unter Berücksichtigung der jüngsten Entwicklungen (Regierungswechsel) diskutiert werden müssen.

Datengrundlage zur Ermittlung der Politikinhalte und Operationalisierung der Politikkohärenz im Policy-Prozess bilden neben Experteninterviews in betroffenen Ministerien und mit weiteren relevanten Akteuren, zahlreiche Positions- und Strategiepapiere der Bundesregierung, ausgewählte Debattenbeiträge und Anträge der Fraktionen im Deutschen Bundestag, Diskussionsbeiträge wirtschaftlicher und zivilgesellschaftlicher Akteure, die rohstoffpolitische Berichterstattung in der Presse und bisherige wissenschaftliche Forschungsleistungen.[128] Anstatt Voraussagen auf der Basis umfangreicher quantitativer Datensätze zu machen, zielen qualitative Forschungsansätze auf Tiefe statt Breite ab und suchen nach Erklärungen für zu bestimmende kausale Zusammenhänge.[129] Im Vordergrund steht nicht ein deduktives Vorgehen, das Theorien überprüft, sondern ein induktiver Ansatz, der theoretische Implikationen aufgrund empirischer Beobachtungen und explorativen Forschens aufzeigt.[130] Anstatt bestehende Konzepte in einer externen Realität zu messen und zu prüfen, wird das methodische Vorgehen von den Fragen „warum" und „wie" geprägt. Aus diesem Grunde bilden Experteninterviews mit beteiligten Akteuren einen methodischen Schwerpunkt.[131] Die Verwendung der im Rahmen leitfadengestützter Experteninterviews generierten qualitativen Daten muss begründet und reflektiert werden. Die in einem Interviewleitfaden aufgestellten Fragen bezogen sich auf folgende Kategorien:

- Ausdruck eigener Präferenzen und Interessen
- Wahrgenommene Interessen anderer Akteure
- Rechtfertigung und Begründung der eigenen Position
- Beziehungen zu anderen Akteuren
- Bekenntnisse zu Politikkohärenz
- Umsetzung und Einschränkungen von Politikkohärenz

---

128 Dies entspricht der häufg gewählten methodologischen Vorgehensweise kohärenzbezogener Studien. Vgl. Keijzer, Niels/Oppewal, Jorrit, *Learn to walk before you run? A review of methodological approaches for evaluating coherence in the field of international cooperation*, S. 18.

129 Vgl. Harrison, Lisa, *Political Research: An Introduction*, London 2001, S. 74.

130 Vgl. Brockington, Dan/Sullivan, Sian, Qualitative Research, in: Scheyvens, Regina/Storey, Donovan (Hrsg.), *Development Fieldwork: A Practical Guide*, London 2003, S. 57.

131 Vgl. Kruse, Jan, *Reader: Einführung in die qualitative Interviewforschung*, Freiburg 2009.

- Beschreibung und Nutzung bestehender Koordinationsmechanismen
- Interministerielle Netzwerkbildung und Kooperationskultur

Bei der Durchführung leitfadengestützer Experteninterviews und deren Auswertung wurden die Qualitätsstandards empirischer Sozialforschung voll umfänglich berücksichtigt.[132] Aufgrund der unterschiedlichen Akteure ergaben sich mit einem angepassten Leitfaden Gesprächsverläufe variierender Tiefe, Länge, Qualität und Meinungsstärke, wenngleich die vorher festgelegten Fragenkomplexe und damit verbundene Kategorien in der Regel erfolgreich abgearbeitet werden konnten. Gleichzeitig ermöglichten die offene Gesprächsatmosphäre und ausreichende Zeitpuffer umfassende Möglichkeiten zur überlegten und begründeten Beantwortung der Fragen. Da auf die Verwendung eines standardisierten Fragebogens verzichtet wurde, konnte von der Möglichkeit kritischer Nachfragen und einer Vertiefung neuer Aspekte ergänzend Gebraucht gemacht werden. Das persönliche Gespräch vor Ort und eine intensive Vorbereitung auf die einzelnen Gesprächspartner und deren Hintergrund steigerte die Motivation der befragten Personen und kam den Gesprächsergebnissen zugute.[133] Um die Transparenz der erhobenen Daten zu gewährleisten, werden die vollständig transkribierten Experteninterviews in einem gesonderten Anhang zur Verfügung gestellt.[134] Die angestrebte Konsistenz der Daten entspricht dem Kriterium Reliabilität quantitativer Untersuchungsinstrumente und wird sichergestellt, indem grundsätzlich korrespondierende Aussagen oder kongruente Wahrnehmungen unterschiedlicher Akteure die Grundlage für analytische Schlüsse darstellen. Unterstützend kommen Aussagen in Strategiepapieren, im Bundestag oder in den Medien hinzu. Gleichzeitig sind es ebenfalls widersprüchliche Aussagen unterschiedlicher Gesprächspartner, die einer genaueren Analyse zu unterziehen waren und besonders erklärungsbedürftig sind.[135] Schließlich ist es im Sinne der Validität entscheidend, die Messbarkeit theoreti-

---

132 Vgl. Soll, Armin, *Die Befragung*, Konstanz 2003, S. 28.

133 Vgl. ebd., S. 39–41.

134 Die Experteninterviews wurden vollständig, i.d.R. im Wortlaut, transkribiert (vgl. Kruse, Jan, *Reader: Einführung in die qualitative Interviewforschung*, S. 132) und anschließend den Interviewpartnern zur Freigabe vorgelegt. Die autorisierten Interviewtranskripte werden in einem gesonderten Anhang zur Verfügung gestellt. Im Hinblick auf die Nützlichkeit von Softwareprogrammen zur Textanalyse schließt sich der Autor folgender Einschätzung an: „[Software programs] can support the analysis of large amounts of narrative text by following your instructions in coding and categorizing your notes or your verbatim transcripts. However, unlike software for analyzing numeric data, whereby an analyst provides the input data and the computer uses an algorithm to estimate some model and proceeds to produce the output data, there is no automated algorithm when analyzing narrative data." (Yin, Robert K., *Applications of Case Study Research*, S. 15).

135 Soll, Armin, *Die Befragung*, S. 29.

scher Propositionen nachvollziehbar darzustellen. Daher wurde dem analogen Anspruch der Kommunizierbarkeit entsprochen, indem genügend Verweise auf die entsprechenden Transkripte vorliegen, um Analyseschritte und Erkenntnisgewinne überprüfbar zu machen.[136]

Abbildung 5: Prozessanalytische Ansätze[137]

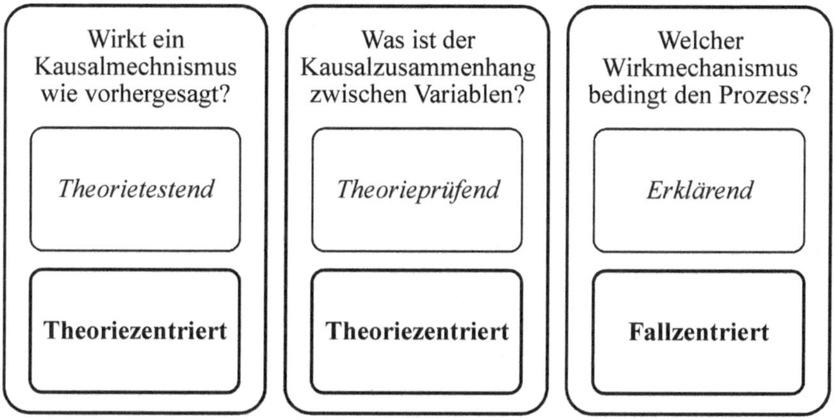

Die mit der Entstehung und Umsetzung der Rohstoffstrategie einhergehenden Herausforderungen für ein möglichst hohes Maß an Politikkohärenz wurden mithilfe der Prozessanalyse erfasst, die die Wirkmechanismen der Einflussfaktoren im Verlauf des Policy-Prozesses bündelt und erklärt (Abbildung 5).[138]

Die Prozessanalyse stellt ein geeignetes Instrument dar, um Kausalmechanismen und Wirkungszusammenhänge aufzuzeigen.[139] Gesicherte Aussagen über die Intensität und Ausprägung der Politikkohärenz hängen davon ab, ob

136 Vgl. ebd., S. 29.

137 Beach, Derek/Pedersen, Rasmus B., *Process-Tracing Methods: Foundations and Guidelines*, Ann Arbor 2013, S. 12. Eigene Übersetzung und Ergänzungen.

138 „A process-tracing-approach entails abandonment of the strategy of ‚black-boxing' the decision process. Instead, this decision-making process is the center of investigation." (George, Alexander/McKeown, Timothy, Case Studies and Theories of Organizational Decision Making, in: *Advances in Information Processing in Organizations*, Vol. 2, 1985, S. 35); vgl. außerdem Evera, Stephen v., *Guide to Methods for Students of Political Science*, Ithaca 1997, S. 74 sowie King, Gary/Keohane, Robert O./Verba, Sidney, *Designing Social Inquiry: Scientific Inference in Qualitative Research*, Princeton 1994, S. 226ff.

139 Vgl. Schneider, Volker/Wagemann, Claudius/Janning, Frank, *Methods and study types in German policy analysis*, S. 61.

und wie Wirkungen der unabhängigen Variablen bzw. Voraussetzungen für verbesserte Politikkohärenz während des gesamten Entscheidungs- und Umsetzungsprozesses verfolgt und belegt werden können. Diese stufenweise Beobachtung des Policy-Prozesses erlaubt annährungsweise Aussagen über die Kausalzusammenhänge von Ursachen für die Resultanten Intensität und Ausprägung der Politikkohärenz.[140]

Das Erkenntnisinteresse dieser Fallstudie richtet sich folglich *mittelbar* auf die Varianz der abhängigen Variablen und *unmittelbar* auf den Policy-Prozess des politisch-administrativen Systems, in dem kausale Mechanismen zur Entfaltung kommen und wirken (Abbildung 5).[141]

Im Gegensatz zu einem theorietestenden Vorgehen, das Wirkmechanismen hauptsächlich nachweist, ist das Ziel des prozessanalytischen Ansatzes das Aufspüren hinreichender Wirkmechanismen, deren theoretische Implikationen sich jedoch nicht auf den untersuchten Fall beschränken. Es ergibt sich infolgedessen die Notwendigkeit eines schrittweisen oder iterativen Vorgehens, das disagregiert sowohl induktive als auch deduktive Elemente aufweist (Abbildung 6).

Deduktiv wird dabei ein Wirkmechanismus aus einer bestehenden Theorie abgeleitet (D1), anhand der erhobenen Daten getestet (D2) und schließlich im Hinblick auf seine Erklärungskraft geprüft (D3). Ist die theoriegeleitete Erklärung nicht hinreichend, muss ein anderer oder weiterer Wirkmechanismus aus einer alternativen Theorie abgeleitet werden (D1–D3) oder auf Grundlage der empirischen Befunde eine bessere Erklärung induktiv entwickelt werden (I1–I3).[142] Letzteres ist insbesondere dann notwendig, wenn ein wie hier vorliegender Fall der Politikkohärenz bisher nicht hinreichend theoretisch erschlossen oder umfassend untersucht wurde.[143] Ausgehend von der Beobachtung man-

140 „In sum, process tracing and other subunit analyses are useful for finding plausible hypotheses about causal mechanisms which can, in turn promote decriptive generalizations and prepare the way for causal inference. But this approach must confront the full set of issues in causal analysis.“ (King, Gary/Keohane, Robert O./Verba, Sidney, *Designing Social Inquiry: Scientific Inference in Qualitative Research*, S. 228).

141 Vgl. ebd., S. 84.

142 Vgl. ebd., S. 20ff.

143 „In an explorative situation where descriptive knowledge of policies is still scarce, mere descriptions and narratives are not only legitimate but are the only way of generating knowledge for further interpretative or deductive approaches to the understanding of policy processes. An important analytical tool to point to causal mechanisms in detailed narratives of policy events is process tracing.“ (Schneider, Volker/Wagemann, Claudius/Janning, Frank, *Methods and study types in German policy analysis*, S. 61).

gelnder Politikkohärenz müssen in diesem Falle schrittweise Rückschlüsse auf die plausbilen Wirkmechanismen gezogen werden, die das Politikergebnis hinreichend erklären können.

Abbildung 6: Prozessanalytische Vorgehensweise[144]

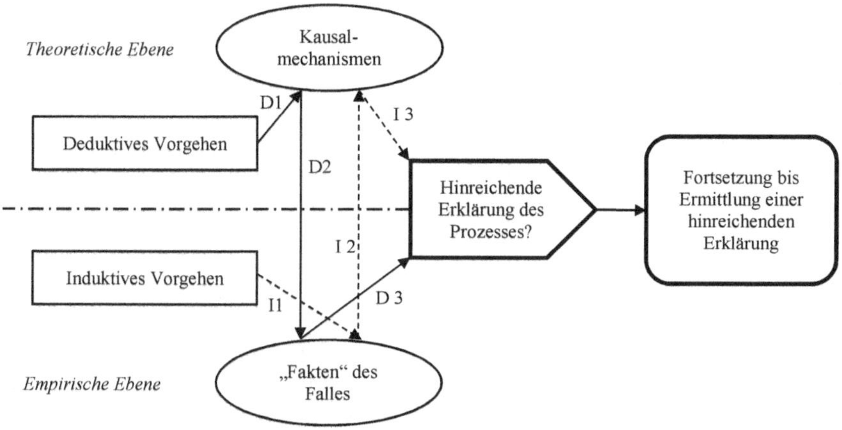

Während Einzelfallstudien angewendet werden, um ein Phänomen detailliert und unter bestimmten Umständen zu untersuchen, wären ausschließliche Erkenntnisse über diesen Einzelfall nicht ausreichend, ohne die Möglichkeit einer Generalisierbarkeit zu diskutieren.[145] Dabei muss grundsätzlich zwischen einer statistischen und analytischen Generalisierbarkeit unterschieden werden. Erstere versucht mittels statistischer Methoden kausale Zusammenhänge zu erkennen und auf eine größere Grundgesamtheit zu übertragen. Letztere dient dazu, Kausalitäten zu erklären und auf der Grundlage analytischer sowie intersubjektiv nachvollziehbarer Postulate auf andere Situationen übertragen zu können. Gemeinsam ist beiden Herangehensweisen dabei der konzeptuelle Ausgangspunkt, mithilfe theoretischer Propositionen bestimmte Ereignisse, Kausalzusammenhänge oder den Ausgang bestimmter Entscheidungsprozesse zu untersuchen. Abschließend werden die Implikationen der Befunde für sowie deren Übertragbarkeit auf andere Entitäten erörtert, die im Rahmen einer Studie nicht

144 Beach, Derek/Pedersen, Rasmus B., *Process-Tracing Methods: Foundations and Guidelines*, S. 20. Eigene Übersetzung und Ergänzungen.

145 Vgl. Evera, Stephen v., *Guide to Methods for Students of Political Science*, S. 68; vgl. Harrison, Lisa, *Political Research: An Introduction*, S. 79.

erfasst worden sind.[146] Dass dies wirkmächtig im Rahmen einer Einzelfallstudie geleistet werden kann, wird beispielsweise eindrucksvoll durch Allisons Analyse der Kuba-Krise 1962 belegt.[147] Die Generalisierbarkeit dieser Ergebnisse bezieht sich weder auf die Beziehungen zwischen den USA und Kuba bzw. der Sowjetunion noch auf den strategischen Einsatz von Langstreckenraketen, sondern liefert theoretisch und analytisch fundierte Erklärungsansätze zum Regierungshandeln in internationalen Problemlagen, die insbesondere in der Außenpolitikforschung intensiv rezipiert wurden und diese nachhaltig prägten.[148] Daher müssen Fallstudien mit einer systematischen Erhebung und Untersuchung empirischer Daten einhergehen, die zwar keine statistische, wohl aber analytische Generalisierbarkeit der Forschungsergebnisse ermöglichen.

Van Evera unterscheidet sieben Idealtypen politikwissenschaftlicher Dissertationen, die unterteilt werden können in Arbeiten, die Theorien überprüfen, anwenden, bilden oder die eine wissenschaftliche Bestandsaufnahme vornehmen. Realiter treten die Idealtypen in Hybridformen auf.[149] Diese Arbeit lässt sich einem der vorgeschlagenen Idealtypen zuordnen, weist jedoch auch Elemente der anderen Formen auf. In Ansätzen ist das gewählte Vorgehen theoriebildend, da eine solidere politikwissenschaftliche Fundierung des normativ geprägten Konzeptes der Politikkohärenz verfolgt wird. Die vorliegende Arbeit ist insofern theorietestend, als sie die Beiträge politikwissenschaftlicher Theorien zu einem besseren Verständnis von Politikkohärenz prüft. Dennoch stellt die Studie keine Mischform beider Idealtypen dar, sondern streift diese beiden Bereiche vor allem aus funktionalen Gründen.

In der Hauptsache handelt es sich um einen evaluativen oder präskriptiven Forschungsansatz, der die Politikkohärenz und somit ein wesentliches selbstgestecktes Ziel einer aktuellen Policy umfassend untersucht. Einem möglichen Vorwurf mangelnder theoretischer Fundierung ist entgegenzusetzen, dass nicht nur dem formulierten Zielsystem einer Policy hypothe-

146 Vgl. Yin, Robert K., *Applications of Case Study Research*, S 18f.

147 Vgl. Allison, Graham/Zelikow, Philip, *Essence of Decision. Explaining the Cuban Missile Crisis*, New York 1999; vgl. Allison, Graham T., Conceptual Models and the Cuban Missile Crisis, in: *The American Political Science Review,* Vol. 63, Nr. 3, 1969; vgl. Schneider, Gerald, *Die bürokratische Politik der Außenpolitikanalyse. Das Erbe Allisons im Licht der gegenwärtigen Forschungspraxis.*

148 Vgl. Yin, Robert K., *Applications of Case Study Research*, S. 18.

149 Die aus den Internationalen Beziehungen abgeleiteten und mit Ausnahme der Politischen Theorie auf andere politikwissenschaftliche Subdisziplinen übertragbaren sieben Prototypen sind theoriebildende („theory-proposing"), theorietestende („theory-testing"), auf Bestandsaufnahme ausgerichtete („stock-tacking"), präskriptive oder evaluierende („policy-evaluative or policy prescriptive"), historisch erklärende („historical explanatory"), historisch evaluierende („historical evaluative") und voraussagende („predictive") Dissertationsprojekte. Vgl. Evera, Stephen v., *Guide to Methods for Students of Political Science*, S. 91ff.

tische Annahmen zugrunde liegen, die zu berücksichtigen sind, sondern der Analyse und Bewertung einer Policy theoretische Überlegungen vorangehen, die das methodische Vorgehen prägen und entsprechend zu explizieren sind.[150]

Obwohl die gegenwärtigen Entwicklungen der Politikwissenschaft eindeutig auf Bildung und mehr noch auf Überprüfung von Theorien ausgerichtet sind (und somit der Vorwurf einer gewissen Voreingenommenheit bzw. *bias* der Disziplin nicht ungerechtfertigt zu sein scheint)[151], erfahren die Anwendung und Anwendbarkeit politikwissenschaftlicher Theorien und Erklärungsansätze in den folgenden Kapiteln besondere Aufmerksamkeit. Theorien stellen jedoch keinen Selbstzweck dar und ihr Nutzen kann nur darin bestehen, angewendet zu werden, um zu beschreiben, erklären und bewerten.[152] Folgendes ist zu vermeiden: „stumpfe[r] Wortschwall der hochspezialisierten Forschungspapiere, selbstverliebte Irrelevanz“[153].

1.5 Struktur und Aufbau der Arbeit

Um die aufgeworfene Forschungsfrage umfassend zu beantworten, orientieren sich die inhaltliche Struktur und der Aufbau der Arbeit an den bereits aufgeführten zentralen Einzelaspekten. Nach dieser Einleitung werden im zweiten Kapitel internationale rohstoffwirtschaftliche Interdependenzen herausgearbeitet, um ein grundlegendes Verständnis dafür zu entwickeln, dass zahlreiche Industrieländer in hohem Maße auf die Importe mineralischer Rohstoffe angewiesen sind und der Bergbau in vielen Förderländern ein dominierender Wirtschaftssektor mit komplexen Herausforderungen für deren Entwicklung ist.[154]

---

150 Vgl. ebd., S. 91.

151 „Specifically, political science field culture is biased toward the creation and testing of theory over other work, including the application of theory to solve policy problems and answer historical questions and the stock-taking of literature. But making and testing theories are not the only game in town. Applying theories to evaluate past and present policies and to solve historical puzzles is also worth doing. If everyone makes and tests theories but no one ever uses them, then what are they for? Theorizing is pointless if we never apply our theories to solve problems.“ (Ebd., S. 4).

152 Vgl. ebd., S. 93.

153 Grossarth, Jan, Flucht vor den Fußnoten, in: *FAZ*, Campus, 9, 11./12.01.2014, S. C8.

154 Diese Arbeit konzentriert sich auf mineralische Rohstoffe. Dies entspricht nicht nur dem Ansatz der Rohstoffstrategie, sondern ist eine analytisch sinnvolle Eingrenzung. Zahlreiche Studien sprechen häufig allgemein von Rohstoffen, thematisieren aber häufig mit energetischen Rohstoffen eine Subkategorie, ohne dies zu explizieren. Unberücksichtigt bleiben für Zukunftstechnologien wichtige Metalle und die gesamte metallverarbeitende Industrie, die in Deutschland aus rund 23.500 Betrieben und damit direkt oder indirekt verbundenen 3,4 Mil-

Aus dieser Feststellung ergeben sich für die Bundesrepublik Deutschland als viertgrößte Volkswirtschaft der Welt und drittgrößten Geber öffentlicher Entwicklungshilfe grundlegende Vorüberlegungen: Eine Rohstoffpolitik, die die mindestens mittelfristig über Importe sicherzustellende Versorgung der Wirtschaft mit mineralischen Rohstoffen verfolgt, hat immer auch Auswirkungen auf die Länder, deren Volkswirtschaften maßgeblich von extraktiven Industrien geprägt sind. Diese Länder sind nicht nur außenwirtschaftlich als Rohstofflieferanten interessant, sondern häufig auch Adressat bundesdeutscher Außen- und Entwicklungspolitik. Folglich müssen diese beiden Politikbereiche die Bedeutung des Rohstoffsektors mindestens reflektieren oder selbst rohstoffpolitisch aktiv werden. Um die daraus resultierende Frage nach der Kohärenz der angesprochenen Politikfelder oder der Entstehung, Ausgestaltung und Durchführung einer ressortübergreifenden Rohstoffpolitik beantworten zu können, wird die regelmäßig eingeforderte Politikkohärenz im dritten Kapitel politikwissenschaftlich näher konzeptualisiert. Aufbauend auf präskriptiv orientierten Beiträgen der OECD und bisherigen Operationalisierungsansätzen im entwicklungspolitischen Bereich nähert sich diese Untersuchung der Politikkohärenz aus policy-analytischer und verwaltungswissenschaftlicher Perspektive an, um die Begründung möglicher Kohärenzansprüche einzuordnen und deren Durchsetzbarkeit sowie Begrenzungen einer kohärenten Politik genauer als bisher zu erklären. Mithilfe dieses theoretischen Rüstzeugs erfolgt im vierten Kapitel die Analyse der Rohstoffstrategie der Bundesregierung als empirischer Untersuchungsgegenstand eines interministeriellen Politikansatzes. Der entsprechende Entscheidungsprozess wird zunächst als Politikzyklus dargestellt und unter Berücksichtigung des institutionellen Kontextes untersucht, der Politikkohärenz fördert oder erschwert. Das vierte Kapitel schließt mit einer vorläufigen Bewertung der Rohstoffstrategie im Hinblick auf deren anvisiertes Ziel „Sicherung einer nachhaltigen Rohstoffversorgung Deutschlands mit nicht-energetischen mineralischen Rohstoffen“ und die Implementierung einer „kohärente[n] gestaltende[n] Rohstoffaußenpolitik unter Berücksichtigung außenwirtschafts- und entwicklungspolitischer Ziele“[155]. Ausgehend von den Ergebnissen dieser Analyse zeigt die Arbeit im fünften Kapitel Perspektiven für die zukünftige Erforschung von Politikproblemen auf, die sich nicht per se mit dem vorhandenen Ressortzuschnitt bearbeiten lassen und daher ein möglichst koordiniertes Vorgehen erfordern. Aus dieser Schlussbetrachtung ergeben sich Policy-Empfeh-

---

lionen Arbeitsplätzen besteht. Vgl. Schwarz, Rüdiger, *Nationale Rohstoffstrategie – Wie Deutschland international wieder ins Spiel kommt*, S. 100.

155 Vgl. BMWi, *Rohstoffstrategie der Bundesregierung. Sicherung einer nachhaltigen Rohstoffversorgung Deutschlands mit nicht-energetischen mineralischen Rohstoffen*, S. 8.

lungen zur künftigen Koordinierung der deutschen Außen-, Wirtschafts- und Entwicklungspolitik in rohstoffpolitischen Fragen.

1.6 Arbeitsdefinitionen und Abgrenzung

In einem letzten Schritt dieser Einleitung ist möglichst konzise zu erläutern, welche Rohstoffe bei der vorliegenden Untersuchung berücksichtigt werden, wie Rohstoffpolitik definiert und im Rahmen der Analyse konzeptuell erfasst wird.

Das bereits vorgetragene politikwissenschaftliche Forschungsdesiderat kann inhaltlich-materiell dahingehend ergänzt werden, dass sich Rohstoffstudien hauptsächlich mit energetischen Rohstoffen befassen.[156] Dies ist verständlich, da die Versorgung mit Energierohstoffen ungleich einfacher popularisiert werden kann und so in der öffentlichen Wahrnehmung eine größere Rolle spielt als die Versorgung mit anderen Rohstoffen.[157] Gleichzeitig scheinen sowohl der Preis aufgrund des intensivierten Einsatzes von *Hydraulic Fracturing* in den USA als auch die Relevanz des Erdöls für Industrienationen abzunehmen. Nach Schätzungen der Internationalen Energieagentur (IEA) in Paris könnten Effizienzsteigerungen, die zunehmende Schiefergasförderung in den USA und Urbanisierungstendenzen sowie verändertes Mobilitätsverhalten den Verbrauch des schwarzen Goldes in westlichen Ländern abschwächen.[158] Obwohl mineralische Rohstoffe bei der Herstellung zahlreicher Produkte (Windkraftanlagen, Flachbildschirme, (Elektro-)autos) benötigt und dazu importiert werden (müssen), wurden der „Verbrauch und die langfristige Verfügbarkeit der minerali-

156 „Dabei fällt auf, dass die oft sehr kontroverse politische Auseinandersetzung sich ganz auf den Energiesektor konzentriert, während die Belange der übrigen Rohstoffe nur sporadisch öffentliche Aufmerksamkeit finden. Die Rohstoffpolitik segelt gleichsam im Windschatten der Energiepolitik." (Häckel, Erwin, Energie- und Rohstoffpolitik, in: Schmidt, Siegmar/ Hellmann, Gunther/Wolf, Reinhard (Hrsg.), *Handbuch zur deutschen Außenpolitik*, Wiesbaden 2007, S. 641).

157 Vgl. Ausschuss für Bildung, Forschung und Technikfolgenabschätzung, *Technikfolgenabschätzung (TA): Die Versorgung der deutschen Wirtschaft mit Roh- und Werkstoffen für Hochtechnologien – Präzisierung und Weiterentwicklung der deutschen Rohstoffstrategie*, Deutscher Bundestag Drucksache, 17/13673, Berlin 28.05.2013, S. 12; vgl. Europäische Kommission, *Critical raw materials for the EU*, S. 11.

158 Vgl. Reuter, Benjamin/Mattheis, Philipp, Trendwende im Energiemarkt: Goodbye, Öl, in: *Wirtschaftswoche (WiWo)*, 11.08.2014.

schen Rohstoffe […] bisher wenig untersucht“[159]. Da der Ressourcenbegriff uneinheitlich besetzt ist und Gefahr läuft, als „vieldeutiger Omnibus-Begriff“[160] unbrauchbar zu werden, sei nochmals angemerkt, dass diese Studie vorrangig mineralische Rohstoffe berücksichtigt. Die Konzentration auf mineralische Rohstoffe bietet sich weiterhin an, da diese im Zentrum der deutschen Rohstoffstrategie und der europäischen Rohstoffinitiative stehen. Schließlich stellen mineralische Bodenschätze häufig in Form von Exporten und den daraus generierten Devisenzuflüssen und Staatseinnahmen die wichtigste Grundlage zahlreicher Entwicklungsökonomien dar.

Einen Überblick zur Verortung mineralischer Rohstoffe ergibt sich aus der in Abbildung 7 dargelegten Ressourcensystematik. Allgemein kann zwischen Luft, Land, Wasser und Rohstoffen unterschieden werden. Rohstoffe gliedern sich entsprechend ihrer biotischen und abiotischen Ausprägung. Biotische Rohstoffe umfassen Agrar-, Fischerei- sowie forstwirtschaftliche Produkte und sind grundsätzlich erneuerbar. Mit abiotischen Rohstoffen werden energetische und mineralische Rohstoffe umschrieben, die jeweils nicht-erneuerbar sind. Die energetischen Rohstoffe oder fossilen Brennstoffe umfassen Kohle (Stein-, Kessel-, Koks-, Braunkohle), Erdgas, Erdöl, Ölsande, Ölschiefer, Torf und Uran[161]. Im Gegensatz dazu besteht die Gruppe der mineralischen oder nicht-energetischen Rohstoffe aus den drei Untergruppen Baurohstoffe, Industrieminerale sowie Erze.[162] Baurohstoffe sind in der Hauptsache Sand, Kies, Steine, Erden und Granite. Bei diesen Nichtmetallrohstoffen besteht in der Bundesrepublik Deutschland keine erhöhte Notwendigkeit zum Import, da der nicht unerhebliche Eigenbedarf durch die heimische Produktion gedeckt werden kann.[163]

159 Viebahn, Peter et al., *Kritische mineralische Ressourcen und Stoffströme bei der Transformation des deutschen Energieversorgungssystems,* Abschlussbericht an das Bundesministerium für Wirtschaft und Energie (BMWi), Wuppertal 2014, S. 25.

160 Nuscheler, Franz, *Ressourcenarmut – „Ressourcenfluch“ – Ressourcenkonflikte*, S. 220.

161 Aus mineralogischer Sicht ist Uran (genauso wie Thorium oder Radium) ein mineralischer Rohstoff, der zur Gruppe der Erze der Actiniden (Kernbrennstoffe) gehört. Vgl. Okrusch, Martin/Matthes, Siegfried, *Mineralogie: Eine Einführung in die spezielle Mineralogie, Petrologie und Lagerstättenkunde*, S. 64.

162 Vgl. Tiess, Guenter, *Rohstoffpolitik in Europa: Bedarf, Ziele, Ansätze*, Wien, New York 2009, Kapitel 1.1. Eine andere Kategorisierung fasst Eisen und Stahlveredler, Nichteisenmetalle, Edelmetalle, Industrieminerale *sowie* Energierohstoffe als mineralische Rohstoffe zusammen (vgl. Reichl, C. S., M./Weber, L./Zsak, G., *Welt-Bergbau-Daten,* Wien 2011, S. 1f.). Da sich die Analyse im Schwerpunkt mit den Erzen und Industriemineralen befasst, wurde auf eine Systematik zurückgegriffen, die eine differenzierte Betrachtung mineralischer Rohstoffe ermöglicht.

163 Vgl. Pilarsky, Günter, *Wirtschaft am Rohstofftropf: Der Kampf um die wichtigsten mineralischen Ressourcen,* S. 14.

Dementsprechend bilden Baurohstoffe keinen Schwerpunkt der Rohstoffstrategie und bleiben als eigene Kategorie im Rahmen der Analyse weitestgehend unberücksichtigt.[164] Zentral sind dagegen *Industrieminerale und Erze.*

Abbildung 7: Darstellung und Eingrenzung der verwendeten Ressourcensystematik[165]

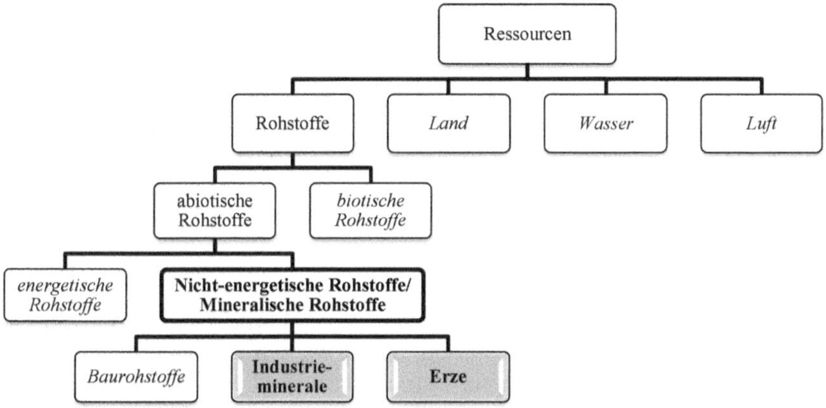

Erze beinhalten nicht nur Erzminerale in einem mineralogischen Sinne (z.B. Chromit), sondern entsprechend eines lagerstättenkundlichen Verständnisses „metallhaltige Gesteine und Mineralgemenge, aus welchen mit technischen Methoden und mit wirtschaftlichen Nutzen Metalle oder deren Verbindungen gewonnen werden können"[166]. Wesentliches Merkmal ist mit anderen Worten ein Verhüttungsprozess, um Erze in elementare Metalle umzuwandeln und weiterzuverarbeiten.[167] Erze werden aus technisch-wirtschaftlichen Aspekten in sechs Gruppen unterteilt: Eisenmetalle, Nichteisenmetalle, Leichtmetalle, Edelmetalle, Lanthaniden, Actiniden (Tabelle 1).

164 Vgl. Erdmann, Lorenz/Behrendt, Siegfried/Feil, Moira, *Kritische Rohstoffe für Deutschland*, Berlin 2011, S. 23.

165 Vgl. ebd., S. 17f.; vgl. Tiess, Guenter, *Rohstoffpolitik in Europa: Bedarf, Ziele, Ansätze*, S. 1f.; eigene Darstellung und Ergänzungen.

166 Ebd., S. 1.

167 Vgl. Neukirchen, Florian/Ries, Gunnar, *Die Welt der Rohstoffe: Lagerstätten, Förderung und wirtschaftliche Aspekte*, Berlin 2014, S. 340.

Tabelle 1: Technisch-wirtschaftliche Systematik der Erze[168]

Eisenmetalle	Nichteisenmetalle	Leichtmetalle	Edelmetalle	Lanthaniden	Actiniden
Eisen Fe	Kupfer Cu	Aluminium Al	Gold[169] Au	Seltenerd-Elemente: z.B.	Kernbrennstoffe:
Stahlveredler:	Blei Pb	Magnesium Mg	Silber Ag	Lanthan La	Uran U
Mangan Mn	Zink Zn	Beryllium Be	Platingruppen-Elemente (PGE):	Cer Ce	Thorium Th
Nickel Ni	Cadmiun Cd		Platin Pt,	Neodym Nd	Radium Ra
Kobalt Co	Zinn Zn		Platinmetalle:	Samarium Sm	
Chrom Cr	Quecksilber Hg		Ruthenium Ru		
Vanadium V	Arsen As		Rhodium Rh		
Titan Ti	Antimon Sb		Palladium Pd		
Molybdän Mo	Wismut Bi		Osmium Os		
Rhenium Re	Gallium Ga		Iridium Ir		
Wolfram W	Indium In				
Niob Nb	Tellur Tl				
Tantal Ta	Silicium Si				
Zirkonium Zr	Germanium Ge				
Hafnium Hf					
Tellur Te					

Im Gegensatz zu den Erzen zählen die *Industrieminerale* genauso wie die Baurohstoffe zu den Nichtmetallrohstoffen. Somit werden aus ihnen keine Metalle hergestellt, sondern diese Minerale werden direkt in industriellen Produktionsprozessen eingesetzt.[170] Industrieminerale und Erze bilden für diese Studie die beiden zentralen Kategorien mineralischer Rohstoffe, da beide im Mittelpunkt der Rohstoffstrategie der Bundesregierung stehen.

Die vorgenommene Verortung mineralischer Rohstoffe ist durch folgende Merkmale zu ergänzen und von den Begriffen *Grundstoff* und *Wertstoff* abzugrenzen, um unscharfen Begriffsverwendungen vorzubeugen. Mineralische Rohstoffe befinden sich in der Erdkruste und sind Bestandteil von ihr. Sie werden wirtschaftlich nachgefragt und stellen „Gewinnungsprodukte des Bergbaus“[171] dar. Unter Bergbau sei daher allgemein der „Abbau wirtschaftlich ver-

168 Vgl. Okrusch, Martin/Matthes, Siegfried, *Mineralogie: Eine Einführung in die spezielle Mineralogie, Petrologie und Lagerstättenkunde*, S. 64. Eigene Darstellung.

169 Dass Gold ein seltenes Edelmetall ist, lässt sich mit Hilfe eines Vergleiches veranschaulichen: Die Menge des pro Stunde und weltweit hergestellten Stahls entspricht der Menge des während der gesamten Menschheitsgeschichte geförderten Goldes. Vgl. Goldcorp, *The 2014 Gold Series*, 24.02.2014. Online einzusehen unter http://www.visualcapitalist.com/gold-series-sought-metal-earth-part-1-5/, zuletzt aufgerufen am 14.05.2015.

170 Vgl. Tiess, Guenter, *Rohstoffpolitik in Europa: Bedarf, Ziele, Ansätze*, S. 2. Zu den Industriemineralen zählen Asbest, Baryt, Bentonit, Bominerale, Diamant, Feldspat, Flussspat, Gips, Talk, Glimmer, Grafit, Guano, Kalisalz, Baolin, Magnesit, Perlit, Phosphat, Salz, Schwefel, Vermikulit, Zirkon (vgl. Reichl, C. S., M./Weber, L./Zsak, G., *Welt-Bergbau-Daten*, S. 2).

171 Ebd., S. 2.

wertbarer Bodenschätze in Bergwerken“[172] verstanden. Der Bergbau setzt sich aus „Prospektion, also der Suche nach Lagerstätten von Bodenschätzen, Exploration, der geologischen Erkundung eines durch Prospektion identifizierten Gebiets, Abbau der Bodenschätze sowie Aufbereitung der gewonnenen Erze“[173] zusammen. In der Phase der Aufbereitung werden unbrauchbare Bestandteile eines Erzes ab- und in verschiedene Erzkonzentrate aufgetrennt.[174] Von Rohstoffen zu unterscheiden sind *Grundstoffe*, die als Produkte der „Weiterverarbeitung von mineralischen Rohstoffen bis einschließlich der ersten handelsüblichen Bearbeitungsstufe“[175] gelten. In diesem Sinne ist die gelegentlich synonyme Verwendung des unter Umständen wohlklingenderen Begriffes Grundstoffe zur Beschreibung von Rohstoffen unpräzise.[176] Schließlich ist von einem *Wertstoff* die Rede, wenn der „tatsächlich nutzbare Inhalt eines bestimmten mineralischen Rohstoffes“[177] angesprochen wird.

Ferner muss im Hinblick auf eine möglichst präzise Argumentation zwischen *Reserven* und *Ressourcen* unterschieden werden (Abbildung 8): Während unter Reserven „gesicherte Vorkommen, die zur gegebenen Marktlage und Technik profitabel gefördert werden können“[178], verstanden werden, gelten Ressourcen umfassender als „Rohstoffvorkommen einschließlich derzeit nicht profitabler oder nur vermuteter Vorkommen“[179]. Mit anderen Worten wird zwischen „bauwürdigen“ Reserven und (identifizierten sowie noch unentdeckten) Ressourcen differenziert.

---

172 Pilarsky, Günter, *Wirtschaft am Rohstofftropf: Der Kampf um die wichtigsten mineralischen Ressourcen*, S. 99.

173 Ebd., S. 99.

174 Vgl. Neukirchen, Florian/Ries, Gunnar, *Die Welt der Rohstoffe: Lagerstätten, Förderung und wirtschaftliche Aspekte*, S. 333.

175 Reichl, C. S., M./Weber, L./Zsak, G., *Welt-Bergbau-Daten*, S. 2.

176 So befasst sich beispielsweise die Abteilung *Grundstoffindustrie* der *Deutschen Investitions- und Entwicklungsgesellschaft* (DEG) unter anderem mit der Förderung klassischer Bergbauprojekte diesseits der Weiterverarbeitung. Vgl. KfW IPEX-Bank, *Überblick: Rohstoffversorgung sichern, Wirtschaft stärken*, 03.02.2014. Online einzusehen unter https://www.kfw-ipex-bank.de/Internationale-Finanzierung/KfW-IPEX-Bank/Gesc h%C3%A4ftssparten/Grundstoffindustrie/, zuletzt aufgerufen am 14.05.2015. Unsere niederländischen Nachbarn unterscheiden zumindest nicht begrifflich zwischen Roh- und Grundstoff, sondern sprechen einfach von *de grondstof* (vgl. http://www.vandale.nl/).

177 Reichl, C. S., M./Weber, L./Zsak, G., *Welt-Bergbau-Daten*, S. 2.

178 Neukirchen, Florian/Ries, Gunnar, *Die Welt der Rohstoffe: Lagerstätten, Förderung und wirtschaftliche Aspekte*, S. 338.

179 Ebd., S. 117.

Abbildung 8: McKelvey-Diagramm zur Abgrenzung von Reserven und Ressourcen[180]

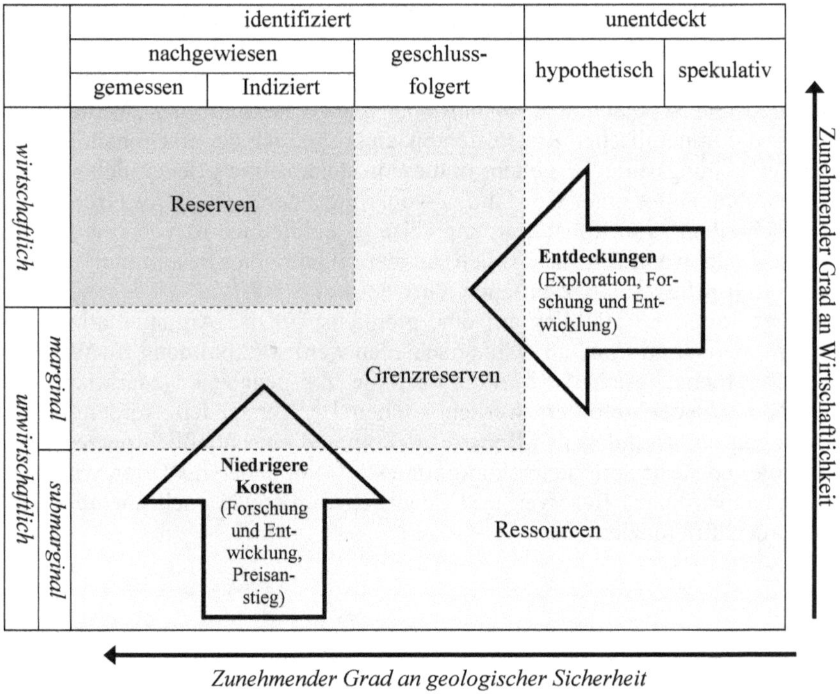

Die Grenzen zwischen Reserven und Ressourcen verlaufen nicht statisch, sondern dynamisch und sind eine Funktion der Bodenschätze der Erde und menschlicher Kreativität.[181] Dabei ist die Quantität der Ressourcen unveränderbar, während das Rohstoffpotenzial der Erde aus Sicht der Deutschen Rohstoffagentur „noch weitgehend unbekannt“ [182] bzw. „nur ein Bruchteil der bestehen-

180 Wacker, Holger/Blank, Jürgen E., *Ressourcenökonomik. Einführung in die Theorie erschöpfbarer natürlicher Ressourcen*, München, Wien 1999, S. 5; vgl. Bosson, Rex/Varon, Bension, *The Mining Industry and the Developing Countries*, S. 217.

181 Vgl. Bosson, Rex/Varon, Bension, *The Mining Industry and the Developing Countries*, Oxford 1978, S. 252.

182 Liedtke, Maren, *Verfügbarkeit mineralischer Rohstoffe (Ostdeutsches Rohstoffsymposium: 12.–13. November 2012, Halle)*, Hannover 2012, S. 22.

den geologischen Rohstoffpotenziale überhaupt bekannt"[183] sei. Prognosen über das Ende der Verfügbarkeit bestimmter Rohstoffe erscheinen daher genauso populär wie ungenau und erlauben keine Aussagen über wirtschaftliche oder gesellschaftliche Kosten sowie Umweltbelastungen, die für Investitionsentscheidungen und damit für eine tatsächliche Extraktion bzw. die Bergbauproduktion entscheidend sind.[184]

Infolge einer Verknappung der Reserven durch erhöhten Verbrauch bei gleichbleibender Produktion kommt es in der Regel zu einem Preisanstieg. Dies induziert auf der Nachfrageseite neben einem sparsameren Verbrauch und der Suche nach Substitutionsmöglichkeiten häufig die Entwicklung neuer Technologien. Auf der Angebotsseite entstehen Anreize zu gesteigerten Explorationsaktivitäten und höheren Investitionen.[185] Dies vergrößert die Reserven und führt idealiter wieder zu einem Gleichgewicht von Angebot und Nachfrage.[186] Nach Einschätzung der Bundesanstalt für Geowissenschaften und Rohstoffe (BGR) sei „[d]ie Wahrscheinlichkeit, auch heute wirtschaftlich abbaubare, neue Rohstoffvorkommen zu finden oder bekannte Vorkommen wirtschaftlich nutzen zu können, [...] hoch und maßgeblich eine Frage der Zugänglichkeit, der Höhe der Explorationskosten, der Investitionen in den Bergbau, des technologischen Fortschritts und des Rohstoffpreises"[187].

Diese notwendige Differenzierung von Reserven und Ressourcen lässt sich am Beispiel der Seltenen Erden nachvollziehen: Seit Anfang der 1990er wird die Produktion der Seltenen Erden mit „Chinesische Ära" überschrieben, da die Volksrepublik China das marktdominierende Förderland und Bayan Obo in der

---

183 Huy, Dieter et al., *Deutschland: Rohstoffsituation 2012*, S. 12.

184 „[R]eliable estimates of the total amount of any metal that may be available in the Earth's crust are not in place." (Graedel, T. E./Gunn, Gus/Espinoza, Luis T., Metal resources, use and criticality, in: Gunn, Gus (Hrsg.), *Critical Metals Handbook*, Chichester 2014, S. 6).

185 In diesem Sinne werden wieder verstärkt die Potenziale des Tiefseebergbaus diskutiert. Bei der „Industrialisierung des Meeresbodens" stehen Manganknollen (Mangan, Eisen, Nickel, Kupfer, Titan) und Massivsulfide in der Umgebung sogenannter „Schwarzer Raucher" im Mittelpunkt. Das BMWi stellte 2011 einen „Nationalen Masterplan Maritime Technologien" vor, der u.a. die Bedeutung mariner mineralischer Rohstoffe hervorhebt (vgl. N.N., Steigendes Interesse an Rohstoffen im Meer, in: *NZZ*, 20.02.2014; vgl. Schröder, Tim, Goldgräberstimmung am Meeresboden, in: NZZ, 23.07.2014; vgl. Latimer, Cole, *Seven new underwater mining licences issued*, 24.07.2014. Online einzusehen unter http://www.ferret.com.au/articles/news/seven-new-underwater-mining-licences-issued-n2516104, zuletzt aufgerufen am 14.05.2015; vgl. Bundesverband der Deutschen Industrie e. V. (BDI), *Positionspapier: Die Chancen des Tiefseebergbaus für Deutschlands Rolle im Wettbewerb für Rohstoffe*, Berlin 2014).

186 Vgl. Wellmer, Friedrich-W., *Rohstoffgewinnung auf dem Prüfstand: Wie schaut es um unsere Ressourcen in der Zukunft aus?* Hannover 2013, S. 27 u. 38f.

187 Huy, Dieter et al., *Deutschland: Rohstoffsituation 2012*, S. 12.

Inneren Mongolei (Autonomes Gebiet der VR China) die weltgrößte Lagerstätte für Seltenerdelemente ist. Entsprechend Deng Xiaopings Feststellung, dass Seltene Erden dieselbe Bedeutung für China haben wie Erdölvorkommen für den Nahen Osten, produzierte die Volksrepublik 2011 rund 95 Prozent der Seltenen Erden weltweit.[188] Abgeschlagen folgte die Bergwerksförderung in den USA (3,5 Prozent), Russland (1,4 Prozent) und Indien (< 0,1 Prozent). Trotzdem befinden sich lediglich rund zwei Drittel der Reserven, das heißt der identifizierten und wirtschaftlich abbaubaren Seltenen Erden, im Reich der Mitte.[189] Vor allem billige Seltenerdelemente (SEE) aus China führten dazu, dass für andere Länder keine Anreize für eigene Förderung Seltener Erden bestanden.[190] Eine umfassende und längerfristige Bewertung Chinas bzw. der Verfügbarkeit Seltener Erden muss jedoch ebenfalls die Verteilung der Ressourcen, das heißt der vermuteten und noch nicht wirtschaftlich abbaubaren Rohstoffe, berücksichtigen. Immerhin werden noch etwas mehr als 20 Prozent der Ressourcen in China vermutet, während Australien (Mount Veld), die USA (Mountain Pass), Russland, Brasilien, Malawi, Kanada und insbesondere Grönland (Kvanefjeld) als zukünftige Förderländer gelten.[191] Steigende Preise lassen möglicherweise auch SEE-Projekte im sächsischen Storkwitz oder in japanischen Hoheitsgewässern attraktiv erscheinen.[192] Jedoch sind ein erheblicher finanzieller Aufwand und ein zeitlicher Vorlauf von sechs bis zehn Jahren für die Erschließung dieser alternativen Vorkommen notwendig.[193] Hinzu kommt die Frage nach der Weiterverarbeitung, die im Falle der Förderung, Trennung, Verhüttung und Le-

188 Vgl. Neukirchen, Florian/Ries, Gunnar, *Die Welt der Rohstoffe: Lagerstätten, Förderung und wirtschaftliche Aspekte*, S. 14.

189 Vgl. Hilpert, Hanns G./Kröger, Antje E., *Chinesisches Monopol bei Seltenen Erden: Risiko für die Hochtechnologie*, S. 6. „[D]ie derzeitige regionale Fokussierung der Versorgung erscheint unnötig." (Gutzmer, Jens/Klossek, Andreas, Die Versorgung mit wirtschaftskritschen Rohstoffen – Eine Ursachensuche und -analyse, in: Kausch, Peter/Bertau, Martin/Gutzmer, Jens/Matschullat, Jörg (Hrsg.), *Strategische Rohstoffe – Risikovorsorge*, Berlin 2014, S. 70).

190 In diese „Abhängigkeit haben sich die westlichen Industrienationen durch Untätigkeit in den letzten Jahrzehnten freiwillig hineinbegeben". Ebd., S. 69f.

191 Vgl. Steinbach, Volker, *Ohne Rohstoffe ist alles nichts! – Rohstoffversorgung als Langfristaufgabe für die Zukunftssicherung des Technologiestandortes Deutschland*, Halle 2012, S. 22–25; vgl. Hilpert, Hanns G./Kröger, Antje E., *Chinesisches Monopol bei Seltenen Erden: Risiko für die Hochtechnologie*, S. 8. Zu den damit verbundenen Dynamiken in einer Region wie Grönland vgl. Fletcher, James, *Greenland: To Dig or Not to Dig?*

192 Vgl. Neukirchen, Florian/Ries, Gunnar, *Die Welt der Rohstoffe: Lagerstätten, Förderung und wirtschaftliche Aspekte*, S. 14.

193 Vgl. Hilpert, Hanns G./Kröger, Antje E., *Chinesisches Monopol bei Seltenen Erden: Risiko für die Hochtechnologie*, S. 6.

gierung der Seltenen Erden gegenwärtig von den Chinesen betrieben und dominiert wird.[194]

Schließlich ist dem Leser an dieser Stelle sowohl eine Definition von Rohstoffpolitik als auch die begründete Perspektive dieser Arbeit auf die Rohstoffpolitik darzulegen. Rohstoffpolitik kann in zweierlei Hinsicht definiert werden. Zunächst ist Rohstoffpolitik im engeren Sinne einer klassischen Sektorpolitik als „Politik zur Sicherung der Versorgung (der Industrie) mit mineralischen Rohstoffen zu definieren“[195]. Eine Definition im weiteren Sinne berücksichtigt darüber hinaus die Schnittstellen zu anderen Politikfeldern und umfasst „somit eine Politik zur Sicherung der Versorgung (der Industrie) mit Rohstoffen *und* die Summe weiterer Teilpolitiken, die insgesamt einen wesentlichen Beitrag zur Versorgungssicherung leisten“[196]. Diese Definition erweist sich insbesondere im Hinblick auf die deutsche Ministerialbürokratie als hilfreich, da rohstoffpolitische Aufgaben anders als beispielsweise in Kanada (*Ministry of Natural Resources*) oder Südafrika (*Department of Mineral Resources*) nicht in einem eigenen Ministerium gebündelt, sondern von mehreren Ministerien wahrgenommen werden müssen. Wesentliche Voraussetzung für eine in diesem Sinne erfolgreiche Rohstoffpolitik ist daher, dass rohstoffpolitische Konzepte „kohärent [...] mit den tangierten Staatspolitiken“[197] sind. Die notwendige Kohärenz bzw. das Zusammenhängen mehrerer Politikfelder im Sinne einer Rohstoffpolitik verdeutlichte die Europäische Kommission 2014: Neben einer europäischen Rohstoffdiplomatie komme es auf die gemeinsame Handelspolitik, die Förderung europäischen Rohstoffabbaus, höhere Recyclingraten in den einzelnen Mitgliedsstaaten sowie verbesserte Ressourceneffizienz an.[198]

Wie bereits erwähnt, untersucht diese Arbeit Politikkohärenz nicht nur im Sinne einer rohstoffpolitischen Zielvorstellung, sondern im Hinblick auf Ausprägung und Intensität einer ressortübergreifenden Rohstoffpolitik als Ergebnis interministerieller Koordinierung und einer gemeinsamen Politikumsetzung durch beteiligte Politikbereiche mit jeweils eigenen legitimen Zielsystemen. Dieses Erkenntnisinteresse erfordert einen dezidierten Fokus auf die Prozesse innerhalb des politisch-administrativen Systems, um die „von Regierung und Parlament ausgewählte und von der Verwaltung umgesetzte politische Hand-

---

194 „Lediglich im Bereich der Legierung gibt es für chinesische Betriebe überhaupt noch ausländische Wettbewerber. Japanische Unternehmen halten in diesem Segment etwa 20 bis 25 Prozent Marktanteil.“ (Ebd., S. 7).

195 Tiess, Guenter, *Rohstoffpolitik in Europa: Bedarf, Ziele, Ansätze*, S. 110.

196 Ebd., S. 111.

197 Ebd., S. 111.

198 Vgl. Europäische Kommission, *Große Herausforderung für die Industrie der EU: 20 kritische Rohstoffe*, Pressemitteilung, 26.05.2014.

lungsperspektive“[199] möglichst genau zu erfassen. Legt man das in Abbildung 9 dargestellte umfassende Verständnis einer Rohstoffpolitik zugrunde, konzentriert sich diese politikwissenschaftliche Studie konsequent auf „die Politik“ bzw. staatliche Institutionen und berücksichtigt mittelbar die übrigen Teilsysteme Wirtschaft, Gesellschaft sowie Wissenschaft. Aufgrund der hohen Importabhängigkeit der Bundesrepublik Deutschland von mineralischen Rohstoffen kommt hinzu, dass eine Rohstoffpolitik zwar nationalstaatlich formuliert werden kann, aber nach Colschen „im europäischen Rahmen zu organisieren und im globalen Kontext zu realisieren“[200] sei. Das folgende Kapitel trägt in einem ersten Analyseschritt die globalen wechselseitigen Abhängigkeiten im Rohstoffbereich zusammen.

Abbildung 9: Bestandteile einer Rohstoffpolitik[201]

199 Kevenhörster, Paul, *Politikwissenschaft. Band 1: Entscheidungen und Strukturen der Politik*, S. 388.

200 Colschen, Lars C., *Deutsche Außenpolitik*, Paderborn 2010, S. 252.

201 Vgl. Steinbach, Volker, *Ohne Rohstoffe ist alles nichts! – Rohstoffversorgung als Langfristaufgabe für die Zukunftssicherung des Technologiestandortes Deutschland*, S. 36.

2. Globale rohstoffpolitische Interdependenzen

> „Zwei Faktoren, ein äußerer und ein innerer, halfen Schweden, schnell aus diesen wenig versprechenden Anfängen aufzusteigen. Der erste Faktor waren die ausländischen Unternehmer, insbesondere die Niederländer, aber auch Deutsche und Wallonen, für die Schweden ein vielversprechendes ‚unterentwickeltes' Land darstellte, das mit Rohstoffen wie Nutzholz, Eisen und Kupfererzen reich gesegnet war. [...] Der innere Faktor bestand aus der wohlbekannten Serie von Reformen, die Gustav Adolf und seine Helfer eingeleitet hatten. Die Gerichtshöfe, die Schatzkammer, das Steuersystem, die Zentralverwaltung und das Erziehungswesen waren nur einige Bereiche, deren Leistungsfähigkeit in dieser Zeit erhöht wurde. Der Adel wurde aus seinen Fehden heraus in den Staatsdienst geführt. Das religiöse Zusammengehörigkeitsgefühl war gesichert. Lokale und zentrale Verwaltungen schienen zu funktionieren."[202]

Das historische Beispiel der Entwicklung Schwedens belegt eindrucksvoll das transformative Potenzial reicher Rohstoffvorkommen unter bestimmten inneren und äußeren Voraussetzungen. Diese anekdotische Evidenz beschränkt sich dabei nicht auf den europäischen Kontinent. Bereits im 11. Jahrhundert produzierte die Eisenindustrie in Nordchina jährlich rund 125.000 Tonnen und übertraf damit den Eisenerzausstoß in England während der einsetzenden Industriellen Revolution in der zweiten Hälfte des 18. Jahrhunderts.[203] Auf dem Gebiet des heutigen Südafrika wurde ab dem Jahr 800 Kupfer in Bergbaustadt Musina gewonnen und während der Blütezeit des Handelszentrums Mapungbuwe zwischen 1030 und 1290 nach Ostafrika und China exportiert.[204] Im vorkolonialen Namibia wurde in den Kupferlagerstätten der Region Otavi Erz abgebaut und in die heutigen Nachbarländer verkauft.[205] Silber- und Zinnvorkommen ließen die Andenstadt Potosí am Fuß des Cerro Rico (dt. Reicher Berg) zu einer wohlhabenden und einer der größten Städte des 17. Jahrhunderts werden. Zwischen

---

202 Kennedy, Paul, *Aufstieg und Fall der großen Mächte: Ökonomischer Wandel und militärischer Konflikt 1500–2000*, Frankfurt am Main 2002, S. 116.

203 Vgl. ebd., S. 33.

204 Vgl. Konrad-Adenauer-Stiftung, *Südafrika: Länderprofil*, Johannesburg 2013, S. 2.

205 Vgl. Mischo, Helmut, Lagerstätten Seltener Erden in Namibia, in: Kausch, Peter/Bertau, Martin/Gutzmer, Jens/Matschullat, Jörg (Hrsg.), *Strategische Rohstoffe – Risikovorsorge*, Berlin 2014, S. 123.

1550 und 1650 erfolgte rund die Hälfte der Silberproduktion in der Neuen Welt am Cerro Rico. Noch heute wird das spanische Sprichwort „*vale un Potosí*“ (etwa „Es ist ein Vermögen wert“) verwendet, während Potosí seit dem wirtschaftlichen Niedergang zu einer der ärmsten Regionen Boliviens zählt.[206]

Gemeinsames Merkmal dieser Entwicklungen sind jeweils wechselseitige Abhängigkeiten zwischen verschiedenen wirtschaftlichen und politischen Entitäten im Rohstoffbereich. Um diese rohstoffpolitischen Interdependenzen zu begründen, untersucht das Kapitel deren Implikationen für rohstoffreiche und rohstoffarme Länder.[207] Für rohstoffreiche Länder ergeben sich zwei überragende Herausforderungen. Einerseits bedarf es inklusiver staatlicher Institutionen, um eine entwicklungsorientierte Allokation der Einnahmen im Rohstoffsektor zu garantieren.[208] Andererseits müssen Verbindungen zwischen extraktiven Industrien und anderen Wirtschaftsbereichen hergestellt werden, um langfristig den Enklavencharakter des Bergbaus zu überwinden.[209] Für Länder, die in hohem Maße auf Rohstoffeinfuhren angewiesen sind, muss nicht nur der konkrete Bedarf an bestimmten Rohstoffen, sondern auch der Einsatz geeigneter rohstoffpolitischer Instrumente ermittelt werden. Daraus leiten sich wesentliche Schlussfolgerungen für die weitere Studie ab, die im Ergebnis Aussagen über die Intensität und Ausprägung der Politikkohärenz im Rohstoffsektor trifft. Anders formuliert sind umfassende Kenntnisse über wechselseitige rohstoffpolitische Abhängigkeiten wesentliche Voraussetzung für die Umsetzung und die Analyse einer möglichst kohärenten Rohstoffpolitik.

---

206 Vgl. Wright, Lawrence, Lithium Dream: Can Bolivia become the Saudi Arabia of the electric-car era? in: *The New Yorker*, 22.10.2010.

207 Das Unterkapitel 2.1 baut auf eigenen Vorarbeiten auf. Vgl. dazu Laag, Benjamin, Entwicklungspolitische Implikationen der Rohstoffpolitik, in: Laag, Benjamin/Obermeyer, Janina-Lorena (Hrsg.), *Europa in der Verantwortung: Entwicklungspolitische Herausforderungen und Perspektiven,* Münster 2013, S. 124–142.

208 Zur Bedeutung und Konzeption inklusiver staatlicher Institutionen als zentrale Voraussetzung für Entwicklung vgl. Acemoglu, Daron/Robinson, James A., *Why Nations Fail: The Origins of Power, Prosperity, and Poverty*, New York 2012, S. 398f.

209 Der damit zusammenhängende Begriff der Kopplungseffekte (*linkages*) geht zurück auf Albert O. Hirschmann. Vgl. Hirschmann, Albert O., *Entwicklung, Markt und Moral*, Frankfurt am Main 1993, S. 153 u. 163f.; vgl. Hirschman, Albert O., A generalized linkage approach to development, with special reference to staples, in: Hirschman, Albert O. (Hrsg.), *Essays in Trespassing. Economics to Politics and Beyond,* Cambridge 1981, S. 96f.

2.1 Fluch und Segen des Rohstoffreichtums

Neben den oben aufgeführten historischen Beispielen zeigen gegenwärtig Norwegen oder Kanada, aber ebenso Botswana und in zunehmendem Maße auch Chile oder Malaysia, dass sich eigener Rohstoffreichtum als segensreich für die eigene Entwicklung erwiesen hat oder erweist.[210] Aus Sicht der Weltbank sind natürliche Ressourcen mindestens ein „wertvoller Aktivposten"[211].

Da jedoch 75 Prozent der weltweit als arm eingestuften Bevölkerung in rohstoffreichen Staaten lebt und Rohstoffabbau in rund 50 Entwicklungsländern den wichtigsten Wirtschaftsfaktor darstellt, lässt sich gleichzeitig ein Zusammenhang zwischen Armut und Rohstoffreichtum konstatieren.[212]

Der populäre Begriff des *Ressourcenfluchs* bildet die Klammer für die negativen Auswirkungen des Rohstoffreichtums wie schlechte Regierungsführung, Korruption, politische Repression, Arbeitslosigkeit und ungünstige Handelsbedingungen bzw. Austauschrelationen (*Terms-of-Trade*) für Primärgüter.[213] Der Wirtschaftsgeograph Auty prägte den Begriff des Ressourcenfluchs durch seine 1993 veröffentlichte Studie *Sustaining Development in Mineral Economies: The Resource Curse Thesis*. In dieser Untersuchung wird die wirtschaftliche Entwicklung unterschiedlicher Länder während der Rohstoffhausse 1971 bis 1983 verglichen. Auty belegt, dass rohstoffreiche Länder ein niedrigeres Wirtschaftswachstum aufweisen als Länder ohne größere Rohstoffvorkommen.[214] Zu ähnlichen Ergebnissen kam 1995 die einflussreichreiche Studie *Natural Resource Abundance and Economic Growth*, die ebenfalls geringe Wachstumsraten für Länder mit hohen Rohstoffexporten nachwies und wichtige Erkenntnisse über den Zusammenhang von Rohstoffreichtum und Wirtschafts-

---

210 Vgl. Mehlum, Halvor/Moene, Karl/Torvik, Ragnar, *Cursed by Resources or Institutions?* Working Paper Series, 10, Trondheim 2005, S. 1; vgl. Grynspan, Rebeca, *Speech at the Security Council Thematic Open Debate on Conflict Prevention and Natural Resources*, 19.06.2013. Online einzusehen unter http://www.undp.org/content/undp/en/home/presscenter/speeches/2013/06/19/rebeca-grynspan-speech-at-the-security-council-thematic-open-debate-on/, zuletzt aufgerufen am 14.05.2015.

211 International Bank for Reconstruction and Development, *Weltentwicklungsbericht 2005: Ein besseres Investitionsklima für Jeden*, Washington D.C. 2004, S. 51.

212 Vgl. BMZ, *Entwicklungsfaktor extraktive Rohstoffe*, S. 3.

213 Vgl. Brzoska, Michael, Ressourcen als Konfliktursache: Knappheit und Überfluss, in: Schneckener, Ulrich/Scheliha, Arnulf v./Lienkamp, Andreas/Klagge, Britta (Hrsg.), *Wettstreit um Ressourcen: Konflikte um Klima, Wasser und Boden*, München 2014, S. 35.

214 Vgl. Auty, Richard M., *Sustaining Development in Mineral Economies: The Resource Curse Thesis*, S. 5.

wachstum lieferte.[215] Eine Reihe weiterer Untersuchungen bestätigte, dass die wirtschaftliche Entwicklung in Ländern ohne nennenswerte Bodenschätze häufig günstiger verläuft als in rohstoffreichen Ländern.[216]

Dieses Paradoxon des Überflusses (*Paradox of Plenty*) ist auf ökonomische und politisch-institutionelle Defizite in rohstoffreichen Ländern zurückzuführen. Beide Erklärungsansätze werden nachfolgend erläutert und kritisch gewürdigt:

Der wirtschaftliche Erklärungsansatz basiert auf einer makroökonomischen Perspektive und rekurriert auf das Phänomen der Holländischen Krankheit (*Dutch Disease*), wonach sich umfangreiche Rohstoffexporte negativ auf die wirtschaftliche Entwicklung eines Landes auswirken können.[217] Durch die Ausfuhr heimischer Rohstoffe werden Deviseneinnahmen erwirtschaftet, die die lokale Währung aufwerten. In der Folge werden Importe günstiger und Exporte teurer. Dieser relative Preisverfall eigener Exportprodukte führt dazu, dass die Wettbewerbsfähigkeit und die Absatzmöglichkeiten auf dem Weltmarkt abnehmen.[218] Mit der Verdrängung bestimmter Industriezweige gehen wirtschaftliche Verwerfungen wie steigende Arbeitslosigkeit einher. Gleichzeitig verstärkt sich die volkwirtschaftliche Bedeutung eines exportorientierten Rohstoffsektors.[219] Im Ergebnis erhöht sich die Abhängigkeit rohstoffreicher Länder von den zyklischen Schwankungen volatiler Rohstoffpreise.

Sowohl ein Preisaufschwung (Hausse) als auch ein Preisverfall (Baisse) können sich negativ auf die Entwicklung rohstoffreicher Länder auswirken.[220] Zunächst haben schwankende Preise unmittelbare Konsequenzen für die sogenannte Bauwürdigkeitsgrenze jeder einzelnen Mine. Abhängig vom Gehalt mi-

---

215 Vgl. Sachs, Jeffrey D./Warner, Andrew M., *Natural Resource Abundance and Economic Growth*, National Bureau of Economic Research (NBER) Working Paper, 5398, Cambridge 1995.

216 Für eine Erklärung des wirtschaftlichen Erfolges des rohstoffarmen Hong Kongs vgl. Bauer, Peter T., *From Subsistence to Exchange and other Essays*, S. 111ff.

217 Mit dem Begriff der Holländischen Krankheit wurden 1977 die wirtschaftlichen Schwierigkeiten in den Niederlanden beschrieben, zu denen es durch das Erstarken des Exportsektors nach der Entdeckung neuer Erdgasreserven 1959 gekommen war. Vgl. N.N., The Dutch Disease, in: *The Economist*, November 1977, S. 82f.

218 Vgl. Collier, Paul, *Die unterste Milliarde: Warum die ärmsten Länder scheitern und was man dagegen tun kann*, München 2008, S. 39.

219 Vgl. Ploeg, Frederick van der, *Fiscal Policy and Dutch Disease*, Center for Economic Studies am Leibniz-Institut für Wirtschaftsforschung (CESifo) Working Paper, 3398, München 2011, vgl. Barder, Owen, *A Policymakers' Guide to Dutch Disease: What is Dutch Disease, and is it a problem?* Working Paper, 91, Washington D.C. 2006.

220 Vgl. Basedau, Matthias/Lay, Jann, *Conceptualising the „Resource Curse" in Sub-Saharan Africa: Affected Areas and Transmission Channels*, S. 13.

neralischer Rohstoffe und vorhandenem Nebengestein sowie der Tiefe der Rohstoffvorkommen und den damit einhergehenden Produktionskosten ist der Abbau erst ab einem bestimmten Preisniveau profitabel. So kann es sich lohnen, bereits stillgelegte Minen wieder zu bewirtschaften, in neue Explorationsvorhaben zu investieren oder abgebaute Erze solange auf Halde zu legen, bis deren Aufbereitung wieder rentabel wird. Die besondere Herausforderung im Bergbau besteht aufgrund langer Vorlaufzeiten von zehn bis 15 Jahren zur Eröffnung einer neuen Mine darin, die Produktionsmenge an der Nachfrage auszurichten.[221]

Steigende Rohstoffpreise führen in der Regel zu höheren Staatseinnahmen in rohstoffreichen Ländern. Verfügt ein Staat jedoch über kein belastbares oder funktionsfähiges Fiskalsystem, das mit erhöhten Einnahmen umgehen kann, überfordert eine Hausse im Rohstoffbereich die finanzielle Absorptionsfähigkeit eines Staates. Zudem kann ein Preisaufschwung unkoordinierte Allokationsentscheidungen nach sich ziehen oder bei mangelnder Haushaltsdisziplin falsche Anreize für Ausgabenerhöhungen entstehen lassen. Sinken nach einiger Zeit die Rohstoffpreise und damit die Staatseinnahmen, bleibt fraglich, ob vorangegangene Allokationsentscheidungen rasch angepasst oder rückgängig gemacht werden können.[222] Vor dem Hintergrund volatiler Rohstoffpreise und makroökonomischer Folgen zunehmender Rohstoffexporte stehen rohstoffreiche Länder vor der Herausforderung, Entwicklungsmaßnahmen langfristig durch Einnahmen im Rohstoffsektor zu finanzieren. Deutlich wird dies am Beispiel der Ölkrise 1973, die viele afrikanische Staaten in doppelter Hinsicht traf: Einerseits führte der Preisanstieg im Rohölbereich zu höheren Energiekosten.[223] Andererseits gingen die weltweite Produktion und damit die Nachfrage nach den Rohstoffen zurück, deren Abbau und Ausfuhr zentrale wirtschaftliche Tätigkeiten zahlreicher afrikanischer Länder waren. Die sinkenden Erlöse aus Rohstoffverkäufen mussten zudem zur Kreditfinanzierung größerer Investitionsprogramme verwendet werden.[224] Da umfassende Industrialisierungspläne nicht mehr umgesetzt werden konnten, wurden viele Entwicklungsländer in Verschuldungskrisen getrieben, die auch durch interne Entwicklungsprobleme verursacht wurden.[225] Das Verhalten der mexikanischen Regierung Ende der

---

221 Vgl. Pilarsky, Günter, *Wirtschaft am Rohstofftropf: Der Kampf um die wichtigsten mineralischen Ressourcen*, S. 98f. u. 114.

222 Vgl. Basedau, Matthias/Lay, Jann, *Conceptualising the „Resource Curse" in Sub-Saharan Africa: Affected Areas and Transmission Channels*, S. 15.

223 Vgl. ebd., S. 11.

224 Vgl. Speitkamp, Winfried, *Kleine Geschichte Afrikas*, Bonn 2010, S. 420ff.

225 Vgl. Durth, Rainer/Körner, Heiko/Michaelowa, Katharina, *Neue Entwicklungsökonomik*, Stuttgart 2002, S. 122.

1970er belegt ebenfalls die negativen Auswirkungen gestiegener Rohstoffpreise. Die kurzzeitig zugenommenen Einnahmen im Erdölsektor nutzte die Regierung zur verstärkten Kreditaufnahme. Die Staatsausgaben wuchsen, während die Einnahmen im Erdölsektor nach der zweiten Ölkrise (1980) zurückgingen. Während der 1980er Jahre sank die finanzielle Leistungsfähigkeit des Landes so stark, dass die Regierung viele Kredite nicht mehr bedienen konnte.[226] Auch in Nigeria wirkten sich fallende Ölpreise 1986 negativ auf die Entwicklung des Landes aus, dessen Bevölkerung lange Zeit Nutznießer staatlicher Einnahmen im Ölgeschäft war. Die nigerianische Regierung führte unpopuläre Wirtschaftsreformen durch, um Kredite weiterhin bedienen zu können. Nicht zuletzt aufgrund der externen Unterstützung durch internationale Finanzinstitutionen wie der Weltbank entstand der durchaus nachvollziehbare Eindruck, die Reformen hätten die Armut vergrößert. Tatsächlich waren gesunkene Einnahmen aus dem Export von Rohöl die Ursache für die zunehmende Verschuldung des Landes während und nach der Ölkrise.[227] Insgesamt kann der Umgang mit Rohstoffrenten oder im Rohstoffsektor generierten Staatseinnahmen zu ausufernden Staatsausgaben führen und darüber hinaus mit einem übermäßig starken Abbau natürlicher Ressourcen zur Finanzierung eines politischen Systems einhergehen.[228]

Eigene Rohstoffvorkommen sind kein unmittelbarer Fluch, stellen bei steigenden und sinkenden Rohstoffpreisen jedoch eine besondere Herausforderung für rohstoffreiche Länder dar, wenn es um langfristige Allokationsentscheidungen oder das optimale Verhalten auf den internationalen Finanzmärkten geht.[229] Erschwerend kommt hinzu, dass Rohstoffpreise besonders volatil und empfindlicher als die Preise produzierter Güter sind (*terms of trade shocks*)[230].

Die diskutierten Beispiele haben nicht nur die ökonomischen Aspekte des Ressourcenfluchs verdeutlicht, sondern bereits die politisch-institutionellen Defizite angedeutet, von denen rohstoffreiche Länder häufig gekennzeichnet sind.

226 Vgl. Dabán, Teresa/Hélis, Jean-Luc, *A Public Financial Management Framework for Resource-Producing Countries*, International Monetary Fund (IMF) Working Paper, WP/10/72, Washington D.C. 2009, S. 8.

227 Vgl. Collier, Paul, *Die unterste Milliarde: Warum die ärmsten Länder scheitern und was man dagegen tun kann*, S. 62.

228 Vgl. Basedau, Matthias/Lay, Jann, *Conceptualising the „Resource Curse" in Sub-Saharan Africa: Affected Areas and Transmission Channels*, S. 18.

229 Vgl. Manzano, Ozmel/Rigobón, Roberto, Resource Curse or Debt Overhang? in: Lederman, Daniel/Maloney, William F. (Hrsg.), *Natural Resources: Neither Curse nor Destiny*, Washington D.C. 2007, S. 62.

230 Basedau, Matthias/Lay, Jann, *Conceptualising the „Resource Curse" in Sub-Saharan Africa: Affected Areas and Transmission Channels*, S. 14.

Dieser politisch-institutionelle Erklärungsansatz lässt sich als Prinzipal-Agenten Problem konzeptualisieren (Abbildung 10).

Abbildung 10: Prinzipal-Agenten-Beziehungen im Rohstoffsektor[231]

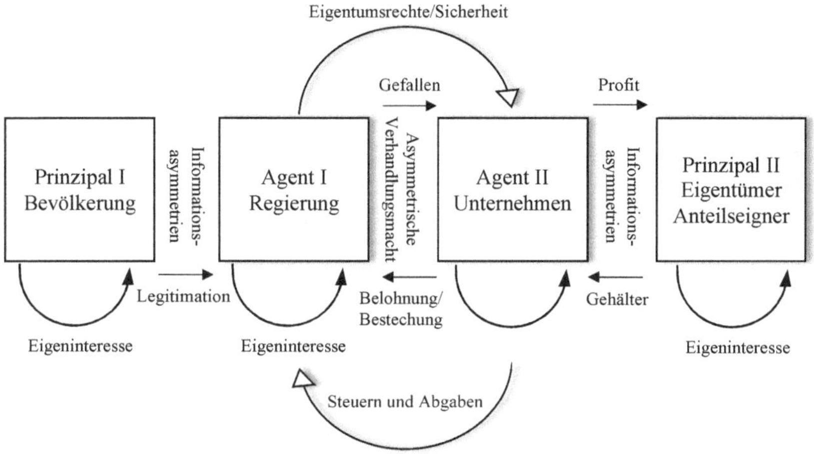

Modellhaft wird davon ausgegangen, dass die Bevölkerung eines Landes den Prinzipal (I) bildet und als Souverän grundlegende Verfügungsrechte über die Bodenschätze des Landes ausübt. Diese Prämisse ergibt sich nicht aus bergrechtlichen Eigentumsfragen, die weltweit nach Traditionen und Gesetzgebungen unterschiedlich geregelt sind, sondern aus dem grundsätzlichen Verständnis eines souveränen Staatsvolkes.[232] Folglich müsste die Regierung nicht zuletzt bei Rohstofffragen als Agent (I) ihres Prinzipals handeln, damit der Wohlstand des Souveräns gesichert oder gesteigert werden kann. Zum Beispiel könnte die

231 Ölcer, Dilan, *Extracting the Maximun from the EITI,* OECD Development Centre Working Paper, Nr. 276, Paris 2009, S. 33. Eigene Übersetzungen und Ergänzungen.

232 Während in Deutschland im Sinne der Bergfreiheit unterirdische Rohstoffe zunächst „herrenlos“ sind und deren Abbau vom Staat reguliert werden muss, befinden sich unterirdische Reichtümer nach angloamerikanischer Rechtstradition grundsätzlich im Besitz des Grundstückseigentümers (Einschränkungen existieren jedoch im *Commonwealth* für Gold sowie Silber und in den USA für strategische Rohstoffe). Die frankophone Rechtsauffassung geht davon aus, dass Rohstoffe nahe der Oberfläche dem Grundstückseigentümer, tieferliegende Rohstoffvorkommen dem Staat „gehören“. Vgl. Neukirchen, Florian/Ries, Gunnar, *Die Welt der Rohstoffe: Lagerstätten, Förderung und wirtschaftliche Aspekte*, S. 15.

Regierung im Rohstoffsektor generierte Staatseinnahmen für öffentliche Investitionen in Bildung, Infrastruktur oder Gesundheit nutzen. Neben der Prinzipal-Agenten-Beziehung zwischen Volk und Regierung existiert eine vergleichbare Beziehung zwischen Rohstoffunternehmen (Agent II) und deren Eigentümern oder Anteilseignern (Prinzipal II). Um die wirtschaftlichen Interessen ihrer Prinzipale durchzusetzen, bemühen sich Unternehmen um möglichst vorteilhafte Rahmenbedingungen bei der Rohstoffgewinnung.[233]

Das Verhältnis einer Regierung zu ihrem Prinzipal wird beeinträchtigt, wenn die Leistungen der Rohstoffunternehmen (Steuern und Abgaben) an eine Regierung die Anreizstrukturen (Legitimation) überlagern, die sich aus der Beziehung zum eigenen Souverän ergeben. Es entsteht für Regierungen ein Anreiz, in Verhandlungen mit (ausländischen) Rohstoffunternehmen möglichst hohe Staatseinnahmen zu generieren, anstatt das eigene Handeln primär an den Bedürfnissen des eigenen Prinzipals auszurichten. Dies überrascht nicht, da Rohstoffrenten für eine Regierung häufig höher sind als Steuereinnahmen. Wenn Einnahmen im Rohstoffsektor die Steuereinnahmen – wie in vielen Fällen – vollständig ersetzen, fehlen mit der Besteuerung der Regierten und der entsprechenden Rechenschaftspflicht der Regierung zentrale Bindeglieder bzw. Rückkopplungseffekte.[234] Aufgrund ähnlicher Beobachtungen in seiner Untersuchung der Ölstaaten im Nahen Osten entwickelt Mahdavy das Konzept des Rentierstaates, wonach Macht und Legitimation einer Regierung hauptsächlich auf hohen Rohstoffrenten basieren. Öffentliche Zustimmung wird durch kon-

233 „Wem gehört das Öl? Es gibt verschiedene Ansichten darüber, wer Anspruch auf die Bodenschätze eines Landes hat. Wem gehört das Öl? Den indigenen Landbesitzern? Privaten Investoren? Der gesamten Bevölkerung? Der Regierung? Dem Staat? Soll ein Teil für Kommunalverwaltungen reserviert werden? Welche Gemeinden bilden rechtlich gesehen die „Ölgemeinden“, die unter negativen Folgen zu leiden haben, und auf welcher Basis können sie Schadensersatz fordern? Die Verfügungsgewalt über natürliche Ressourcen ist in den Staaten unterschiedlich geregelt. In Angola etwa legt das Petroleum Law fest, dass Öl Eigentum des angolanischen Volkes ist. Die ugandische Verfassung stellt seit 1995 Land und Rohstoffe unter die Verfügungsgewalt der Bürger, wie Peter Veit erklärt. Da Öl und mineralische Ressourcen nicht explizit erwähnt waren, stellte der Verfassungszusatz von 2005 klar, dass die Regierung Verfügungsgewalt darüber hat. Das verschließt der Zivilgesellschaft den Zutritt ein weiteres Stück.“ (Giese, Susanne, Fluch des Öls, in: *Entwicklung und Zusammenarbeit,* Vol. 51, Nr. 5, 2010, S. 207).

234 Vgl. Ölcer, Dilan, *Extracting the Maximun from the EITI*, S. 31. „Rohstoffreiche Länder werden selten von Politikern geführt, denen am Allgemeinwohl liegt. Die Mächtigen können von den Rohstoff-Einnahmen hervorragend leben und müssen sich nicht um eine funktionierende Wirtschaft bemühen, die ihnen Steuereinnahmen bescheren würde.“ Spohr, Frederic, Der Fluch der Bodenschätze, in: *ZEIT ONLINE*, 20.04.2012.

sumtive oder distributive Ausgaben generiert; Repressionseffekte sind durch einen Ausbau der Sicherheitsapparate möglich.[235]

Diesen Rentierstaat prägen schwache staatliche Institutionen, die in einem hohen Maße oder vollständig durch den Export heimischer Bodenschätze finanziert werden. Im Ergebnis kommt es zu einem asymmetrischen Prinzipal-Agenten-Problem.[236] Zugespitzt formuliert verfolgen Rohstoffunternehmen konsequenter die Interessen ihrer Anteilseigner als Regierungen den Bedürfnissen der eigenen Bevölkerung dienen. Aufgrund schwach ausgeprägter Rückkopplungseffekte respektive fehlender Sanktions- und Steuerungsmöglichkeiten bestehen für die Regierung kaum Anreize für eine Entwicklungsorientierung staatlichen Handelns.[237] Anders formuliert kann aus dem Rohstoffreichtum kein Segen werden, solange im Rohstoffsektor generierte Einnahmen rentenökonomische Staatsstrukturen fördern. Diese gehen nicht mit einer entwicklungsförderlichen Allokation generierter Steuern und Abgaben einher, sondern mit konsumtiven Ausgaben, Korruption, ausbleibenden Produktivitätssteigerungen und ineffizienten staatlichen Institutionen.[238]

---

235 Vgl. Mahdavy, Hossein, Pattern and Problems of Economic Development in Rentier States: The Case of Iran, in: Cook, M. A. (Hrsg.), *Studies in the Economic History of the Middle East: From the Rise of Islam to the Present Day,* Oxford 1970, S. 466f. Zugespitzt ist in diesem Zusammenhang auch von einer „*predatory elite*" bzw. dem „*predatory state*" (etwa Raubtierstaat) die Rede (Harvey, Ross, *Future Oil Revenues and Political Dynamics in West and East Africa: A Slippery Slope?* South African Institute of International Affairs (SAIIA) Occasional Paper, 188, Kapstadt 2014, S. 30).

236 Vgl. Keefe, Patrick R., Buried Secrets: How an Israeli billionaire wrested control of one of Africa's biggest prizes, in: *The New Yorker*, 08.07.2013. „Evidence suggests that where there is no public taxation and rents are used to 'buy public support', state-citizen compacts can fail to take root." (Grynspan, Rebeca, *Remarks for Rebeca Grynspan (UNDP) on the occasion of the Opening of the 67th UN General Assembly side event on „The Role of Natural Resources in Promoting Sustainable Development"*).

237 Exemplarisch zeigt sich dies bei der Verhandlung widerstreitender Interessen der kirgisischen Regierung und ausländischer Investoren. Die Goldmine *Kumtor* ist eine Tochterfirma des kanadischen Bergbauunternehmens *Centerra Gold.* Bei einer jährlichen Produktion von 600.000 Unzen Gold geht die kirgisische Regierung, die an der Mutterfirma rund ein Drittel hält, von einer Lebenszeit der Mine bis 2026 aus. *Kumtor Gold* ist größter Arbeitgeber und Steuerzahler des Landes und trägt zu 40 Prozent der Ausfuhren bei. Dennoch herrscht bei der Bevölkerung vor Ort Unzufriedenheit über die Allokation der Einnahmen aus dem Bergbau. Ein Großteil der Gelder verschwindet in einer undurchsichtigen Klientelwirtschaft und eine weitergehende Industrialisierung oder Diversifizierung der Wirtschaft bleibt aus. Vgl. Nöthiger, Markus, Kirgistans Goldschatz ist vergänglich, in: *NZZ*, 26.04.2014.

238 Vgl. Ross, Michael L., Does Oil Hinder Democracy? in: *World Politics,* Vol. 53, Nr. 3, 2001, S. 356. „In a rentier economy, a large part of the population is hence involved in distributing and consuming rents and trying to get access to it, whereas only a few engage in productive

Das Gegenmodell stellen kapitalistische Gesellschaften dar, in denen die Macht des Staates durch Rechtsstaatlichkeit eingehegt bzw. die Herrschaft des Rechts durch den Staat gewährleistet wird. Gleichzeitig ermöglicht der wirtschaftliche Austausch soziale Mobilität und wird durch funktionierende Marktinstitutionen gefördert und komplexe Arbeitsteilung begünstigt.[239]

> „[J]ede wirtschaftliche Entwicklung wird im Keim erstickt, wenn keine geordneten rechtlich-institutionellen Rahmenbedingungen vorhanden sind. Korruption, Klientelismus und Patronage zerstören den Marktgedanken. Wenn Politik der Wirtschaft keinen Rahmen gibt, ist die Ausbeutung der Menschen, aber auch der natürlichen Ressourcen vorprogrammiert."[240]

Die modellierten Prinzipal-Agenten-Beziehungen im Rohstoffsektor stellen eine Erklärungsheuristik dar und deuten an, dass Politikansätze, die wie die Rohstoffstrategie der Bundesregierung primär auf eine sichere Versorgung mit Rohstoffen ausgerichtet sind, keineswegs förderlich für rohstoffreiche Länder sein müssen. Der Rohstoffreichtum kommt der Bevölkerung zugute, wenn Regierungen rohstoffreicher Ländern ein hohes Maß an *Good Governance* oder Entwicklungsorientierung staatlichen Handelns aufweisen.[241]

Die dargelegten institutionellen und makroökonomischen Erklärungsansätze lassen sich anhand ausgewählter Indizes operationalisieren, die jeweils unterschiedliche Entwicklungsfaktoren messen und die Mehrdimensionalität des Ressourcenfluchs beleuchten.[242] Die aggregierte Bewertung rohstoffreicher Länder in den Bereichen menschliche Entwicklung, Regierungsführung, Korruptionsniveau, Stabilität und Bürgerrechte erlaubt Rückschlüsse auf Wechselwirkungen zwischen der Entwicklung eines Landes und seinen Rohstoffvor-

activites; efficiency and dynamism in the economy suffer." (Basedau, Matthias/Lay, Jann, *Conceptualising the „Resource Curse" in Sub-Saharan Africa: Affected Areas and Transmission Channels*, S. 18).

239 Vgl. Sachs, Jeffrey D., *Bemerkungen zu einer neuen Soziologie der wirtschaftlichen Entwicklung*, S. 73.

240 Kues, Hermann, Christliche Sozialethik und ihre Bedeutung für Afrika: Den Ärmsten Gehör verschaffen, in: *Die Politische Meinung*, Vol. 57, Nr. 509, 2012, S. 38.

241 „So, resource-rich countries need particularly strong checks and balances. [...] What matters is the quality of governance relative to the value of the natural asset." (Collier, Paul, *The Plundered Planet. How to Reconcile Prosperity with Nature*, London 2010, S. 56).

242 „Affected areas include socio-economic development, the quality of institutions and governance, the prospects for democracy and human rights as well as peace and security." (Basedau, Matthias, Resource Politics in Sub-Saharan Africa beyond the Resource Curse: Towards a Future Research Agenda, in: Basedau, Matthias/Mehler, Andreas (Hrsg.), *Resource Politics in Sub-Saharan Africa*, Hamburg 2005, S. 340).

kommen. Entsprechend der aufgeworfenen Kategorien werden dazu folgende Indizes berücksichtigt:[243]

a) *Menschliche Entwicklung:* Der Bericht über die menschliche Entwicklung (*Human Development Report*) des Entwicklungsprogramms der Vereinten Nationen (*United Nations Development Programme*, UNDP) beinhaltet unter anderem den Index der menschlichen Entwicklung (*Human Development Index*, HDI), der die Dimensionen Bildung (Alphabetisierung), Gesundheit (Lebenserwartung) und Einkommen (Bruttoinlandsprodukt pro Kopf) bewertet.[244] Die Messung menschlicher Entwicklung entlang dieser drei Kategorien und eine Indexierung der berücksichtigten Länder ist zwar regelmäßig Thema entwicklungspolitischer Auseinandersetzungen, „aber die Schätzungen des UN-Entwicklungsbericht sind die besten, die wir haben“[245].
b) *Regierungsführung:* Der Transformationsindex (*Bertelsmann Transformation Index*, BTI) der Bertelsmann Stiftung analysiert und beurteilt die Qualität demokratischer und marktwirtschaftlicher Strukturen in 129 Entwicklungs- und Transformationsländern. Die daraus resultierende Rangfolge des hier verwendeten Statusindex berücksichtigt dementsprechend erzielte Fortschritte und erlittene Rückschritte auf dem Weg zu Rechtsstaat, Demokratie und Marktwirtschaft.[246] Trotz des Einwandes und des überzeugenden Gegenbeispiel Chinas, dass wirtschaftliche Entwicklung und demokratische Transformation einander nicht bedingen müssen, ist der BTI im Hinblick auf rohstoffreiche Länder besonders aufschlussreich, da neben wirtschaftlichen Rahmenbedingungen vor allem demokratische Institutionen zentral sind, um das Potenzial des Rohstoffreichtums entwicklungsorientiert zu nutzen.
c) *Korruption*: Der Korruptionsindex (*Corruption Perceptions Index*, CPI) der Nichtregierungsorganisation *Transparency International* gibt den Grad der von Politikern und Amtsträgern des jeweils untersuchten Landes wahrgenommenen Korruption wider.[247]
d) *Konfliktrisiko*: Der *Failed States Index* der Zeitschrift *Foreign Policy* und der Denkfabrik *Fund for Peace* schätzt das Risiko eines Staatszerfalls und somit die Stabilität des jeweiligen Staates ein. Ein vorderer Rangplatz weist dabei auf ein erhöhtes Konfliktrisiko hin und steht daher im Gegensatz zu

243 Vgl. Laag, Benjamin, *Entwicklungspolitische Implikationen der Rohstoffpolitik*, S. 127.

244 Vgl. United Nations Development Programme (UNDP), *The Rise of the South: Human Progress in a Diverse World*, Human Developemt Report, 2013, New York 2013, S. 144–147.

245 Stern, Nicholas, *Der Global Deal*, München 2009, S. 92.

246 Vgl. Bertelsmann Stiftung, *Transformationsindex BTI 2014*, Gütersloh 2014.

247 Vgl. Transparency International, *Corruption Perceptions Index 2013*, Berlin 2013, S. 3.

vergleichbaren Platzierungen in anderen Indizes für einen niedrigeren Entwicklungsstand.[248]

e) *Bürgerrechte*: Der Index *Freedom in the World* der US-amerikanischen Nichtregierungsorganisation *Freedom House* untersucht politische Rechte sowie bürgerliche Freiheiten und teilt die Welt in freie (*free*), teilweise freie (*partly free*) und nicht freie (*not free*) Länder ein.[249]

Anhand dieser Indizes werden nun diejenigen Länder berücksichtigt, die gemäß der Definition des Internationalen Währungsfonds (IWF) als rohstoffabhängig eingestuft werden (Abbildung 11). Ein Land gilt demnach als rohstoffabhängig von der Extraktion mineralischer (oder energetischer Rohstoffe), wenn es innerhalb der vergangenen fünf Jahre mindestens ein Viertel der Staatseinnahmen oder der Exporte im Rohstoffsektor generiert hat.[250] Mit Hilfe der aktuellen Statistiken der Konferenz der Vereinten Nationen für Handel und Entwicklung (*United Nations Conference on Trade and Development*, UNCTAD) lassen sich 33 Staaten ermitteln, deren Exporte jeweils zu mindestens 25 Prozent aus mineralischen Rohstoffen bestehen.[251] Bei Australien, Island, Bahrain, Bolivien, Mosambik, Guinea und dem Sudan bestehen zudem die Ausfuhren zu mindestens 25 Prozent aus energetischen Rohstoffen wie Kohle und Koks, Erdöl, Erdölerzeugnisse und verwandte Waren oder Erdgas.[252] Dass der Anteil mineralischer Rohstoffe ein notwendiger, aber keinesfalls hinreichender Ansatz zur Erklärung des Ressourcenfluchs ist und eine präzisere Untersuchung der größten Förderländer erforderlich wäre, lässt sich beispielsweise daran erkennen, dass Simbabwe den niedrigsten (25,10 Prozent) und Botswana den höchsten (91,60 Prozent) Exportanteil in dieser Gruppe aufweist. Daraus kann jedoch weder abgeleitet werden, dass die wirtschaftliche und soziale Entwicklung Simbabwes positiver verläuft als diejenige Botswanas (das Gegenteil ist der Fall), noch las-

---

248 Vgl. Fund for Peace, *Failed States Index 2013*, Washington D.C. 2013.

249 Vgl. Freedom House, *Freedom in the World 2013: Democratic Breakthroughs in the Balance*, Washington D.C. 2013, S. 14–18.

250 Vgl. Internationaler Währungsfonds, *Guide on Resource Revenue Transparency*, Washington D.C. 2007, S. 55. Zur keinesfalls abgeschlossenen Diskussion der im Rohstoffsektor generierten Staatseinnahmen vgl. Internationaler Währungsfonds, *Template to Collect Data on Government Revenues from Natural Resources*, Washington D.C. 2014, S. 18.

251 Vgl. United Nations Conference on Trade and Development, *UNCTAD Handbook of Statistics 2013*, New York 2013, S. 132–144. Die Exporte energetischer Rohstoffe bleiben entsprechend des Forschungsdesigns dieser Untersuchung unberücksichtigt.

252 Grundlage der Berechnungen ist das Internationale Warenverzeichnis für den Außenhandel (*Standard International Trade Classification*, SITC) der UNCTAD. Berücksichtigt werden die von der Kategorie SITC 3 erfassten Angaben für mineralische Brennstoffe, Schmiermittel und verwandte Erzeugnisse (*Mineral fuels (including natural gas), lubricants and related materials*).

sen sich die Bewertungen der anderen ausgewählten Länder ohne weiteres zwischen diesen beiden Fällen einordnen.[253]

Abbildung 11: Anteil der Exporte mineralischer Rohstoffe an den Gesamtausfuhren (2011)[254]

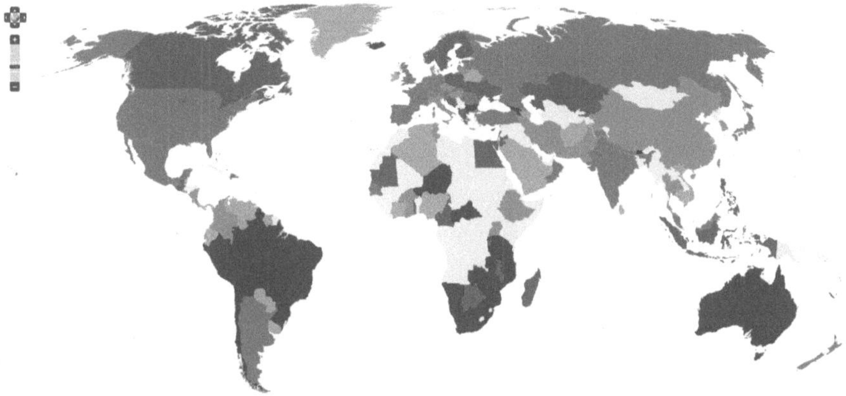

Diese recht heterogene Gruppe (Tabelle 2) verteilt sich auf Subsahara- (18) und Nordafrika (1), Lateinamerika (4), Europa (3), Vorder- (2), Zentral- (2) und Südostasien (1) sowie die Großregion Australien und Ozeanien (2). Bereits an dieser Stelle ist fraglich, ob und inwiefern der Begriff des Ressourcenfluchs für diese sehr unterschiedlichen Staaten in mehreren Weltregionen eine zutreffende Zustandsbeschreibung liefert. Die Heterogenität der ausgewählten Länder lässt vielmehr die vorläufige Vermutung zu, dass eine uniforme Wirkung der Rohstoffreichtümer auf die Entwicklung eines Landes unwahrscheinlich ist und der Rohstofffluch nicht automatisch jedes rohstoffreiche Land erfasst.

253 „Through a unique public-private partnership and strong state institutions Botswana has been particularly successful in securing the revenues from its vast diamond reserves and investing increased resources in health and education." (Grynspan, Rebeca, *Remarks for Rebeca Grynspan (UNDP) on the occasion of the Opening of the 67th UN General Assembly side event on „The Role of Natural Resources in Promoting Sustainable Development"*).

254 Vgl. Weltbankgruppe, *World Development Indicators*, Washington D.C. 2013, Ores and metals exports (per cent of merchandise exports).

Tabelle 2: Der Entwicklungsstand rohstoffreicher Länder

Land: Die Reihenfolge (ordinal) basiert auf den kumulierten Länderbewertungen der einzelnen Indizes.	Anteil mineralische Rohstoffe an den Gesamtexporten (2012)	Menschl. Entwicklung HDI (2013)	Demokratie BTI (2014)	Korruption CPI (2013)	Konfliktrisiko FSI (2013)	Bürgerrechte FiW (2013)
Anzahl der bewerteten Länder		*186*	*129*	*177*	*177*	*195*
Australien*	40,5 Prozent	2	-	9	169	Free
Island*	37,7 Prozent	13	-	12	171	Free
Chile	61,6 Prozent	40	8	22	152	Free
Israel	29,4 Prozent	16	-	36	67	Free
Montenegro	44,6 Prozent	52	22	67	134	Free
Botswana	91,6 Prozent	119	18	30	121	Free
Jamaika	39,1 Prozent	85	29	83	118	Free
Südafrika	32,8 Prozent	121	28	72	113	Free
Mongolei	74,1 Prozent	108	40	83	129	Free
Namibia	53,3 Prozent	128	30	57	108	Free
Peru	55,1 Prozent	77	32	83	103	Free
Lesotho	45,7 Prozent	158	71	55	71	Free
Bahrain*	27,8 Prozent	48	75	57	124	Not Free
Armenien	45,8 Prozent	87	62	94	105	Partly Free
Bolivien*	31,1 Prozent	108	39	106	67	Partly Free
Sambia	75,7 Prozent	163	56	83	45	Partly Free
Tansania	36,2 Prozent	152	73	111	65	Partly Free
Papua Neuguinea	50,7 Prozent	156	69	144	53	Partly Free
Sierra Leone	53,2 Prozent	177	74	119	33	Free
Mosambik*	35,1 Prozent	185	70	119	59	Partly Free
Ruanda	29,3 Prozent	167	87	49	38	Not Free
Liberia	25,3 Prozent	174	71	83	23	Partly Free
Togo	28,7 Prozent	159	94	123	42	Partly Free
Burkina Faso	46,8 Prozent	183	77	83	35	Partly Free
Laos	42,4 Prozent	138	109	140	58	Not Free
Mauretanien	64,5 Prozent	155	100	119	31	Not Free
Tadschikistan	58,7 Prozent	125	113	154	51	Not Free
Guinea*	59,7 Prozent	178	91	150	14	Partly Free
Zentralafrik. Republik	44,8 Prozent	180	117	144	9	Partly Free
Mali	41,3 Prozent	182	106	127	38	Not Free

Land: Die Reihenfolge (ordinal) basiert auf den kumulierten Länderbewertungen der einzelnen Indizes.	Anteil mineralische Rohstoffe an den Gesamtexporten (2012)	Menschl. Entwicklung HDI (2013)	Demokratie BTI (2014)	Korruption CPI (2013)	Konfliktrisiko FSI (2013)	Bürgerrechte FiW (2013)
Simbabwe	25,1 Prozent	172	108	157	10	Not Free
Sudan*	49,5 Prozent	171	124	174	3	Not Free
DR Kongo	77,3 Prozent	186	123	154	2	Not Free

Bei diesem Land bestehen die Exporte außerdem zu mindestens 25 Prozent aus energetischen Rohstoffen.

Um fundierte Aussagen über die Auswirkungen des Rohstoffreichtums und das Phänomen des Rohstofffluchs zu treffen, werden daher nachfolgend die Befunde der einzelnen Indizes vorgestellt.

Zunächst wird im Hinblick auf die Kategorie der menschlichen Entwicklung *(Index der menschlichen Entwicklung*, HDI) die angesprochene Heterogenität rohstoffreicher Staaten sichtbar. In der Spitzengruppe der insgesamt 187 bewerteten Staaten finden sich neben den klassischen Bergbauländern Australien und Chile ebenfalls Israel und Island, denen eine „sehr hohe menschliche Entwicklung" attestiert wird.[255] In der Gruppe der Länder mit „hoher" bzw. „mittlerer menschlicher Entwicklung" schließen sich fünf bzw. sieben Länder an. Mehr als die Hälfte der ausgewählten Staaten sieht sich dagegen von einer „niedrigen menschlichen Entwicklung" in den Dimensionen Bildung (Alphabetisierung), Gesundheit (Lebenserwartung) und Einkommen (Bruttoinlandsprodukt pro Kopf) herausgefordert.[256] Mit Ausnahme von Papua Neuguinea besteht diese Gruppe aus afrikanischen Staaten.[257] Diese Beobachtungen verdeutlichen, dass die Mehrzahl der untersuchten rohstoffreichen Länder Entwicklungsprobleme ausweist. Gleichzeitig zeigen die positiven Bewertungen Australiens und durchaus auch Botswanas[258], dass es sich bei dem postulierten

255 Die Abhängigkeit Australiens vom Bergbau ist im Vergleich zu den anderen ausgewählten Ländern wesentlich niedriger, aber dennoch nicht ohne wirtschaftliche Implikationen. Vgl. dazu Gmür, Heidi, Australien zittert um Chinas Wachstum, in: *NZZ*, 08.02.2014; vgl. Placek, Kevin, Australia and Chinese Investment: How big an investor in Australia is China, really? in: *The Diplomat*, 18.06.2013.

256 Vgl. United Nations Development Programme (UNDP), *The Rise of the South: Human Progress in a Diverse World*, S. 144–147.

257 Diese Bewertung gilt nicht für Namibia (128.), Südafrika (121.) und Botswana (119.), die eine „mittlere menschliche Entwicklung" (*medium human development*) aufweisen.

258 Vgl. Harvey, Charles/Lewis, Stephen R., *Policy Choice and Development Performance in Botswana*, New York 1990; vgl. Mokhawa, Gladys, All that Glitters is not Diamond: The Po-

Fluch der Ressourcen um keinen Automatismus handelt, sondern dass reiche Rohstoffvorkommen durchaus den Wohlstand einzelner Länder geradezu begründen.

Einen ähnlichen Befund liefert der Transformationsindex der Bertelsmann-Stiftung (BTI), der die Qualität der Regierungsführung entlang demokratischer sowie marktwirtschaftlicher Strukturen misst und einen Zusammenhang zwischen Rohstoffreichtum und schwachen staatlichen Institutionen erkennen lässt. Der Weg der untersuchten 129 Schwellen- und Entwicklungsländern zu Demokratie und Marktwirtschaft wird nämlich bei über der Hälfte der berücksichtigen rohstoffreichen Ländern als „stark eingeschränkt“ oder „blockiert“ eingestuft. Gleichzeitig wird der Weg von immerhin 6 Staaten (darunter Botswana, Südafrika, Namibia und Peru) als „fortgeschritten“ eingestuft. Chile gelang erneut der Sprung in die Spitzengruppe („weit fortgeschritten“).[259] Ein differenzierteres Ergebnis für die afrikanischen Staaten bietet darüber hinaus der *Ibrahim Index of African Governance*, der aufgrund seines regionalen Fokus jedoch nicht in Tabelle 2 berücksichtigt wird. Grundlage für die Bewertung sind Rechtsstaatlichkeit, Sicherheit, Menschenrechte, menschliche Entwicklung und wirtschaftliche Möglichkeiten in 52 afrikanischen Staaten. Im vorderen Drittel der untersuchten Länder finden sich Botswana, Südafrika, Namibia, Lesotho, Sambia, Ruanda und Tansania wider. Mittlere Rangplätze erreichen Mosambik, Burkina Faso, Mali, Liberia, und Sierra Leone. Im hinteren Drittel stagnieren Mauretanien, Togo, Guinea, Simbabwe, die Zentralafrikanische Republik und die Demokratische Republik Kongo.[260] Dank dieser Bewertung lassen sich folglich im Bereich der Regierungsführung auf dem afrikanischen Kontinent positive Länderbeispiele finden, während – und dies entspricht den Befunden des BTI – eine bestimmte Gruppe von Ländern erheblichen Problemen im Bereich Governance gegenübersteht.

Weiterhin spielt Korruption in zweifacher Hinsicht eine entwicklungshemmende Rolle, da sie sich einerseits in schwachen Governance-Strukturen Bahn brechen kann und andererseits institutionelle Defizite verstärkt. Inwiefern Korruption in rohstoffreichen Ländern ausgeprägt ist, verdeutlicht der Korruptionsindex CPI, der die von Politikern und Amtsträgern des jeweiligen Landes wahrgenommene Korruption erfasst. Es zeigt sich, dass mehr als ein Drittel der untersuchten Länder im hinteren Drittel der Rangfolge liegt. Als hochgradig kor-

---

litics of Diamond Dependence and Abundance in Botswana, in: Basedau, Matthias/Mehler, Andreas (Hrsg.), *Resource Politics in Sub-Saharan Africa,* Hamburg 2005, S. 118.

259 Vgl. Bertelsmann Stiftung, *Transformationsindex BTI 2014.* Da der BTI Entwicklungs- und Schwellenländer untersucht, werden Australien, Island und Israel nicht berücksichtigt.

260 Vgl. Mo Ibrahim Foundation, *2013 Ibrahim Index of African Governance (IIAG)*, Swindon 2013.

rupt („*highly corrupt*“) gelten Guinea (150.), Tadschikistan (154.), die Demokratische Republik Kongo (154.), Simbabwe (157.) und die in diesem Index bereits berücksichtigten Staaten Südsudan (173.) und Sudan (174.). Im mittleren Drittel der 177 bewerteten Staaten findet sich eine kleinere Gruppe von elf der ausgewählten Länder, die von Montenegro (67.) sowie Südafrika (72.) angeführt und von Bolivien (106.) sowie Tansania (111.) abgeschlossen wird. Diese Staaten sehen sich durch erhöhte Korruption herausgefordert. Immerhin neun rohstoffreiche Länder belegen Rangplätze im vorderen Drittel. Dazu zählen unter anderem die Länder Namibia (57.), Bahrain (57.), Lesotho (55.), Ruanda (49.), Botswana (30.) und Chile (22.), die eine geringere Korruption aufweisen als einzelne EU-Staaten Mittel- und Osteuropas sowie Italien (69.).[261] Erneut ergibt sich ein facettenreiches Ergebnis, da die Korruption in Bergbauländern wie Australien und Chile laut Transparency International überschaubar bleibt, während sie in vielen anderen rohstoffreichen Ländern auf fruchtbaren Boden fällt und mindestens ein besonderes, teilweise sogar ein schwerwiegendes entwicklungspolitisches Problem darstellt.

Neben Korruption muss die im vorangegangen Teil angesprochene Stabilität betrachtet werden, da rohstoffreiche Länder offenbar einem erhöhten Konfliktrisiko ausgesetzt sind.[262] Dazu lohnt der Blick auf die Ergebnisse des *Failed States Index*, der jährlich vom der Zeitschrift *Foreign Policy* und der Denkfabrik *Fund for Peace* aufgestellt wird und das Risiko eines Staatszerfalls entlang folgender Kategorien bewertet: tragbar (*sustainable*), stabil (*stable*), Warnung (*warning*), Alarm (*alert*). Lediglich Australien und Island gelten als nachhaltig stabil, immerhin noch sieben (Chile, Montenegro, Mongolei, Bahrain, Botswana, Jamaika und Südafrika) der ausgewählten Länder als stabil. Für die überwältigende Mehrheit der rohstoffreichen Staaten spricht der Index mindestens eine Warnung aus. Darunter befinden sich mit Guinea, Simbabwe, der Zentralafrikanischen Republik, dem Sudan und der Demokratischen Republik Kongo sogar fünf Länder am Rande eines bevorstehenden Staatszerfalls (*alert*).[263]

Die Entwicklungsökonomen Paul Collier und Anke Hoeffler haben die Wahrscheinlichkeit eines Konfliktes in rohstoffreichen Ländern und Staaten ohne Rohstoffausfuhren untersucht. Sie fanden heraus, dass die Wahrscheinlich-

261 Vgl. Transparency International, *Corruption Perceptions Index 2013*, S. 3.

262 „Over half of all countries with Security Council mandated missions are resource-dependent.“ (Grynspan, Rebeca, *Speech at the Security Council Thematic Open Debate on Conflict Prevention and Natural Resources*); vgl. Mildner, Stormy-Annika, *Konfliktrisiko Rohstoffe? Herausforderungen und Chancen im Umgang mit knappen Resourcen*, Berlin 2011.

263 Vgl. Fund for Peace, *Failed States Index 2013*. Instabiler als in der DR Kongo wird nur noch die Lage Somalias eingestuft, dem Schlusslicht genauer gesagt Spitzenreiter dieses Index ohne faktische Staatlichkeit.

keit eines Konfliktes zunehme, je stärker die Wirtschaft eines Landes von Bodenschätzen abhänge. Nach den Modellrechnungen dieser Studie liegt das Konfliktrisiko bei einem Staat ohne Rohstoffexporte bei einem Prozent, während ein Land, dessen Ausfuhren sich zu einem Drittel aus Rohstoffen zusammensetzen, ein Konfliktrisiko von 22 Prozent aufweist.[264] Bodenschätze können dabei sowohl Ursache oder Katalysator eines Konfliktes sein als auch zu einer Verlängerung einer bewaffneten Auseinandersetzung beitragen. Genauer ist zu unterscheiden, ob Rohstoffe mit den Konfliktursachen zusammenhängen (z.B. Sezessionsbestrebungen der kupferreichen Region Katanga in der DR Kongo während der 1960er) oder zur Konfliktfähigkeit bzw. Kriegsführung genutzt werden wie beispielsweise durch die Diamantenverkäufe der früheren *UNITA (União Nacional para a Independência Total de Angola)* in Angola oder der Rebellenarmee *RUF* (*Revolutionary United Front)* in Sierra Leone. Außerdem sei auf die starken wirtschaftlichen sowie strategischen Interessen der Industrieländer verwiesen, die wie bei den Rivalitäten zwischen Frankreichs und der USA über Ölvorkommen in der Republik Kongo 1997 eine nicht unerhebliche Rolle bei Konflikten in rohstoffreichen Ländern spielen.[265]

Der Befund, dass rohstoffreiche Länder offenbar einem erhöhten Konfliktrisiko ausgesetzt sind, bestätigt regelmäßig das *Heidelberger Institut für internationale Konfliktforschung* (HIIK) in seinem Konfliktbarometer. In den Jahren 2011 bzw. 2012 stellten Rohstoffe den zweit- bzw. dritthäufigsten Konfliktgegenstand dar.[266] Rohstoffe sind für das HIIK Konfliktgegenstand, wenn der Besitz von natürlichen Ressourcen oder damit verbundene Vorteile wie beispielsweise Einnahmen aus Rohstoffverkäufen angestrebt werden.[267] Die geographische Verteilung der identifizierten Konflikte auf Europa (4), Subsahara-Afrika (27), Amerika (21), Naher Osten und Maghreb (7) sowie Asien (22) verdeut-

264 Vgl. Collier, Paul/Hoeffler, Anke, Greed and Grievance in Civil War, in: *Oxford Economic Papers*, Vol. 56, Nr. 4, 2004, S. 580.

265 „Man setze an die Stelle von ‚Ivory' die Worte ‚Petrol, Coltan, Diamonds', und schon finden wir uns in der unerträglichen Realität unserer Tage wieder." (Scholl-Latour, Peter, *Afrikanische Totenklage: Der Ausverkauf des Schwarzen Kontinents*, München 2003, S. 16); vgl. Basedau, Matthias/Lay, Jann, *Conceptualising the „Resource Curse" in Sub-Saharan Africa: Affected Areas and Transmission Channels*, S. 20ff; vgl. Collier, Paul/Hoeffler, Anke, *Greed and Grievance in Civil War*, S. 587ff.

266 Vgl. Heidelberg Institute for International Conflict Research, *Disputes, non-violent crises, violent crises, limited war, wars*, Conflict Barometer, 21, Heidelberg 2013, S. 5; vgl. Heidelberg Institute for International Conflict Research, *Conflict Barometer 2011*, Heidelberg 2012, S. 5.

267 „The item resources is encoded if the possession of natural resources or raw materials, or the profits gained thereof, is pursued." (Heidelberg Institute for International Conflict Research, *Disputes, non-violent crises, violent crises, limited wars, wars*, S. 120).

licht die besondere Herausforderung für rohstoffreiche Entwicklungsländer. Die in Tabelle 3 aufgelisteten Rohstoffkonflikte der vorgenommenen Länderauswahl gehen häufig mit Sezessionsbewegungen, ideologischen Auseinandersetzungen und Machtkämpfen unterschiedlicher Ethnien einher oder werden von diesen überlagert.

Tabelle 3: Rohstoffkonflikte in Entwicklungsländern 2012 (Auswahl)[268]

Konflikt	Konfliktparteien	Beginn	Grad[269]
DR Kongo (Gewalt zwischen militanten Gruppierungen)	*FDLR, Nyatura* vs. *Mayi-Mayi Cheka, Raia Mutomboki, Forces de défense congolaise (FDC)* vs. *Alliance des patriotes pour un Congo libre et souverain (APCLS)* vs. *Mayi-Mayi Shetani* vs. *M23*	2011	4
Sudan – Südsudan	Sudan vs. Südsudan[270]	2011	5
Südsudan (Milizen)	*SS PLM/A, SSDM , SSDF , SSLA* vs. Regierung	2010	3
Usbekistan – Tadschikistan	Usbekistan vs. Tadschikistan	2010	2
Angola – DR Kongo	Angola vs. DR Congo	2009	1
Chile (Mapuche/Araucanía)	*Mapuche, Alianza Territorial Mapuche (ATM), Coordinadora Arauco-Malleco (CAM)* vs. Regierung	2008	3
Peru (Oppositionsbewegung)	Oppositionsbewegung vs. Regierung	2008	3
Südsudan (interethnische Gewalt)	*Murle* vs. *Lou Nuer* vs. *Misseriya* vs. *Dinka Gok* vs. *Dinka Rek* vs. *Dinka Bor* vs. *Bari* vs. *Fartit*	2008	5
Sudan (Ostsudan)*	*Eastern Front* vs. Regierung	2005	1
DR Kongo (CNDP/M23)	*Congrès national pour la défense du peuple (CNDP)/ (Mouvement du 23-mars) M23* vs. Regierung	2004	5
Sudan (Darfur)	Sudan Revolutionary Front (SRF), Liberation and Justice Movement (LJM) vs. Grenzsoldaten vs. regierungsfreundliche Milizen vs. Regierung	2003	5
DR Kongo – Ruanda	DR Kongo vs. Ruanda	2002	3
Timor-Leste – Australien	Timor-Leste vs. Australien	2002	1

268 Die Tabelle umfasst die Länderauswahl der Tabelle 2 und ist geordnet nach Beginn des Ausbruchs des Konfliktes; vgl. Heidelberg Institute for International Conflict Research, *Disputes, non-violent crises, violent crises, limited wars, wars*, S. 16f., 31ff., 57f., 75ff. u. 101f. Eigene Darstellung und Ergänzungen.

269 Die vom HIIK verwandte Einstufung unterscheidet zwischen Konflikten niedriger (*dispute* (1), *non-violent crisis* (2)) mittlerer (*violent crisis* (3)) und hoher Intensität (*limited war* (4), *war* (5)). Um das Intensitätslevel zu bestimmen, wird nicht nur die Anzahl der Todesopfer bzw. Gefallenen, sondern auch der Einsatz bestimmter Waffen, der Mobilisierungsgrad, das Ausmaß der Zerstörung sowie die Anzahl der Flüchtlinge und Binnenflüchtlinge berücksichtigt. Vgl. ebd., S. 120f.

270 Vgl. Jeska, Andrea, Kaum gegründet, schon zerfallen, in: *Die Zeit*, 8, 13.02.2014.

Konflikt	Konfliktparteien	Beginn	Grad[269]
DR Kongo (Ituri Milizen)	*Forces de Résistance Patriotique d'Ituri (FRPI), Front populaire Pour la Justice au Congo (FPJC), Cogai* vs. Regierung	1999	3
DR Kongo (FRF)	*Forces Républicaines Fédéralistes* vs. Regierung	1998	1
Botswana (Basarwa)	*Basarwa* vs. Regierung	1997	1
DR Kongo (FDLR)	*Forces Démocratiques de Libération du Rwanda (FDLR)* vs. Regierung	1997	4
DR Kongo (Mayi-Mayi)	*Mayi-Mayi*-Gruppen vs. Regierung	1997	4
Peru (Sendero Luminoso)	*Sendero Luminoso* vs. Regierung	1980	3
Papua-Neuguinea (Stammesfehden)	Bergvölker vs. Bergvölker	1975	3
Bolivien – Chile	Bolivien vs. Chile (Zugang zum Meer)	1883	1

Die Tabelle belegt, dass Rohstoffvorkommen häufig Konfliktgegenstand und in vielen Fällen auch Konfliktursache sind. Außerdem wird deutlich, wie weit diese Länder von dem an anderer Stelle eifrig geführten Nachhaltigkeitsdiskurs entfernt sind bzw. wie wenig die Debatte um planetarische Grenzen zumindest kurz und mittelfristig zur konkreten Lösung dieser Konflikte beitragen kann. Rohstoffkonflikte in Entwicklungsländern lassen eine Enquete-Kommission auf der Suche nach „Wegen zu nachhaltigem Wirtschaften" und mit ihren Forderungen nach einem „verminderten Ressourceneinsatz"[271] fast etwas verträumt erscheinen.[272] Über Rohstoffpolitik informierte sich die Kommission mittels einer einzigen Publikation, die von einer Organisation namens „*PowerShift*" erstellt wurde und für einen „Überblick über die aktuelle deutsche und europäische Rohstoffpolitik" herhalten muss.[273]

---

269 Die vom HIIK verwandte Einstufung unterscheidet zwischen Konflikten niedriger (*dispute* (1), *non-violent crisis* (2)) mittlerer (*violent crisis* (3)) und hoher Intensität (*limited war* (4), *war* (5)). Um das Intensitätslevel zu bestimmen, wird nicht nur die Anzahl der Todesopfer bzw. Gefallenen, sondern auch der Einsatz bestimmter Waffen, der Mobilisierungsgrad, das Ausmaß der Zerstörung sowie die Anzahl der Flüchtlinge und Binnenflüchtlinge berücksichtigt. Vgl. ebd., S. 120f.

271 Enquete-Kommission „Wachstum, Wohlstand, Lebensqualität – Wege zu nachhaltigem Wirtschaften und gesellschaftlichem Fortschritt in der Sozialen Marktwirtschaft", *Schlussbericht der Enquete-Kommission „Wachstum, Wohlstand, Lebensqualität – Wege zu nachhaltigem Wirtschaften und gesellschaftlichem Fortschritt in der Sozialen Marktwirtschaft"*, Berlin 2013, S. 399.

272 Vgl. ebd., S. 354 u. 376.

273 Vgl. ebd., S. 378 Fußnote 1125; für diesen Verweis vgl. Blume, Jutta/Greger, Nika/Pomrehn, Wolfgang, *Oben hui, unten pfui? Rohstoffe für die „grüne" Wirtschaft: Bedarfe – Probleme – Handlungsoptionen für Wirtschaft, Politik & Zivilgesellschaft*, Berlin 2011.

Wesentlich problemorientierter fasst Nicholas Stern den Zielkonflikt zusammen: „Die Emissionen liegen in vielen Entwicklungsländern bereits über 2 Tonnen pro Kopf. Das Wirtschaftswachstum nimmt rapide zu, und alle sind verständlicherweise auf weiteres rasches Wachstum aus. Ein Vorschlag, dass sie ihre Ambitionen auf Wachstum und Entwicklung aufgeben sollen, wäre sowohl moralisch falsch als auch politisch unmöglich.“[274]

Schließlich lassen sich mit Hilfe des Index *Freedom in the World* der US-amerikanischen Nichtregierungsorganisation Freedom House bürgerliche Freiheiten und politische Rechte in rohstoffreichen Ländern untersuchen. Auf die drei grobkörnigen Kategorien frei (*free*), teilweise frei (*partly free*) sowie nicht frei (*not free*) verteilen sich die berücksichtigen Ländern ungefähr zu jeweils einem Drittel. Anders formuliert weisen Bürgerrechte und demokratische Teilhabe in rund 60 Prozent der rohstoffreichen Länder mindestens Defizite auf. Als nicht frei schätzt Freedom House dabei Bahrain, Ruanda, Laos, Mauretanien, Tadschikistan, Mali, Simbabwe, den Sudan und die Demokratische Republik Kongo ein.[275] Die Beurteilung Bahrains überrascht insofern, als das Königreich bisher nicht auf hinteren Rangplätzen zu finden war und ein eindrucksvolles Beispiel dafür darstellt, dass ein hoher materieller Wohlstand offenbar keineswegs mit Bürgerrechten einhergehen muss.

Auf Grundlage unterschiedlicher Indizes wurden ausgewählte rohstoffreiche Länder in den Bereichen menschliche Entwicklung, Regierungsführung, Korruption, Stabilität sowie Bürgerrechte betrachtet. Zusammengefasst besteht eine Verbindung von Rohstoffabundanz bzw. der Abhängigkeit von Rohstoffexporten und erhöhter Korruption, schwachen staatlichen Institutionen, einem geringen Demokratisierungsgrad, eingeschränkten Bürgerrechten, wirtschaftlichem Niedergang, einem größeren Konfliktrisiko und Armut.[276] Da der Anteil mineralischer Exporte lediglich Hinweis auf den Rohstoffreichtum oder die ökonomische Struktur eines Landes ist, bietet Tabelle 2 eine ordinale Rangfolge an, die sich aus der Gesamtbewertung eines Landes in den berücksichtigten Indizes im Verhältnis zu den Bewertungen der anderen rohstoffreichen Länder ergibt. Während somit die Rangplätze innerhalb der einzelnen Indizes eine absolute Bewertung aller im jeweiligen Index untersuchten Länder darstellen, orientiert sich die ordinale Rangfolge am durchschnittlichen Entwicklungsstand in

274 Stern, Nicholas, *Der Global Deal*, S. 190.

275 Vgl. Freedom House, *Freedom in the World 2013: Democratic Breakthroughs in the Balance*, S. 14–18.

276 Vgl. Basedau, Matthias, *Resource Politics in Sub-Saharan Africa beyond the Resource Curse: Towards a Future Research Agenda*, S. 325; vgl. Behalal, Zobel, Only legislation will stop minerals being traded at the expense of human rights, in: *The Guardian*, 16.12.2013.

Relation zu den anderen rohstoffreichen Ländern.[277] Auf diese Art und Weise werden Ausreißer in einzelnen Kategorien ausgeglichen und umfassende Einschätzungen darüber ermöglicht, wie sich der relative durchschnittliche Entwicklungstand rohstoffreicher Länder darstellt. Während generalisierende Erkenntnisse über Kausalzusammenhänge in unterschiedlichen politischen, wirtschaftlichen und soziokulturellen Kontexten schwierig bleiben, können bei aller analytischen Bescheidenheit deutliche Korrelationen zwischen Rohstoffreichtum und Entwicklungsstand aufgezeigt werden. Die Spitzenreiter Australien und Island profitieren umfassend von ihren Bodenschätzen, während der Rohstofffluch seine stärkste Ausprägung offenbar in der rohstoffreichen Demokratischen Republik Kongo aufweist.

Kurzum sucht der Fluch der Ressourcen diejenigen Staaten heim, die als „the most economically troubled, the most authoritarian, and the most conflictridden in the world"[278] gelten.

Zugleich muss diese Aussage dahingehend qualifiziert werden, dass der Begriff *eines* Fluches nicht hinreichend präzise erscheint und eine vereinfachende Kausalität zwischen Rohstoffreichtum und Entwicklungsproblemen postuliert.

Der Ressourcenfluch ist zwar ein einprägsamer, aber zugleich ungenauer Begriff, da er einen generalisierbaren Wirkmechanismus suggeriert, der empirisch nicht feststellbar ist. Stattdessen lassen sich mit niedrigerem Wirtschaftswachstum, verstärkter Korruption, erhöhtem Konfliktrisiko und einem niedrigen Grad der Demokratiesierung unterschiedliche Ausprägungen des Rohstoffluches beobachten (Tabelle 4).[279]

277 Dazu wurde für jeden Index eine Rangfolge der berücksichtigten Länder erstellt und anschließend für jedes dieser Länder die durchschnittliche Gesamtplatzierung ermittelt, die in der abschließenden Übersichtstabelle dargestellt wird. Da Australien, Island und Israel im Rahmen des BTI nicht bewertet wurden, deren Bewertung jedoch tendenziell positiver ausfallen würde, als die der Schwellen- und Entwicklungsländer, wurde der Platzhalter ‚0' für diese Länder eingesetzt. Die Rangfolge des *Failed State Index* wurde angepasst, weil eine positive Bewertung im Sinne eines geringen Konfliktrisikos nicht wie bei den anderen Indizes mit einem vorderen Rangplatz einhergeht. Schließlich wurden die drei Kategorien der Freedom House-Bewertung gewichtet, indem bei 33 berücksichtigten Ländern die Platzhalter 5,5 (free), 16,5 (partly free) und 27,5 (not free) verwendet wurden.

278 Karl, Terry L., The Perils of the Petro-State: Reflections on the Paradox of Plenty, in: *Journal of International Affairs,* Vol. 53, Nr. 1, 1999, S. 3.

279 Vgl. Shaxson, Nicholas, Oil, corruption and the resource curse, in: *International Affairs,* Vol. 83, Nr. 6, 2007, S. 1124; vgl. Dadasov, Ramin/Hefeker, Carsten/Lorz, Oliver, *Natural Resource Production, Corruption and Expropriation*, Joint Discussion Paper Series in Economics, 36, Marburg 2014, S. 14.

Tabelle 4: Ausprägungen des Rohstoffluchs[280]

Wirtschaftliche Entwicklung	Regierungsführung	Demokratie	Stabilität
Geringeres Wirtschaftswachstum		Ausbleibende Modernisierung	Regionale Ungleichverteilung von Bodenschätzen
Geringe Kopplungseffekte (*linkages*[281])	Schwache staatliche Institutionen	Geringe Kontrollmöglichkeiten oder Anreize zu demokratischer Kontrolle	Umweltbelastung und soziale Herausforderungen in Abbaugebieten
Enklavenwirtschaft	Rentierstaat	Ko-optation oder Unterdrückung oppositioneller Kräfte	Putschgefahr
Holländische Krankheit (*Dutch Disease*[282])	Korruption	Konditionalität der Hilfe wird zugunsten eigener Rohstoffinteressen nicht konsequent verfolgt	Vergrößerung der Ausgaben für das Militär und den Sicherheitsapparat
Einseitig ausgerichtete Wirtschaftspolitik	Klientelismus, Patronage, Neopatrimonalismus	Kooperation von Industrieländern mit autoritären Regimen zur Rohstoffsicherung	Externe Einflussnahme durch multinationale Bergbauunternehmen
Makroökonomische Instabilität aufgrund volatiler Rohstoffmärkte	Koloniales Erbe		Maßnahme anderer Länder zur Rohstoffsicherung
Verschlechterung der *Terms of Trade*			

Im Lichte unterschiedlicher Entwicklungswege rohstoffreicher Länder erscheinen zudem generalisierende Aussagen des Rohstoffluchs als zu unpräzise. Schließlich muss die nahezu fatalistische Beziehung von Ressourcenabundanz und ausbleibender Entwicklung infrage gestellt werden. Wenn der Ressourcenfluch unmittelbare negative Wirkungen heimischer Bodenschätze beschreiben würde, wäre er ein zu unterkomplex beschriebenes Phänomen. Tatsächlich sind die Entwicklungsprobleme rohstoffreicher Länder häufig auf die politischen und wirtschaftlichen Strukturen zurückzuführen, in denen sich der Ressourcenfluch manifestiert.[283] Veranschaulichen lässt sich dieser Gedanke mit Hilfe eines Vergleiches:

280 Vgl. Basedau, Matthias/Lay, Jann, *Conceptualising the „Resource Curse" in Sub-Saharan Africa: Affected Areas and Transmission Channels*, S. 23. Eigene Übersetzung, Ergänzungen und Darstellung.

281 Vgl. Hirschmann, Albert O., *Entwicklung, Markt und Moral*, S. 153 u. 161–164.

282 Vgl. Barder, Owen, *A Policymakers' Guide to Dutch Disease: What is Dutch Disease, and is it a problem?*

283 Vgl. Mildner, Stormy-Annika/Lauster, Gitta, *Curse or Blessing: Development or Misery – Scrambling to the Bottom or Scrambling to the Top? Natural Resources, Economic Growth, and Conflict: A Literature Review*, Eschborn 2011, S. 7.

Aus vorhandenen Rohstoffvorkommen einen Fluch abzuleiten, wäre „like blaming treasure for the existence of pirates“[284]. Daher wirkt sich der Rohstoffreichtum eines Landes nicht unmittelbar auf dessen Entwicklung aus. Stattdessen hängt es von den jeweiligen politischen und wirtschaftlichen Voraussetzungen ab, ob das transformative Potenzial des Rohstoffreichtums genutzt werden kann und wie hoch die Wahrscheinlichkeit des Ressourcenfluchs ist.

Diese Wahrscheinlichkeit muss neben einer theoretischen Erklärung im jeweiligen Länder- oder regionalen Kontext untersucht werden, um andere Einflussfaktoren entsprechend berücksichtigen zu können. Die Volatilität der Rohstoffmärkte trifft diejenigen Länder am stärksten, die besonders auf den Export von Rohstoffen angewiesen sind; Sezessionsbestrebungen und daraus resultierende bewaffnete Konflikte finden sich insbesondere in Ländern, in denen einzelne Regionen besonders rohstoffreich und andere rohstoffarm sind; Korruption und ausufernde Staatsausgaben können auf das individuelle oder sogar kollektive Fehlverhalten aktueller Regierungsmitglieder zurückgeführt werden.[285]

Als weitere Erklärung des Ressourcenfluchs in Entwicklungsländern wird häufig das Nachwirken kolonialer Strukturen herangezogen. Zum Abschluss dieses Unterkapitels müssen daher mögliche Folgen des kolonialen Erbes kritisch gewürdigt werden.[286] Entsprechende Diskussionen sind wenig hilfreich, wenn sie mit Schuldzuweisungen sowie diffusen Verantwortungszuordnungen enden oder im Ergebnis nicht zu einem besseren Verständnis der heutigen Situation beitragen. Dennoch ist unbestritten, dass der Kolonialismus tiefe Spuren hinterlassen und potentielle Probleme geschaffen hat, die auch im Zusammenhang mit dem sogenannten Ressourcenfluch zu sehen sind: willkürliche Grenzziehungen richteten sich nicht zuletzt an Rohstoffvorkommen aus und führten teilweise zu Staatsterritorien ohne Zugang zum Meer. Neben zahlreichen anderen komplexen Auswirkungen der von außen festgelegten politischen Grenzen ergeben sich daraus besondere Herausforderungen für den Transport und Au-

---

284 Kenny, Charles, What Resource Curse? in: *Foreign Policy*, 06.12.2010. Online einzusehen unter http://foreignpolicy.com/2010/12/06/what-resource-curse/, zuletzt aufgerufen am 14.05.2015.

285 „[N]obody would argue that the ‚curse‘ strikes overnight once resource extraction or production has begun. The are certain transmission channels or causal mechanisms that might turn resources into problems.“ (Basedau, Matthias/Lay, Jann, *Conceptualising the „Resource Curse“ in Sub-Saharan Africa: Affected Areas and Transmission Channels*, S. 12).

286 „Dabei ist kaum zu bestreiten, dass die schwerpunktmäßige Ausrichtung auf den Rohstoffbereich – zum Teil Folge der kolonialen Abhängigkeit – einen circulus vitiosus aus Armut, Rohstoffproduktion, niedrigen Absatzpreisen, starker Position der Käuferländer und Investoren sowie mangelhafter Ausbildung und geringem Einkommen entstehen lässt, der eine beschleunigte Entwicklung behinderte.“ (BMZ, *Rohstoff- und Entwicklungspolitik*, S. 28).

ßenhandel.[287] Weiterhin erwies sich die schwache Verbindung zwischen postkolonialen Staaten mit ihren traditionellen Gesellschaften und der indigenen Bevölkerung als problematisch, da dem politischen System die nötige Legitimation und sukzessive die demokratische Kontrolle fehlte. Entsprechend ungehindert entstanden häufig neue staatliche Eliten, die nicht nur die Kolonialmächte ersetzten, sondern sich mithilfe des Staatsapparates persönlich bereicherten und ihr Handeln zunehmend weniger an der vormaligen Befreiungsrhetorik orientierten. Daraus resultierten schwache staatliche Institutionen oder sogar autoritäre Regime, die mögliche Rohstoffreichtümer nicht für eine Entwicklungsorientierung staatlichen Handelns nutzen. Erschwerend kommt der wirtschaftliche Nachlass der Kolonialzeit hinzu, da der exportorientierte, rohstoffbasierte sowie hauptsächlich auf die „Mutterländer" ausgerichtete Außenhandel, die Vernachlässigung schulischer und beruflicher Bildung und ein Mangel öffentlicher Daseinsvorsorge die ökonomischen Strukturen zahlreicher Entwicklungsländer in Afrika, Asien und Lateinamerika bis heute prägen.[288] Durch eine „ökonomische Verklammerung der Kolonien mit dem Mutterland"[289] sollten Absatzmärkte für heimische Produkte entstehen und Rohstoffe aus den Kolonien geliefert werden. Die rohstoffpolitische Bedeutung der Kolonien kam bereits in Namen wie Elfenbeinküste, der bis heute Bestand hat, oder Goldküste (das heutige Ghana) zum Ausdruck. Den unheilvollen Höhepunkt kolonialen Rohstoffhungers stellte die Kongopolitik des belgischen Königs Léopold II. zwischen 1885 und 1908 dar.[290]

Das Deutsche Reich importierte ebenfalls Rohstoffe aus seinen damaligen Kolonien: Kautschuk und Kaffee aus West- und Ostafrika; Tabak und Kakao insbesondere aus Kamerun; Elfenbein, Baumwolle und Sisal aus Ostafrika; Guanophosphate aus der Südsee; Diamanten und Phosphate aus Südwestafrika.[291] Die 1900 gegründete *Otavi Minen- und Eisenbahn-Gesellschaft* baute

---

287 Vgl. Thomson, Alex, *An Introduction to African Politics*, New York 2010, S. 14.

288 Vgl. ebd., S. 12–23 u. 261.

289 Schinzinger, Francesca, Die Rolle der Zölle in den Beziehungen zwischen dem Deutschen Reich und seinen Kolonien, in: Feldsieper, Manfred/Groß, Richard (Hrsg.), *Wirtschaftspolitik in weltoffener Wirtschaft. Festschrift zum 70. Geburtstag von Rudolf Meimberg*, Berlin 1983, S. 134.

290 Vgl. Landes, David, *Wohlstand und Armut der Nationen. Warum die einen reich und die anderen arm sind*, Bonn 2010, S. 444 u. 507f.; vgl. Wrong, Michaela, *Auf den Spuren von Mr. Kurtz. Mobutus Aufstieg und Kongos Fall*, Berlin 2002, S. 9; vgl. Braeckman, Colette, Die dritte Plünderung des Kongo, in: *Le Monde diplomatique*, Nr. 8015 vom 07.07.2006, S. 8; vgl. Hochschild, Adam, *King Leopold's Ghost: A Story of Greed, Terror and Heroism in Colonial Africa*, London 1999, S. 185ff.

291 Vgl. Schinzinger, Francesca, *Die Rolle der Zölle in den Beziehungen zwischen dem Deutschen Reich und seinen Kolonien*, S. 129.

1906 eine Eisenbahnlinie von Swapokmund nach Tsumb (heutiges Namibia), um abgebautes Kupfererz, Silber und Blei abzutransportieren. Anfangs wurden ärmere Erze vor Ort mit Kohle, die aus dem Ruhrgebiet importiert wurde, verschmolzen.[292] Entlang der Schantung-Bahn nordwestlich des *Deutschen Pachtgebietes Kiautschou* mit der Hauptstadt Qingdao (heutiges China) existierten bis 1914 mehrere Steinkohlebergwerke der *Schantung-Bergbaugesellschaft*.[293] Nach Phosphatfunden auf der 1888 annektierten Insel Nauru wurden dort von 1909 bis 1914 durch die *Deutsche Südsee-Phosphat-Actien-Gesellschaft* aus Bremen Guanophosphate als Düngemittel abgebaut.[294] Entsprechend formulierte das 1986 gegründete *Kolonialwirtschaftliche Komitee* als erstes Ziel die „Förderung der Rohstoffproduktion in den Kolonien im Interesse der heimischen Industrie und Volksernährung“[295]. Ein ähnlicher Eintrag findet sich in dem 1914 fertiggestellten *Deutschen Koloniallexikon*:

> „Eine der wichtigsten Aufgaben der Kolonialwirtschaft und zugleich eine Forderung gesunder nationaler Wirtschaftspolitik richtet sich auf die Gewinnung von Rohstoffen aus den Schutzgebieten für die heimische Volksernährung und zur Versorgung der heimischen Industrie. Insbesondere kommen dabei solche R[ohstoffe] in Betracht, welche Deutschland heute noch in großem Umfang aus dem Auslande beziehen muß, wobei es allen monopolisierenden Tendenzen in den fremdländischen Produktionsgebieten gegenüber wehrlos ist und ohne bestimmenden Einfluß auf die Preisgestaltung des Weltmarktes bleibt. [...] Wichtigere R[ohstoffe] des Mineralreichs für die Ausfuhr aus den Schutzgebieten: Rohedelsteine, namentlich Dia-

---

292 Vgl. Elsner, Harald, *Deutsche Rohstoffagentur (DERA) Rohstoffinformationen: Deutscher Auslandsbergbau. Aktualisierte Studie anlässlich der 3. Fachtagung Deutscher Auslandsbergbau am 9. November 2011*, Hannover 2011, S. 11.

293 Vgl. Qipeng, Mu, *Deutsche Architektur in Fangtse: Untersuchung der Infrastruktur der Schantung-Bergbau-Gesellschaft (1899–1914)*, Berlin 2012, S. 58f.

294 Vgl. Elsner, Harald, *DERA Rohstoffinformationen: Deutscher Auslandsbergbau. Aktualisierte Studie anlässlich der 3. Fachtagung Deutscher Auslandsbergbau am 9. November 2011*, S. 16. „Nauru, a small island nation in the South Pacific, was endowed with significant phosphate deposits. Their highly profitable export gave the country the second highest per capita income in the world in the late 1960s and the 1970s. Today, the accessible phosphate on the island is exhausted; the revenues have gone; and local people are left with a narrow, environmentally precarious rim of land circling a wasteland where the open-pit phosphate mine operated.“ (Clark, Helen, *Avoiding the resource curse: Managing extractive industries for Human Development*, 20.10.2011. Online einzusehen unter http://www.undp.org/content/undp/en/home/presscenter/speeches/2011/10/20/helen-clark-avoiding-the-resource-curse-managing-extractive-industries-for-human-development-/, zuletzt aufgerufen am 14.05.2015).

295 Busse, Walter, Kolonialwirtschaftliches Komitee, in: Schnee, Heinrich (Hrsg.), *Deutsches Koloniallexikon. II. Band H-O*, Leipzig 1920, S. 346. Das Komitee wurde 1902 umbenannt in 1902 in „Wirtschaftlicher Ausschuss der Deutschen Kolonialgesellschaft“.

manten; Erze wie Gold, Kupfer und Zinnerz; Salz; Phosphate; Glimmer; Marmor."[296]

Trotz dieser kolonialen Agitationen war die Kolonialpolitik „für die Reichskasse ein Verlustgeschäft"[297]. Die *Schutzgebiete* erfüllten daher letztendlich und höchstens eine politische Funktion als „Kristallisationspunkt für Hoffnungen und Bestrebungen verschiedenster Art"[298]. In einigen ehemaligen Kolonien kam es zu nennenswerten Bergbauaktivitäten, als diese – wie Togo oder Kamerun – nicht mehr unter deutschem Einfluss standen. Bodenschätze im pazifischen Raum waren weitestgehend noch nicht exploriert.[299] Im deutschen Teil Neuguineas wurden kurz vor Ausbruch des ersten Weltkrieges Öllager entdeckt, die aber nicht mehr abgebaut werden konnten.[300] Während einer Inspektionsreise des Reichskolonialamtes 1908 beschrieb der spätere Außenminister Walther Rathenau die Mineralvorkommen in den deutschen Kolonien als eher kläglich und deren Abbau als unwirtschaftlich.[301] Rathenau vertrat zudem die Meinung, dass viele Rohstoffe auf dem Weltmarkt günstiger zu bekommen seien.[302] Er trug damit ein Argument vor, das für heutige Unternehmen entscheidend dafür ist, ob sie selbst im Bergbau aktiv werden und sich an Minengesellschaften beteiligen oder den Einkauf der Rohstoffe auf dem Weltmarkt bevorzugen. Möglicherweise lassen sich in der Diskrepanz von deklaratorischer Politik und tatsächlichen Rohstoffeinfuhren aus rohstoffreichen Ländern etwaige Parallelen zur heutigen Rohstoffpolitik der Bundesrepublik finden. Zumindest die zeitgenössische Feststellung im Deutschen Koloniallexikon, dass der Einfluss auf internationale Rohstoffmärkte begrenzt und die deutsche Industrie insbesondere von der Einfuhr mineralischer Rohstoffe abhängig sei, haben bis heute Bestand.

Eine Ausnahme und ein Beispiel für „koloniales Imponiergehabe und seiner Vergänglichkeit"[303] bildete zumindest vorübergehend die Situation in Deutsch-Südwestafrika, dem heutigen Namibia, nach den Diamantenfunden bei

296 Busse, Walter, Rohstoffe, in: Schnee, Heinrich (Hrsg.), *Deutsches Koloniallexikon. III. Band P-Z,* Leipzig 1920, S. 182.

297 Speitkamp, Winfried, *Deutsche Kolonialgeschichte*, Stuttgart 2005, S. 89.

298 Schinzinger, Francesca, *Die Rolle der Zölle in den Beziehungen zwischen dem Deutschen Reich und seinen Kolonien*, S. 141.

299 Vgl. Speitkamp, Winfried, *Deutsche Kolonialgeschichte*, S. 78f.

300 Vgl. Randáková, Lucie, *Ehemalige deutsche Kolonien (Abschlussarbeit)*, Universität Pardubice 2009, S. 34.

301 Vgl. Brenner, Wolfgang, *Walther Rathenau: Deutscher und Jude*, München 2005, S. 208f.

302 Vgl. ebd., S. 187f.

303 Stutte Harald, Aufstieg und Fall der Stadt Kolmannskuppe, in: *Berliner Zeitung*, 05.04.2008.

Lüderitzbucht im April 1908.[304] Der afrikanische „Hilfsarbeiter" Zacharias Lewala hatte unmittelbar neben den Schienen nahe des Bahnhofs Grasplatz Rohdiamanten gefunden und diese dem Bahnmeister August Strauch überreicht.[305] In der Folge dieser Entdeckung wurde das Diamantengeschäft zu einem entscheidenden Wirtschaftsfaktor in Deutsch-Südwestafrika. Die Deutsche Kolonialgesellschaft für Südwestafrika konnte Dividenden von 64 Prozent (1909/10) und 40 Prozent (1912/13) ausschütten.[306] Rasch entwickelte sich der Ort Kolmannskuppe zu einer Diamantenstadt mit rund 400 Einwohnern, in der es das erste Röntgengerät Afrikas und eines der leistungsstärksten Elektrizitätswerke südlich des Äquators gab. 1909 wurden hier 20 Prozent der damaligen Weltproduktion an Rohdiamanten gefördert. Nach Ende des Ersten Weltkriegs wurden die Minengesellschaften von *De Beers* übernommen; als die Diamantenfelder bei Kolmannskuppe Anfang der 1930er Jahre zu 95 Prozent ausgebeutet waren, verließen die Einwohner die Stadt in der Wüste.[307]

---

304 Vgl. Mischo, Helmut, *Lagerstätten Seltener Erden in Namibia*, S. 123.

305 Vgl. Hill, Robert A. (Hrsg.), *Marcus Garvey and the Universal Negro Improvement Association Papers: Africa for the Africans 1921–1922*, Bd. 9, London 1995, S. 403.

306 Vgl. Drechsler, Horst, *Südwestafrika unter deutscher Kolonialherrschaft: Die großen Land- und Minengesellschaften (1815–1914)*, Stuttgart 1996, S. 277 u. 281; vgl. Speitkamp, Winfried, *Deutsche Kolonialgeschichte*, S. 78f.

307 Vgl. Stutte Harald, *Aufstieg und Fall der Stadt Kolmannskuppe*. Bei zufälligen Diamantenfunden gilt in Kolmannskuppe noch immer die Sperrverfügung vom 22.09.1908, verhängt durch Bernhard Dernburg, Staatssekretär im Reichskolonialamt. August Strauch starb mit 69 Jahren in einem Eisenacher Krankenhaus. Er litt an Magenkrebs und in seinen Taschen befanden sich noch 2,50 Reichsmark.

2.2 Rohstoffreichtum als entwicklungspolitische Herausforderung

„'Looking at the iron ore, the grade is world-class. The quality is world-class. Yet, in so many years, we haven't been able to benefit from any of these tremendous resources.' President Condé paused. Then he murmured something, almost to himself: 'How can we be so rich and yet so poor?'"[308]

Rohstoffvorkommen stellen weder Segen noch Fluch für die Entwicklung eines Landes dar.[309] Vielmehr entscheiden wirtschaftliche und politische Voraussetzungen eines rohstoffreichen Landes darüber, ob das transformative Potenzial des Rohstoffreichtums ausgeschöpft werden kann. Sollen im Rohstoffsektor generierte Staatseinnahmen zur Entwicklungsfinanzierung genutzt werden können, ergeben sich darüber hinaus externe Herausforderungen durch vergleichsweise volatile Rohstoffpreise auf den Weltmärkten, häufig international agierende ausländische Rohstoffunternehmen und Politikansätze rohstoffärmerer Länder.[310] Aufgrund dieser komplexen Gemengelage kann leidenschaftlich und grundsätzlich darüber diskutiert werden, ob Entwicklung durch Rohstoffe (*development through mining*) als politischer Emanzipationsprozess rohstoffreicher Länder oder Bekenntnis zu einem – nicht unerfolgreichen – europäischen Entwicklungsmodell zu verstehen ist.[311] Jenseits normativer Bekenntnisse stellt sich jedoch für zahlreiche rohstoffreiche Entwicklungsländer die konkrete Frage danach, wie das Momentum, das sich aufgrund des hohen Preisniveaus vieler Rohstoffe und der anhaltend hohen Nachfrage nach ihren Rohstoffen ergibt,

---

308 Keefe, Patrick R., *Buried Secrets: How an Israeli billionaire wrested control of one of Africa's biggest prizes.*

309 „Die Abhängigkeit von Rohstoffen ist möglicherweise eher ein Symptom der chronischen Unterentwicklung als ihre Ursache." (Barbier, Edward B., Den Fluch zum Segen machen, in: *welt-sichten*, 12, 2011. Online einzusehen unter https://www.welt-sichten.org/artikel/516/den-fluch-zum-segen-machen, zuletzt aufgerufen am 14.05.2015).

310 Beispielhaft sind die großen Anteile einzelner Rohstoffe an den afrikanischen Exporten in die EU: mehr als die Hälfte sambischer Exporte nach Europa setzen sich aus Kupfer zusammen; die entsprechenden Ausfuhren Mauretaniens bestehen zu knapp 80 Prozent aus Eisenerz; der nach Europa gelieferte Rohkupfer aus Mauretanien macht über 80 Prozent der Exporte nach Europa aus. Vgl. Ramdoo, Isabelle, *Shopping for raw materials: Should Africa be worried about EU Raw Materials Initiative?* ECDPM Discussion Paper, 105, Maastricht 2011, S. 25f.

311 Vgl. Magrin, Géraud/Perrier-Bruslé, Laetitia, New geographies of resource extraction, in: *EchoGéo,* Vol. 17, 2011, S. 6; vgl. Teijlingen, Karolien v., *Extractive industries, power struggles and the battle of ideas,* 23.07.2014. Online einzusehen unter http://www.unrisd.org/ystp-vanteijlingen, zuletzt aufgerufen am 14.05.2015.

für die eigene gesamtwirtschaftliche Entwicklung genutzt werden kann.[312] Dieses Unterkapitel diskutiert verschiedene Ansätze und konzeptualisiert Rohstoffreichtum als entwicklungspolitische Herausforderung. Schließlich wird gezeigt, dass die deutsche Entwicklungszusammenarbeit in zahlreichen rohstoffreichen Entwicklungsländern aktiv ist.

Aus entwicklungspolitischer Sicht sind insbesondere die Leistungsfähigkeit staatlicher Institutionen in rohstoffreichen Ländern und die Verbindungen (*linkages*) des Bergbausektors mit anderen Wirtschaftssektoren von zentraler Bedeutung. Das Entwicklungsprogramm der Vereinten Nationen (UNDP) greift als multilaterale Entwicklungsorganisation diese Überlegungen in seiner *Strategy for Supporting Sustainable and Equitable Management of the Extractive Sector for Human Development* auf, um nachhaltige menschliche Entwicklung und inklusives Wirtschaftswachstum in rohstoffreichen Ländern zu fördern.[313] Zentral sei eine verbesserte Kapazität staatlicher Institutionen, um Verträge mit internationalen Rohstoffunternehmen auf gleicher Augenhöhe auszuhandeln, Steuern zu erheben respektive einzunehmen und extraktive Industrien kontrollieren zu können.[314] Darüber hinaus komme es langfristig darauf an, Politikansätze und Maßnahmen zur Diversifizierung der Wirtschaft zu fördern, die Infrastruktur zu verbessern und in Gesundheit und Bildung zu investieren.[315]

Wie Potenziale des Rohstoffreichtums für Entwicklung genutzt werden können, verdeutlicht ebenfalls die entwicklungspolitische Strategie der OECD. Grundlegend sei eine effektive Fiskalpolitik als Voraussetzung dafür, Einnahmen im extraktiven Sektor zu generieren und sukzessive entwicklungsorientiert einzusetzen. Insbesondere Investitionen in Bildung, Gesundheit und Infrastruk-

---

312 „Solange Deutschland nicht eigene Vorkommen wirtschaftlich nutzen kann und/oder will und solange Recyclingtechnologien keine hundertprozentige Versorgung mit Rohstoffen sichern können, was nie möglich sein wird, müssen wir an der Ausbeutung von ausländischen Rohstoffvorkommen interessiert sein. Und selbst wenn wir das nicht so sehen, würden andere Staaten und Volkswirtschaften genau dieses tun. Die relevante Frage lautet also nicht, ob Rohstoffe in Entwicklungsländern genutzt werden sollten, sondern wie sie unter den Bedingungen begrenzter Staatlichkeit, schlechter Regierungsführung und endemischer Korruption dennoch verantwortlich genutzt werden können!" (*Nooke, Günter, Internationale Aspekte deutscher Rohstoffpolitik*, S. 6).

313 Vgl. United Nations Development Programme (UNDP), *Strategy Note: UNDP's Strategy for Supporting Sustainable and Equitable Management of the Extractive Sector for Human Development*, New York 2012, S. 18f.

314 Vgl. Grynspan, Rebeca, *Remarks for Rebeca Grynspan (UNDP) on the occasion of the Opening of the 67th UN General Assembly side event on „The Role of Natural Resources in Promoting Sustainable Development"*.

315 Vgl. Grynspan, Rebeca, *Speech at the Security Council Thematic Open Debate on Conflict Prevention and Natural Resources*.

tur weisen in diesem Zusammenhang einen besonders hohen Grenznutzen auf. Um auf volatile Preisentwicklungen internationaler Rohstoffmärkte sowie bei nachlassender Nachfrage angemessen reagieren zu können, müsse zudem über die Einrichtung von Rohstofffonds nachgedacht werden.[316] So stabilisieren beispielsweise die entsprechenden Ansätze Norwegens oder Malaysias staatliche Einnahmen im Rohstoffsektor und stellen nach derzeitiger Einschätzung längerfristig finanzielle Mittel gut angelegter Rohstoffeinnahmen zur Verfügung.[317] Neben einer effektiven Fiskalpolitik bedürfe es Strategien der wirtschaftlichen Diversifizierung und einer ganzheitlichen Wirtschaftsentwicklung, da der Bergbau häufig einen enklavenhaften Charakter aufweise, der mit anderen Wirtschaftssektoren in geringem Maße integriert sei. Perspektivisch sei zudem zu berücksichtigen, dass die Bodenschätze eines Landes sich erschöpfen könnten und Rohstoffexporte als tragende Säule eines wirtschaftlichen Wachstumsmodells mittelfristig zurückgingen bzw. langfristig ersetzt werden müssten. Vor diesem Hintergrund tragen Regierungen letztlich und zugleich Verantwortung dafür, einen schonenden Umgang mit natürlichen Ressourcen sicherzustellen, um Raubbau zu vermeiden und ökologische Auswirkungen möglichst zu minimieren.[318]

Ein ähnlicher Ansatz findet sich im jährlich von mehreren multilateralen Entwicklungsorganisationen herausgegebenen *African Economic Outlook*, der sich 2013 dem Schwerpunktthema *Structural Transformation and Natural Resources* widmete.[319] Im Mittelpunkt steht dabei die Frage, wie struktureller Wandel in Afrika durch die Nutzung heimischer Bodenschätze eingeleitet und umgesetzt werden könne.[320] Grundüberlegung ist dabei, im Rohstoffsektor generierte Einnahmen für Investitionen zu nutzen, um das Wirtschaftswachstum sowie die Entwicklung vor- und nachgelagerter wie auch anderer Wirtschaftsbereiche zu fördern. Ausländische Investitionen ermöglichten darüber hinaus

---

316 Vgl. OECD, *OECD Strategy on Development*, Paris 2012, S. 11.

317 Vgl. Collier, Paul, *The Plundered Planet. How to Reconcile Prosperity with Nature*, S. 109–114 u. 137; vgl. Bebbington, Anthony, *Natural resource extraction and the possibilities of inclusive development: politics across space and time*, Effective States and Inclusive Development (ESID) Working Paper, 21, Manchester 2013, S. 29; vgl. Clemens, Marius/Fuhrmann, Winfried, *Rohstoffbasierte Staatsfonds: Theorie und Empirie*, Forschungsbericht, Nr. 0108, Potsdam 2008.

318 Vgl. OECD, *OECD Strategy on Development*, S. 11.

319 Der *African Economic Outlook* wird von einem Konsortium (AfDB, OECD, UNDP, UNECA) herausgegeben.

320 Vgl. Ncube, Mthuli et al., *African Economic Outlook 2013. Special Theme: Structural Transformation and Natural Resources*.

die weltwirtschaftliche Integration.[321] Dazu wird ein Policy-Ansatz vorgeschlagen, der sich über vier Ebenen erstreckt (Abbildung 12).

Abbildung 12: Rohstoffbasierter struktureller Wandel[322]

Zunächst komme es auf günstige Rahmenbedingungen an, die berufliche Bildung, eine grundlegende Infrastruktur, wettbewerbsfähige Märkte, ein funktionierendes Steuersystem und demokratisch kontrollierte staatliche Institutionen umfassen. Die zweite Ebene berücksichtigt das spezifische Umfeld des extraktiven Sektors, das auf gut ausgebildete Fachkräfte, Anreize zu verstärkten Explorationsaktivitäten und eine spezielle Infrastruktur insbesondere im Bereich der Energieversorgung angewiesen sei. Drittens sei im Umgang mit heimischen Bodenschätzen entscheidend, entsprechende Staatseinnahmen generieren und entwicklungsorientiert investieren zu können. In diesem Zusammenhang erwiesen sich aus Sicht der Autoren die Besteuerung des Rohstoffabbaus und -verkaufs, geschickte Vertragsverhandlungen und die effektive Regulierung des extraktiven Sektors in der Regel effektiver als die Aktivitäten staatlicher bzw. verstaatlichter Rohstoffunternehmen. Schließlich müsse in einem vierten Schritt der strukturelle Wandel durch proaktive Politikansätze vorangebracht werden,

321 Vgl. ebd., S. 143.

322 Vgl. ebd., S. 144, Abbildung 6.15. *Natural resource-based structural transformation: A 4-layer policy approach.* Eigene Abbildung und Übersetzung.

die gezielt vor- und nachgelagerte Industriezweige sowie die Produktivität in anderen Wirtschaftsbereichen und die Schaffung von Arbeitsplätzen fördern.[323]

Im Sinne einer ernst gemeinten und der vielfach deklarierten Partnerausrichtung der Entwicklungszusammenarbeit (EZ) ist es für die entwicklungspolitische Diskussion nicht unerheblich, dass wesentliche Überlegungen zum transformativen Potenzial des Rohstoffsektors von rohstoffreichen Ländern selbst vorangebracht und geprägt werden. Als wesentliches Referenzdokument gilt in diesem Zusammenhang die *Africa Mining Vision* (AMV), die 2009 von der Afrikanischen Union (AU) und ihren Mitgliedsstaaten mit dem Ziel einer „transparent, equitable and optimal exploitation of mineral resources to underpin broad-based sustainable growth and socio-economic development“[324] verabschiedet wurde.[325] Der afrikanische Kontinent ist bei der Produktion genauer gesagt dem Abbau bestimmter mineralischer Rohstoffe wie Platin, Phosphaten, Gold, Chrom, Mangan, Vanadium, Kobalt sowie Diamanten weltweit führend und besitzt umfangreiche Reserven. Gleichzeitig konstatiert die AMV einen Mangel an systematischem geologischen Wissen und eine hohe Exportquote unverarbeiteter Rohstoffe. Ausdrücklich werden als Beispiele erfolgreicher Industrialisierungsstrategien die Entwicklungen Schwedens, Finnlands und des Ruhrgebiets sowie gegenwärtig Malaysias, Brasiliens und Südafrikas genannt.[326]

Südafrika gilt als klassisches Beispiel eines traditionellen Bergbaulandes, in dem sich technologische Expertise und vorgelagerte Industrien (upstream industries) entwickeln konnten. Insbesondere beim Abbau der Platinmetalle (PGM) erzeugte der Druck des internationalen Wettbewerbs Effizienzsteigerungen und Technologieentwicklungen, die Südafrika zu einem Exporteur von Bergbauanlagen und -geräten gemacht haben.[327]

323 Vgl. ebd., S. 13 u. 111.

324 Afrikanische Union, *Africa Mining Vision (AMV)*, S. 3.

325 Die Entstehung der AMV unterstreicht gleichzeitig die wichtige Rolle multilateraler und regionaler Organisationen bei der gegenwärtigen rohstoffpolitischen Diskussion. Neben der Kommission der Afrikanischen Union wurden die Wirtschaftskommission der Vereinten Nationen für Afrika (UNECA), die afrikanische Entwicklungsbank (*African Development Bank*, AfDB), die Konferenz der Vereinten Nationen für Handel und Entwicklung (UNCTAD) und die Organisation der Vereinten Nationen für industrielle Entwicklung (*United Nations Industrial Development Organization,* UNIDO) an der AMV beteiligt.

326 Vgl. ebd., S. 7.

327 Vgl. Ncube, Mthuli et al., *African Economic Outlook 2013. Special Theme: Structural Transformation and Natural Resources*, S. 146; vgl. BGR, *Linkages in the Southern African Mining Sector: Domestic Procurement Challenges and Context,* Working Paper, Hannover 2016.

Bisherige Ansätze in rohstoffreichen Entwicklungsländern seien dagegen häufig zu eng gefasst, da sie sich zu sehr auf die Verbesserung von Investitionsbedingungen und ausländische Investoren konzentrierten.[328] Stattdessen sei insbesondere aus Sicht rohstoffreicher Länder ein stärkerer Fokus auf der Qualität der Regierungsführung und der Leistungsfähigkeit staatlicher Institutionen erforderlich.[329] Daher verfolgt die AMV einen umfassenderen Ansatz, der über das eindimensionale Ziel erhöhter Staatseinnahmen hinausgeht, und trägt auf diese Weise wesentliche entwicklungspolitische Herausforderungen des Rohstoffreichtums zusammen:

Um ein breitenwirksames Wirtschaftswachstum zu erreichen, bedürfe es laut der AMV zuvorderst eines wissensbasierten Bergbausektors, der Verbindungen zu vor- und nachgelagerten sowie anderen Wirtschaftsbereichen ermöglicht. Im Sinne eines nachhaltigen und gut regulierten Bergbausektors seien zudem Maßnahmen des Arbeitsschutzes, die Vermeidung negativer Umweltauswirkungen, sozial verantwortetes und ethisch orientiertes Unternehmertum wie auch die Einbindung der lokalen Bevölkerung in Bergbauregionen notwendig. Der extraktive Sektor müsse außerdem die wesentliche Komponente einer diversifizierten und wettbewerbsfähigen afrikanischen Industrialisierung darstellen. Mit Hilfe des Bergbaus könne die lokale Wirtschaftsentwicklung vorangetrieben und regionale wirtschaftliche Verbindungen besser genutzt werden. Die Rohstoffbewirtschaftung sei insofern zu optimieren, als die unterschiedlichen Abbau- und Verarbeitungsmethoden von Edelmetallen und Industriemineralen zu berücksichtigen seien. Das Potenzial des Klein- (*artisanal*) und Kleinstbergbaus (*small-scale mining*) müsse genutzt werden, um lokales bzw. nationales Unternehmertum und darüber hinaus ländliche Entwicklung zu fördern. Schließlich komme es darauf an, den Rohstoffsektor zu einem wichtigen Akteur auf nationalen, afrikanischen und internationalen Kapital- und Rohstoffmärkten weiter zu entwickeln.[330]

Seit ihrer Verabschiedung fungiert die AMV als Orientierungsrahmen für die Entwicklung und Regulierung des extraktiven Sektors in mehreren afrikanischen Staaten. So haben beispielsweise Mosambik, Lesotho, Äthiopien und Tansania die Reform ihrer Berggesetzgebung und Rohstoffpolitiken an der AMV ausgerichtet. Regionale Wirtschaftsorganisationen nutzen darüber hinaus

328 „In den 1970er Jahren sollten staatliche Fördergesellschaften Reichtum schaffen. In den 1980ern wurden dafür dann internationale Konzerne auserkoren. In beiden Fällen floss das Geld aber in korrupte Kanäle oder auf Auslandskonten. Die Armut blieb." (Wiesmann, Gerrit, Armut trotz Bodenschätzen in: *Entwicklung und Zusammenarbeit*, Nr. 6, 2014, S. 226).

329 Vgl. Afrikanische Union, *Africa Mining Vision (AMV)*, S. 18.

330 Vgl. ebd., S. 3.

die AMV zur Harmonisierung rohstoffpolitischer Strategien.[331] Im Zuge der operativen Umsetzung der AMV hat die Afrikanische Union im Rahmen der Maputo-Erklärung Ende 2013 das *African Minerals Development Centre* (AMDC) mit Sitz in Addis Abeba eingerichtet, um afrikanische Interessen im Rohstoffsektor deutlicher zu artikulieren und koordiniert durchzusetzen. Im Mittelpunkt soll dabei eine wirksame Unterstützung bei der Erteilung von Explorationsgenehmigungen und Abbaurechten sowie der Aushandlung von Konzessionsabgaben stehen.[332] Unternehmen und zivilgesellschaftliche Organisationen sollen bei Lizensierungsfragen und Investitionsentscheidungen sowie bei der Nutzung von Geoinformationssystemen beraten werden. Für fünf Jahre leistet das Entwicklungsprogramm der Vereinten Nationen (UNDP) zusammen mit der Wirtschaftskommission der Vereinten Nationen für Afrika (UNECA) und der afrikanischen Entwicklungsbank (AfDB) technische sowie finanzielle Hilfe beim Aufbau dieser neuen Institution und wirbt bei anderen Entwicklungsorganisationen und Geberländern für weitere Unterstützung.[333]

Zusammengefasst lässt sich der Nexus von Rohstoffen und Entwicklung in fünf konsekutiven Schritten darstellen, die die Weltbank in ihrer politökonomischen Studie *Rents to Riches* vorschlägt (Abbildung 13). Zunächst ist die Organisation der Bergbausektors im Hinblick auf die Vergabe von Konzessionen und weiteren Vertragsabschlüssen entscheidend. Der eigentliche Abbau von Rohstoffen muss entsprechend reguliert und überwacht bzw. kontrolliert werden können. In der nächsten Phase kommt es darauf an, Steuern und Abgaben tatsächlich erheben zu können. Die anschließenden Allokationsentscheidungen und das Ausgabeverhalten der Regierung müssen entwicklungsorientiert und langfristig angelegt sein. Schließlich ist die Umsetzung der Investitionsentscheidungen und der entsprechenden politischen Programme entscheidend dafür, das transformative Potenzial reicher Rohstoffvorkommen wirksam nutzen zu können.

---

331 Vgl. Ramdoo, Isabelle, Interview with Fatima Haram Acyl (Commissioner for Trade and Industry of the African Union), in: *Great Insights,* Vol. 3, Nr. 7, 2014, S. 4f.

332 Vgl. Afrikanische Union, *Report on the Proposed Concept/Structure of the African Mineral Development Centre (AMDC)*, Addis Abeba 2014, S. 9ff.; vgl. Lopes, Carlos, Leveraging Africa's extractive sector for inclusive economic transformation, in: *Great Insights,* Vol. 3, Nr. 7, 2014, S. 8.

333 Vgl. United Nations Economic Commission for Africa, *Launch of the African Minerals Development Centre a new dawn for Africa*. „The vision is clear, the aspiration simple – to use our mineral wealth to industrialise, bring development, deliver jobs and transform the livelihoods of the Africa people. […] AMDC has a strategic place in history to push us to new frontiers, to punch our way into the future and cut a new deal where contract negotiations reflect the true worth of our resources." (UNECA Officer-in-Charge Fatima Denton zit. n. ebd.).

Abbildung 13: The Natural Resource Management Value Chain[334]

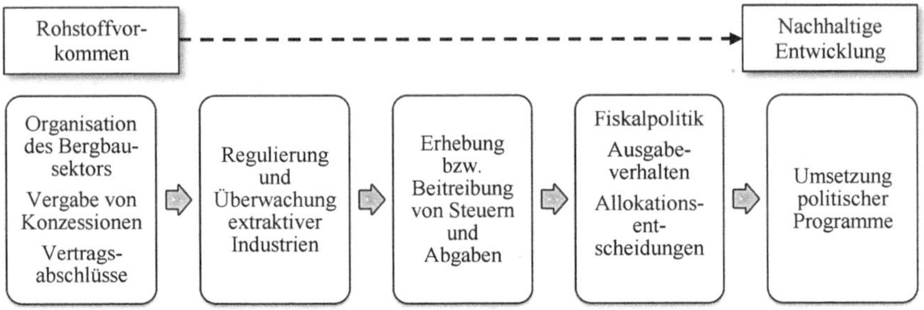

Der Erfolg des gesamten Prozesses hängt letztlich davon ab, ob das politische System pluralistisch verfasst ist, politische Präferenzen inklusiv verhandelt werden, die Bereitstellung öffentlicher Güter gewährleistet ist und demokratische Kontrollmechanismen greifen, um ein möglichst hohes Maß an umfassendem gesellschaftlichen Wohlstand zu fördern.[335]

Aus dezidiert entwicklungspolitischer Perspektive ergibt sich schließlich die Frage, welche Bedeutung rohstoffreiche Entwicklungsländer für die deutsche EZ aufweisen. Dazu werden die Kooperationsländer der deutschen EZ näher betrachtet, die während des Untersuchungszeitraums im Rahmen bilateraler Hilfe (50 Länder) oder thematischer sowie regionaler Programme (29 Länder) unterstützt werden (Tabelle 5).

334 Vgl. Barma, Naazneen et al., *Rents to Riches? The Political Economy of Natural Resource-Led Development,* Washington D.C. 2012, S. 5. Eigene Abbildung und Übersetzung.

335 „Broader political inclusiveness creates a greater space for collective action for good governance and mitigating informational asymetries." (Ebd., S. 143); vgl. Harvey, Ross, *Future Oil Revenues and Political Dynamics in West and East Africa: A Slippery Slope?* S. 11f.

Tabelle 5: Rohstoffabhängigkeit der deutschen Kooperationsländer I[336]

Region	Kooperationsland (bilaterale Länderprogramme)	Kooperationsland regionaler oder thematischer Zusammenarbeit	Rohstoffabhängigkeit Mineralische Rohstoffe	Rohstoffabhängigkeit energetische Rohstoffe
Asien	Afghanistan, Bangladesch, Indien, Indonesien, Kambodscha, Kirgisistan, Laos, Mongolei, Nepal, Pakistan, Tadschikistan, Usbekistan, Vietnam	Myanmar, Philippinen, Sri Lanka, Timor-Leste, Länderübergreifende Zusammenarbeit Zentralasien (bezieht auch Kasachstan und Turkmenistan mit ein)	Laos Mongolei Tadschikistan	Timor-Leste Turkmenistan Kasachstan Myanmar Indonesien
Südosteuropa/ Kaukasus	Albanien, Kosovo, Serbien, Ukraine	Bosnien und Herzegowina, Kaukasus-Initiative (Armenien, Aserbaidschan, Georgien), Moldau	Armenien	Aserbaidschan
Lateinamerika und Karibik	Bolivien, Brasilien, Ecuador, Guatemala, Honduras, Kolumbien, Mexiko, Peru	Karibik-Programm (Dominikanische Republik, Haiti, Kuba), Costa Rica, El Salvador, Nicaragua, Paraguay	Bolivien Peru	Bolivien Ecuador Kolumbien
Naher Osten	Ägypten, Jemen, Palästinensische Gebiete	Jordanien, Syrien		Jemen Syrien Ägypten
Afrika	Äthiopien, Benin, Burkina Faso, Burundi, Ghana, Kamerun, Kenia, Demokratische Republik Kongo, Mali, Malawi, Marokko, Mauretanien, Mosambik, Namibia, Niger, Ruanda, Sambia, Südafrika, Südsudan, Tansania, Togo, Uganda	Algerien, Programm *Fragile Staaten Westafrika* (Côte d'Ivoire, Sierra Leone, Liberia, Guinea), Madagaskar, Nigeria, Senegal, Tunesien	Südsudan Côte d'Ivoire Burkina Faso DR Kongo Mali Mauretanien Mosambik Namibia Ruanda Sambia Südafrika Togo Tansania Sierra Leone Liberia	Südsudan Côte d'Ivoire Algerien Nigeria Kamerun
Teilsummen	50	29	21	17
Gesamtsummen	79 Kooperationsländer		35 (3 Dopplungen) rohstoffabhängige Kooperationsländer	

Die maßgebliche Definition des IWF stuft ein Land als rohstoffabhängig ein, wenn innerhalb der vergangenen fünf Jahre wenigstens 25 Prozent der Staatseinnahmen im Rohstoffsektor generiert wurden oder mindestens ein Viertel der

336 Eigene Darstellung; vgl. BMZ, *Länder: Auswahl der Kooperationsländer*, Online einzusehen unter http://www.bmz.de/de/was_wir_machen/laender_regionen/laenderliste/index.html, zuletzt aufgerufen am 20.12.2014.

Ausfuhren aus Bodenschätzen bestand.[337] Berücksichtigt man energetische *und* mineralische Rohstoffe, gab es 2011 bzw. nach Verabschiedung der Rohstoffstrategie der Bundesregierung insgesamt 95 rohstoffreiche Länder, von denen knapp zwei Drittel niedrige oder mittlere Einkommen aufwiesen.[338] Zudem nahm die Anzahl derjenigen Länder, die als rohstoffreich oder wirtschaftlich abhängig von Rohstoffexporten gelten, zwischen 1996 und 2010 um ein Drittel zu.[339]

Werden diese Befunde auf die offiziellen 79 Kooperationsländer der deutschen EZ übertragen, ergeben sich 35 rohstoffabhängige Kooperationsländer (Tabelle 6).

Tabelle 6: Rohstoffabhängigkeit der deutschen Kooperationsländer II[340]

<table>
<tr><td colspan="5">79 Kooperationsländer (seit 2011)[341]
bilaterale Hilfe (50) sowie thematische oder regionale Programme (29)</td></tr>
<tr><td colspan="5">Rohstoffabhängigkeit (mineralisch und/oder energetisch) bei
35 Kooperationsländern (44 Prozent)</td></tr>
<tr><td colspan="3">21 Länder
abhängig von mineralischen Rohstoffen[342]</td><td colspan="2">14 Länder
abhängig von energetischen Rohstoffen[343]</td></tr>
<tr><td>Asien
8 Länder</td><td>Südosteuropa
2 Länder</td><td>Lateinamerika
4 Länder</td><td>Nahe Osten
3 Länder</td><td>Afrika
18 Länder</td></tr>
</table>

337 Vgl. Internationaler Währungsfonds, *Guide on Resource Revenue Transparency*, S. 55.

338 Vgl. Haglund, Dan, *Blessing or curse? The rise of mineral dependence among low- and middle-income countries*, Oxford 2011, S. 9. Diese für einen holzschnittartigen Überblick verwendete Kategorisierung der Weltbank unterscheidet vier Ländergruppen und fußt auf dem nach dem Atlasverfahren errechneten jährlichen Bruttonationaleinkommen pro Kopf in US-Dollar: 36 Länder mit niedrigem Einkommen (*low income*): USD 1.025 oder weniger; 108 Länder mit mittlerem Einkommen (*lower middle income* respektive *upper middle income*): USD 1.026 bis USD 4.035 bzw. USD 4.036 bis USD 12.475; 70 Länder mit hohem Einkommen (*high income*): USD 12.476 oder mehr (Homepage der Weltbank http://data.worldbank.org/about/country-classifications).

339 „In Burkina Faso, for example, the mining sector accounted for 2 per cent of exports in 2005, but by 2010 its share had risen to 41 per cent. Over the same period, the relative size of the mining sector in Laos more than doubled from 17 per cent of exports to 45 per cent." (Ebd., S. 12).

340 Eigene Darstellung.

341 Vgl. BMZ, *Länder: Auswahl der Kooperationsländer*, Online einzusehen unter http://www.bmz.de/de/was_wir_machen/laender_regionen/laenderliste/index.html, zuletzt aufgerufen am 20.12.2014.

342 Drei Länder sind zugleich abhängig von mineralischen und energetischen Rohstoffen (Bolivien, Südsudan, Elfenbeinküste).

343 Vgl. Fußnote 337.

Rund 44 Prozent der Empfänger deutscher Entwicklungshilfe gelten folglich als wirtschaftlich abhängig von eigenen Bodenschätzen. Die Mehrheit dieser Länder (21) ist abhängig von mineralischen Rohstoffen. 14 Kooperationsländer gelten als abhängig von energetischen Rohstoffen wie z.B. Erdöl, Erdgas oder Kohle.[344] Bezogen auf die regionale Verteilung ist mindestens ein Drittel der Kooperationsländer in jeder Weltregion rohstoffabhängig. Diese untere Grenze trifft für Südosteuropa/Kaukasus (Armenien, Aserbaidschan), Lateinamerika (Bolivien, Ecuador, Kolumbien, Peru) sowie Asien (Indonesien, Kasachstan, Laos, Myanmar, Mongolei, Tadschikistan, Timor-Leste) zu. Im Nahen Osten gelten von den fünf Kooperationsländern Jemen, Ägypten und Syrien als abhängig von energetischen Bodenschätzen. Auf dem afrikanischen Kontinent befindet sich nicht nur die größte Anzahl der Kooperationsländer (31), sondern ebenfalls der höchste Anteil (58 Prozent) rohstoffabhängiger Empfänger deutscher Entwicklungshilfe (18). Zusammengefasst ist der Rohstoffreichtum zahlreicher Kooperationsländer entwicklungspolitisch relevant.[345]

Diese entwicklungspolitischen Interdependenzen lassen sich aus Sicht rohstoffreicher Länder noch deutlicher darstellen und präziser auf mineralische Rohstoffe beziehen. Mit Hilfe aktueller Statistiken der Konferenz der Vereinten Nationen für Handel und Entwicklung (UNCTAD) konnten bereits im vorangegangenen Unterkapitel 33 Staaten ermittelt werden, deren Exporte jeweils zu mindestens 25 Prozent aus mineralischen Rohstoffen bestehen.[346] Ein Abgleich dieser rohstoffabhängigen Länder mit den vom BMZ aufgelisteten Kooperationsländern deutscher Entwicklungszusammenarbeit ergibt, dass 21 der 33 als rohstoffabhängig geltenden Länder Adressaten bilateraler (17), regionaler oder thematischer Zusammenarbeit (4) sind. Während Australien, Island, Israel und der neue Geber Chile (seit 2011) ohnehin keine direkte Rolle für die deutsche EZ spielen, bestehen zu über 60 Prozent dieser rohstoffabhängigen Länder un-

---

344 Um mineralische und energetische Rohstoffabhängigkeit zu operationalisieren, wurde auf folgende Kategorien des Internationalen Warenverzeichnisses für den Außenhandel (*Standard International Trade Classification*, SITC) zurückgegriffen: Mineralische Rohstoffanhängigkeit bezieht sich auf Abschnitt 27 (Düngemittel (ausgenommen solche des Abschnitts 56), mineralische Rohstoffe (ausgenommen Kohle, Öl und Edelsteine), Abschnitt 28 (Metallurgische Erze und Metallabfälle), Abschnitt 667 (Echte Perlen oder Zuchtperlen, Edelsteine und Schmucksteine, roh oder bearbeitet), Abschnitt 68 (Nichteisen-Metalle) und Abschnitt 971 (Gold zu nichtmonetären Zwecken (ausgenommen Golderze und -konzentrate). Eine Abhängigkeit von energetischen Rohstoffen basiert auf Abschnitt 3 (Mineralische Brennstoffe, Schmiermittel und verwandte Erzeugnisse) des SITC.

345 Vgl. BMZ, *Entwicklungsfaktor extraktive Rohstoffe. Ein Positionspapier des BMZ.*

346 Vgl. United Nations Conference on Trade and Development, *UNCTAD Handbook of Statistics 2013*, S. 132–144. Die Exporte energetischer Rohstoffe bleiben entsprechend des Forschungsdesigns dieser Untersuchung unberücksichtigt.

mittelbare entwicklungspolitische Beziehungen. Durch die Konzentration auf weniger Kooperationsländer versucht das BMZ einer Empfehlung des Entwicklungsausschusses der OECD zu entsprechen.[347] Dennoch wird neben den vom BMZ genannten Kooperationsländern eine Reihe weiterer Länder durch die deutsche EZ über die Förderung von Regionalorganisationen wie der Südafrikanischen Entwicklungsgemeinschaft SADC (Botswana), der Zentralafrikanischen Wirtschafts- und Währungsunion CEMAC oder der internationalen Konferenz der großen Seen ICGLR (Zentralafrikanische Republik), durch Übergangshilfe nach Aussetzung der bilateralen Hilfe (Simbabwe) oder bei der Heranführung an EU-Standards (Montenegro) mittelbar unterstützt.[348] Dies bedeutet, dass es mit 26 der 33 als rohstoffabhängig geltenden Länder (mineralische Rohstoffe) entwicklungspolitische Stationen der Zusammenarbeit gibt. Wenngleich bereits diskutiert wurde, dass Rohstoffvorkommen keine unmittelbare Auswirkungen auf die Entwicklung eines Landes haben, sondern die politischen und wirtschaftlichen Voraussetzungen die Wahrscheinlichkeit des Ressourcenfluchs bedingen, lässt die Zusammenarbeit mit diesen Ländern auf bestimmte Entwicklungsprobleme schließen. Gleichwohl hängen entwicklungspolitische Allokationsentscheidungen im BMZ weder hauptsächlich von Herausforderungen im Rohstoffsektor noch ausschließlich vom Entwicklungsstand einzelner Länder ab, sondern sind zugleich ein Aushandlungsprozess außen-,

347 Vgl. OECD DAC, *Deutschland Peer Review*, Paris 2010, S. 86.

348 Vgl. BMZ, *Montenegro: Situation und Zusammenarbeit,* Online einzusehen unter http://www.bmz.de/de/was_wir_machen/laender_regionen/Mittel-Ost-und-Suedosteuropa/montenegro/zusammenarbeit/index.html, zuletzt aufgerufen am 14.05.2015; vgl. Deutsche Vertretungen in Südafrika, Lesotho und Swasiland, *Bilaterale Beziehungen mit Lesotho,* 2014. Online einzusehen unter http://www.southafrica.diplo.de/Vertretung/suedafrika/de/09__Lesotho__Swazil/Lesotho__Fakten.html, zuletzt aufgerufen am 14.05.2015; vgl. Auswärtiges Amt, *Simbabwe: Beziehungen zu Deutschland,* 01.04.2014. Online einzusehen unter http://www.auswaertiges-amt.de/DE/Aussenpolitik/Laender/Laenderinfos/Simbabwe/Bilateral_node.html#doc353858bodyText4, zuletzt aufgerufen am 14.05.2015; vgl. Deutsche Botschaft Jaunde, *Deutschland und die Zentralafrikanische Republik,* 2007. Online einzusehen unter http://www.jaunde.diplo.de/Vertretung/jaunde/de/03/Bilaterale__Beziehungen/D__und__Zar.html, zuletzt aufgerufen am 14.05.2015; vgl. Deutsche Botschaft Gaborone, *Deutschland und SADC unterzeichnen Abkommen über Entwicklungsprojekte im Umfang von 44,2 Mio. Euro,* 10.04.2013. Online einzusehen unter http://www.gaborone.diplo.de/Vertretung/gaborone/de/05/Entwicklungspolitik/Regierungsabkommen_20SADC/Seite__Regierungsabkommen_20SADC.html, zuletzt aufgerufen am 14.05.2015. Büros der GIZ finden sich weiterhin in Ländern, die nicht (mehr) als Kooperationsländer gelten: Maseru (Lesotho), Santiago de Chile (Chile), Gaborone (Botswana), an der CEMAC-Kommission in Bangui (Zentralafrikanische Republik) und Podgorica (Montenegro). Vgl. Deutsche Gesellschaft für Internationale Zusammenarbeit, *Übersicht Länderbüros,* 2014. Online einzusehen unter http://www.giz.de/de/html/weltweit.html, zuletzt aufgerufen am 14.05.2015.

wirtschafts- sowie sicherheitspolitischer Interessen und in einem hohen Maße von Pfadabhängigkeit geprägt.[349]

Aufgrund der bilateralen, regionalen und thematischen Zusammenarbeit oder anderer Ansätze der Entwicklungshilfe mit vielen rohstoffreichen Entwicklungsländern bestehen mindestens günstige Voraussetzungen dafür, das transformative Potenzial des Rohstoffreichtums oder Rohstoffreichtum als entwicklungspolitische Herausforderung zu berücksichtigen. Vor dem Hintergrund der Rohstoffstrategie der Bundesregierung sind entsprechende Überlegungen des BMZ zum *Entwicklungsfaktor extraktive Rohstoffe* oder das Konzept der *Rohstoff-Governance* der *Deutschen Gesellschaft für Internationale Zusammenarbeit* (GIZ) in einen internationalen „Diskurs" eingebettet, der von multilateralen Entwicklungsorganisationen und rohstoffreichen Entwicklungsländern entscheidend geprägt wird. Das *Africa Progress Panel* unter Vorsitz des ehemaligen UN-Generalsekretärs Kofi Annan umschreibt das entsprechende entwicklungspolitische Paradigma nicht zu Unrecht als „Riding the crest of a global commodity wave"[350]. Aus entwicklungspolitischer Sicht sind neben den Rahmenbedingungen der internationalen Rohstoffwirtschaft vor allem die Phase der Extraktion mit ihren politikökonomischen Herausforderungen und die vielschichtigen Auswirkungen der Rohstoffexporte für rohstoffreiche Entwicklungsländer relevant. Der EZ kommt somit zusammengefasst die Aufgabe zu, eine „entwicklungspolitisch nachhaltige Rohstoffversorgung"[351] zu gewährleisten.

---

349 Vgl. Faust, Jörg/Ziaja, Sebastian, *German aid allocation and partner country selection: Development-orientation, self-interests and path dependency*, Discussion Paper, 7, Bonn 2012, S. 19f.; vgl. Kevenhörster, Paul, *Entwicklungshilfe auf dem Prüfstand: Entwicklungspolitische Bilanzen führender Geberstaaten*, S. 277f.

350 Africa Progress Panel, *Riding the crest of a global commodity wave*, 16.10.2013. Online einzusehen unter http://www.africaprogresspanel.org/wp-content/uploads/2013/10/20131016_Riding_the_crest_of_a_global_commodity_wave_ENG.pdf, zuletzt aufgerufen am 14.05.2015.

351 Werland, Stefan, *Debattenanalyse Rohstoffknappheit*, PolRess Arbeitspapier, AS 5.1, Berlin 2012, S. 10.

2.3 Hohe Abhängigkeit der Industrieländer von Rohstoffeinfuhren

> „Minerals are essential for economic development, for the functioning of society, and for maintaining our quality of life. Everything we have or use is ultimately derived from the Earth. [...] [M]ankind does not generally need the minerals themselves. Rather, minerals are extracted for the particular physical and chemical properties their constituents possess and which are utilised for specific purposes in a huge range of goods and products."[352]

Aus den wechselseitigen Abhängigkeiten rohstoffimportierender und -exportierender Länder ergeben sich für rohstoffreiche Länder besondere Herausforderungen, die im vorangegangenen Unterkapitel aus entwicklungspolitischer Perspektive diskutiert wurden. Die dieser Arbeit zugrundeliegende Problembeschreibung betrachtet die hohe Abhängigkeit der Industrieländer von Rohstoffeinfuhren jedoch nicht nur als entwicklungspolitische, sondern ebenfalls außenwirtschaftliche und außenpolitische Herausforderung – eine anspruchsvolle Aufgabe, die sich aus dem im dritten Kapitel dargelegten Kohärenzverständnis ergibt und als Voraussetzung für die Analyse der ressortübergreifenden Rohstoffstrategie der Bundesregierung unerlässlich ist. Dazu werden zunächst gängige Indikatoren zur Beurteilung der Versorgungssicherheit herausgearbeitet. Aktuelle Studien, die vor dem Hintergrund steigender Rohstoffpreise von der EU und deutscher Seite veröffentlicht wurden, belegen zudem die erhöhte politische Relevanz der Rohstoffversorgung und geben einen Überblick über „kritische Rohstoffe". Schließlich konzentriert sich dieses Unterkapitel auf die Rohstoffsituation in Deutschland und zeigt, dass die deutsche Industrie in hohem Maße und teilweise vollständig auf die Einfuhr mineralischer Bodenschätze oder „wirtschaftskritischer Rohstoffe"[353] angewiesen ist.

Zunächst sei auf den Anstieg der weltweiten Explorationsaktivitäten hingewiesen (Tabelle 7).[354] Diese betrugen für mineralische Rohstoffe 1997 USD 7,9

---

352 Graedel, T. E./Gunn, Gus/Espinoza, Luis T., *Metal resources, use and criticality*, S. 1.

353 Gutzmer, Jens/Klossek, Andreas, *Die Versorgung mit wirtschaftskritischen Rohstoffen – Eine Ursachensuche und -analyse*, S. 61.

354 „Die Exploration neuer Rohstoffvorkommen ist ein kapitalintensives, höchst risikoreiches Vorhaben mit ungewissem Ausgang. Rein statistisch führen nur 2 Prozent aller Explorationsprojekte zum Bau eines Bergwerks. Die Bereitschaft, in Explorationsgesellschaften zu investieren, hängt einerseits von den Möglichkeiten des Kapitalmarktes ab, andererseits von den Zukunftserwartungen großer internationaler Konzerne, langfristig mit Bergbau Geld verdienen zu können." (Pilarsky, Günter, *Wirtschaft am Rohstofftropf: Der Kampf um die wichtigsten mineralischen Ressourcen*, S. 95).

Mrd. und erreichten 2012 mit USD 29,4 Mrd. ein zwischenzeitliches Allzeithoch. Allein die Explorationsausgaben für die Bergbauprojekte im Bereich der Nichteisenmetalle (inklusive Uran) beliefen sich 2012 auf USD 21,5 Mrd.[355] Von zehn „Hot Spots" für Explorationen befinden sich dabei zwei in Zentral- und Westafrika.[356] Auf den afrikanischen Kontinent entfielen 17 Prozent der weltweiten Explorationsausgaben und damit der zweithöchste prozentuale Zuwachs an Ausgaben in diesem Bereich. Am stärksten stiegen die weltweiten Explorationsausgaben in der Region Südostasien/Pazifik.[357] Rund ein Viertel der Explorationsausgaben entfielen auf Länder Südamerikas wie Chile, Peru, Brasilien, Argentinien und Kolumbien.[358]

Tabelle 7: Übersicht weltweiter Explorationsausgaben (1975 bis 2012)[359]

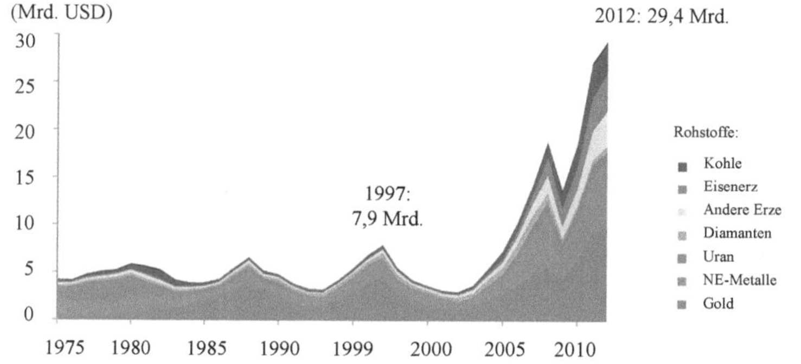

Die folgenden Abbildungen ergänzen die Darstellung der internationalen Ausgangslage rohstoffpolitischer Interdependenzen. Auf den beiden Karten wird nicht die territoriale Größe eines Staates wiedergegeben, sondern die Verteilung der Importe und Exporte von Erz dargestellt.[360] Der überwiegende Anteil welt-

355 Vgl. Huy, Dieter et al., *Deutschland: Rohstoffsituation 2012*, S. 10.

356 Vgl. Schodde, Richard, *Geological Society of South Africa GeoForum 2013 Conference 2nd–5th July 2013*, Johannesburg, S. 46.

357 Vgl. Pilarsky, Günter, *Wirtschaft am Rohstofftropf: Der Kampf um die wichtigsten mineralischen Ressourcen*, S. 95.

358 Vgl. Huy, Dieter et al., *Deutschland: Rohstoffsituation 2012*, S. 10.

359 Schodde, Richard, *Geological Society of South Africa GeoForum 2013 Conference 2nd–5th July 2013*, Johannesburg 2013, S. 4. Eigene Übersetzungen und Ergänzungen

360 Die beiden Karten zeigen die globale Verteilung der Erzexporte und -importe (netto) einzelner Länder bzw. Regionen. Grundlage der Berechnungen ist das Internationale Warenverzeichnis für den Außenhandel (*Standard International Trade Classification*, SITC) der UNCTAD. Die berücksichtigten Erzexporte und -importe umfassen mineralische Rohstoffe

weiter Erzausfuhren stammt aus Südamerika, dem südlichen Afrika sowie dem Asien-Pazifik-Raum, obwohl etwa die Hälfte der Länder in diesen Regionen mehr Erz importiert als exportiert (Abbildung 14). Westeuropäische und ostasiatische Staaten sind die größten Nettoimporteure von Erz (Abbildung 15). Insgesamt ergibt sich das Bild einer weltweiten Arbeitsteilung zwischen Rohstoffabbau und -weiterverarbeitung, wonach insbesondere rohstoffreiche Entwicklungsländer Erz ausführen, das in den Industrie- und Schwellenländern zur Herstellung von Eisen und Stahl benötigt und weiterverarbeitet wird.

Abbildung 14: Herkunft weltweiter Erzexporte[361]

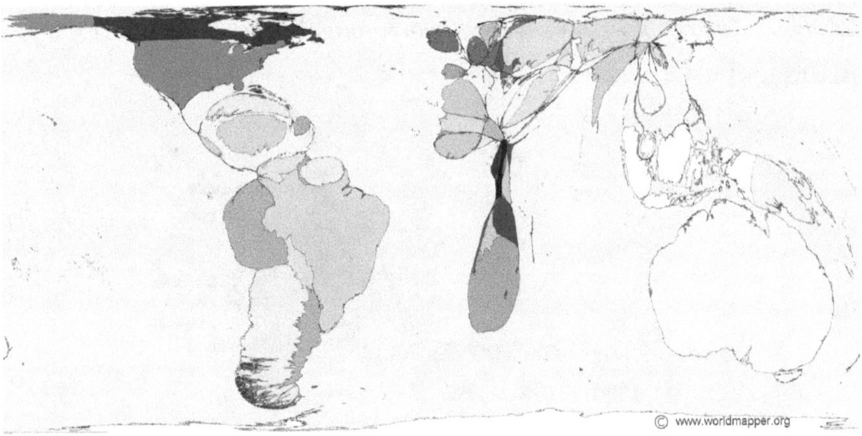

Quelle: © SASI Group (University of Sheffield) and Mark Newman (University of Michigan)

(unverarbeitete Düngemittel, Steine, Sand und Kies, Schwefel und nicht gerösteten Schwefelkies, natürliche Schleifstoffe, Industriediamanten und andere unverarbeitete mineralische Rohstoffe) sowie metallurgische Erze und Metallabfälle (Eisenerze und ihre Konzentrate, Abfälle und Schrott aus Eisen oder Stahl, Uran- und Thoriumerze und ihre Konzentrate, Erze von unedlen Metallen und Konzentrate, Abfälle und Schrott von unedlen Nicht-Eisen-Metallen und Edelmetallerze außer Gold). Nähere Angaben zur SITC stellen das Statistische Bundesamt (http://www.destatis.de) und die Statistikabteilung der Vereinten Nationen (http://unstats.un.org/unsd/trade/default.htm) zur Verfügung (Vgl. United Nations Conference on Trade and Development, *UNCTAD Handbook of Statistics 2011*, New York 2011, S. xxxvii).

361 Die Ländergröße entspricht dem jeweiligen Anteil (netto) an den weltweiten Erzexporten.

Abbildung 15: Verteilung weltweiter Erzimporte[362]

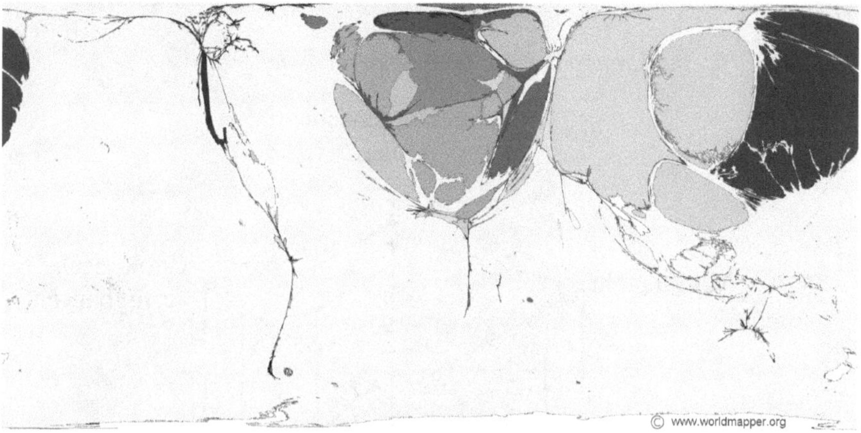

Quelle: © SASI Group (University of Sheffield) and Mark Newman (University of Michigan)

Die hohe Abhängigkeit rohstoffärmerer Länder lässt sich in diesem Zusammenhang mithilfe gängiger Indikatoren zur Bewertung von Versorgungs- und Lieferrisiken erfassen, die von der Bundesanstalt für Geowissenschaften und Rohstoffe (BGR) verwendet werden (Abbildung 16). *Geostrategische Risiken* werden hauptsächlich durch die Möglichkeit des Marktzuganges, der Bewertung des Länderrisikos sowie der gegebenen Angebotskonzentration bedingt. Daneben finden Umwelt- und Sozialaspekte weitere Berücksichtigung. Die *geologische Verfügbarkeit* beschreibt die Reichweite der Reserven und Ressourcen sowie die gegenwärtigen und angekündigten Explorationsaktivitäten. Im Gegensatz dazu konzentriert sich die *technische Verfügbarkeit* auf Angebot und Nachfrage, Kapazitätsauslastung der aktuellen Bergwerksproduktion und Weiterverarbeitung, Lagerbestände sowie logistische Fragestellungen rund um Transport- und Produktionskosten.

Die *Importabhängigkeit* gibt an, wie hoch der Anteil der für die heimische Industrieproduktion eingeführten Rohstoffe ist. Das *Reaktionsvermögen der Nachfrage* auf volatile Preise und eine Veränderung des Angebots hängt davon ab, ob und wie Substitutionsmöglichkeiten, Recycling, erhöhte Materialeffizienz, Rückwärtsintegration, das heißt eine eigene Rohstoffproduktion, oder eigene Absicherungsstrategien genutzt werden. Ein wesentlicher Indikator der Ver-

362 Ländergröße entspricht dem jeweiligen Anteil (netto) an den weltweiten Erzimporten.

sorgungssicherheit ist die *Marktmacht einzelner Akteure*, die sich anhand der Länder- und Firmenkonzentration auf der Angebotsseite bestimmen lässt.[363]

Abbildung 16: Indikatoren der Rohstoffversorgungssicherheit[364]

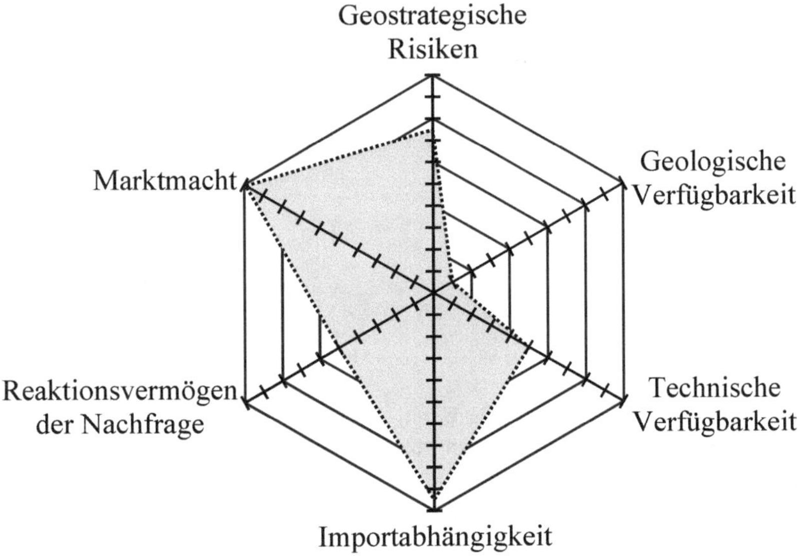

Im Zuge steigender Rohstoffpreise wurden mehrere Versuche unternommen, die wirtschaftliche Relevanz der Rohstoffversorgung und entsprechenden politischen Handlungsbedarf anhand sogenannter „Kritikalitätsstudien" zu verdeutlichen. Der häufig verwendete und ungelenk übersetzte Begriff „Kritikalität" beschreibt in diesem Zusammenhang keinen Zustand, der festgestellt oder verneint werden kann, sondern vielmehr ein Kontinuum, innerhalb dessen die Rohstoffversorgung als kritisch eingeschätzt wird. Dabei können verschiedene methodische Herangehensweisen oder die Gewichtung bestimmter Indikatoren sowie die speziellen Bedürfnisse nachfragender Unternehmen zu unterschiedlichen Bewertungen führen.[365]

---

363 Vgl. Steinbach, Volker, *Ohne Rohstoffe ist alles nichts! – Rohstoffversorgung als Langfristaufgabe für die Zukunftssicherung des Technologiestandortes Deutschland*, S. 14.

364 Ebd., S. 14. Eigene Darstellung.

365 Vgl. Graedel, T. E./Gunn, Gus/Espinoza, Luis T., *Metal resources, use and criticality*, S. 11.

Abbildung 17: Kritische Rohstoffe (Europäische Union)[366]

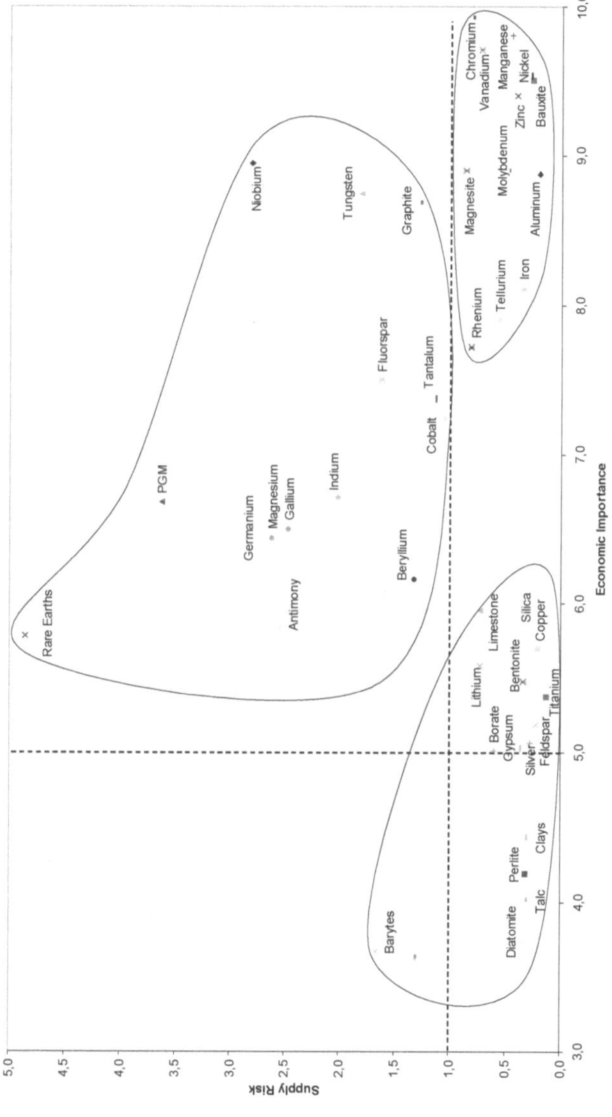

366 Ebd., S. 34.

Die Europäische Kommission erstellte 2010 eine Liste „kritischer Rohstoffe", um Anreize für neue Abbau-, Recycling- oder Substitutionsmöglichkeiten zu schaffen und den Bedarf an politischen Maßnahmen für eine erhöhte Versorgungssicherheit zu ermitteln und zu begründen.[367] Wesentliche Bewertungsmaßstäbe der „Kritikalität" sind für die Europäische Kommission mögliche Lieferengpässe, die wirtschaftliche Bedeutung einzelner Rohstoffe sowie die Konzentration des Abbaus oder der Produktion auf wenige Länder.[368] Dazu hat die Ad-hoc-Arbeitsgruppe *Raw Material Supply Group* 41 Minerale und Metalle im Hinblick auf ihre wirtschaftliche Bedeutung sowie mögliche Versorgungsrisiken (politische Stabilität in Förderländern, geographische Konzentration der Produktion, Substituierbarkeit, Recyclingrate) und Umweltrisiken (Umweltschutzmaßnahmen, die sich negativ auf den Abbau von Rohstoffen auswirken) untersucht.[369]

Insgesamt wurden 14 kritische Rohstoffe ermittelt.[370] Deren Förderung bzw. Produktion konzentriert sich in hohem Maße auf China (Antimon, Fluorit, Gallium, Germanium, Graphite, Indium, Magnesium, Seltene Erden, Wolfram), Russland (Metalle der Platingruppe), die Demokratische Republik Kongo (Kobalt, Tantal) sowie Brasilien (Niob und Tantal). Die „Kritikalität" dieser Rohstoffe wird durch geringe Substitutionsmöglichkeiten und niedrige Recyclingraten erhöht.

Für zehn der 14 kritischen Rohstoffe stellte die Europäische Kommission eine vollständige Importabhängigkeit Europas fest.[371] Eine hohe Abhängigkeit besteht auch bei bestimmten Rohstoffexporten aus Entwicklungsländern. Wichtige Rohstoffe, die beispielsweise zur Herstellung von Mikrokondensatoren in Mobiltelefonen benötigt werden, stammen aus Brasilien (84 Prozent des Niobs), Bolivien (76,8 Prozent des Antimons) oder Kasachstan (14 Prozent des Tantals). Die europäische Metallindustrie ist unter anderem auf marktbestimmende Fluoriteinfuhren aus Südafrika (25 Prozent) und Namibia (15,7 Prozent) angewiesen. Südafrika spielt weiterhin eine entscheidende Rolle bei 80 Prozent der importierten Metalle der Platingruppe, die für die Herstellung von Katalysatoren und Brennstoffzellen verwendet werden. Kobalteinfuhren stammen zu rund 70 Prozent aus der instabilen demokratischen Republik Kongo und sind essentiell für die Produktion von Batterien und synthetischen Treibstoffen. Ru-

367 Vgl. Europäische Kommission, *Critical raw materials for the EU*, S. 36.

368 Vgl. Höltschi, René, Brüssel legt Rohstoffstrategie vor, in: *NZZ*, 03.02.2011.

369 Vgl. Europäische Kommission, *Critical raw materials for the EU*, S. 22f.

370 Die Liste der 14 kritischen Rohstoffe besteht aus Antimon, Beryllium, Kobalt, Fluorit, Gallium, Germanium, Graphite, Indium, Magnesium, Niobium, Metalle der Platingruppe, seltene Erden, Tantal und Wolfram. Vgl. ebd., S. 36.

371 Vgl. ebd., S. 34.

andas Wolframexporte machen immerhin rund 13 Prozent der Einfuhren dieses Bodenschatzes in die EU aus.[372] Die Europäische Kommission hat die Liste kritischer Rohstoffe 2014 überarbeitet und erweitert: Während Tantal wegen eines gesunkenen Versorgungsrisikos herausgenommen wurde, stufte die Kommission die Versorgung mit Boraten, Chrom, Kokskohle, Magnesit, Phosphatgestein und Silicium als „kritisch" ein.[373] Zutreffend erscheint daher folgende Feststellung: „Rohstoffreich ist Europa im Vergleich zu vielen anderen Teilen der Welt nicht."[374]

Die Einschätzungen der Europäischen Kommission decken sich in weiten Teilen mit einer weiteren Studie, mit der die Kreditanstalt für Wiederaufbau (KfW) Bankengruppe die Versorgung mit Rohstoffen für Zukunftstechnologien untersuchen ließ.[375] Etwas differenzierter wird Versorgungssicherheit hier als eine Funktion der Vulnerabilität (Mengenrelevanz, strategische Relevanz) sowie des Versorgungsrisikos (Länder-, Markt- und Strukturrisiko) konzeptualisiert und entlang einer sechsstufigen Skala bewertet.[376] Bei 13 der 52 untersuchten Rohstoffe wird eine hohe oder höchste Kritikalität festgestellt. Eine hohe Kritikalität im Hinblick auf das Versorgungsrisiko und die Vulnerabilität besteht demnach bei Wolfram, Seltenen Erden, Gallium, Palladium, Silber, Zinn, Indium, Niob, Chrom und Wismut. Höchste Kritikalität wird für Germanium, Rhenium und Antimon erkannt.[377] Aus den Risiken der Rohstoffversorgung ergibt sich auch eine erhöhte Verletzbarkeit der deutschen Wirtschaft. Dies liegt vorrangig daran, dass die Recyclingfähigkeit beispielsweise bei Gallium oder Seltenen Erden begrenzt ist und sich die Rohstoffproduktion und der Rohstoff-

372 Vgl. dazu Ramdoo, Isabelle, *Shopping for raw materials: Should Africa be worried about EU Raw Materials Initiative?* S. 21ff.; vgl. Europäische Kommission, *Critical raw materials for the EU*, S. 77ff.

373 Vgl. Europäische Kommission, *Große Herausforderung für die Industrie der EU: 20 kritische Rohstoffe*, Pressemitteilung, 26.05.2014, Brüssel.

374 Reul, Herbert, Über die Gurkenkrümmung, in: *Die Politische Meinung*, Vol. 59, Nr. 524, 2014, S. 18.

375 Vgl. Erdmann, Lorenz/Behrendt, Siegfried/Feil, Moira, *Kritische Rohstoffe für Deutschland*, S. 97ff.

376 *Mengenrelevanz*: (1) Anteil Deutschlands am Weltverbrauch (2008), (2) Änderung des Anteils Deutschlands am Weltverbrauch (2004–2008) und (3) Änderung der Importe Deutschlands (2004–2008); *Strategische Relevanz*: (1) Sensitivität der Wertschöpfungskette in Deutschland, (2) globaler Nachfrageimpuls durch Zukunftstechnologien (2030) und (3) Substituierbarkeit; *Länderrisiko*: (1) Länderrisiko für die Importe Deutschlands (2008), (2) Länderrisiko für die globale Produktion (2008), (3) Länderkonzentration der globalen Reserven (2008); *Marktrisiko*: (1) Unternehmenskonzentration der globalen Produktion (2008), (2) Verhältnis von globalen Reserven zu globaler Produktion (2008); *Strukturrisiko*: (1) Anteil der globalen Haupt- und Nebenproduktion (2008), (2) Recyclingfähigkeit. Vgl. ebd., S. 34.

377 Vgl. ebd., S. 44.

abbau auf wenige Länder (z.B. 89 Prozent der globalen Chromreserven in Kasachstan und Südafrika, 82 Prozent der globalen Wismutreserven in China und Peru) konzentrieren.[378]

Die Angebotskonzentration bei Mineralen und Industriemetallen lässt sich mithilfe der Länderkonzentration der Rohstoffproduktion (*Herfindahl-Hirschmann-Index*) und des Gewichteten Länderrisikos (GLR) genauer ermitteln (Abbildung 18).

Der HHI ist eine geläufige Kennzahl, die von Wettbewerbsbehörden verwendet wird, um die Konzentration eines Marktes zu ermitteln.[379] Von einer hohe Länderkonzentration wird ab HHI-Indexwerten von 2500 gesprochen. Konzentrationsmaße zwischen 1500 und 2500 gelten als moderat. Bei HHI-Werten unter 1500 herrscht eine niedrige Länderkonzentration, das heißt die Produktion eines bestimmten Rohstoffes verteilt sich auf viele Länder.[380] Als zweiter Bewertungsmaßstab verwendet die BGR das sogenannte Gewichtete Länderrisiko (GLR), das sich aus den von der Weltbank herausgegebenen Weltentwicklungsindikatoren (*World Development Indicators*) sowie der Raffinade- bzw. Bergwerksproduktion zusammensetzt.[381]

Nach Abbildung 18 ergibt sich eine besonders hohe Angebotskonzentration bei Antimon, Seltenen Erden, Wismut, Wolfram, Magnesium, Niob, Platin, sowie leicht abgeschwächt bei Graphit, Zinn, Vanadium, Fluorit, Palladium, Indium, Granat und Magnesit. Die Produktion bei Seltenen Erden, die aus Sicht der BGR auch künftig von Angebotsdefiziten gekennzeichnet sein wird, Wolfram, Antimon, Niob und Platingruppemetallen konzentriert sich darüber hinaus auf wenige Bergbauunternehmen. Aus der Konzentration des Angebots bestimmter Rohstoffe auf wenige instabile Länder und eine geringe Anzahl internationaler Bergbauunternehmen ergeben sich Lieferrisiken (Ausfälle oder Verzögerungen) und mögliche Preisschwankungen.[382] So bleibt beispielsweise abzuwarten, wie sich die die Übernahme von *Xstrata* durch *Glencore International*, die „größte Fusion in der Bergbaugeschichte“[383], auf die internationalen Rohstoffmärkte –

378 Vgl. ebd., S. 46ff.

379 „Im Bereich des Kartellrechts wird der Index zum Nachweis der marktbeherrschenden Stellung von Anbietern verwendet. Er wird durch das Summieren der quadrierten Marktanteile (in Prozent) aller Wettbewerber errechnet. Der Index nimmt Werte zwischen 0 und 10.000 an.“ (Drobe, Malte/Killiches, Franziska, *Vorkommen und Produktion mineralischer Rohstoffe – ein Ländervergleich*, Hannover 2014, S. 33).

380 Vgl. auch für weitere Hinweise zur Methodik Babies, Hans-Georg et al., *Deutschland – Rohstoffsituation 2011*, DERA Rohstoffinformationen, 13, Berlin 2012, S. 16.

381 „Der Wertebereich liegt zwischen –2,5 und +2,5. GLR-Werte < –0,5 sind kritisch. Zwischen –0,5 und +0,5 ist das Risiko mäßig, bei Werten > 0,5 unkritisch.“ (Ebd., S. 16).

382 Ebd., S. 16; vgl. Huy, Dieter et al., *Deutschland: Rohstoffsituation 2012*, S. 7.

383 Ebd., S. 12.

bei mineralischen Rohstoffen insbesondere in den Bereichen Zink, Kobalt und Blei – auswirkt.[384]

Abbildung 18: Angebotskonzentration bei Metallen und Industriemineralen 2011[385]

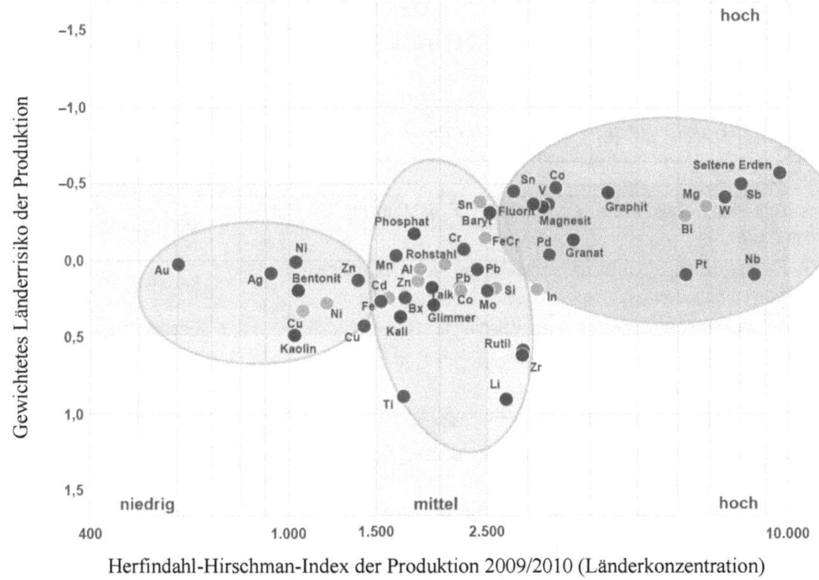

Die dargestellten Kritikalitätsstudien weisen häufig ähnliche Ergebnisse im Hinblick auf Versorgungsrisiken bei einzelnen Rohstoffen auf.[386] Es wird deutlich, dass bei einer Reihe von Rohstoffen Lieferengpässe möglich sind, da sich deren Produktion auf wenige Unternehmen und Länder in teilweise instabilen Regionen konzentriert. Sei es Tantal aus Brasilien, Mosambik und Ruanda, Zinn aus der Demokratischen Republik Kongo, Indonesien, Bolivien und Peru, Kobalt aus der Demokratischen Republik Kongo und Sambia oder seien es Pla-

384 Vgl. Dunsch, Jürgen, Glencore und Xstrata fusionieren, in: FAZ, 89, 17.04.2013; vgl. Höfinghoff, Tim, Anleger stimmen Rohstoff-Fusion von Glencore und Xstrata zu, in: FAZ, 272, 21.11.2012.

385 Ebd., S. 17.

386 Vgl. Gutzmer, Jens/Klossek, Andreas, *Die Versorgung mit wirtschaftskritischen Rohstoffen – Eine Ursachensuche und -analyse*, S. 71.

tinmetalle aus Südafrika, die aufgrund eines starken regionalen Fokus „reale Abhängigkeiten“[387] erzeugen.

Die Rohstoffe, deren Versorgung mehrfach als kritisch eingestuft wird, werden nicht zwingend in großen Quantitäten (insbesondere Beryllium, Gallium, Indium und Seltene Erden), sondern speziell für sogenannte Zukunftstechnologien benötigt (Tabelle 8). Nicht ohne Grund werden Seltene Erden in Japan als „Keime der Hochtechnologie“[388] bezeichnet, da diese für Hybridfahrzeuge, Mobiltelefone, Plasmabildschirme oder energieeffiziente Leuchtmittel unabdingbar und kaum substituierbar sind.

Tabelle 8: Rohstoffe und Zukunftstechnologien (Beispiele)[389]

Zukunftstechnologie	Benötigter Rohstoff
Dünnschicht-Photovoltaik, weiße Leuchtdiode (WLED), Mikrochip (IC), Halbleiter, Brennstoffzelle	Gallium
Flüssigkristallanzeigen (LCD), Dünnschicht-Photovoltaik, Laserdiode (LD), Leuchtdioden (LED)	Indium
Hochtemperatur-Brennstoffzellen, Aluminiumlegierungselement	Scandium
Glasfaserkabel, Infrarottechnologie, Fahrzeugelektronik, Kondensatoren, Absorption von Röntgenstrahlung, Photovoltaik	Germanium
Permanentmagnete, Lasertechnik, Windenergieanlagen	Neodym
Mikrokondensatoren, Medizintechnik, Hochlastwiderstand, Superlegierungen für Triebwerkskomponenten sowie Atomreaktoren	Tantal
Speichertechnologien, elektrische und hybride Autobatterien	Lithium
Luft- und Raumfahrt; Legierungselement zur Härtung von Stahl	Molybdän

387 Ebd., S. 70.

388 Kingsnorth, Dudley J., Der globale Markt der Seltenen Erden: Ein Balanceakt, in: Kausch, Peter/Bertau, Martin/Gutzmer, Jens/Matschullat, Jörg (Hrsg.), *Strategische Rohstoffe – Risikovorsorge,* Berlin 2014, S. 98.

389 Vgl. Korinek, Jane/Kim, Jeonghoi, Export Restrictions on Strategic Raw Materials and Their Impact on Trade and Global Supply, in: OECD (Hrsg.), *The Economic Impact of Export Restrictions on Raw Materials,* Paris 2010, S. 106; vgl. Steinbach, Volker, *Ohne Rohstoffe ist alles nichts! – Rohstoffversorgung als Langfristaufgabe für die Zukunftssicherung des Technologiestandortes Deutschland,* S. 19; vgl. Demotes-Mainard, Bertrand, Thales: Strategische Rohstoffe, in: Kausch, Peter/Bertau, Martin/Gutzmer, Jens/Matschullat, Jörg (Hrsg.), *Strategische Rohstoffe – Risikovorsorge,* Berlin 2014, S. 14. Eigene Darstellung und Ergänzungen; vgl. Erdmann, Lorenz/Behrendt, Siegfried/Feil, Moira, *Kritische Rohstoffe für Deutschland,* S. 56.

Abgesehen von diesen „wirtschaftskritischen Rohstoffen“[390] mit vergleichsweise geringen Marktvolumina bestehen 80 Prozent der deutschen Rohstoffimporte nach Berechnungen der BGR aus aus Kupfer (33,7 Prozent), Aluminium (17,2 Prozent), Eisen (11,4 Prozent), Nickel (9,8 Prozent) und Metallen der Platingruppe (8,4 Prozent).[391]

Anhand einer kumulativen Bewertung der Bergbau- und Raffinadenproduktion, Reserven sowie Ressourcen ermittelte die BGR für den Zeitraum 2007 bis 2011 eine Rangfolge der bedeutendsten Rohstoffländer im Hinblick auf Nettoimporte nach Deutschland (Tabelle 9).

Tabelle 9: Bedeutende Länder für deutsche Rohstoffimporte (mineralische Rohstoffe)[392]

1. Chile	8. Kanada	15. Ukraine
2. Australien	9. Indien	16. DR Kongo
3. China	10. Kasachstan	17. Neukaledonien
4. Südafrika	11. Indonesien	17. Polen
5. Russland	12. Peru	19. Philippinen
6. Brasilien	13. Mexiko	20. Iran
6. USA	13. Sambia	21. Kolumbien

Die drei wichtigsten Länder im Bereich mineralische Rohstoffe sind unter Berücksichtigung der angesprochenen Kategorien Chile (Kupfer), Australien (Bauxit, Eisen, Kupfer, Nickel) und China (Bauxit, Kupfer, Eisen sowie in geringeren Quantitäten Molybdän, Zink, Blei, Mangan, Zinn und Wolfram). Es folgen Südafrika (Platin und ferner Chromit, Mangan, Vanadium), die Russische Föderation (Kupfer, Nickel, Platin, Vanadium) und Brasilien (Bauxit, Eisen sowie Kupfer, Nickel, Mangan und insbesondere Tantal) gleichauf mit den USA (Kupfer, Molybdän, Eisen, Blei, Platin). Die Gruppe der ersten zwölf und aus Sicht der BGR bedeutendsten Rohstoffländer komplettieren Kanada (Kupfer, Nickel), Indien (Eisen und Bauxit), Kasachstan (Kupfer, Chromit, Bauxit), Indonesien (Bauxit, Nickel, Kupfer, Zinn) und Peru (Kupfer, Zink, Molybdän, Zinn und Blei).[393] Die skizzierten vorderen Rangplätze erreichen diejenigen Länder, die Spitzenwerte in den vier untersuchten Kategorien Bergbau-, Raffi-

390 Gutzmer, Jens/Klossek, Andreas, *Die Versorgung mit wirtschaftskritschen Rohstoffen – Eine Ursachensuche und -analyse*, S. 61.

391 Vgl. Drobe, Malte/Killiches, Franziska, *Vorkommen und Produktion mineralischer Rohstoffe – ein Ländervergleich*, S. 20.

392 Vgl. ebd., S. 112ff.

393 Ebd., S. 20ff.

nadenproduktion, Reserven und Ressourcen erreichen. Daher stellt diese Rangfolge die Gesamtschau über Vorkommen und Produktion mineralischer Rohstoffe sowie deren Bedeutung für die Versorgungssicherheit der Bundesrepublik Deutschland dar.

Konzentriert man sich darüber hinaus auf bestimmte Rohstoffe, ergibt sich nicht nur ein genaueres Bild wichtiger Förderländer. Diese Betrachtungsweise veranschaulicht auch die Bedeutung des Rohstoffsektors für einzelne Volkswirtschaften.[394] Auf diese Weise deuten sich bereits Schnittmengen sowie mögliche Konflikte außenwirtschaftlicher und entwicklungspolitischer Zuständigkeiten an. Werden in diesem Sinne diejenigen Entwicklungsländer berücksichtigt, deren Importanteil mindestens zehn Prozent beträgt, ergibt sich nach Berechnungen der BGR für das Jahr 2011 eine Liste mit folgenden Entwicklungsländern von gesteigerter außenwirtschaftlicher Relevanz (alphabetische Reihenfolge):[395]

Bolivien	Blei (10,4 Prozent), Wolfram (35,8 Prozent)
Brasilien	Kupfer (14,2 Prozent), Eisen (56,8 Prozent), Mangan (29,7 Prozent), Ferroniob (74,6 Prozent), Graphit (14,7 Prozent)
Chile	Kupfer (21,1 Prozent), Zementkupfer (13,0 Prozent), Lithium (82,0 Prozent), Gold (10,8 Prozent)
DR Kongo	Zementkupfer (13,3 Prozent)
Guinea	Bauxit (78,9 Prozent)
Indien	Niob (27,8 Prozent), Tantal (27,8 Prozent), Sandstein (52,5 Prozent), Schmirgel (82,4 Prozent)
Indonesien	Zinn (26,0 Prozent), Nickel (29,6 Prozent)
Kasachstan	Titan (25,6 Prozent), Tantal (30,0 Prozent)
Kenia	Fluorit (22,4 Prozent)
Namibia	Fluorit (22,4 Prozent), unraffiniertes Kupfer (22,4 Prozent)
Peru	Silber (54,7 Prozent), Kupfer (23,3 Prozent), Zinn (13,3 Prozent)

394 Vgl. ebd., S. 13.

395 Vgl. Babies, Hans-Georg et al., *Deutschland – Rohstoffsituation 2011*, S. 66–115.

Südafrika[396]	Platin (47,4 Prozent), Palladium (11,4 Prozent), Rhodium (28,4 Prozent), Titan (19,4 Prozent), Ferrochrom (24,9 Prozent), Ferromangan (37,4 Prozent), Ferrovanadium (23,9 Prozent), Andalusit (47,6 Prozent), Fluorit (24,2 Prozent)
Tansania	Zementkupfer (21,2 Prozent)
Vietnam	Wolfram (39,9 Prozent)

Tabelle 10: Einfuhren mineralischer Rohstoffe nach Deutschland (2012)[397]

Warengruppe	Beschreibung (SITC 3-Steller)	Einfuhr gesamt (t)	Einfuhr aus rohstoffreichen Entwicklungsländern (t)	Einfuhr gesamt (EUR)	Einfuhr aus rohstoffreichen Entwicklungsländern (EUR)	Wichtigste Produzenten
SIT-CM281	Eisenerze und ihre Konzentrate	38.953.820,1	3859006,9 (Anteil: 9,9 Prozent)	4.210.552	426.433 (Anteil: 10,1 Prozent)	Mauretanien, Südafrika, Togo
SIT-CM283	Kupfererze u. Konzentr., Kupfermatte, Zementkupfer	1.246.692,6	657684,6 (Anteil: 52,6 Prozent)	2.362.914	1.096.016 (Anteil: 46,3 Prozent)	Chile, Peru, Papua-Neuguinea

396 Vgl. Neukirchen, Florian/Ries, Gunnar, *Die Welt der Rohstoffe: Lagerstätten, Förderung und wirtschaftliche Aspekte*, S. 264.

397 Eigene Darstellung. *Vgl. United Nations Conference on Trade and Development, UNCTAD Handbook of Statistics 2013, S. 132–144. Zur Berechnung der Einfuhren mineralischer Rohstoffe nach Deutschland wurden die Informationen des Statistischen Bundesamtes genutzt und folgende Kategorien des Internationalen Warenverzeichnisses für den Außenhandel (Standard International Trade Classification, (SITC) Rev. 4) berücksichtigt: 272 Düngemittel (ohne solche des Abschnitts 56), roh; 273 Steine, Sand und Kies; 274 Schwefel und nicht gerösteter Schwefelkies; 277 Natürl. Schleifstoffe, a.n.g., Industriediamanten; 278 Andere mineralische Rohstoffe; 281 Eisenerze und ihre Konzentrate; 283 Kupfererze u. Konzentrate, Kupfermatte, Zementkupfer; 284 Nickelerze u. Konzentrat,, Nickelmatte, Nickeloxidsinter; 285 Aluminium und Konzentrate (einschl. Aluminiumoxid); 286 Uran- und Thoriumerze und ihre Konzentrate; 287 Erze von unedlen Metallen und Konzentrate, anderweitig nicht genannt; 288 Abfälle u. Schrott von unedlen NE-Metallen, anderweitig nicht genannt; 289 Edelmetallerze (Konz., Schrott, Rückst.), außer Gold; 681 Silber, Platin und Platinbeimetalle; 682 Kupfer; 683 Nickel; 684 Aluminium; 685 Blei; 686 Zink; 687 Zinn; 689 In der Metallurgie verwendete unedle NE-Metalle; 971 Gold zu nichtmonetären Zwecken.* In der Tabelle werden Einfuhren aus denjenigen Kategorien angezeigt, die zu mindestens 10 Prozent aus Entwicklungsländern stammen. Die Zinkimporte (SITC 686) stammen zu fünf Prozent (vorrangig) aus Namibia und Peru.

Warengruppe	Beschreibung (SITC 3-Steller)	Einfuhr gesamt (t)	Einfuhr aus rohstoffreichen Entwicklungsländern (t)	Einfuhr gesamt (EUR)	Einfuhr aus rohstoffreichen Entwicklungsländern (EUR)	Wichtigste Produzenten
SIT-CM285	Aluminium und Konzentrate (einschl. Aluminiumoxid)	3.257.708,4	2524723,1 (Anteil: 77,5 Prozent)	337.304	125.062 (Anteil: 37,1 Prozent)	Ghana, Guinea, Guyana, Jamaika, Suriname
SIT-CM287	Erze von unedlen Metallen und Konzentrate, a.n.g.	1.464.945,7	373942,5 (Anteil: 25,5 Prozent)	1.107.215	324.472 (Anteil: 29,3 Prozent)	Südafrika, Bolivien, Peru
SIT-CM289	Edelmetallerze (Konz., Schrott, Rückst.), außer Gold	72.848,2	6885,6 (Anteil: 9,4 Prozent)	2.651.767	384.093 (Anteil: 14,5 Prozent)	Ghana, Südafrika, Peru, Papua-Neuguinea
SIT-CM681	Silber, Platin und Platinbeimetalle	1.995,5	17,6 (Anteil: 0,88 Prozent)	3.452.049	502.143 (Anteil: 14,5 Prozent)	Südafrika
SIT-CM682	Kupfer	1.118.356,2	140061,5 (Anteil: 12,5 Prozent)	7.288.469	868.104 (Anteil: 11,9 Prozent)	DR Kongo, Namibia, Sambia, Simbabwe, Südafrika, Chile, Peru, Armenien
SIT-CM687	Zinn	19.991,5	4888,5 (Anteil: 24,5 Prozent)	338.496	82.279 (Anteil: 24,3 Prozent)	Bolivien, Peru, Chile

Die UNCTAD-Statistiken untergliedert in einzelne Exportwarengruppen (SIT-CM) erfassen das Gewicht und die Preise der Einfuhren mineralischer Rohstoffe nach Deutschland und bestätigen respektive ergänzen die Befunde der BGR. Bei Eisenerzen, Kupfererzen, Aluminium, Erzen von unedlen Metallen, Edelmetallerzen, Silber und Platin, Kupfer und Zinn betragen die Einfuhren aus Entwicklungsländern nach Deutschland mindestens 10 Prozent. Herausragend sind dabei mengenmäßig vor allem Kupfererzlieferungen aus Chile, Peru und Papua-Neuguinea (Anteil: 52,6 Prozent), Aluminiumimporte aus Ghana, Guinea, Guyana, Jamaika und Suriname (77,5 Prozent), Einfuhren der Erze von unedlen Metallen aus Südafrika, Bolivien und Peru (25,5 Prozent) sowie 24,5 Prozent der Zinnimporte aus Bolivien, Peru und Chile (Tabelle 10).

Zusammengefasst sind mineralische und metallhaltige Rohstoffe „für die Wertschöpfung aller hochentwickelten Volkswirtschaften von elementarer Bedeutung. [...] Rohstoffsicherung und Rohstoffmanagement sind ureigenstes Interesse der Industrie“[398]. Bei den meisten Industrierohstoffen wird die deutsche Wirtschaft mittelfristig ausschließlich auf Importe oder verbesserte Recycling-

398 Gutzmer, Jens/Klossek, Andreas, *Die Versorgung mit wirtschaftskritischen Rohstoffen – Eine Ursachensuche und -analyse*, S. 61 u. 71.

quoten sowie verstärkte Substitutionsbemühungen angewiesen sein.[399] Heute ist Deutschland bei Metallerzen „zu 100 Prozent Nettoimporteur“[400]. Die hohe Abhängigkeit zahlreicher Industrieländer wie der Bundesrepublik Deutschland ergibt sich nicht nur aus begrenzten eigenen Rohstoffvorkommen, sondern auch aus Lieferengpässen, Wettbewerbsverzerrungen, Spekulationen und nicht zuletzt der Konzentration der Produktion auf wenige – teilweise instabile – Förderländer sowie internationale Rohstoffunternehmen.[401] Außerdem können Technologieentwicklungen bei zunehmend hochwertigen Produkten Nachfrageschübe auslösen und zu Preisanstiegen bei mineralischen Rohstoffen führen, die von einer geringen Angebotselastizität bei der Gewinnung gekennzeichnet sind.[402] Schließlich kommt in den letzten Jahren ein zeitliches Auseinanderfallen von Produktion und Rohstoffabbau hinzu, das sich aus der Kurzlebigkeit bestimmter Konsumgüter und langfristigen Prozesse im Bergbau ergibt.[403] Während Investitionsentscheidungen im Bergbau einen Zeithorizont von mindestens einem Jahrzehnt berücksichtigen und maßgeblich die Verfügbarkeit abgebauter Rohstoffe beeinflussen, agiert die Konsumgüterindustrie aufgrund von Quartalszahlen des Vertriebs und einer möglichst innovativen Produktentwicklung. Diese unterschiedlichen Geschwindigkeiten und damit einhergehende Ungleichzeitigkeiten sind systeminhärent, haben jedoch in den vergangenen Jahren zugenommen und bleiben eine zusätzliche Ursache für Versorgungsengpässe.[404]

---

399 „Tatsächlich könnten in Deutschland durch Recycling derzeit nur Rohstoffe im Wert von 8,4 Milliarden Euro für die Industrie gewonnen werden. Dem stünden Rohstoffeinfuhren im Wert von 84 Milliarden Euro gegenüber. Denn obwohl viele der Rohstoffe selten und teuer sind, sei ein Recycling derzeit wirtschaftlich wenig attraktiv.“ (Vera Gäde-Butzlaff (BSR) zit. n. Scheffer, Ulrike, Konfliktrohstoffe: Können wir so weitermachen wie bisher? in: *Der Tagesspiegel*, 03.09.2014).

400 Erdle, Franziska, *Die Welt wartet nicht auf Deutschland*, S. 44.

401 Vgl. Huy, Dieter et al., *Deutschland: Rohstoffsituation 2012*, S. 12.

402 „Derartige Sondersituationen werden aufgrund unvorhersehbarer Innovationssprünge bei der Technologieentwicklung zukünftig häufiger auftreten.“ (Babies, Hans-Georg et al., *Deutschland – Rohstoffsituation 2011*, S. 13; Huy, Dieter et al., *Deutschland: Rohstoffsituation 2012*, S. 10).

403 Vgl. Gutzmer, Jens/Klossek, Andreas, *Die Versorgung mit wirtschaftskritischen Rohstoffen – Eine Ursachensuche und -analyse*, S. 71.

404 Vgl. Matschullat, Jörg, Strategische Rohstoffe – Risikovorsorge, in: Kausch, Peter/Bertau, Martin/Gutzmer, Jens/Matschullat, Jörg (Hrsg.), *Strategische Rohstoffe – Risikovorsorge*, Berlin 2014, S. 263.

Da eine sichere Rohstoffversorgung aus Sicht der BGR für die deutsche Industrie „mittel- und langfristig unabdingbar“[405] sein wird, sind neben entsprechenden Politikansätzen in erster Linie rohstoffwirtschaftliche Maßnahmen sowie die operative Beschaffung von Rohstoffen durch betroffene Unternehmen notwendig.[406] Vergleichsweise gut funktionierende internationale Rohstoffmärkte haben dazu geführt, dass sich die rohstoffverarbeitende Industrie in Deutschland während der 1990er Jahre sukzessive aus dem Bergbau zurückgezogen und Rohstoffquellen verkauft hat.[407] Die jüngeren Markt- und Preisentwicklungen erfordern ein effektives Risikomanagement bei strategisch wichtigen Rohstoffen, die Diversifizierung eigener Bezugsquellen, längerfristige Lieferverträge, verstärkte Explorationsaktivitäten, Direktinvestitionen in Rohstoffprojekte und Minderheits- bzw. Mehrheitsbeteiligungen an Bergbauvorhaben oder eine direkte Verarbeitung vor Ort.[408] Eine rasche Rückwärtsintegration und der Wiedereinstieg in die operative Rohstoffbeschaffung bleiben jedoch kurzfristig schwierig.[409]

Komplementäre und keine mengenmäßig alternativen Maßnahmen umfassen die eigene Vorratshaltung, die Erforschung und Entwicklung von Substitutionsmöglichkeiten, verbesserte Materialeffizienz, zunehmend geschlossene Stoffkreisläufe sowie eine verstärkte Verwendung rezyklierter Sekundärrohstoffe.[410] Dies stellt insbesondere Unternehmen vor rohstoffwirtschaftliche Herausforderungen, die nicht entlang der gesamten Wertschöpfungskette agieren können. Für Explorationsaktivitäten, die ohnehin ein hohes Maß an Unsicherheit aufweisen, und den Aufbau eines eigenen Bergwerks werden beträchtliche Eigenmittel benötigt, die kleineren Unternehmen nicht ohne Weiteres zur Verfügung stehen.[411] Aus Sicht des Instituts der deutschen Wirtschaft (IW) fehlten umfassende Beschaffungsstrategien bei vielen Unternehmen, die vor allem von Vorprodukten abhängig sind. In der rohstoffverarbeitenden Industrie entspreche zu-

---

405 Huy, Dieter et al., *Deutschland: Rohstoffsituation 2012*, S. 11.

406 Babies, Hans-Georg et al., *Deutschland – Rohstoffsituation 2011*, S. 15; vgl. Willershausen, Florian, Schatzsuche im Nirgendwo, in: *WiWo*, Nr. 17, 2013, S. 27.

407 Vgl. Erdmann, Lorenz/Behrendt, Siegfried/Feil, Moira, *Kritische Rohstoffe für Deutschland*, S. 102f.

408 Vgl. ebd., S. 104ff.

409 Vgl. ebd., S. 102f.

410 „Recycling ergänzt das weltweite Rohstoffangebot und stellt neben dem Bergbau eine wichtige Säule der Rohstoffversorgung dar. Dennoch wird, vor allem wegen des wachsenden Bedarfs der Schwellenländer und der hohen Kosten beim Recycling, der Bergbau weiterhin die Hauptlast der Rohstoffversorgung tragen. Recycling bleibt aber ein Zukunftsthema, weil hierdurch ein Beitrag zur Nachhaltigkeit, Wirtschaftlichkeit und Wettbewerbsfähigkeit im Technologiebereich geleistet wird.“ (Nooke, Günter, *Internationale Aspekte deutscher Rohstoffpolitik*, S. 9); vgl. Fußnote 394 ; vgl. BMWi, *Der Bergbau in der Bundesrepublik Deutschland 2012: Bergwirtschaft und Statistik*, Berlin 2013, S. 29).

411 Vgl. Pilarsky, Günter, *Wirtschaft am Rohstofftropf: Der Kampf um die wichtigsten mineralischen Ressourcen*, S. 97.

dem der Wissensstand über bestimmte Rohstoffe nicht dem jeweiligen Maß der Kritikalität.[412]

Größeren Unternehmen werden dagegen Fortschritte attestiert.[413] So besteht beispielsweise seit 2013 eine Zusammenarbeit (*Joint Venture*) zwischen der *Starck Gruppe* und *Nui Phao Mining*, einer Tochtergesellschaft des größten vietnamesischen privaten Mischkonzerns *Masan Group*, zur Herstellung von Wolfram-Chemikalien. Die Nui-Phao-Mine in Vietnam gilt als „eine der größten bekannten Wolframlagerstätten außerhalb Chinas“[414]. *H. C. Starck* mit Sitz in Goslar stellt Technologiemetalle her und gilt als einer der weltweit führenden Wolframverarbeiter. Das *Joint Venture* sichert den Rohstoffbedarf der Starck Gruppe ab und trägt zu einer erhöhten Wertschöpfung in Vietnam bei.[415]

Eine konzertierte Antwort der Wirtschaft stellt die *Rohstoffallianz* zur Rohstoffsicherung dar, die 2012 auf Initiative des BDI von *Aurubis*, *BASF*, *Bayer*, *BMW*, *Bosch*, *Chemetall* (*Rockwood Lithium*), *Daimler* (assoziierter Partner), *Evonik*, *Georgsmarienhütte GMH*, *Stahlholding Saar*, *ThyssenKrupp*, und *Wacker Chemie* gegründet worden ist.[416] Nach eigenen Angaben bestünden die Ziele darin, „vertragliche Lösungen zur Reduktion der Preisvolatilität [und] neue Optionen für einen gesicherten Zugang zu kritischen Rohstoffen zu schaffen“[417]. Wenngleich kurzfristig nicht umsetzbar, bedeutet dies langfristig direkte Kooperationen mit Minengesellschaften.[418] Die Europäische Kommission stuft die Rohstoffallianz in einer Evaluierung unterschiedlicher Ansätze einer nachhaltigen Rohstoffversorgung Europas als *Good Practice* ein.[419] Gleichzeitig kritisieren ungeduldigere Stimmen, dass die Gesellschaft bisher noch keine

---

412 Vgl. Bardt, Hubertus/Kempermann, Hanno/Lichtblau, Karl, *Deutsche Unternehmen im Wettbewerb um Rohstoffe: Versorgungsrisiken und Absicherungsstrategien*, S. 62.

413 Vgl. ebd., S. 62.

414 Pilarsky, Günter, *Wirtschaft am Rohstofftropf: Der Kampf um die wichtigsten mineralischen Ressourcen*, S. 120.

415 „Solche Kooperationen und Joint Ventures sind als zukunftsorientierte die Rohstoffversorgnung sichernde Maßnahmen auch in anderen Bereichen möglich und von deutschen Unternehmen anzustreben. Was fehlt, ist eigentlich nur noch der entscheidenden Impuls, es auch zu tun.“ (Ebd., S. 120).

416 Neben den genannten Gesellschaftern fungieren die Brose Gruppe, Scholz AG und Südzucker AG als assoziierte Partner.

417 Vgl. RA Rohstoffallianz GmbH, *Rohstoffallianz – Unternehmenspräsentation*, Berlin 2012, S. 2.

418 Vgl. Weber, Saskia, *Rohstoffallianz: Experte zieht Bilanz*, 25.09.2013. Online einzusehen unter http://www.marktundmittelstand.de/nachrichten/produktion-technologie/rohstoffallianz-experte-zieht-bilanz/, zuletzt aufgerufen am 14.05.2015.

419 Europäische Kommission, *Evaluation and Exchange of Good Practices for the Sustainable Supply of Raw Materials within the EU*, Kent 2014, S. 43.

Beteiligungen an Rohstoffprojekten im Ausland vorweisen kann.[420] Außerdem sei der Einstieg in den Auslandsbergbau trotz erwarteter Skaleneffekte weiterhin schwierig und das angestrebte Investitionsniveau von mehreren 100 Millionen Euro zu niedrig, um einen wesentlichen Beitrag zu einer erhöhten Rohstoffsicherheit leisten zu können.[421] Zudem könnten zwischen den Gesellschaftern, die jeweils eigene Geschäftsinteressen verfolgen, Interesseninkongruenzen auftreten, die ein gemeinsames Vorgehen erschweren und – anders als etwa rohstoffpolitische Maßnahmen – die Rohstoffversorgung der verarbeitenden Industrie insgesamt weniger in den Blick nehmen.[422] Vor dem Hintergrund langfristiger Prozesse im Rohstoffsektor ist eine vorschnelle Beurteilung der Rohstoffallianz nicht angezeigt. Es bleibt abzuwarten, wie gleichgelagerte Interessen einzelner Gesellschafter für konkrete Maßnahmen strategisch gebündelt und sich die geschaffenen Strukturen bei auftretenden Lieferengpässen einzelner Rohstoffe bewähren werden.

Kurzum muss die Industrie aufgrund ihrer hohen Abhängigkeit von Rohstoffeinfuhren wirksame Strategien entwickeln, die eine Versorgung mit mineralischen Rohstoffen sicherstellen. Die Bandbreite entsprechender Ansätze erstreckt sich von Lieferverträgen bis hin zu direkten Beteiligungen an Bergbauprojekten und komplementär auf verbesserte Ressourceneffizienz, Substitutionsmöglichkeiten und Recycling. Da nicht nur die rohstoffverarbeitende Industrie, sondern auch Branchen der „nachgelagerten Stufen der Wertschöpfungskette“ auf eine sichere Rohstoffversorgung angewiesen sind, ist die „Verfügbarkeit von Rohstoffen zu wettbewerbsfähigen Preisen […] für die gesamte deutsche Wirtschaft wichtig“[423]. Neben den 23.500 Unternehmen der metallverarbeitenden Industrie mit ihren rund 3,4 Millionen Arbeitsplätzen gilt dies folglich in besonderem Maße für den Anlagen- und Maschinenbau.[424]

420 Vgl. Mihm, Andreas, Rohstoffpartnerschaften sind noch selten, in: *FAZ*, 239, 15.10.2013, S. 13; vgl. Willershausen, Florian, *Schatzsuche im Nirgendwo*, S. 29; vgl. Mihm, Andreas, Rohstoffallianz: Weniger abhängig, in: *FAZ*, 24.04.2012; vgl. N.N., Deutschlands Rohstoffallianz kommt zu spät, in: *FTD*, 30.01.2012.

421 Pilarsky, Günter, *Wirtschaft am Rohstofftropf: Der Kampf um die wichtigsten mineralischen Ressourcen*, S. 118.

422 Vgl. ebd., S. 74 u. 76.

423 Bardt, Hubertus/Kempermann, Hanno/Lichtblau, Karl, *Deutsche Unternehmen im Wettbewerb um Rohstoffe: Versorgungsrisiken und Absicherungsstrategien*, S. 30.

424 Vgl. Willershausen, Florian, *Schatzsuche im Nirgendwo*, S. 27.

2.4 Exkurs: Deutscher Auslandsbergbau in Entwicklungsländern

Im vorangegangenen Abschnitt wurde die hohe Abhängigkeit rohstoffärmerer Länder analysiert. Im Falle der Bundesrepublik ergeben sich hohe Importquoten bei mineralischen Rohstoffen. Voraussetzung für die Weiterverarbeitung von Rohstoffen ist deren Förderung bzw. die Extraktion. Nach dem angesprochenen Rückzug zahlreicher deutscher Unternehmen aus der operativen Rohstoffbeschaffung wird gelegentlich auf den deutschen Auslandsbergbau verwiesen, der an dieser Stelle kursorisch erwähnt werden soll.

Eine anlässlich der *3. Fachtagung Deutscher Auslandsbergbau* am 9. November 2011 aktualisierte Studie gewährt einen umfassenden Überblick über deutsche Bergbauunternehmen in Entwicklungsländern, deren Beteiligungsstrukturen, den Grad der Verarbeitung im Förderland, die Höhe der Ausfuhren und den nach Deutschland gelieferten Anteil der jeweiligen Exporte:[425]

Ein Blick auf die Gesellschafterstruktur des deutschen Auslandsbergbaus ergibt, dass rund drei Viertel der Unternehmen von Familien und Einzelpersonen geführt werden: 48,8 bzw. 6 Prozent befinden sich im Besitz einer bzw. mehrerer Familien und 15,5 bzw. 6 Prozent im Besitz einer bzw. mehrere Einzelpersonen. Das Engagement dieser im Auslandsbergbau tätigen Unternehmen ist langfristig ausgerichtet und orientiert sich nicht an kurzfristigen Gewinnausschüttungen oder Renditen für Aktionäre. 16,7 Prozent der Firmen befindet sich im Besitz mehrerer Aktionäre (Streubesitz) oder sind Tochterfirmen von Unternehmen, deren frei handelbare Aktien sich im Besitz mehrer Aktionäre befinden. Die restlichen 7 Prozent weisen eine andere Gesellschafterstruktur auf.[426]

Mit über 2.500 Standorten in 44 Ländern ist die *HeidelbergCement AG* nicht nur „langjährige Nummer 1 im Deutschen Auslandsbergbau“[427], sondern gleichzeitig weltweit führender Baustoffhersteller. Das Unternehmen ist dabei auch in zahlreichen Entwicklungsländern aktiv und plant nach eigenen Angaben den Aufschluss weiterer Kalksteinlagerstätten im südlichen Afrika. Die Weiterverarbeitung findet in der Regel im Förderland statt, der Exportanteil ist niedrig.

Zweitgrößtes in der Rohstoffgewinnung im Ausland tätiges Unternehmen ist die *Knauf Gips KG* mit Produktionsanlagen in Lateinamerika, Nordafrika und Zentralasien. In Kasachstan baut das Unternehmen in Zusammenarbeit mit der *Deutschen Investitions- und Entwicklungsgesellschaft* (DEG) Naturstein ab.

425 Vgl. für diesen Überblick Elsner, Harald, *DERA Rohstoffinformationen: Deutscher Auslandsbergbau. Aktualisierte Studie anlässlich der 3. Fachtagung Deutscher Auslandsbergbau am 9. November 2011*, Anhang II (ohne Seitenzahlen).

426 Vgl. ebd., S. 43f.

427 Ebd., S. 39.

Gipssteinimporte dieses Unternehmens nach Deutschland stammen vorrangig aus den argentinischen Anden, Usbekistan und Marokko.

Wenngleich der Fokus der Analyse nicht auf fossilen Energieträgern liegt, sollte nicht unerwähnt bleiben, dass mit der *Wintershall AG* ein deutsches Unternehmen in Libyen und Argentinien Erdgas fördert. Zum Zeitpunkt der DERA-Studie belieferte die *RWE Dea AG* außerdem eine ägyptische Staatsgesellschaft mit Erdöl und führte neue Explorationen in Algerien, Libyen, Marokko, Mauretanien, Trinidad und Tobago sowie Turkmenistan durch.

Die *K+S-Gruppe* kann als führender Anbieter von Spezialdüngemitteln umfassende auslandsbergbauliche Aktivitäten unter anderem im Salzgeschäft vorweisen. *K+S* betreibt größere Anlagen zur Gewinnung von Meersalz in Brasilien und Steinsalz in Chile. Seit der Übernahme von *Molton Salt* 2009 konnte das Unternehmen nicht nur seine Aktivitäten in Kanada und den USA ausbauen, sondern betreibt auch eine Saline auf den Bahamas.

Der internationale Bau- und Dienstleistungskonzern *Bilfinger Berger SE* wird in Deutschland nicht unmittelbar mit Bergbau in Verbindung gebracht, ist jedoch seit 1970 über die *Julius Berger Nigeria PLC* an der Gewinnung von Naturstein, Kies und Sand (auch Flusssand) sowie Naturwerkstein in Nigeria beteiligt.

Im Bergbauland Südafrika gewinnen nach dem Rückzug einiger privater Investoren und Firmen wie der *Quarzwerke GmbH* drei deutsche Unternehmen Chromiterze: Die *ELG Haniel Gruppe* baut über eine Beteiligung an der *Hernic Ferrochrome Ltd.* Chromit ab und verarbeitet dieses vor Ort weiter für den anschließenden Export. Die Bayertochter *Lanxess AG* ist seit 2004 in Südafrika aktiv und setzt die von der *Bayer AG* 1970 begonnene Produktion von Chromerzprodukten bei Rustenburg fort. Auf Grundlage einer 2008 von der *Cronimet Mining GmbH* bzw. *Cronimet Chrom SA Ltd.* erworbenen Chromlizenz für Südafrika betreibt das 2010 in *Cronimet Mining AG* umfirmierte Unternehmen seit 2011 einen Chromerztagebau, dessen Erträge vollständig exportiert und im Ausland weiterarbeitet werden.

Bereits 1998 gründete das Unternehmen *Cronimet* ein Joint Venture zur Produktion von Molybdänmetall und Ferromolybdän in Armenien.[428] Über eine Mehrheitsbeteiligung an *Zangezur Copper Molybdenum Combine CJSC*

428 „Die Kontakte nach Armenien bestehen seit zehn Jahren. Eingefädelt hat sie ein ehemaliger Mitarbeiter des legendären DDR-Unterhändlers Alexander Schalck-Golodkowski, dessen Ministerium in der DDR für die Beschaffung von Rohstoffen, Devisen und vielerlei anderem zuständig war." (Roth, Michael, „Mit Schrott kann man sehr gut Geld verdienen", in: *FAZ*, 25.06.2006).

(ZCMC) fördert *Cronimet* hier seit 2005 Molybdän, Kupfer und Rhenium.[429] Im Förderland werden dabei das Molybdän-Konzentrat zu Ferromolybdän sowie Molybdän und das Kupferkonzentrat zu Schwarzkupfer raffiniert. Diese weiterverarbeiteten Produkte werden in größeren Mengen (30 Prozent des Kupferkonzentrats und 50 Prozent der Molybdänprodukte) nach Deutschland exportiert. Nach Angaben des Geschäftsführers habe Cronimet in seiner Mine 3200 und indirekt bei Zulieferbetrieben über 10.000 Arbeitsplätze geschaffen. Der Tagebau Kajaran sei „der größte Produzent von Kupfer und Molybdän in der Region Südkaukasus und der größte Steuerzahler Armeniens“[430].

Am Diamantenabbau beteiligen sich vergleichsweise kleine Unternehmen oder private Investoren aus Deutschland mit Minen in Brasilien und Madagaskar. Diese führen in der Regel keine weitere Verarbeitung im Förderland durch, sondern exportieren die vergleichsweise überschaubare Menge geförderter Edelsteine größtenteils nach Deutschland.

Im neuen Rohstoffpartnerland Mongolei konnte zum Abschluss der DERA-Studie von keinen größeren deutschen Auslandsbergbauaktivitäten berichtet werden. Erwähnung fand hier die *S&H Polimet Potala Ltd.*, die unter anderem von dem privaten Investor Veith Seidel gegründet wurde und am Goldabbau in der Mongolei mitwirkt.

Die *Graphit Kropfmühl AG*, die nach dem 1870 erworbenen Bergwerkseigentum bei Passau benannt wurde, gewinnt seit 1965 in Simbabwe und seit 1999 in Sri Lanka Graphiterze. Nach dem Abbau des Erzes an diesen beiden ausländischen Standorten des Unternehmens und dem vollständigen Export des Konzentrats erfolgt die Weiterverarbeitung zu hochwertigen Graphitprodukten in Deutschland und der Tschechischen Republik. Der Aufschluss eines weiteren Graphitvorkommens in Mosambik ist mittelfristig vorgesehen. Eine ebenfalls hohe Exportquote ohne vorherige inländische Weiterverarbeitung weist die *Bayerische Wald Granitwerke K.A. Thiele GmbH & Co KG* in Marokko auf, die hier Perlit, Baryt und Fluorit abbaut und hauptsächlich nach Deutschland (Perlit) oder andere Länder (Baryt, Fluorit) ausführt. Eine Ausnahme bildet die Gewinnung von Naturstein in einem Dolomitsteinbruch seit 2007 und dessen Weiterverarbeitung vor Ort.

Diese Zusammenschau verdeutlicht, dass der deutsche Auslandsbergbau in 65 Ländern auf sechs Kontinenten aktiv ist und 40 verschiedene Arten von Bo-

---

429 Vgl. Pilarsky, Günter, *Wirtschaft am Rohstofftropf: Der Kampf um die wichtigsten mineralischen Ressourcen*, S. 110f.

430 Vgl. ebd., S. 111.

denschätzen abbaut.[431] Die Weiterverarbeitung findet in wenigen Fällen im Förderland statt oder umfasst dort häufig weniger komplexe Folgeschritte in der Wertschöpfungskette. Im Bereich des Abbaus metallischer Erze im Ausland sind momentan vier Unternehmen und zwei Privatpersonen aktiv.[432] Nach eigenem Selbstverständnis spielt der Auslandsbergbau für die Versorgungssicherheit der deutschen Wirtschaft insgesamt eine Nebenrolle. Daher erscheint es nicht angemessen, dem Auslandsbergbau die Aufgabe der Rohstoffversorgung in dem Maße zu überantworten, in dem sich größere Unternehmen aus bestimmten Abschnitten der Wertschöpfungskette zurückgezogen haben.[433]

431 Vgl. für diesen Überblick Elsner, Harald, *DERA Rohstoffinformationen: Deutscher Auslandsbergbau. Aktualisierte Studie anlässlich der 3. Fachtagung Deutscher Auslandsbergbau am 9. November 2011*, Anhang II.

432 Vgl. Pilarsky, Günter, *Wirtschaft am Rohstofftropf: Der Kampf um die wichtigsten mineralischen Ressourcen*, S. 118. Die Unternehmen sind Cronimet Mining AG, ELG Haniel GmbH, Lanxess AG sowie die Deutsche Rohstoff AG.

433 „Damals gab es nur wenige große Unternehmen, und heute gibt es gar keine mehr." (Ebd., S. 117).

3. Politikkohärenz: Politikwissenschaftliche Grundlegung

> „Die gewaltig angewachsenen Staatsaufgaben können, je mehr sie wachsen, umso weniger eine neben der anderen, sauber nach Ressorts aufgeteilt bewältigt werden, sondern bedürfen mehr und mehr Koordination […]. Bei den unendlich vielen Händen, die sich der moderne Staat zugelegt hat, muß jede wissen, was die andere tut, denn alles ist in einer vorher unbekannten Weise miteinander verzahnt und verkoppelt. […] Mit den wachsenden Ressorts und Aufgaben wächst die Bedeutung der Koordination und Lenkung."[434]

Aus den weltweiten rohstoffpolitischen und -wirtschaftlichen Interdependenzen ergeben sich unterschiedliche Anforderungen an eine Rohstoffpolitik. Dabei wird häufig sowohl politisch als auch analytisch ein möglichst hohes Maß an Kohärenz eingefordert. Um die Frage nach Ausprägung und Intensität der Kohärenz in der deutschen Rohstoffpolitik beantworten zu können, ist nach der bereits erfolgten inhaltlich-materiellen Auseinandersetzung mit rohstoffpolitischen Herausforderungen eine politikwissenschaftliche Grundlegung von Politikkohärenz notwendig. Dazu wird Politikkohärenz zunächst als politische Forderung konzeptualisiert und schließlich als politikwissenschaftliches Problem untersucht. Der erste Schritt unterstreicht Relevanz, Anwendung und Ansätze zur Operationalisierung dieses Konzeptes vor allem in der Entwicklungspolitik.[435] Der zweite Schritt erfasst Politikkohärenz aus policy-analytischer und verwaltungswissenschaftlicher Perspektive, um die Begründung möglicher Kohärenzansprüche einzuordnen und deren Durchsetzbarkeit sowie Begrenzungen einer kohärenten Politik genauer als bisher erklären und begründen zu können. Dieses Vorgehen ermöglicht ein strukturiertes Verständnis von Kohärenz als eine Funktion politischer Aushandlungsprozesse und wissenschaftlicher Argumente.

---

434 Hennis, Wilhelm, *Richtlinienkompetenz und Regierungstechnik*, Tübingen 1964, S. 11.

435 Vgl. Forster, Jacques u. Stokke, Olav (Hrsg.), Policy coherence in development co-operation, London 1999.

3.1 Politikkohärenz: Definitionen

Politikwissenschaftliche Untersuchungen des Konzeptes Politikkohärenz stehen vor der Herausforderung, dass sich bisher keine einheitliche Definition durchgesetzt hat, sondern unterschiedliche Definitionen einzelner Akteure nebeneinander existieren.[436] Eine vergleichende Studie methodologischer Ansätze identifiziert unter 22 Untersuchungen drei Perspektiven auf Politikkohärenz:[437] Erstens könnten Ansätze in einem Politikbereich die Wirkungen in einem anderen Politikbereich abschwächen oder verstärken (*side-effects perspective*); zweitens käme es bei übergeordneten Zielen darauf an, inwiefern unterschiedliche Poltikbereiche individuelle Beiträge zur Zielerreichung der gesamten Polity betrügen (*horizontal objectives perspective*); drittens führten divergente Ziele in einzelnen Politikfeldern zu potenziellen Zielkonflikten oder Kompatibilitätsproblemen, die sich auf die jeweilige Wirkung politikfeldspezifischer Ansätze negativ oder positiv auswirkten (*trade-off perspective*).

Internationale Diskussionen über Politikkohärenz sind ferner durch sprachliche Ungenauigkeiten und Eigenarten gekennzeichnet: Der Begriff Kohärenz wird im angelsächsischen Sprachraum häufig nicht mit *Coherence*, sondern eher mit *Consistency* übersetzt. Entsprechend wird zum Beispiel in den englischsprachigen Versionen der EU-Verträge der Begriff *Consistency* verwendet, während deutsch- oder französischsprachige Übersetzungen stattdessen von *Kohärenz* bzw. *Cohérence* sprechen.[438] Gleichzeitig hält jedoch die OECD fest, dass *Policy Coherence* weiter gehe als *Policy Consistency*, da Erstere das systematische Zusammenwirken verschiedener Politiken im Hinblick auf ein gemeinsames Oberziel beinhalte, während Letztere lediglich zum Ziel habe, Widersprüche zwischen Politikbereichen zu vermeiden.[439] Eine ähnliche Differenzierung findet sich abhängig vom Erkenntnisinteresse in einigen wissenschaftlichen Arbeiten wieder, wonach Politikkonsistenz eine notwendige aber keine hinreichende Bedingung für Politikkohärenz sei.[440] Unabhängig von überset-

436 Vgl. Keijzer, Niels/Oppewal, Jorrit, *Learn to walk before you run? A review of methodological approaches for evaluating coherence in the field of international cooperation*, S. 30.

437 Vgl. ebd., S. 30.

438 Z.B. Art. 21 III der konsolidierten Fassung des Vertrags über die Europäische Union EUV (ehemals Art. 3 EUV): „Die Union achtet auf die Kohärenz zwischen den einzelnen Bereichen ihres auswärtigen Handelns sowie zwischen diesen und ihren übrigen Politikbereichen.“ (Deutschsprachige Fassung). “The Union shall ensure consistency between the different areas of its external action and between these and its other policies.” (Englischsprachige Fassung).

439 Vgl. OECD, *The DAC Guidelines: Poverty Reduction*, Paris 2001, S. 90.

440 Vgl. Nuttall, Simon, Coherence, in: Smith, Michael (Hrsg.), *International Relations and the European Union*, Oxford 2005, S. 93; vgl. Hertog, Leonhard d./Stroß, Simon, Coherence in

zungsbedingten Ungenauigkeiten oder einem möglichen Vorwurf sprachlicher Pedanterie[441] sind die Begriffsinhalte wesentlich, die Ashoff etwas griffiger als negativ und positiv formulierte Kohärenz definiert:[442]

Treten keine Inkohärenzen oder Widersprüchlichkeiten zwischen verschiedenen Politiken auf, spricht Ashoff von negativer Kohärenz.[443] Diese Bezeichnung enthält keine Wertung, sondern bringt zum Ausdruck, dass hier nicht das konzertierte Vorgehen unterschiedlicher Politikbereiche gemeint ist, sondern das Vermeiden gegenläufiger Politiken. Das ungleich anspruchsvollere „Zusammenwirken von Politiken im Hinblick auf übergeordnete Ziele"[444] wird dagegen als positive Kohärenz bezeichnet.[445] Insgesamt ergibt sich zunächst ein inhaltlich offenes Kohärenzverständnis.

3.2 Dimensionen der Politikkohärenz

Neben den oben genannten Definitionen muss zwischen unterschiedlichen Dimensionen von Politikkohärenz unterschieden werden, die einzelnen Analysen zugrunde liegen und sich implizit hinter Forderungen nach einer kohärenteren Politik verbergen. Grundsätzlich lassen sich drei politikfeldunspezifische Dimensionen herausarbeiten, die eine schärfere Konzeptualisierung von Politikkohärenz ermöglichen (Abbildung 19).

EU External Relations: Concepts and Legal Rooting of an Ambiguous Term, in: *European Foreign Affairs Review*, Vol. 18, Nr. 3, 2013, S. 375.

441 Vgl. Krätke, Florian, Policy coherence: a sensible idea lost in translation? in: *The Guardian*, 11.11.2013.

442 Vgl. Ashoff, Guido, *Enhancing Policy Coherence for Development: Justification, Recognition and Approaches to Achievement*, Studies Deutsches Institut für Entwicklungspolitik, 11, Bonn 2005, S. 11.

443 Dies entspricht ebenfalls Hoebinks grundlegender Definition von Politikkohärenz: „Coherence of policy could therefore possibly be defined as: `The non-occurrence of effects of policy that are contrary to the intended results or aims of policy." (Hoebink, Paul, *The Treaty of Maastricht and Europe's Development Co-operation*, Triple C Evaluations, 1, Brüssel 2004, S. 185).

444 Ashoff, Guido, Politikkohärenz: eine zusätzliche Voraussetzung und wesentliche Aufgabe wirksamer Entwicklungspolitik, in: Faust, Jörg/Neubert, Susanne (Hrsg.), *Wirksamere Entwicklungspolitik. Befunde, Reformen, Instrumente,* Baden-Baden 2010, S. 346.

445 Vgl. Ashoff, Guido, *Enhancing Policy Coherence for Development: Justification, Recognition and Approaches to Achievement*, S. 11.

Abbildung 19: Dimensionen der Politikkohärenz[446]

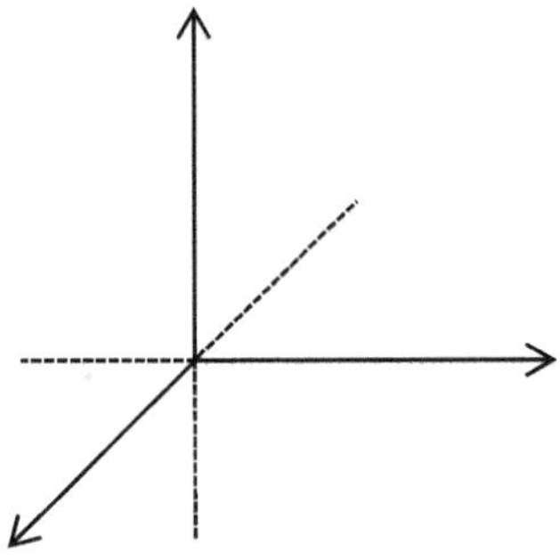

Erstens beschreibt die *interne Politikkohärenz* die Kohärenz innerhalb eines Politikfeldes, dessen Ziele, Konzepte, Verfahren, Programme sowie Instrumente konsistent und aufeinander abgestimmt sein müssen.[447]

Zweitens sind mit *horizontaler Politikkohärenz* das Verhältnis zwischen Politikbereichen auf gleicher hierarchischer Ebene innerhalb einer Polity und sich aus der politikfeldübergreifenden Interaktionen ergebende Herausforderungen angesprochen.[448] Um die Auswirkungen außenorientierter Politikfelder auf andere Länder gebündelt zu erfassen und ressortübergreifende Politikansätze

446 Eigene Darstellung.

447 Für Carbone bedeutet interne Kohärenz „the consistency between the objectives of a given policy." (Carbone, Maurizio, *Mission Impossible: the European Union and Policy Coherence for Development*, S. 326). Picciotto beschreibt interne Kohärenz als „the consistency between goals and objectives, modalities and protocols of a single policy or program." (Picciotto, Robert, The Evaluation of Policy Coherence for Development, in: *Evaluation*, Vol. 11, Nr. 3, 2005, S. 312). Hoebink hält fest, dass „objectives of policy in a particular field may not be undermined or obstructed by actions or activities in this field." (Hoebink, Paul, *The Treaty of Maastricht and Europe's Development Co-operation*, S. 185).

448 Horizontale Kohärenz umfasst für Carbone „the potential problems raised by the interaction between various policy areas." (Carbone, Maurizio, *Mission Impossible: the European Union and Policy Coherence for Development*, S. 326). Hoebink legt in diesem Zusammenhang fest, dass „objectives of a policy in a particular field may not be undermined or obstructed by actions or activities of government in […] other policy fields." (Hoebink, Paul, *The Treaty of Maastricht and Europe's Development Co-operation*, S. 185).

oder auftretende Dissonanzen aus einer bestimmten Perspektive bewerten zu können, spricht Picciotto (2005) von „intra-country coherence“[449].

Drittens erfasst *vertikale Kohärenz* die Beziehung zwischen Politikbereichen verschiedener Entscheidungsebenen.[450] Inkohärenzen können sich dabei zum Beispiel zwischen mitgliedsstaatlicher und EU-Ebene innerhalb eines Politikfeldes (z.B. Entwicklungspolitik) oder zwischen verschiedenen Politikfeldern (z.B. zwischen der Gemeinsamen Handelspolitik der EU und der deutschen Entwicklungszusammenarbeit) ergeben.[451]

Zusammengefasst kann Politikkohärenz entlang der drei dargestellten Dimensionen konzeptualisiert und bewertet werden: politikfeldintern, politikfeld- (horizontal) oder ebenenübergreifend (vertikal). Eine Untersuchung der Rohstoffstrategie erfordert in diesem Sinne, das Verhältnis rohstoffpolitischer und politikfeldspezifischer Zielsetzungen, das Zusammenwirken beteiligter Politikbereiche der Wirtschafts-, Entwicklungs- und Außenpolitik sowie Rückkopplungen zu rohstoffpolitischen Ansätzen auf europäischer und multilateraler Ebene zu erfassen.[452] Als Zwischenfazit ist festzuhalten, dass die wechselseitige Abhängigkeit von organisatorisch getrennten Politikfeldern eine Herausforderung für (horizontale) Politikkohärenz darstellt.

3.3 Politikkohärenz als politische Forderung

Ohne an dieser Stelle bereits auf den normativen oder mutmaßlich politischen Charakter der Politikkohärenz einzugehen, sei auf folgende grundlegende und plausible Forderungen nach kohärenter Politik verwiesen. Zunächst kann einer widerspruchsfreien Politik ein vergleichsweise hohes Maß an Effizienz zugeschrieben werden, da die öffentliche Hand keine Mittel insofern verschwendet, als diese für Programme aufgewendet werden, die einander entgegenwirken. In gleicher Weise müsste Politikkohärenz sowohl der Wirksamkeit als auch der Effektivität öffentlichen Handelns zuträglich sein, wenn man davon ausgeht, dass Politikfolgen und Zielsysteme benachbarter Politikfelder mindestens miteinander in Beziehung gesetzt werden. Dies unterbindet eine selektive Wahrnehmung sowie Bearbeitung politischer Probleme und trägt zu einer verbesser-

---

449 Picciotto, Robert, *The Evaluation of Policy Coherence for Development*, S. 312.

450 Vgl. Carbone, Maurizio, *Mission Impossible: the European Union and Policy Coherence for Development*, S. 328.

451 Vgl. Hertog, Leonhard d./Stroß, Simon, *Coherence in EU External Relations: Concepts and Legal Rooting of an Ambiguous Term*, S. 377f.

452 „Die Behandlung von Zieldisparitäten und -konflikten durchzieht das gesamte Strategy-Making.“ (Raschke, Joachim/Tils, Ralf, *Politische Strategie. Eine Grundlegung*, Wiesbaden 2007, S. 147).

ten Berücksichtigung möglicher Externalitäten bei, die sich aus politikfeldspezifischen Perspektiven und Handlungslogiken ergeben.[453] Aus einer gesteigerten Leistungsfähigkeit und erhöhten Problemverarbeitungskapazität des gesamten politischen Systems ergeben sich in der Folge außerdem Legitimations- und Stabilitätsrenditen für die politische Ordnung. Schließlich spielt Politikkohärenz in einer globalisierten Welt eine zunehmend wichtige Rolle, da integrierte nationale oder europäische Politikansätze außerhalb der eigenen Polity tendenziell wirkungsvoller sind als unkoordinierte Beiträge einzelner Teilpolitiken und sich als robustere Adressaten oder Objekte der Aktivitäten anderer politischer Entitäten erweisen.[454] Mit anderen Worten kann Politikkohärenz grundsätzlich als normatives Leitbild für gutes Regierungshandeln verstanden werden.[455]

Gleichzeitig sind Ausprägung und Intensität von Politikkohärenz das Ergebnis eines Aushandlungs- und Abstimmungsprozesses bzw. eine „Frage der politischen Abwägung von miteinander kollidierenden Zielsetzungen“[456]. Während ein vergleichsweise weitgehender Konsens bezüglich der Definition dahingehend festzustellen ist, dass unterschiedliche Politikbereiche übergeordnete Ziele berücksichtigen sollten, bleibt die inhaltliche Interpretation strittig. Politikkohärenz ist daher auf den ersten Blick weniger ein analytisches, sondern eher ein deskriptives Rahmenkonzept, das auch zum politischen Kampfbegriff taugt. So wird der Begriff daher seit den 1990er Jahren etwas häufiger in den Plenardebatten des Deutschen Bundestages verwendet (Abbildung 20).

---

453 Vgl. Bornemann, Basil, *Policy-Integration und Nachhaltigkeit: Integrative Politik in der Nachhaltigkeitsstrategie der deutschen Bundesregierung*, S. 43.

454 Vgl. Thomas, Daniel C., Still Punching below Its Weight? Coherence and Effectiveness in European Union Foreign Policy, in: *Journal of Common Market Studies,* Vol. 50, Nr. 3, 2012, S. 472f.; vgl. Obrovsky, Michael/Schlögl, Lukas, *Politikkohärenz durch Kohärenzpolitik! Bedingungen für Policy Coherence for Development in Österreich*, Wien 2011, S. 12.

455 „Greater coherence does not necessarily imply better policy. This is because policy coherence tells us little about the appropriateness of a given set of policies to the problem or issue area at hand. Stated differently, both bad and good policies can have relatively high, or low, degrees of coherence. […] This normative observation, of course, is no different than noting that strong implementation does not turn a bad policy into a good one. […] Nonethless, increased policy coherence has positive attributes that most analysts would consider important bases for better policy acceptance and implementation.“ (May, Peter J./Sapotichne, Joshua/ Workman, Samuel W., Policy Coherence and Policy Domains, in: *The Policy Studies Journal,* Vol. 34, Nr. 3, 2006, S. 400).

456 Trumm, Silke, *Das Prinzip des Weltfreihandels und der europäische Agraraußenhandel am Beispiel der Gemeinsamen Marktordnungen für Getreide, Zucker und Bananen,* Berlin 1999, S. 249.

Abbildung 20: Politikkohärenz und der Deutsche Bundestag[457]

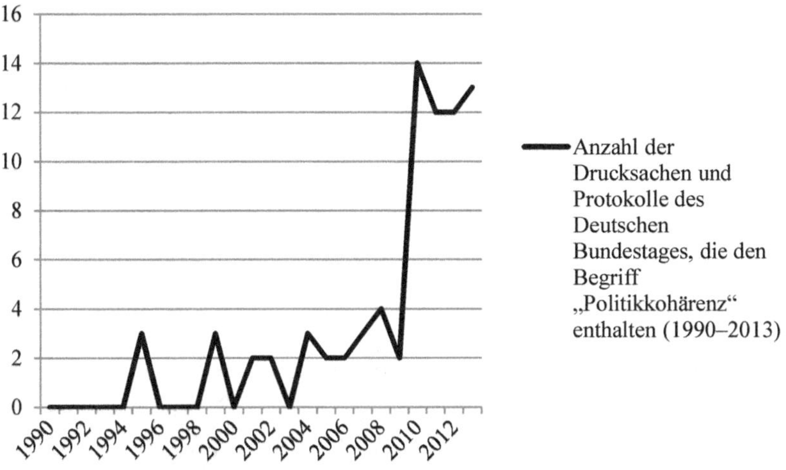

Zentrale Aufgabe des Regierungshandels sei es demnach, „die Kohärenz der Politik für eine global nachhaltige Politik zu erhöhen"[458] und beispielsweise die deutsche Afrikapolitik „als ressortübergreifende kohärente Aufgabe zu verstehen"[459]. Mehrfach wurden in diesem Zusammenhang zudem die Auswirkungen der europäischen Agrar-, Fischerei- und der Außenhandelspolitik auf Entwicklungsländer beklagt.[460] Konkrete Kohärenzforderungen kaprizierten sich auf eine stärkere Rolle der Menschenrechte oder Strukturen der Weltwirtschaft, die Projekte der Entwicklungszusammenarbeit konterkarierten.[461] Kohärenz dürfe nicht nur innerhalb der Entwicklungspolitik Berücksichtigung finden, sondern

457 Vgl. Deutscher Bundestag, *Drucksachen und Plenarprotokolle des Bundestages*. Für die erste Verwendung des Begriffes „Politikkohärenz" im Deutschen Bundestag vgl. Drucksache 18/1551 vom 31.05.1995.

458 Riegert, Klaus (MdB) zit. n. *Stenografischer Bericht der 139. Sitzung am 10. November 2011*, Deutscher Bundestag Plenarprotokoll, 17/139, Berlin 2011, S. 16672.

459 Strässer, Christoph (MdB) zit. n. *Stenografischer Bericht der 139. Sitzung am 10. November 2011*, Deutscher Bundestag Plenarprotokoll, 17/139, Berlin 2011, S. 16674.

460 Vgl. Fraktion der SPD und Fraktion Bündnis 90/Die Grünen, *Antrag: Reform der euopäischen Entwicklungspolitik durch die deutsche EU-Ratspräsidentschaft*, Deutscher Bundestag Drucksache, 14/538, Berlin 1999, S. 3f.

461 Vgl. *Stenografischer Bericht der 49. Sitzung am 17. Juni 2010*, Deutscher Bundestag Plenarprotoll, 17/49, Berlin 2010, S. 5027; vgl. Fraktion Bündnis 90/Die Grünen, *Kleine Anfrage:*

spiele auch in anderen Politikfeldern und unter anderem bei Rohstoffabkommen eine Rolle.[462] Seitens der Regierung wurde wiederholt bekräftigt, „größten Wert auf eine kohärente Politik [zu] legen“[463]. Für das BMZ ist „mehr Kohärenz als ein entwicklungspolitisches Leitbild eine conditio sine qua non“[464].

Damit Politikkohärenz nicht zu einem „Kodewort für Suprematie“[465] eines bestimmten Politikfeldes degeneriert, sind Inhalte und übergeordnete Ziele offenzulegen und besonders begründungsbedürftig. Wenn Politikkohärenz jedoch lediglich mit Forderungen nach politischer Aufwertung von Sachverhalten, die von anderen Problemlagen im politischen Willensbildungsprozess überlagert werden, verbunden ist, erscheint das Konzept zuweilen als abgenutzter Begriff. Zentral bleibt daher eine stärkere und systematischere Konzentration auf Erfolgsbedingungen für verbesserte Kohärenz, wie sie beispielsweise von der dänischen Regierung gefordert und umgesetzt wird.

Politikkohärenz in Dänemark: Die Regierung hat 2014 einen Aktionsplan veröffentlicht, der auf den analytischen Überlegungen der OECD und den inhaltlichen Diskussionen auf europäischer Ebene fußt. Im Sinne der *Policy Coherence for Development* (PCD) sei es zunächst zentral, Synergien und Zielkonflikte zwischen Politikbereichen und vor dem Hintergrund internationaler Zielvereinbarungen zu identifizieren. Schließlich müsse die Fähigkeit des Regierungssystems dahingehend erhöht werden, Synergien entsprechend zu nutzen und Zielkonflikte möglichst zu entschärfen, um negative Auswirkungen auf langfristige Entwicklungsperspektiven in anderen Ländern zu vermeiden.[466] Diesen Überlegungen liegt die realistische Einschätzung zugrunde, dass Politikkohärenz nicht nur durch bessere Koordinierung und Informationsaustausch erreicht werden kann, sondern immer auch eine politische Funktion widerstreitender Interessen und Ziele darstellt. Daraus ergibt sich die Schlussfolgerung, dass andere Interessen und Ziele die Entwicklungspolitik überlagern können.[467] Den-

---

Menschenrechte in der deutschen Entwicklungszusammenarbeit, Deutscher Bundestag Drucksache, 17/6195, Berlin 2011, S. 1.

462 „Die Politikfelder insgesamt müssen kohärent sein.“ (Roth, Karin (MdB) zit. n. *Stenografischer Bericht der 178. Sitzung am 10. Mai 2012*, Deutscher Bundestag Plenarprotokoll, 17/178, Berlin 2012, S. 21200).

463 Kopp, Gudrun (MdB) zit. n. *Stenografischer Bericht der 39. Sitzung am 5. Mai 2010*, Deutscher Bundestag Plenarprotokoll, 17/39, Berlin 2010, S. 3760.

464 Kopp, Gudrun, Eröffnungsvortrag und Diskussion zum Thema Leitlinien der deutschen Entwicklungspolitik, in: Laag, Benjamin/Obermeyer, Janina-Lorena (Hrsg.), *Europa in der Verantwortung: Entwicklungspolitische Herausforderungen und Perspektiven*, Münster 2013, S. 33.

465 „codeword for the supremacy“ (Nuttall, Simon, *Coherence*, S. 95).

466 Vgl. Ministry of Foreign Affairs of Denmark, *A Shared Agenda: Denmark's Action Plan for Policy Coherence for Development*, Kopenhagen 2014, S. 3.

467 „Incoherent policies are sometimes a matter of lack of coordination or insufficient information. But even more it is a matter of conflicting interests or competing objectives. This implies trade-offs and compromise, and requires political ownership and choices. How-

noch legt die Regierung in Kopenhagen langfristige Ziele und strategische Prioritäten für eine verbesserte PCD fest, beschreibt deren Umsetzung und notwendige Koordinierungsmaßnahmen, identifiziert konkrete Politikmaßnahmen und bestimmt die für die jährliche Überprüfung notwendigen Indikatoren.

3.3.1 Begründung des entwicklungspolitischen Kohärenzanspruchs

„Policy coherence means different policy communities working together in ways that result in more powerful tools and products for all concerned. It means looking for synergies and complementarities and filling gaps among different policy areas so as to meet common and shared objectives"[468]

Eine kohärente Politik erscheint wünschenswert, da sie budgetschonend, zielorientiert und vergleichsweise widerspruchsfrei ist. Folglich stellt Politikkohärenz eine wichtige Legitimationsgrundlage des politischen Systems sowie ein übergeordnetes Ziel allen Regierungshandelns dar.[469] Entsprechend ambitioniert formuliert die Bundesregierung in ihren afrikapolitischen Leitlinien: *„Koordinierung und Kohärenz für alle Aktivitäten der Bundesregierung sind Voraussetzung für die Wirksamkeit einer ganzheitlichen und vernetzten Herangehensweise, die nachhaltigen Erfolg haben soll.“*[470] Auf EU-Ebene ist ein Kohärenzanspruch seit 1992 primärrechtlich verankert und findet sich seit dem Vertrag von Lissabon (2009) in Artikel 21 III Vertrag über die Europäische Union (EUV) wieder: *„Die Union achtet auf die Kohärenz zwischen den einzelnen Bereichen ihres auswärtigen Handelns sowie zwischen diesen und ihren übrigen Politikbereichen. Der Rat und die Kommission, die vom Hohen Vertreter der Union für Außen- und Sicherheitspolitik unterstützt werden, stellen diese Kohärenz sicher und arbeiten zu diesem Zweck zusammen.“*[471]

Gleichzeitig weist das Kohärenzkonzept insbesondere dann einen noch stärkeren normativen und präskriptiven Charakter auf, wenn politikfeldspezifi-

---

ever, it is also acknowledged that sometimes there are issues subject to concerns and interests that may outweigh development policy objectives.“ (Ebd., S. 3).

468 OECD Unit for Policy Coherence for Development, *Policy Framework for Policy Coherence for Development*, Working Paper, 1, Paris 2012, S. 3.

469 „Coherence of Policy should [...] be a general objective in all action taken by government.“ (Hoebink, Paul, *The Coherence of EU Politics: Perspectives from the North and the South*, Brüssel 2005, S. 13).

470 Bundesregierung, *Afrikapolitische Leitlinien der Bundesregierung*, Deutscher Bundestag, Drucksache, 18/1484, Berlin 2014, S. 2.

471 Art. 21 III der konsolidierten Fassung des Vertrags über die Europäische Union EUV (ehemals Art. 3 EUV).

sche Forderungen nach verbesserter Politikkohärenz artikuliert werden.[472] Auf EU-Ebene wird das grundsätzliche Kohärenzgebot außenorientierter Politik aus entwicklungspolitischer Sicht in Artikel 208 I Vertrag über die Arbeitsweise der Europäischen Union (AEUV) konkretisiert: *„Bei der Durchführung politischer Maßnahmen, die sich auf die Entwicklungsländer auswirken können, trägt die Union den Zielen der Entwicklungszusammenarbeit Rechnung."*[473] Auf der Ebene der Vereinten Nationen spielte Politikkohärenz bei der Formulierung der Millenniumsentwicklungsziele (Millennium Development Goals, MDG) 2000 eine wichtige Rolle. So verständigte sich die Staatengemeinschaft mit MDG 8 auf den „Aufbau einer weltweiten Entwicklungspartnerschaft", um ein „offenes regelgestütztes, berechenbares und nichtdiskriminierendes Handels- und Finanzsystem weiter[zu]entwickeln"[474]. Obwohl die Entwicklungshilfe bei Überwindung weltweiter Armut einen wichtigen Beitrag leistet, verdeutlichen die Millenniumsziele die entwicklungspolitischen Implikationen anderer Politikbereiche.[475]

Wesentliche Beiträge zu einem besseren Verständnis von Politikkohärenz leistet der Entwicklungsausschuss der OECD. Die weitestgehend präskriptiven Überlegungen der OECD basieren auf einer wiederholten Anerkennung des entwicklungspolitischen Kohärenzgebotes durch deren Mitgliedstaaten im OECD-Ministerrat[476] und finden beispielsweise durch gesonderte Kapitel in den Prüfberichten des OECD-Entwicklungsausschusses, den Leitlinien zur Armutsbekämpfung[477] oder der OECD-Entwicklungsstrategie (*OECD Strategy on*

---

472 Dies ergibt sich nicht zuletzt aus der „Notwendigkeit einer kohärenten normativen Kontextualisierung von Strategien". (Glaab, Manuela, *Strategie und Politik: das Fallbeispiel Deutschland*, S. 107).

473 Art. 208 I Vertrag über die Arbeitsweise der Europäischen Union (AEUV) (ehemals Art. 178 Vertrag zur Gründung der Europäischen Gemeinschaft (EGV)). Während dieser Artikel in politischen Diskussionen häufig als Berufungsgrundlage angeführt wird, ist aus juristischer Sicht nicht abschließend geklärt, welche rechtliche Wirkung dieser Artikel entfaltet. Vgl. Hertog, Leonhard den/Stroß, Simon, *Coherence in EU External Relations: Concepts and Legal Rooting of an Ambiguous Term*, S. 387f.

474 Vereinte Nationen, *Offizielle Liste der Indikatoren für die Millenniums-Entwicklungsziele*, New York 2008, S. 2.

475 Zur Bedeutung des entwicklungspolitischen Kohärenzanspruchs bei der Reformulierung globaler Entwicklungsziele nach Auslaufen der Millenniumsentwicklungsziele 2015 vgl. Knoll, Anna, *Bringing Policy Coherence for Development into the post-2015 agenda – Challenges and Prospects*, ECDPM Discussion Paper, 163, Maastricht 2014 S. 15f.

476 Vgl. OECD-Ministerrat, *OECD Ministerial Declaration on Policy Coherence for Development (Adopted by Ministers of OECD countries at the Ministerial Council, on 4 June 2008)*, Paris 2008.

477 Vgl. OECD, *The DAC Guidelines: Poverty Reduction*.

Development) eine konkrete Anwendung.[478] Obwohl anderen nationalen Politikzielen häufig eine höhere politische Relevanz zugeschrieben wird, dürfen die Rückkopplungseffekte einer wirkungslosen Entwicklungspolitik von anderen Politikbereichen nicht unberücksichtigt bleiben: „*[P]overty is a source of dysfunction and disorder in the world – with adverse spillovers to political instability, terrorism, environmental degradation, illicit migration, epidemics and other international problems.*“[479]

Die PCD-Debatte richtet sich zunächst auf Widersprüche zwischen bzw. ein mögliches Zusammenwirken von Entwicklungspolitik und anderen Politikbereichen der OECD-Länder. So erfordert zum Beispiel die Politik gegenüber fragilen Staaten eine möglichst enge Abstimmung sicherheits- und entwicklungspolitischer Ansätze, um die Lage vor Ort zu stabilisieren und auf diese Weise Gefährdungen der eigenen nationalen Sicherheit zu reduzieren.[480] Als weitere Dimensionen werden neue entwicklungspolitische Akteure, der wachsende Einfluss aufstrebender Schwellenländer sowie eine veränderte Geographie weltweiter Armut erkannt, die bisherige institutionelle Ansätze zunehmend herausforderten. Aus diesem Grunde müssten der geänderte globale Kontext und die zunehmende Komplexität entwicklungspolitischer Herausforderungen bei Überlegungen zu verbesserter Kohärenz verstärkt berücksichtigt werden.[481] Dementsprechend ließen sich die oben genannten Dimensionen von Politikkohärenz ergänzen: Neben der politikfeldinternen (*internal*) und horizontalen (*intra-governmental*) stellt sich die vertikale Kohärenz genauer als das Zusammenwirken westlicher bilateraler Geberpolitiken (*inter-governmental*), multilateraler Organisationen und aufstrebender Schwellenländer und der Politiken in Entwicklungsländern dar.[482]

---

478 Vgl. OECD, *OECD Strategy on Development*, S. 5f.

479 OECD, *The DAC Guidelines: Poverty Reduction*, S. 25.

480 „National security, for example, can be enhanced by fostering development in fragile states to strengthen their capacities to fight terrorism or trade of illicit products.“ (OECD Unit for Policy Coherence for Development, *Policy Framework for Policy Coherence for Development*, S. 4); vgl. ferner OECD, *Principles for Good International Engagement in Fragile States & Situations*, Paris 2007, S. 2; vgl. OECD, *Recommendation of the Council on Good Institutional Practices in Promoting Policy Coherence for Development*, C 41, 29. April 2010, S. 2; vgl. Zeigermann, Ulrike, Effects of non-aid policies on fragile and conflict-affected countries, in: Medeiros, Rodrigo/Swatuk, Larry (Hrsg.), *Sustainable Development Practice: Advancing Evidence-Based Solutions for the Post-2015 Agenda*, New York 2013, S. 38.

481 Vgl. OECD, *Enhancing coherence for development: from theory to practice*, Paris 2014; vgl. Dohlman, Ebba, *Which institutional structures for assuring policy coherence for development?* S. 3.

482 Vgl. Dohlman, Ebba, *Indicators for Measuring PCD: Towards a Common Definition and Methodology*, Brüssel 2013, S. 5.

Um den Kohärenzanspruch aus entwicklungspolitischer Sicht zu begründen, verweist die OECD auf die wirtschaftliche Interdependenz von Entwicklungs- und Industrieländern in einer globalisierten Welt.[483] Dass der Wohlstand eines Landes zu einem gewissen Grad von der Situation anderer Länder abhängt, lässt sich beispielsweise daran erkennen, dass die Länder der OECD rund ein Drittel Ihrer Waren in Entwicklungsländer exportieren und die Hälfte ihres Mineralölbedarfs durch Importe aus Entwicklungsländern decken.[484] Insgesamt dürfte sich das von der Entwicklungspolitik u. a. geförderte Wirtschaftswachstum in Entwicklungsländern ebenfalls für Industrieländer als vorteilhaft erweisen. Es entstehen in Entwicklungsländern neue Absatzmärkte für qualitativ hochwertigere Produkte. Außerdem könnten Konsumenten (zumindest prinzipiell) von günstigeren Produkten durch Importe profitieren, falls Industrieländer nicht mit protektionistischen Gegenmaßnahmen oder Subventionierung heimischer Produkte reagieren würden. Dies führt zu einer mehrfachen Belastung heimischer Steuerzahler, die neben den Subventionen auch überteuerte Produkte sowie unter Umständen wirkungslose Entwicklungshilfeprogramme finanzieren müssten.[485]

Forderungen nach entwicklungsorientierter Politikkohärenz ergeben sich bereits aus dem Konfliktpotenzial, das unterschiedliche entwicklungspolitische Zielsetzungen wie Armutsreduktion und Klimaschutz bergen können.[486] Ferner spielt die vielfach postulierte Schwäche der Entwicklungspolitik bei Interessenkonflikten mit anderen Politikfeldern eine wesentliche Rolle. Die Wirksamkeit der Entwicklungspolitik ist dann eingeschränkt, wenn zum Beispiel sicherheitspolitische Interessen entwicklungspolitische Allokationsentscheidungen beeinflussen oder Agrarprojekte in Partnerländern durch subventionierte Agrarexporte aus Europa unterlaufen werden.[487] Somit ist die entwicklungspolitische Wirksamkeit in besonderem Maße von anderen Politikbereichen abhängig und offenbar gleichzeitig für andere außenpolitische Zielsetzungen derselben Polity relevant.[488] Forderungen nach mehr Politikkohärenz werden zudem nicht nur

---

483 Vgl. OECD, *Policy coherence: Vital for global development*, Policy Brief, 7, Paris 2003, S. 4; vgl. OECD-Ministerrat, *OECD Ministerial Declaration on Policy Coherence for Development (Adopted by Ministers of OECD countries at the Ministerial Council, on 4 June 2008)*, S. 2.

484 Vgl. Picciotto, Robert, *The Evaluation of Policy Coherence for Development*, S. 313.

485 Vgl. OECD, *Policy coherence: Vital for global development*, S. 4.

486 Vgl. Janus, Heiner/Klingebiel, Stephan/Paulo, Sebastian, Beyond Aid – neue Wege? in: *E+Z*, Vol. 55, Nr. 7, 2014, S. 292.

487 Vgl. Ashoff, Guido, *Politikkohärenz: eine zusätzliche Voraussetzung und wesentliche Aufgabe wirksamer Entwicklungspolitik*, S. 348.

488 „Das Ausmaß außenpolitischer Entwicklungsorientierung ist ein Amalgan aus verschiedenen Politikfeldern.“ (Faust, Jörg, *Governance und die Entwicklungsorientierung von Außenpoliti-*

von anderen Politikbereichen artikuliert, sondern nach einem erweiterten Kohärenzverständnis müssen schließlich auch die Empfängerländer einen Beitrag zu einer möglichst kohärenten Politik leisten bzw. in relevante Politikprozesse eingebunden werden.[489]

Entwicklungspolitik stellt folglich ein komplexes und mit anderen Politiken eng verwobenes Politikfeld dar, das sich mit der Bekämpfung weltweiter Armut sowie der Bearbeitung anderer globaler Herausforderungen anspruchsvolle Ziele setzt. Die Konzeptualisierung von Entwicklungspolitik bewegt sich dabei häufig zwischen einer Idealvorstellung altruistischer Hilfe und der ausschließlichen Verfolgung nationaler Interessen. Präziser erscheint ein Verständnis von Entwicklungspolitik im Sinne eines entwicklungspolitisch aufgeklärten Eigeninteresses, „das den Anforderungen außenorientierter Politik im Kontext globaler Interdependenzen gerecht wird"[490]. Dies bedeutet, dass eine Betrachtung von Entwicklungspolitik dann zu kurz greift, wenn andere wesentliche Aspekte nationalstaatlicher Außenbeziehungen und internationaler Kontexte nicht ausreichend berücksichtigt werden. Bei der Bestimmung des wohlverstandenen Eigeninteresses befindet sich Entwicklungspolitik in einem Spannungsverhältnis mit anderen Ressorts. Im politischen Kräftespiel kann die häufig postulierte „Schwäche der Entwicklungspolitik"[491] bei Kompetenzüberlagerungen mit anderen Politikfeldern entwicklungspolitische Inkohärenzen zeitigen und die Wirksamkeit von Entwicklungszusammenarbeit schwächen. Gleichzeitig bietet das Zusammenwirken verschiedener Politiken im Sinne ressortübergreifender Politikansätze die Möglichkeit, die Wirksamkeit von Entwicklungspolitik zu verbessern. Dies ist auch nicht zuletzt deshalb notwendig, da Entwicklungszusammenarbeit nicht unabhängig oder isoliert von anderen Politiken stattfindet, sondern häufig von diesen beeinflusst oder beeinträchtigt wird. Die Durchsetzung dieses entwicklungspolitischen Kohärenzanspruchs kann Effizienz (Nutzung von Ressourcen), Effektivität (Zielerreichung) und Legitimation („Berechtigung, eine bestimmte Handlung durchzuführen"[492]) von Entwicklungspolitik steigern.

---

ken, S. 189f.). „[S]o ist eine mit entwicklungspolitischen Zielsetzungen kohärente Außenpolitik auch mit großem Nutzen für reiche Länder verbunden." (Ebd., S. 177).

489 Vgl. Janus, Heiner/Klingebiel, Stephan/Paulo, Sebastian, *Beyond Aid – neue Wege?* S. 292.

490 Messner, Dirk/Scholz, Imme, *Entwicklungspolitik als Beitrag zur globalen Zukunftssicherung*, S. 94.

491 Ashoff, Guido, *Politikkohärenz: eine zusätzliche Voraussetzung und wesentliche Aufgabe wirksamer Entwicklungspolitik*, S. 360.

492 Kevenhörster, Paul, *Politikwissenschaft Band 2: Ergebnisse und Wirkungen der Politik*, S. 449.

Insgesamt ist an dieser Stelle festzuhalten, dass Politikkohärenz ein normatives Konzept darstellt, das insbesondere in der Entwicklungspolitik eine wesentliche Rolle spielt. Um Kohärenzfragen aus einem „stärker ethisch-moralisch orientierten Argumentationsschema“[493] herauszulösen, wäre es folglich weniger hilfreich, Politikkohärenz als reines Analyseinstrument politischer Prozesse und Ergebnisse zu nutzen. Stattdessen sollte Politikkohärenz als Untersuchungsgegenstand verstanden werden, den es politikwissenschaftlich näher zu konzeptualisieren gilt. Alternativ ließe sich Politikkohärenz somit als abhängige Variable bezeichnen, deren Analyse und Operationalisierung stärker politikwissenschaftlich zu fundieren sind. Ausprägung und Intensität von Politikkohärenz sind insofern variabel, als Forderungen nach verbesserter Politikkohärenz in anderen Politikfeldern und eine Zunahme ressortübergreifender Politikansätze den entwicklungspolitischen Kohärenzanspruch möglicherweise infrage stellen.[494]

3.3.2 Operationalisierung: Policy Coherence Cycle

Nachdem die Definitionen von Politikkohärenz diskutiert und deren verschiedene Dimensionen vorgestellt worden sind, stellt sich in einem nächsten Schritt die Frage, wie Politikkohärenz erreicht oder verbessert werden kann.

Ausgeklammert bleiben an dieser Stelle zunächst Überlegungen zu den theoretischen und gesellschaftspolitischen Grenzen eines überhöhten Kohärenzanspruchs sowie der daraus abgeleiteten Frage, welche Politikfelder sich überhaupt kohärent zu welchen Politikzielen zu verhalten haben. Vielmehr werden Ziele, Prozesse und Ergebnisse in den Blick genommen, anhand derer Politikkohärenz prospektiv oder retrospektiv bewertet werden kann.[495] Dazu erfolgt ein Rückgriff auf den vom Entwicklungsausschuss (*Development Assistance Committee*, DAC) der OECD erarbeiteten *Policy Coherence Cycle* (Abbildung 21), der aus drei voneinander abhängigen Sequenzen besteht, die im Folgenden kurz dargestellt werden.[496] Aus dem *Policy Coherence Cycle* können Faktoren (politikfeldspezifische Strategiekompetenz, Verfahrensregeln und Instrumente) abgeleitet werden, die eine verbesserte Politikkohärenz fördern oder hemmen.

---

493 Obrovsky, Michael/Schlögl, Lukas, *Politikkohärenz durch Kohärenzpolitik! Bedingungen für Policy Coherence for Development in Österreich*, S. 12.

494 „Läuft Entwicklungspolitik also bei der Forderung nach mehr Kohärenz in eine Falle, indem sie sich Kohärenzforderungen anderer Politiken ausliefert?“ (Ashoff, Guido, *Politikkohärenz: eine zusätzliche Voraussetzung und wesentliche Aufgabe wirksamer Entwicklungspolitik*, S. 349).

495 Vgl. OECD Unit for Policy Coherence for Development, *Policy Framework for Policy Coherence for Development*, S. 31ff.

496 Vgl. OECD, *Building Blocks for Policy Coherence for Development*, Paris 2009, S. 20; vgl. OECD Unit for Policy Coherence for Development, *Policy Framework for Policy Coherence for Development*, S. 6.

Auf der politischen und strategischen Ebene (*political commitment and policy statements*) sind der politische Wille oder Bekenntnisse zu verbesserter Politikkohärenz, die politikfeldspezifische Strategiekompetenz, Grundsatzpapiere sowie kohärenzbezogene Aktionspläne zu analysieren. Auf der institutionellen und Verfahrensebene (*coordination mechanisms*) sollen die Nutzung bestehender Koordinierungsforen und -verfahren, proaktive Kohärenzarbeit einzelner Ministerien, Netzwerkbildung und gemeinsame Analyse von Kohärenzfragen, besondere Arbeitseinheiten sowie die interministerielle Kooperationskultur untersucht werden.

Abbildung 21: Policy Coherence Cycle[497]

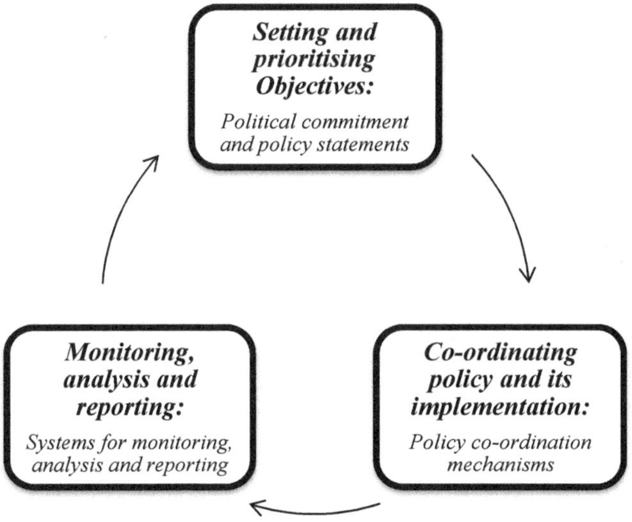

Schließlich beinhaltet der letzte Komplex (*systems for monitoring, analysis and reporting*) die Betrachtung von systematischen Analysen, Verträglichkeitsprüfungen, Monitoring-, Analyse- und politischer Verarbeitungskapazität sowie Berichterstattung über Kohärenzbemühungen.[498]

---

497 OECD, *Recommendation of the Council on Good Institutional Practices in Promoting Policy Coherence for Development*, S. 3.

498 Vgl. OECD Development Co-operation Directorate, *Synthesis Report on Policy Coherence for Development*, Paris 2008, S. 13–25.

Die OECD selbst hat aus ihren gesammelten Erfahrungen auch methodologische Schlussfolgerungen gezogen: Entscheidend für eine kohärente Politik seien demnach vor allem die institutionellen Mechanismen und Prozesse; zusätzlich komme es auf einen evidenzbasierten und möglichst inklusiven Dialog unter beteiligten Akteuren an, der allzu schlichte Forderungen nach mehr Politikkohärenz ergänze; gleichzeitig müsse es klare themenbezogene Zielsetzungen und Bewertungsmaßstäbe geben; schließlich weise jede Methodologie insofern bestimmten Schwächen auf, als Kausalitäten schwierig nachzuweisen seien und sich daraus nicht per se bessere bzw. fest umrissene Politikempfehlungen ableiten ließen.[499] Folgerichtig ergibt sich für die OECD eine genauso nüchterne wie realistische Feststellung: „There are always winners and losers."[500] Zugleich belegt diese Aussage ein eher technisches Kohärenzverständnis seitens der OECD, mit dem die Komplexität[501] politischer Entscheidungsprozesse lediglich ansatzweise erfasst und als nahezu banales Ergebnis mit Gewinnern und Verlierern dargestellt wird. Tatsächlich erschwert jedoch diese begrenzte analytische Reichweite präzise Erkenntnisse über Intensität und Ausprägung von Politikkohärenz, die sich insbesondere in interministeriellen Aushandlungsprozessen manifestiert.[502]

Aus dieser knappen Zusammenschau der bisher diskutierten Überlegungen zum Konzept Politikkohärenz und damit einhergehenden Operationalisierungsmöglichkeiten (*Policy Coherence Cycle*) können folgende Bedingungen für verbesserte Politikkohärenz abgeleitet werden: [503]

Politikkohärenz hängt als normatives Konzept zunächst entscheidend vom politischen Willen der beteiligten Akteure ab. Wesentliche konzeptionelle Voraussetzung für eine möglichst kohärente Politik ist ein Zielsystem, das politikfeldspezifische Interessen integriert oder zumindest verhandelt. Inhaltlich kommt es darauf an, Inkohärenzen analytisch zu erfassen und

499 Vgl. Dohlman, Ebba, *Indicators for Measuring PCD: Towards a Common Definition and Methodology*, S. 6.

500 Ebd., S. 6.

501 „Eigenschaft eines Systems, die die Beschreibung seines Gesamtverhaltens erschwert, selbst wenn man vollstandige Informationen über seine Einzelkomponenten und ihre Wechselwirkungen besitzt." (Kevenhörster, Paul, *Politikwissenschaft Band 2: Ergebnisse und Wirkungen der Politik*, S. 448).

502 „We lack information on how the work feeds into decision-making and how successful PCD views are in being heard by the other policy makers. Overall, we don't know if the policies end up being more coherent." (Dohlman, Ebba, *Which institutional structures for assuring policy coherence for development?* S. 2).

503 Vgl. Ashoff, Guido, *Politikkohärenz: eine zusätzliche Voraussetzung und wesentliche Aufgabe wirksamer Entwicklungspolitik*, S. 370; vgl. Ashoff, Guido, Politikkohärenz für Entwicklung. Die Wirksamkeit der Entwicklungspolitik hängt auch von anderen Politiken ab, in: *Ein Dossier der Gemeinsamen Konferenz Kirche und Entwicklung (GKKE),* Nr. 2, 2013, S. 5.

Synthesemöglichkeiten auszuloten. Schließlich wird das Zusammenwirken unterschiedlicher Politikbereiche maßgeblich durch entsprechende Strukturen interministerieller Abstimmung sowie durch administrative Kapazitäten und Anreizsysteme bedingt (Abbildung 22).

Abbildung 22: Unabhängige Variablen des Policy-Prozesses[504]

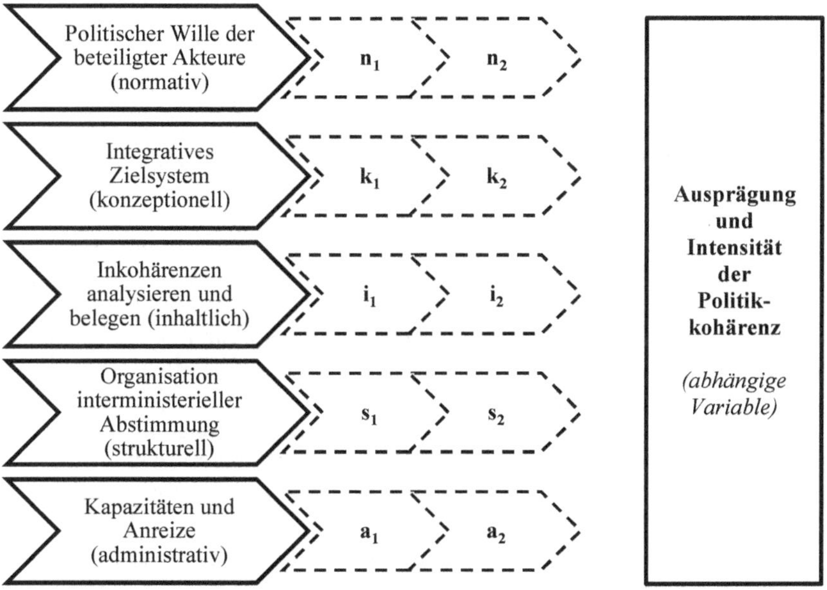

3.3.3 *Index der Entwicklungsförderung (Commitment to Development Index)*

Wirkungen möglicher Politikkohärenzen bzw. -inkohärenzen können statisch über einen Vergleich von Haushaltsmitteln, die in relevanten Politikfeldern eingesetzt werden, oder dynamisch anhand von Veränderungen über einen längeren Zeitraum erfasst werden.[505] Ein prominentes Beispiel ist der Index der Entwicklungsförderung (*Commitment to Development Index*, CDI), der jährlich vom *Center for Global Development* erstellt wird und die Politiken der Geber

504 Eigene Darstellung. Vgl. George, Alexander L./Bennett, Andrew, *Case Studies and Theory Development in the Social Sciences*, Cambridge 2005, S 205–232.

505 Vgl. Ashoff, Guido, *Politikkohärenz: eine zusätzliche Voraussetzung und wesentliche Aufgabe wirksamer Entwicklungspolitik*, S. 10.

gegenüber den Entwicklungsländern in sieben unterschiedlichen Bereichen untersucht.[506] Die Ergebnisse über das jeweilige Engagement für Entwicklung erlauben unter anderem vorläufige Rückschlüsse auf die Entwicklungsorientierung der Bundesregierung im Rohstoffbereich.[507]

In ihrem internationalen Vergleich weisen die Experten des *Center for Global Development* Deutschland regelmäßig einen mittleren Rangplatz in der Gesamtwertung zu. Zwischen 2008 und 2011 rangierte die Bundesrepublik unter 22 untersuchten Industrieländern auf dem 12. Platz. Herausragend war die Entwicklungsorientierung in der Kategorie Investitionen: 2008, 2009 und 2011 belegte Deutschland zusammen mit Kanada und Großbritannien (2008), Großbritannien (2009) sowie Großbritannien und Norwegen (2011) den Spitzenrang; 2010 konnte der zweite Rangplatz hinter Norwegen erreicht werden. Diese Kategorie berücksichtigt solide Investitionen in Entwicklungsländern und die Förderung transparenter Finanztransaktionen im Inland. Sie ist relevant für die Rohstoffpolitik, da sie für die genannten Bewertungszeiträume wiederholt Maßnahmen zur Korruptionsbekämpfung und die Absicherung von Investitionen gegenüber politischen Risiken positiv hervorhebt. Zudem fällt die deutsche Unterstützung des *Kimberley-Prozesses*[508], eine Institution, die den Handel mit Blutdiamanten durch staatliche Herkunftszertifikate für konfliktfreie Diamanten unterbinden soll, positiv ins Gewicht.[509]

Unter den 27 Ländern, deren Entwicklungsorientierung im Rahmen des CDI 2012 bewertet worden sind, findet sich Deutschland mit dem elften Rang insgesamt im vorderen Mittelfeld. Erneut weist der zweite Rangplatz im Be-

---

506 „Der Commitment to Development Index ist dabei der gegenwärtig anspruchvollste Versuch, eine solchermaßen definierte Entwicklungspolitik zu messen." (Faust, Jörg, *Governance und die Entwicklungsorientierung von Außenpolitiken*, S. 190).

507 „Going beyond the criticism of the arbitrary choice and weight of the various sectors, the CDI offers an indirect measure of policy coherence across member states. The conventional wisdom is that good performers in foreign aid are also committed to policy coherence for development." (Carbone, Maurizio, *Mission Impossible: the European Union and Policy Coherence for Development*, S. 328).

508 „The KP Certification Scheme (KPCS) is legally binding, due to the implementation of domestic legislation, in some 80 diamond producing, processing and trading countries, including all member states in the European Union. No rough diamonds can be traded between these countries unless they are accompanied by a government-issued Kimberley Certificate stating that the diamonds are conflict-free." (Partnership Africa Canada, *A Guide to the Kimberley Process*, Ottawa 2013, S. 4).

509 Vgl. Center for Global Development, *Commitment to Development Index 2008*, Washington D.C. 2008, S. 4; vgl. Center for Global Development, *Commitment to Development Index 2009*, Washington D.C. 2009, S. 4; vgl. Center for Global Development, *Commitment to Development Index 2010*, Washington D.C. 2010, S. 4; vgl. Center for Global Development, *Commitment to Development Index 2011*, Washington D.C. 2011, S. 4.

reich Investitionen auf ein sehr gutes Ergebnis hin, das erneut auf die Unterstützung des *Kimberley-Prozesses* sowie der *Initiative zur Verbesserung der Transparenz in der Rohstoffindustrie* (*Extractive Industries Transparency Initiative*, EITI) und auf mehrere Abkommen zur Vermeidung von Doppelbesteuerung zurückgeführt wird.[510] Als Schwäche wird die Absicherung von politischen Risiken bei ineffizienten Importersatzprojekten kritisiert.[511]

Im CDI 2013 (Tabelle 11) rutscht die Bundesrepublik trotz relativ guter Werte in den Bereichen Handel und Umwelt auf Rangplatz 13 ab.[512] Die Kategorie Investitionen wurde in die Kategorie Finanzen umgewandelt, der vor allem der sogenannten Schattenfinanzindex (*Financial Secrecy Index*) zugrunde liegt.[513] Da Deutschland hier eine vergleichsweise geringe Anzahl gesetzlicher Regelungen aufweise, die illegale Finanztransaktionen verhinderten, ließ sich der Spitzenrang der vergangenen Jahre nicht wiederholen. Die Bundesrepublik belegt unter mittlerweile 27 berücksichtigten Ländern in der neuen Kategorie Finanzen lediglich den 22. Rang.

Als Stärken werden 2013 abermals die außenwirtschaftlichen Förderinstrumente sowie die Unterstützung internationaler Transparenzinitiativen hervorgehoben. Erstere sicherten politische Risiken bei Investitionen ab und umfassten eine menschen-, arbeits- und umweltrechtliche Überprüfung eingereichter Förderanträge. Diese international vergleichende Einschätzung unterscheidet sich dabei von Debattenbeiträgen in Deutschland, die häufig zu einem kritischeren Ergebnis kommen.[514] Gewürdigt wird zudem der deutsche Beitrag zur Umsetzung und Ausweitung von EITI sowie des *Kimberley-Prozesses* im Bereich der Blutdiamanten. Das Engagement für Entwicklung in der Kategorie Finanzen

---

510 Vgl. Center for Global Development, *Commitment to Development Index 2012*, Washington D.C. 2012, S. 4.

511 Für nähere Informationen zu diesem Punkt vgl. David Roodman und Julia Clark, *Commitment to Development Index (CDI) 2012: Deutschland*, Washington D.C. 2012, S. 2.

512 Vgl. ebd., S. 1.

513 „Germany: a country of lax anti-money laundering enforcement" (Tax Justice Network, *Narrative Report on Germany* 2013, S. 3).

514 Vgl. Fraktion Bündnis 90/Die Grünen, *Kleine Anfrage: Menschenrechte in der deutschen Entwicklungszusammenarbeit*, Frage 5; vgl. Feldt, Heidi/Scheper, Christian, *Außenwirtschaftsförderung und Menschenrechte: Eine Bestandsaufnahme deutscher Investitions- und Exportkreditdeckungen aus menschenrechtlicher Perspektive*, INEF Forschungsreihe Menschenrechte, Unternehmensverantwortung und Nachhaltige Entwicklung, 4, Duisburg 2010, S. 52; vgl. Hamm, Brigitte/Scheper, Christian/Schölmerich, Maike, *Menschenrechtsschutz und deutsche Außenwirtschaftsförderung: Ein Plädoyer für konsequente Reformen*, INEF Policy Brief, 8, Duisburg 2011, S. 9.

umfasse daher im positiven Sinne Unterstützungsangebote für Unternehmen, die daran interessiert sind, in Entwicklungsländern zu investieren.[515]

Tabelle 11: Commitment to Development 2013 (Ranglisten)[516]

Rang und Land	Hilfe	Handel	Finanz	Migration	Umwelt	Sicherheit	Technologie	Gesamt
1. Dänemark	11.0	5.3	6.2	4.2	7.0	7.2	6.6	**6.8**
2. Schweden	12.8	5.9	6.2	9.0	7.8	0.3	4.5	**6.6**
3. Norwegen	10.6	1.2	5.9	9.6	2.8	7.4	5.7	**6.2**
4. Luxemburg	11.9	5.2	3.6	6.8	5.8	4.9	4.1	**6.0**
5. Finnland	6.1	5.5	6.3	3.2	7.8	6.4	5.7	**5.9**
5. Niederlande	9.7	5.9	5.0	4.2	6.9	4.2	5.2	**5.9**
7. Irland	8.5	5.3	5.2	4.4	6.7	6.9	3.8	**5.8**
7. Großbritannien	6.5	5.5	5.9	5.8	7.3	5.4	4.2	**5.8**
9. Neuseeland	3.4	8.1	4.2	6.7	6.0	7.1	4.4	**5.7**
10. Belgien	6.2	5.1	5.7	6.2	7.2	3.7	4.4	**5.5**
10. Österreich	2.9	5.4	4.0	7.4	6.6	6.3	5.6	**5.5**
12. Australien	3.8	7.1	5.7	6.9	3.8	5.0	4.7	**5.3**
13. Portugal	3.3	5.1	5.5	2.4	7.7	6.2	6.4	**5.2**
13. Deutschland	*3.9*	*5.4*	*4.4*	*7.0*	*7.1*	*3.5*	*5.1*	**5.2**
13. Kanada	3.7	6.0	5.3	7.6	2.6	5.6	5.3	**5.2**
16. Spanien	2.9	5.3	6.1	5.7	6.7	3.4	5.4	**5.1**
17. Frankreich	4.1	5.1	5.5	4.2	7.1	2.6	6.6	**5.0**
18. Italien	1.8	5.0	5.5	4.6	6.9	5.1	3.9	**4.7**
19. USA	3.0	7.1	5.1	3.6	4.3	4.6	4.7	**4.6**
19. Schweiz	5.4	1.8	3.2	6.4	6.1	4.6	4.9	**4.6**
21. Griechenland	1.6	4.9	4.7	4.5	5.9	5.6	2.7	**4.3**
22. Ungarn	1.1	5.0	4.8	1.6	8.0	5.5	3.2	**4.2**
23. Polen	0.9	5.5	6.0	1.8	7.6	3.7	2.5	**4.0**

515 Vgl. Center for Global Development, *Länderbericht Deutschland*, S. 2.

516 Die Bewertung der Kategorie *Hilfe* brücksichtigt die ODA-Quote, d.h. den Anteil öffentlicher Ausgaben für die Entwicklungszusammenarbeit am Bruttonationaleinkommen, und die Armutsorientierung. Negativ ins Gewicht fallen „gebundene Hilfe", d.h. die Bindung von Entwicklungshilfe an Güter und Dienstleistungen des Geberlandes, und die Überlastung einzelner Regierungen mit vielen kleinen Projekten. Eigene Darstellung und Übersetzung. Zur Erläuterung der anderen Kategorien vgl. Center for Global Development, *Länderbericht Deutschland*, Washington D.C. 2013, S. 2ff.

Rang und Land	Hilfe	Handel	Finanz	Migration	Umwelt	Sicherheit	Technologie	Gesamt
24. Slowakei	0.9	4.9	3.6	0.9	8.6	5.5	2.6	**3.9**
24. Tschech. Rep.	1.4	5.0	4.5	1.3	7.5	2.0	5.4	**3.9**
26. Japan	1.0	1.6	3.9	2.3	3.8	4.5	6.2	**3.3**
26. Südkorea	1.1	-1.2	4.9	5.7	4.3	1.3	6.8	**3.3**

Insgesamt liefert der CDI somit erste Hinweise auf eine mögliche Erfassung der Politikkohärenz im Rohstoffbereich sowie inhaltliche Anhaltspunkte im Hinblick auf wirtschaftspolitische Maßnahmen, die sich auf Entwicklungsländer auswirken.

3.3.4 OECD-DAC Peer Reviews

In den vorangegangen Abschnitten wurde bereits angedeutet, dass Politikkohärenz häufig in entwicklungspolitisch orientieren Forschungsbeiträgen thematisiert wird und für dieses Politikfeld eine besondere Rolle spielt. Im Fokus steht dabei häufiger das Verhältnis zwischen der Entwicklungspolitik und anderen Politikfeldern als die Harmonisierung verschiedener entwicklungspolitischer Geber oder die Ausrichtung der Entwicklungspolitik auf die Politik der Partnerländer. Diese spezielle Form horizontaler Kohärenz wird in internationalen Debatten als *Policy Coherence for Development* bezeichnet und als „entwicklungspolitischer Kohärenzanspruch“[517] oder „Politikkohärenz im Interesse der Entwicklung“[518] übersetzt. An der systematischen Weiterentwicklung dieses Konzeptes wirkte insbesondere die OECD aufgrund der ministeriellen Mandate aus den Jahren 2002 sowie 2008 mit und definiert PCD als *„working to ensure that objectives and results of a government's (or institution's) development policies are not undermined by other policies of that government (or institution), which impact on development countries, and that these other policies support development objectives, where feasible."*[519]

517 Ashoff, Guido, *Politikkohärenz: eine zusätzliche Voraussetzung und wesentliche Aufgabe wirksamer Entwicklungspolitik*, S. 346.

518 Obrovsky, Michael/Schlögl, Lukas, *Politikkohärenz durch Kohärenzpolitik! Bedingungen für Policy Coherence for Development in Österreich.*

519 OECD DAC, *Prüfbericht über die Entwicklungszusammenarbeit: Deutschland*, Paris 2005, S. 28. Übersetzung: „Politikkohärenz im Interesse der Entwicklung bedeutet, darauf hinzuarbeiten, dass die Ziele und Ergebnisse der Entwicklungspolitik einer Regierung (bzw. Institution) nicht von anderen politischen Maßnahmen derselben Regierung (bzw. Institution), die sich auf die Entwicklungsländer auswirken, untergraben werden, und dass diese anderen politischen Maßnahmen, wo dies machbar ist, die Entwicklungsziele unterstützen.“ Vgl. weiter-

Eine wesentliche Rolle nimmt dabei der Entwicklungsausschuss (*Development Assistance Committee*, DAC) der OECD ein, dessen Prüfberichte (*Peer Reviews*) seit 2000 ein gesondertes Kapitel über Politikkohärenz enthalten, das die Bemühungen des jeweils untersuchten Gebers zur Verbesserung der Politikkohärenz sowie entwicklungspolitische Inkohärenzen anderer Politikfelder thematisiert.

Während die *Peer Reviews* mittlerweile als zentrale Referenzdokumente der entwicklungspolitischen Kohärenzforschung gelten, sind einige Aspekte bei deren Analyse zu berücksichtigen. Da die Untersuchung eines Gebers von zwei anderen Gebern sowie dem DAC-Sekretariat durchgeführt wird, stellen die Prüfungen zunächst ideale Möglichkeiten des voneinander Lernens und des Austausches von *Best-Practice*-Beispielen dar. Gleichzeitig hat das Verfahren wie bei anderen *Peer Reviews* zur Folge, dass in der Regel äußerst umsichtige Formulierungen verwendet werden, da die beiden prüfenden Geber zu einem späteren Zeitpunkt ebenfalls untersucht werden. Dem Leser obliegt daher die Aufgabe, die entscheidenden und policy-relevanten Aspekte herauszulesen, da diese häufig nicht expliziert werden. Trotz des wissenschaftlichen Anspruchs bergen die Prüfberichte einen beträchtlichen politischen Charakter, da einzelne Formulierungen als fundierte sowie informierte Legitimationsgrundlage für Ablehnung, Anstoß oder Fortsetzung bestimmter entwicklungspolitischer Reformschritte dienen können. Schließlich nutzt die OECD insbesondere die Kapitel zur Politikkohärenz dazu, ihr eigenes Verständnis von Politikkohärenz in der entwicklungspolitischen Diskussion und darüber hinaus zu verankern. Wenngleich die OECD über „keine Exekutivgewalt“[520] verfügt, darf daher der normative oder präskriptive Charakter des Kohärenzkonzeptes nicht unberücksichtigt bleiben.[521] Eine Analyse, die gleichzeitig die technisch-sachliche Orientierung und die nicht unpolitische Rolle der OECD reflektiert, ist dennoch gut beraten, auf die konzeptuellen und methodischen Überlegungen der OECD zurückgreifen, um Politikkohärenz zu bewerten.[522]

---

hin Obrovsky, Michael/Schlögl, Lukas, *Politikkohärenz durch Kohärenzpolitik! Bedingungen für Policy Coherence for Development in Österreich*, S. 16.

520 Dohlmann, Ebba, Kohärenz in einer sich veränderten Welt. Politikkohärenz für Entwicklung muss sich an die neuen globalen Bedingungen anpassen, in: *Ein Dossier der Gemeinsamen Konferenz Kirche und Entwicklung (GKKE)*, Nr. 2, 2013, S. 17.

521 „Die OECD schreibt ihren Mitgliedern nicht vor, was sie zu tun haben, aber wir weisen sie auf ihre Interessen hin – und auf ihre Versprechen.“ (Solheim, Erik, Steuerfahnder ohne Grenzen, in: *E+Z*, Vol. 55, Nr. 2, 2014, S. 84).

522 Verwiesen sei beispielsweise auf den Leitfaden „Gute Institutionelle Praxis bei der Förderung von Politikkohärenz für Entwicklung“ (OECD, *Recommendation of the Council on Good Institutional Practices in Promoting Policy Coherence for Development*) oder das Kapitel „Methodology for PCD Assessment“ eines weiteres Arbeitspapieres (OECD Unit for Policy Co-

Im Hinblick auf die Kohärenzbemühungen der Bundesregierung lässt sich nun folgende Entwicklung nachzeichnen, die in Form der Prüfberichte des Entwicklungsausschusses DAC auch das Verständnis von Politikkohärenz seitens der OECD verdeutlicht:

Wiederholt wird der Kabinettsrang des BMZ als eine hilfreiche Voraussetzung für ein starkes Auftreten der Entwicklungspolitik im politischen Kräftespiel erwähnt, die viele andere DAC-Mitglieder nicht vorweisen können. Gleichzeitig monieren sämtliche Prüfberichte (2001, 2005, 2010) Organisations- und Ressourcenprobleme des BMZ sowie die daraus resultierende begrenzte Analysekapazität, die eine proaktivere Rolle des BMZ in Politikkoordinierungsprozessen und damit den Umgang mit entwicklungspolitischen Inkohärenzen erschweren.

Der Prüfbericht aus dem Jahr 2001, der als erster ein eigenständiges Kapitel „Politikkohärenz in der Entwicklungszusammenarbeit"[523] enthält, ruft zunächst die entwicklungspolitischen Reformvorschläge des Koalitionsvertrages von 1998 in Erinnerung, wonach Entwicklungspolitik als „Globale Strukturpolitik" zu verstehen sei, zu der sich andere Ressorts entwicklungspolitisch kohärent verhalten sollten. Dazu erfolgt eine Orientierung an drei Interventionsebenen: erstens die Kohärenz zwischen verschiedenen „internationalen Regelwerken und Institutionen", zweitens die „strukturelle Kohärenz zwischen sämtlichen Partnern in Deutschland" und drittens „Reformen und Strukturanpassungen der Empfängerländer".[524] Positiv hervorgehoben werden die verbesserte Armutsorientierung der Entwicklungspolitik durch das „Aktionsprogramm 2015", die Möglichkeit einer Prüfung von Gesetzesvorschlägen der Regierung durch das BMZ im Hinblick auf entwicklungspolitische Kohärenz sowie eine weitere Aufwertung des BMZ durch seine Neumitgliedschaft im Bundessicherheitsrat seit 1998. Gleichzeitig bleibt nicht unerwähnt, dass andere politische oder wirtschaftliche Interessen in „einflussreicheren Ressorts" mit höherer Priorität bewertet werden als entwicklungspolitische Zielsetzungen und gepaart mit dem Mangel an analytischer Kapazität des BMZ eine Herausforderung für das Mandat zur Förderung der Politikkohärenz in der Entwicklungszusammenarbeit darstellen. In den Partnerländern erschwere überdies die „begrenzte Kapazität"[525] der deutschen Auslandsvertretungen eine wirksame Kohärenzarbeit

herence for Development, *Policy Framework for Policy Coherence for Development*, S. 26–44).

523 Vgl. OECD DAC, *Prüfbericht über die Entwicklungszusammenarbeit: Deutschland*, Paris 2001, S. 48–55.

524 Vgl. ebd., S. 51.

525 Ebd., S. 55.

vor Ort, die außenorientierte Politikbeiträge unterschiedlicher Ressorts in den jeweiligen lokalen Kontexten aufeinander abstimmt.

Die nächste Bewertung der deutschen Entwicklungspolitik (2005) spricht nun nicht mehr von „Politikkohärenz in der Entwicklungszusammenarbeit“, sondern etwas offensiver von „Politikkohärenz im Dienst der Entwicklung“, und fordert bereits eingangs sowie in vergleichsweise deutlicher Sprache dazu auf, „von prozeduralen Erwägungen zur Behandlung prioritärer, spezifisch der Politikkohärenz betreffender Probleme überzugehen“[526]. Beispielhaft werden steigende Rüstungsexporte, Maßnahmen zur Krisenprävention, die mangelnde Armutsorientierung bei der Exportkreditvergabe sowie Nachhaltigkeitsfragen aufgeführt, um die Komplexität von Kohärenzfragen und die Notwendigkeit operationeller Kohärenzbemühungen zu verdeutlichen.[527] Eine neue, ambitionierte Kohärenzagenda mit 14 konkreten Zeitzielen versucht, diesen Anforderungen trotz „bescheidene[r] ministerielle[r] Ressourcen“[528] im BMZ Rechnung zu tragen. Insgesamt fordert der Entwicklungsausschuss der OECD eine „stärker handlungsorientierte Ausrichtung“[529] des Kohärenzkonzeptes durch das BMZ und die Bundesregierung insgesamt. In diesen Zusammenhang sei das Ministerium nach einem Kabinettsbeschluss über die neue Gemeinsame Geschäftsordnung der Bundesministerien (2000) berechtigt, Gesetzentwürfe anderer Ressorts durch eine Gesetzesfolgenabschätzung zu prüfen.[530] Gleichzeitig wird Unterstützung von der Führung der Bundesregierung eingefordert, da das Kanzleramt als „zentrale Koordinierungsstelle“[531] Politikkohärenz gezielt fördern oder auftretende Inkohärenzen verhandeln könne.[532]

526 OECD DAC, *Prüfbericht über die Entwicklungszusammenarbeit: Deutschland*, S. 16.

527 Vgl. ebd., S. 51.

528 Ebd., S. 55.

529 Ebd., S. 56.

530 „Unter Gesetzesfolgen sind die wesentlichen Auswirkungen des Gesetzes zu verstehen. Sie umfassen die beabsichtigten Wirkungen und die unbeabsichtigten Nebenwirkungen. Die Darstellung der voraussichtlichen Gesetzesfolgen muss im Benehmen mit den jeweils fachlich zuständigen Bundesministerien erfolgen und hinsichtlich der finanziellen Auswirkungen erkennen lassen, worauf die Berechnungen oder die Annahmen beruhen. Es ist darzustellen, ob die Wirkungen des Vorhabens einer nachhaltigen Entwicklung entsprechen, insbesondere welche langfristigen Wirkungen das Vorhaben hat.“ (Bundesregierung, *Gemeinsame Geschäftsordnung der Bundesministerien*, Berlin 2011, § 44 (1)).

531 OECD DAC, *Prüfbericht über die Entwicklungszusammenarbeit: Deutschland*, S. 54.

532 Anmerkung: Ob jedoch politische Führung ausgeübt oder ein bestimmtes Thema zur sogenannten Chefsache erklärt wird, ist dabei weniger eine technische als eine politische Frage, deren positive Beantwortung laut Mayntz (1978) u. a. davon abhänge, ob ein Vorgang a) Krisencharakter aufweist, b) konfliktträchtig ist, c) öffentlichkeitswirksam bearbeitet werden kann, d) den eigenen Führungsanspruch unmittelbar betrifft oder e) Parteifreunde, Kabinettskollegen oder andere einflussreiche Persönlichkeiten eine Bearbeitung empfehlen. Diese Auf-

Der jüngste Prüfbericht (2010) berücksichtigt weiterhin den Kabinettsrang der deutschen Entwicklungspolitik und würdigt die Verpflichtungserklärungen zu entwicklungspolitischer Kohärenz im 2009 unterzeichneten Koalitionsvertrag, kritisiert jedoch gleichzeitig die mangelnde Berücksichtigung des Konzeptes in anderen Politikbereichen sowie die ausbleibende Festlegung konkreter Kohärenzziele – „noch über erheblichen Spielraum"[533] zu verfügen, ist in diesem Kontext beinahe ein Tadel der Bundesregierung. Das entsprechende Kapitel ist in diesem Prüfbericht nicht mehr das vierte, sondern bereits das zweite von insgesamt sechs Kapiteln, und trägt mit „Politikkohärenz für Entwicklung" eine etwas defensivere Überschrift als 2005. Gleichzeitig weist die Analyse ein systematischeres Vorgehen vor, das sich an den Erkenntnissen aus den kontinuierlich geführten Diskussionen der OECD zusammengefasst in den *Building Blocks for Policy Coherence for Development* orientiert und Deutschland in den drei Teilbereichen Monitoring-, Analyse- und Berichtssysteme für Politikkohärenz insgesamt „nur geringe Fortschritte"[534] attestiert. Diese Fortschritte umfassen neben der Förderung der Politikkohärenz für Entwicklung durch die Bundesregierung innerhalb der EU und der OECD, die Unterzeichnung von mehreren Ressortvereinbarungen zwischen BMZ und anderen Bundesministerien, die mittlerweile abgeschlossene Zusammenlegung der drei Organisationen der Technischen Zusammenarbeit zur Deutschen Gesellschaft für Internationale Zusammenarbeit (GIZ) und die Einrichtung des unter Federführung des BMZ tagendenden Staatssekretärressortkreises Kohärenz.[535]

Eine zwischenzeitliche Überprüfung durch die OECD bescheinigt der deutschen Entwicklungszusammenarbeit 2012 einige PCD-Fortschritte, kritisiert aber weiterhin das Fehlen eines ganzheitlichen Ansatzes, der Politikkohärenz ressortübergeifend verankert. Ausdrücklich wird die Abstimmung zwischen dem BMZ und dem Bundesministerium für Ernährung, Landwirtschaft und Verbraucherschutz (BMELV) im Hinblick auf globale Ernährungssicherheit hervorgehoben, die eine Forderung nach der Abschaffung von Agrarsubventionen beinhaltet.[536] Im BMZ entstand zudem ein neues Referat, dessen Mandat Fragen von Politikkohärenz sowohl innerhalb der Entwicklungszusammenar-

---

merksamkeitsregeln scheinen politökonomisch nachvollziehbar zu sein, tragen aber nicht unmittelbar zu sachgerechten Problemlösungen bei, da unter Umständen „bereits das Aufgreifen eines Problems oder aber die Wahl der erfolgsversprechenden Lösungsalternative politisch inopportun erscheinen." (Mayntz, Renate, *Soziologie der öffentlichen Verwaltung*. S. 192).

533 OECD DAC, *Deutschland Peer Review*, S. 41.

534 Ebd., S. 15.

535 Vgl. ebd., S. 42.

536 Vgl. OECD DAC, *DAC mid-term review of Germany*, OECD DAC Mid-Term Review, DCD/JL(2012)63, Berlin 2012, S. 2.

beit als auch zwischen betroffenen Bundesministerien umfasst.[537] Erwähnung findet weiterhin eine Studie über die Messung von Politikkohärenz, die die deutsche und niederländische Regierung gemeinsam in Auftrag gegeben haben. Diese Untersuchung leiste einen wichtigen Beitrag zu einem besseren Verständnis von Politikkohärenz in Deutschland und wird im nächsten Abschnitt der vorliegenden Studie kritisch gewürdigt.

Zusammengefasst beinhaltet die von der OECD wiederholt geforderte Kohärenz eine „überwölbende Grundsatzerklärung über Politikkohärenz für Entwicklung", die sowohl durch eine verbesserte Kapazität und Strategiekompetenz als auch durch überarbeitete Monitoring-, Analyse-, und Berichtssysteme regierungsweit sowie ressortübergreifend (z.B. durch gemeinsame Länder- oder Sektorstrategien) umgesetzt werden kann.[538] Aus Sicht der OECD ergeben sich aus der PCD-Debatte drei Schlussfolgerungen, um ein entwicklungsfreundliches kollektives Handeln zu fördern: Es komme entscheidend auf die Kapazitäten einzelner Regierungen an, eigene Politikziele mit umfassenderen Entwicklungszielen und globalen Anforderungen in Übereinstimmung zu bringen; zudem müssten positive Synergien zwischen einzelnen Politikfeldern früher erkannt und stärker als bisher ausgenutzt werden; schließlich seien Rückkopplungseffekte oder negative Auswirkungen auf Entwicklung zu minimieren.[539]

3.3.5 Umsetzung des entwicklungspolitischen Kohärenzanspruchs

Weitere Überlegungen zu verbesserter Kohärenz auf europäischer und bilateraler Ebene steuert das Maastrichter *European Centre for Development Policy Management* (ECDPM) bei.[540] Politikberatende Beiträge untersuchen die Umsetzung verbesserter Politikkohärenz in einzelnen Ländern und erörtern konzeptuelle sowie methodologische Fragestellungen.[541]

---

537 Referat 213 Sts-Ressortkreis Kohärenz; Zusammenarbeit in der Bundesregierung (Zeitpunkt des Prüfberichtes); seit 2013 werden Kohärenzfragen vor allem im Referat 100 Grundsatzfragen der bilateralen Entwicklungszusammenarbeit, Kohärenz der ODA, Schwellenländer verhandelt.

538 Vgl. OECD DAC, *Deutschland Peer Review*, S. 43.

539 Vgl. Dohlman, Ebba, *Indicators for Measuring PCD: Towards a Common Definition and Methodology*, S. 11.

540 Vgl. European Centre for Development Policy Management (ECDPM), *ECDPM's Annual Report 2013: Reconciling values and interests in the external action of the EU*, Maastricht 2014, S. 13 u. 22.

541 Vgl. Keijzer, Niels/King, Michael, *Monitoring the effects of the Common Agricultural Policy in developing countries: A review of the institutional options*, London 2012; vgl. Keijzer, Niels/Oppewal, Jorrit, *Learn to walk before you run? A review of methodological approaches for evaluating coherence in the field of international cooperation*; vgl. King, Michael et al., *Final Report: Measuring Policy Coherence for Development, Study commissioned by The*

Eine Untersuchung nationaler PCD-Systeme ergänzt die bisherigen Befunde der OECD-DAC Prüfberichte der deutschen Entwicklungszusammenarbeit: Während sich Bekenntnisse zu Politikkohärenz bei bestimmten Themen wie Handel, Ernährungssicherheit und Agrarsubventionen finden lassen, erkennen die Autoren in anderen Politikfeldern wie der Rohstoffpolitik kaum Aussagen zu entwicklungsbezogener Politikkohärenz.[542]

Die Zivilgesellschaft spiele zwar eine wichtige Rolle bei der kritischen Überprüfung inkohärenter Politiken, könne sich aber außerhalb des BMZ und bestimmter Ausschüsse des Deutschen Bundestages nur bedingt Gehör verschaffen.[543] Dies treffe beispielsweise auf den jährlichen Kohärenzbericht der Gemeinsamen Konferenz Kirche und Entwicklung (GKKE) zu, der vor allem im BMZ und im Parlamentsausschuss für wirtschaftliche Zusammenarbeit und Entwicklung diskutiert werde.[544]

Positiv wird die Berücksichtigung von Politikkohärenz im Koalitionsvertrag 2009 und in mehreren BMZ-Konzepten hervorgehoben.[545] Das BMZ beschreibt sich im Konzept „Chancen schaffen – Zukunft entwickeln" als „Dialogplattform für […] Kohärenz"[546] und unterstreicht die Notwendigkeit „entwicklungsförderlicher Rahmenbedingungen"[547], die nicht in der alleinigen Zuständigkeit des Entwicklungsministeriums liegen dürften. Unter anderem gilt dies aus Sicht des BMZ im Hinblick auf internationale Wirtschaftsbeziehungen, die von freiem Handel und fairen Rahmenbedingungen geprägt sein sollten, tatsächlich jedoch Handelshemmnisse, Schutzzölle und Exportsubventionen zahl-

---

Netherlands Ministry of Foreign Affairs and the German Federal Ministry for Economic Cooperation and Development.

542 Vgl. Galeazzi, Greta et al., *Insights from Developments in National Policy Coherence for Development Systems: Key Cross Cutting Issues and Dilemmas*, ECDPM Discussion Paper, 144, Maastricht 2013, S. 7 u. 9.

543 Vgl. ebd., S. 8.

544 Vgl. ebd., S. 30; vgl. Gemeinsame Konferenz Kirche und Entwicklung (GKKE), *Eigenständig und gemeinsam: Die Beiträge der Ressorts der Bundesregierung zur Entwicklungspolitik*, 8. Bericht der GKKE zur kohärenten Armutsbekämpfung in der deutschen Entwicklungspolitik, 2009, GKKE, *Mehr Kohärenz, aber mit welchem Ziel?* sowie GKKE, *Rohstoffe, Werte und Interessen: Anforderungen an eine entwicklungspolitisch kohärente deutsche Rohstoffpolitik*, 10. Bericht der GKKE zur kohärenten Armutsbekämpfung in der deutschen Entwicklungspolitik, 2011.

545 Vgl. Galeazzi, Greta et al., *Insights from Developments in National Policy Coherence for Development Systems: Key Cross Cutting Issues and Dilemmas*, S. 9; vgl. CDU/CSU/FDP, *Wachstum. Bildung. Zusammenhalt. Koalitionsvertrag zwischen CDU, CSU und FDP*, Berlin 2009, S. 128f.

546 BMZ, *Chancen schaffen – Zukunft entwickeln*, Bonn 2011, S. 5.

547 Ebd., S. 15.

reicher Industrieländer aufwiesen.[548] Die ECDPM-Analysten befürworten diese Maßnahmen und Ansätze, stellen aber gleichzeitig fest, dass diese jenseits der Grenzen entwicklungspolitischer Diskussionen kaum Eingang in andere politikfeldspezifische Prozesse fänden.[549]

Der regulatorische Rahmen für mehr Politikkohärenz und entsprechende Koordinierungsprozesse werde durch die Prinzipen des Grundgesetzes (Artikel 65 GG Verantwortungsverteilung in der Bundesregierung; Richtlinienkompetenz des Bundeskanzlers) und die Gesetzesfolgenabschätzung nach § 44 (1) der Gemeinsamen Geschäftsordnung der Bundesministerien (GGO) festgelegt. Diese Mechanismen förderten ein abgestimmtes Vorgehen der Bundesregierung, da Gesetzesentwürfe und Kabinettsbeschlüsse, die mehrere Geschäftsbereiche berühren, eine Ressortabstimmung zwischen betroffenen Ministerien oder interministerielle Ausschüsse erfordern. Während dieses Abstimmungsprozesses werden in der Regel Kompromisslösungen bei widerstreitenden Ressortinteressen oder Politikzielen gefunden. In diesem Zusammenhang sei die Koordinierung eher auf kurzfristig tragfähige Kompromisse und weniger auf langfristige Ziele hin ausgerichtet.[550] Bleibt eine Einigung auf der Arbeitsebene (z.B. Referatsebene) aus, wird die jeweils höhere Hierarchiestufe mit einer Lösung dieser meist politischen Probleme beauftragt. Aus diesem Grunde besitze die Bundesregierung auch ohne explizite Kontrollmechanismen oder Vetomöglichkeiten einzelner Ministerien einen soliden rechtlichen Rahmen und somit ein vergleichsweise hohes Maß an ressortübergreifender Politikkohärenz, die manifeste Ressortkonflikte eskalierend bearbeitet.[551] In Deutschland übernehme insbesondere das Auswärtige Amt eine wesentliche Koordinierungsfunktion bei konkreten außenpolitischen Fragestellungen, die mehrere Ressorts involvieren.[552]

Die ECDPM-Studie, die vom BMZ und anderen staatlichen Akteuren europäischer Nachbarländer beauftragt wurde, stellt dennoch kein übergeordnetes Bekenntnis zu PCD in Deutschland fest.[553] Anders als auf EU-Ebene gebe es keine rechtliche Verbindlichkeit bei Kohärenzfragen, sondern vor allem deklaratorische Bekenntnisse und einzelne Policy-Statements auf ministerieller Ebene oder gemeinsame Strategien zwischen einzelnen Ministerien.[554] Auf natio-

548 „Entwicklungsländer verlieren so derzeit eigene Einnahmen in doppelter Höhe dessen, was alle Geberländer zusammen als ODA aufwenden.“ (Ebd., S. 17).

549 Vgl. Galeazzi, Greta et al., *Insights from Developments in National Policy Coherence for Development Systems: Key Cross Cutting Issues and Dilemmas*, S. 7.

550 Positive und negative Koordinierung werden in Kapitel 1.4.5. (Tabelle 13) genauer thematisiert.

551 Vgl. ebd., S .19.

552 Vgl. ebd., S. 22.

553 Vgl. ebd., S. 10.

554 Vgl. ebd., S. 52.

naler Ebene fehlten explizite thematische PCD-Schwerpunkte, die Synergiepotentiale förderten und das Wissen über sie wesentlich verbreitert hätten.[555]

Ähnlich zurückhaltend werden auch das Kohärenzreferat im BMZ und der Staatssekretärsressortkreis Internationale Zusammenarbeit beurteilt, die vor allem auf Politikprozesse in anderen Ressorts reagierten, keine proaktive Rolle aufwiesen und dem Informationsaustausch dienten. Dennoch sollten die erwähnten institutionellen Regelungen und institutionalisierten Vorgehensweisen nicht unterschätzt werden: Insbesondere die Rohstoffstrategie weise erhebliche entwicklungspolitische Bezüge auf und unterstreiche explizit die Bedeutung von Politikkohärenz für die Entwicklungspolitik im Rohstoffbereich.[556]

Auf technischer oder Referatsebene sei den meisten Beamten die Wechselwirkung mit anderen Politikbereichen bewusst.[557] Dennoch bestünde nur ein begrenztes Interesse in den einzelnen Ministerien, die Auswirkungen auf andere Politikfelder präzise zu analysieren oder bei der anschließenden Politikformulierung verstärkt zu berücksichtigen. Dies führen die Gutachter darauf zurück, dass politische Entscheidungen nicht ausschließlich auf der Grundlage technischer Erwägungen gezogen würden, sondern Ressortinteressen beispielsweise im Bereich der Wirtschaftspolitik häufig die Unterstützung für eine kohärente Entwicklungspolitik überlagerten.[558] Schließlich lasse sich aus interdependenten Policies auch der Anspruch anderer Politikbereiche ableiten, in ihren jeweiligen Zielen von der Entwicklungszusammenarbeit unterstützt zu werden. Mindestens sei eine Kommentierung der EZ durch benachbarte Politikfelder erwartbar, wenn deren Ansätze ständiger entwicklungspolitischer Beobachtung ausgesetzt sind.[559]

Diese Erkenntnisse über die Umsetzung kohärenter Politik sind möglicherweise genauso unterkomplex wie zutreffend: Es dürfte – wie bereits mehrfach erwähnt – kaum überraschen, dass schwächer organisierte Interessen im politi-

555 Vgl. ebd., S. 14 u. 27.

556 Vgl. ebd., S. 17.

557 „[F]or example few civil servants in the German Federal ministries of trade or agriculture, for instance, would deny that 'their' policies strongly affect the developing world." (Ebd., S. 20).

558 Vgl. ebd., S. 20.

559 Vgl. Keijzer, Niels, *Reaching the Policy Table: The Role of Knowledge & Assessment Mechanisms in the Process of Promoting Policy Coherence for Development,* Genf 2008, S. 13. „Die Kohärenzfrage zwischen verschiedenen Politikfeldern kann im Übrigen nicht auf entwicklungspolitische Kohärenz verengt und als Einbahnstraße verstanden werden. Die Kohärenzforderungen, die von anderen Politikbereichen an die Entwicklungspolitik gerichtet werden, nehmen zu." (Kloke-Lesch, Adolf, Globale Partnerschaft im Dienst der Entwicklung: Notwendigkeiten und Chancen für mehr Kohärenz in den internationalen Beziehungen, in: *Kommunikation Global - Magazin zur Internationalen Zusammenarbeit,* Vol. 7, Nr. 74, 2006, S. 33).

schen Kräftespiel weniger durchsetzungsstark erscheinen. Gleichzeitig verweigert sich eine Analyse jedoch den Konsequenzen dieser Schlussfolgerung, wenn sie weiterhin inkohärente Politikergebnisse kritisiert anstatt nach den Ursachen widersprüchlicher Politikergebnisse zu suchen. Auch bei technischen Fragen und umfangreichen Konsultationsprozessen ist die Umsetzung verbesserter Politikkohärenz letztlich ein dezidiert *politisches* Unterfangen. In einem vorgelagerten Schritt muss es natürlich darum gehen, Kapazitäten aufzubauen, die Wissen aufnehmen und verarbeiten können.[560] Aus diesem systematisch zusammengetragenen Wissensfundus ergibt sich beispielsweise für den Rohstoffbereich (vgl. Kapitel 2), dass der Entwicklungsstand einzelner Länder und die Intensität rohstoffpolitischer Beziehungen stärker berücksichtigt und zueinander in Beziehung gesetzt werden sollten, um nationale Positionen und Prioritäten festzulegen. Ein funktionierendes PCD-System und eine möglichst integrierte Sichtweise bedürfen zudem eines klaren politischen Mandates, konstruktiver Verbindungen zu Wissenschaft, Zivilgesellschaft und Medien, hinreichender personeller und materieller Ressourcen sowie eines möglichst genauen Maßes an Zielvorgaben, Planbarkeit und Überprüfbarkeit.[561] Neben überzeugenden Argumenten und analytischer Genauigkeit komme es schließlich und vor allem auf politische Unterstützung an.[562] Dies sei eine Querschnittsaufgabe der gesamten Regierung und basiere auf interministerieller Koordinierung und dem Engagement der Ministerien mit entwicklungspolitischer Relevanz, funktionierenden informellen Netzwerken[563] sowie politischer Führung.[564]

Diejenigen, die mehr Politikkohärenz einfordern, stehen dabei jedoch vor der Herausforderung, dass eine politische Umsetzung dieser Forderung nicht der überwiegenden Sachlogik von Politikkohärenz entspricht. Deutlich wird dies in einer Schlussfolgerung einer ECDPM-Studie: „*Various of the ideas and principles of PCD can be mainstreamed in the post-2015 framework without using strong PCD jargon.*“[565] Im Rahmen der Reformulierung globaler Ent-

560 Vgl. Keijzer, Niels, *EU Policy Coherence for Development: from moving the goalposts to result-based management?* Discussion Paper, 101, Maastricht 2010, S. 13.

561 Vgl. ebd., Annex 2, S. 29f.

562 Vgl. ebd., S. 6.

563 „Although the nature of such networks and an inherent part of their value is that they should remain flexible and informal, their growth and the linkages they provide can be actively supported by sympathetic department heads and senior management in government so as to encourage officials at all levels to use them proactively.“ (Ebd., S. 30).

564 Vgl. Ministry of Foreign Affairs of Denmark, *A Shared Agenda: Denmark's Action Plan for Policy Coherence for Development*, S. 5.

565 Knoll, Anna, *Bringing Policy Coherence for Development into the post-2015 agenda – Challenges and Prospects*, S. 9.

wicklungsziele müsse Politikkohärenz eine zentrale Rolle spielen, lasse sich jedoch ohne explizite Benennung besser umsetzen.

Dass entwicklungspolitische Anliegen weniger stark berücksichtigt werden, mag aus einer moralisch-ethischen Betrachtungsweise empören, ergibt sich jedoch aus dem für demokratische Regierungssysteme konstitutiven Dualismus von Gestaltungszielen und dem dafür notwendigen Machtanspruch.[566] Exemplarisch verdeutlicht die Einschätzung des finnischen Außenministeriums, dass Forderungen nach mehr Politikkohärenz und die vorgetragenen Überlegungen zu Politikkohärenz dabei eher in einer der Sach- als einer Machtlogik verhaftet sind: „*We cannot ask the politicians to discuss policy coherence or policy incoherence if we do not have the ammunition for that, so that is why we need evidence.*“[567] Überzeugende Argumente für verbesserte Politikkohärenz sind eine notwendige, aber keine hinreichende Voraussetzung. Die inhaltliche Begründung kann nur Teil der „Munition“ sein, die politische Entscheidungen herbeiführt. Legen wir ein pluralistisches Politik- und Gesellschaftsverständnis zugrunde, ergibt sich das Gemeinwohl, das sich auch in den Entscheidungen einzelner Politikfelder materialisiert, aus dem Ergebnis eines demokratischen Prozesses, in dem gesellschaftliche Interessenkonflikte verbindlich geregelt werden.[568] So umfassend das Konzept der Politikkohärenz und ihr Geltungsanspruch auch sein mögen: Zunächst muss Politikkohärenz als eine (übliche) politische Forderung eingestuft werden, die sich im Widerstreit konkurrierender Interessen und Gemeinwohlvorstellungen bewähren muss. Neben der sachlichen Begründung einer Forderung müssen die Möglichkeiten ihrer politischen Umsetzbarkeit und damit die Unwägbarkeiten des Policy-Prozesses stets mitgedacht werden. Aus dieser kombinierten sach- und machtlogischen Perspektive erscheint das PCD-Konzept daher insgesamt zu unausgewogen.[569]

---

566 „Weder lassen sich strategische Machtziele ohne Inhalte, noch strategische Gestaltungsziele ohne Macht erreichen. Beide, Macht- wie Gestaltungsziele, müssen durch den Filter der jeweils anderen Dimension.“ (Raschke, Joachim/Tils, Ralf, *Politische Strategie. Eine Grundlegung*, S. 148).

567 Rinkineva, Hanna (Deputy director of the unit for development policy and planning at the Ministry of Foreign Affairs Finland), *Finland using OECD's PCD tool in food security pilot*, 18.12.2013. Online einzusehen unter http://www.donorplatform.org/aid-effectiveness/interviews/1115-hanna-rinkineva-on-finland-testing-oecds-pcd-tool-for-food-security-pilot.html, zuletzt aufgerufen am 14.05.2015.

568 Vgl. Kevenhörster, Paul, *Politikwissenschaft Band 2: Ergebnisse und Wirkungen der Politik*, S. 78.

569 „It's the politics and competing interests, stupid!“ (Mackie, James, *The European Experience on PCD: Lessons Learned and Challenges for the Future*, Maastricht 2014, S. 13).

Bei Forderungen nach verbesserter Politikkohärenz kommt es folglich darauf an, inhaltlich überzeugen *und* strategisch agieren zu können. Tatsächlich muss als Zwischenfazit festgestellt werden, dass die Kohärenzdebatte, die in diesem Unterkapitel nachgezeichnet wurde, vordringlich Gestaltungsziele kommuniziert, in denen häufig die Annahme einer argumentativen Überlegenheit mitschwingt, und die einseitig Beiträge anderer Politikbereiche einfordert.[570] Die öffentlich vorgetragene Forderung nach mehr Politikkohärenz ist politisch angezeigt, greift jedoch analytisch zu kurz und führt möglicherweise nicht zu kohärenteren Politikergebnissen. Es bleibt daher eine nicht immer lösbare Daueraufgabe einzelner Ressorts und der gesamten Regierung, politikfeldspezifische und nationale Interessen mit einer kohärenten Zielsetzung in Einklang zu bringen.[571]

Für die Entwicklungspolitik ergeben sich daraus erhebliche Konsequenzen: Um zu keiner „Nischenpolitik mit gleichzeitigen Maximalansprüchen bei Zuständigkeiten und einseitigen Kohärenzforderungen an andere Politikfelder"[572] zu degenerieren, sollten das normativ geprägte Selbstverständnis der EZ sowie das Verhältnis zu den Zielsystemen anderer Politikbereiche überprüft und neu justiert werden.[573] Der DIE-Wissenschaftler und ehemalige Abteilungsleiter im BMZ Kloke-Lesch fordert bereits 1998 ein funktionales Selbstverständnis, das sich an den Aufgabenbereichen und Instrumenten der Entwicklungszusammenarbeit orientiert. Dies sei hilfreich, um das ebenfalls funktionale Selbstverständnis anderer Politikbereiche besser einzuordnen und gleichzeitig eigene Zuständigkeiten überzeugender gegenüber außenorientierten Politikfeldern darzustellen.[574] Daraus folge, dass die Entwicklungszusammenarbeit des BMZ ein eigenständiges Politikfeld auswärtiger Politik bleibe, aber zugleich der „Gesamtheit der Ziele und Interessen verpflichtet"[575] sei. Wenn mit anderen Worten die „Einbahnstraßenlogik der alten Entwicklungspolitik"[576] aufgebrochen werden müsse, könnte dies im Umkehrschluss bedeuten, Kohärenzforderungen anderer

570 „Wer immer schon weiß, was richtig ist, kann schwer mit anderen ins Gespräch kommen." (Kloke-Lesch, Adolf, *Globale Partnerschaft im Dienst der Entwicklung: Notwendigkeiten und Chancen für mehr Kohärenz in den internationalen Beziehungen*, S. 33).

571 Vgl. Galeazzi, Greta et al., *Insights from Developments in National Policy Coherence for Development Systems: Key Cross Cutting Issues and Dilemmas*, S. 52.

572 Kloke-Lesch, Adolf, Funktionale Positionsbestimmung der Entwicklungspolitik, in: *Internationale Politik und Gesellschaft,* Nr. 3, 1998, S. 325.

573 Vgl. ebd., S. 326.

574 Vgl. ebd., S. 326.

575 Ebd., S. 329.

576 Faust, Jörg/Messner, Dirk, *Die Neuerfindung der Entwicklungspolitik: Wir brauchen ein Ministerium für Globale Entwicklung*, Die aktuelle Kolumne vom 10.10.2013, Bonn 2013.

Politikbereiche an die Entwicklungspolitik als legitim hinzunehmen und entsprechend zu verhandeln.[577]

Überträgt man diese Überlegungen auf den Bereich der Rohstoffpolitik kann dies für die Entwicklungspolitik zweierlei bedeuten: Sollte es hauptsächlich darum gehen, die Verhältnisse in rohstoffreichen Entwicklungsländern zu verbessern, wäre eine inhaltliche Federführung des BMZ angezeigt; berührten rohstoffpolitische Fragestellungen die EZ als funktionale Teilpolitik, wäre eine fachliche Federführung aus entwicklungspolitischer Perspektive nicht angemessen.[578]

3.4 Politikkohärenz als politikwissenschaftliches Problem

> „Conflict, incoherence and partisan mutual conflict may not represent administrative pathology, but the effective representation of legitimate, if diverse, political objectives which raises the level of information brought to a problem. Competition and conflict are the essence of politics: to deny their existence is unrealistic. The irony is that politicians seem unhappy with policymaking processes and models that accept the political nature of decisionmaking."[579]

Aus dem vorangegangenen Unterkapitel ergibt sich die Notwendigkeit einer stärkeren politikwissenschaftlichen Fundierung, um die blinden Flecke der politischen Forderung nach verbesserter Politikkohärenz gezielter analytisch zu erfassen.[580] In der Hauptsache erfordert dies eine stärkere Berücksichtigung der

---

577 Vgl. Consolo, Olivier et al., *Policy Coherence for Development (Podcast European Development Days 2013)*, 27.11.2013. Online einzusehen unter http://eudevdays.eu/topics/policy-coherence-development, zuletzt aufgerufen am 14.05.2015.

578 In Anlehnung an Kloke-Lesch, Adolf, *Funktionale Positionsbestimmung der Entwicklungspolitik*, S. 331. „Das BMZ sollte deshalb funktional zumindest in der Lage sein, die verschiedenen Ziele und Interessen Deutschlands bei der Mitgestaltung der Verhältnisse in anderen Ländern in länderorientierten bzw. – soweit es federführend ist – in fachlichen Konzepten kohärent und ergebnisorientiert zu integrieren." (Ebd., S. 332).

579 Jordan, Grant/Halpin, Darren, The Political Costs of Policy Coherence: Constructing a Rural Policy for Scotland, in: *Journal of Public Policy*, Vol. 26, Nr. 1, 2006, S. 39.

580 Eine ähnliches Forschungsdesiderat ergibt sich für Ansätze integrativer Politik, die häufig einen „[n]ormativ-präskriptive[n] Bias und analytische Unschärfen" sowie eine „[f]ehlende konzeptionelle Fundierung" aufweisen. (Bornemann, Basil, *Policy-Integration und Nachhaltigkeit: Integrative Politik in der Nachhaltigkeitsstrategie der deutschen Bundesregierung*, S. 69 u. 71).

vielfältigen institutionellen Unterschiede zwischen relevanten Politikfeldern und einer konziseren Betrachtung des Entscheidungsprozesses, der für inkohärente Politikergebnisse ursächlich ist.[581] Nachdem verbesserte Politikkohärenz als politische Forderung qualifiziert wurde, muss politikwissenschaftlich geklärt werden, wie inkohärente bzw. kohärente Politikergebnisse zustande kommen und unter welchen Voraussetzungen verbesserte Politikkohärenz möglich ist. Zunächst wird daher in diesem Abschnitt auf das bereits grob umrissene Spannungsverhältnis von pluralistischen Wertvorstellungen und Politikkohärenz im Sinne eines möglichst widerspruchsfreien Regierungshandelns eingegangen. Diese durchaus normativen Überlegungen werden anschließend durch formaltheoretische Begrenzungen konsistenter Kollektiventscheidungen ergänzt. Schließlich werden bereits diskutierte entwicklungspolitische Kohärenzforderungen mit relevanten Beiträgen der Policy- und Verwaltungsforschung verknüpft, um das Konzept der Politikkohärenz politikwissenschaftlich stärker zu fundieren.

Politikkohärenz zielt als normatives Leitbild für gutes Regierungshandeln auf eine möglichst widerspruchsfreie Politik ab. Die daraus abgeleitete Kritik gegenläufiger Politikansätze ist insofern gerechtfertigt, als sie den Blick auf langfristig wirksame Strategien freigibt, die über die Logik des reinen Machterhalts hinausgehen und die „Rationalitäten des Politikbetriebs"[582] mittels intensiver Aushandlungsprozesse zu durchbrechen versuchen. Gleichzeitig kollidiert ein zu ambitioniertes Verständnis von Politikkohärenz auf einer Metaebene mit pluralistischen Wertvorstellungen, die eine „prinzipielle Offenheit demokratischer Demokratien"[583] voraussetzen und auf dem „Prinzip der Vielfalt"[584] basieren. Pluralismus beruht nach Fraenkel auf der Hypothese, dass „in einer differenzierten Gesellschaft im Bereich der Politik das Gemeinwohl lediglich a posteriori als das Ergebnis eines delikaten Prozesses der divergierenden Ideen und Interessen der Gruppen und Parteien erreicht werden "[585] kann.

Eine vollständige Ablehnung dieses Prozesses bedeutet in letzter Konsequenz ein autoritäres Regierungssystem, in dem diktatorisch über die soziale Wohlfahrtsfunktion verfügt werden würde. Dieser totalitäre Steuerungsgedanke entspräche einer pessimistisch-systemkritischen Grundhaltung, die Politikkohärenz und anderen Herausforderungen grundsätzlich mit Systemüberwindung

581 Vgl. Kevenhörster, Paul, *Politikwissenschaft Band 2: Ergebnisse und Wirkungen der Politik*, S. 22f.; vgl. Kevenhörster, Paul, *Politikwissenschaft. Band 1: Entscheidungen und Strukturen der Politik*, S. 353.

582 Glaab, Manuela, *Strategie und Politik: das Fallbeispiel Deutschland*, S. 108ff.

583 Klein, Martina/Schubert, Klaus, *Das Politiklexikon*, S. 222.

584 Ebd., S. 222.

585 Fraenkel, Ernst, *Deutschland und die westlichen Demokratien*, Stuttgart 1974, S. 199.

begegnet. Im wörtlichen Sinne entstünde vermutlich eine Politik ohne Widersprüche, die jedoch weder über Politikkohärenz als Selbstzweck hinausgehen noch auf einer pluralistischen Interessenartikulation fußen würde.[586] Zudem sind Diktaturen und autoritäre Systeme in einem hohen Maße von internen Machtkämpfen und rivalisierenden Kräften geprägt, denen die propagierte Einheitlichkeit als identitätsstiftendem Merkmal empirisch nicht entspricht.[587]

Das Verhältnis von gesellschaftlicher Rationalität und Konzentration von Macht stellt somit einen Zielkonflikt dar, der in einem demokratischen politischen System nicht aufgelöst werden kann, sondern gerade Gegenstand permanenter Aushandlungs- und Kontrollprozesse bleibt.[588] Anders ausgedrückt sind widersprüchliche Politikergebnisse nicht ausschließlich als inkohärent zu kritisieren, sondern funktional für die divergierenden Interessen einer Gesellschaft und damit konstitutiver Bestandteil des politischen Prozesses sowie Merkmal demokratischer Kontrolle.[589] Da eine demokratisch verfasste, pluralistische Gesellschaft divergierende Interessen und somit Widersprüchlichkeiten genauso vorsieht wie zum Beispiel Diversität, Wettbewerb, Repräsentation oder Subsidiarität, sind einem überbordenden Kohärenzanspruch natürliche Grenzen gesetzt und ein gewisses Maß an struktureller Inkohärenz hinzunehmen. Das Konzept der Politikkohärenz sollte daher in Teilen selbst als ein Prozess von Versuch und Irrtum verstanden werden.[590]

In diesem Sinne sollten Überlegungen zu verbesserter Politikkohärenz die demokratisch organisierten Problemlösungsmechanismen des politisch-administrativen Systems anerkennen und nicht auf einer widerspruchsfreien Wohlfahrtsfunktion beharren, die in letzter Konsequenz von einem „wohlwollenden" Diktator festgelegt werden müsste.[591]

---

586 „Dictators are often effective in creating relatively coherent policies that many would judge as less than desirable." (May, Peter J./Sapotichne, Joshua/Workman, Samuel W., *Policy Coherence and Policy Domains*, S. 400).

587 Vgl. Friedrich, Carl J./Brzezinski, Zbigniew, *Totalitarian Dictatorship and Autocracy*, Cambridge 1965, S. 205f.; vgl. Bogdanor, Vernon, Introduction, in: Bogdanor, Vernon (Hrsg.), *Joined-Up Government*, Oxford 2005, S. 24.

588 Vgl. Shepsle, Kenneth A., *Analyzing Politics: Rationality, Behavior, and Institutions*, London 2010, S. 72.

589 Vgl. Ashoff, Guido, *Enhancing Policy Coherence for Development: Justification, Recognition and Approaches to Achievement*, Fußnote 74.

590 Vgl. ebd., S. 34.

591 Vgl. Ashoff, Guido, *Politikkohärenz: eine zusätzliche Voraussetzung und wesentliche Aufgabe wirksamer Entwicklungspolitik*, S. 359; vgl. Bornemann, Basil, *Policy-Integration und Nachhaltigkeit: Integrative Politik in der Nachhaltigkeitsstrategie der deutschen Bundesregierung*, S. 45, Fußnote 40.

Pluralismus als wesentliches Leitbild liberaler Demokratien verpflichtet somit zu einem Kohärenzverständnis, dem bei Forderungen nach widerspruchsfreien oder koordinierten Policies normative Leitplanken gesetzt sind.

3.4.1 Condorcet-Paradoxon: Das Phänomen zyklischer Mehrheiten I

Die Perspektiven einer kohärenten Politik lassen sich in einem nächsten Schritt weiter präzisieren, indem die Konsistenz kollektiver Entscheidungen formaltheoretisch untersucht wird. Wesentliche Überlegungen dazu leistete der französische Philosoph und Mathematiker sowie spätere Politiker Marquis de Condorcet (1743–1794), der im deutschen Sprachraum jedoch kaum rezipiert wurde.[592] In einer aktuellen Biographie wird dem liberalen Markgrafen bescheinigt, konstitutionelle Arrangements entwickelt zu haben, mit denen die diffusen gesellschaftlichen Vorstellungen während der französischen Revolution artikuliert und vernünftig verhandelt werden sollten.[593] In den wohlwollenden Worten des Biographen heißt es dazu: „Der bei Rousseau als Emanation gedachte Gemeinwille wird hier seiner metaphysischen Substanz entkleidet und institutionell ausbuchstabiert."[594] Dennoch scheiterte Condorcet bei seinem Versuch, die öffentliche Debatte zu rationalisieren und den „wahren Willen der Abstimmenden [zu] berücksichtigen"[595], da seine komplexen Abstimmungsverfahren selbst keine Mehrheit fanden.[596]

Für diese Studie sind insbesondere seine Überlegungen zum Problem zyklischer Mehrheiten relevant, die bei mehr als zwei zur Abstimmung stehenden Alternativen auftreten können und häufig mit Condorcet-Paradoxon umschrieben werden. Condorcet diskutierte kollektive Wahlverfahren in seinem 1785 veröffentlichten *Essai sur l'Application de l'Analyse à la Probabilité des Décisions Rendues à la Pluralité des Voix* mithilfe folgender Überlegungen (Tabelle 12): In einem von mehreren Beispielen geht Condorcet von 60 Wählern aus, deren Präferenzen sich auf die Alternativen A (23), B (19) und C (18) verteilen.

592 Vgl. Schulz, Daniel, *Marquis de Condorcet: Freiheit, Revolution, Verfassung*, Berlin 2010, S. 16; vgl. Kevenhörster, Paul, *Politikwissenschaft. Band 1: Entscheidungen und Strukturen der Politik*, S. 265ff.

593 Vgl. Schulz, Daniel, *Marquis de Condorcet: Freiheit, Revolution, Verfassung*, S. 19.

594 Ebd., S. 41.

595 Lüchinger, Stephan, *Das politische Denken von Condorcet (1743-1794)*, Bern, Stuttgart, Wien 2002, S. 206.

596 „Dass er mit diesen sehr komplizierten und zeitaufwendigen Verfahren seine nichtakademische Kollegen im Konvent nicht überzeugen konnte, obwohl er seine Wahlprozeduren für die Praxis noch wesentlich vereinfacht hatte, bedarf meines Erachtens keiner Ausführungen." (Ebd., S. 212).

Diejenigen, die für A stimmen würden, bevorzugen außerdem B vor C. Die Wähler von B ziehen in der Mehrheit (17) Alternative C der Alternative A vor, eine entsprechende Minderheit (2) votiert für das Gegenteil. Von den Wählern, die C präferieren, bewerten 10 die Alternative A besser als B und 8 Wähler die Alternative B besser als A.[597]

Tabelle 12: Das Problem zyklischer Mehrheiten nach Condorcet[598]

„60 Votants"	23	17	2	10	8
1. Präferenz	A	B	B	C	C
2. Präferenz	B	C	A	A	B
3. Präferenz	C	A	C	B	A

Condorcet leitet aus dem paarweisen Vergleich folgende Ergebnisse ab:[599] Vergleicht man die direkte Zustimmung zu A und B, so ist diese für A (33) höher als für B (27) (A > B). Deutliche 42 Wähler ziehen Alternative B der Alternative C (18) vor (B > C). Die Proposition C (35) schneidet gegenüber Proposition A (25) besser ab (C > A). Mit anderen Worten bevorzugt die Mehrheit A gegenüber B, B gegenüber C und C gegenüber A.[600] Folglich lassen sich aus klaren individuellen Präferenzen keine konsistenten kollektiven Entscheidungen ableiten: „Ce système [...] est un de ceux qui impliquent contradiction"[601].[602] Aus der Existenz intransitiver kollektiver Präferenzen kann zwar die Frage abgeleitet werden, ob es sich bei der Übertragung individueller Präferenzen auf kollektive Entscheidungen möglicherweise um einen Kategorienfehler handelt, aus dem sich übersteigerte Erwartungen an politische Entscheidungen ergeben.[603] Etwas weniger dramatisch sind die modellhaften Überlegungen Condorcets jedoch dahingehend zu ergänzen, dass die Aggregation individueller In-

---

597 Condorcet, Jean Antoine Nicolas de Caritat de, *Essai sur l'Application de l'Analyse à la Probabilité des Décisions Rendues à la Pluralité des Voix*, Paris 1785, S. lxj.

598 Eigene Darstellung. Vgl. ebd., S. ljx.

599 Vgl. ebd., S. lxj.

600 „La méthode employée dans les élections ordinaires, est défectueuse." Ebd., S. lviij.

601 Ebd., S. lxj.

602 Vgl. Behnke, Joachim/Stange, Carolin/Zintl, Reinhard, *Condorcet: Ausgewählte Schriften zu Wahlen und Abstimmungen*, Tübingen 2011, S. 41; vgl. Kevenhörster, Paul, *Politikwissenschaft. Band 1: Entscheidungen und Strukturen der Politik*, S. 267; vgl. Galahn, Sven, *Konkurrierende Gleichgewichte in sozialen Entscheidungssituationen: Normative und verhaltenstheoretische Lösungsansätze und empirische Analyse*, Bergisch Gladbach, Köln 1987, S. 142ff.

603 Vgl. Weimann, Joachim, *Wirtschaftspolitik: Allokation und kollektive Entscheidung*, Berlin, Heidelberg, New York 2001, S. 180.

teressen sich nicht nur in der reinen Stimmabgabe oder einer Entscheidung manifestiert, sondern auch in kommunikativen Prozessen während der Präferenzbildung[604] und institutionellen Arrangements, die Wahlen prägen (z.B. Parteien) oder die Umsetzung einer Wahlentscheidung sicherstellen (Parlament und Regierung oder das politisch-administrative System).[605]

3.4.2 Arrow-Theorem: Das Phänomen zyklischer Mehrheiten II

Eng verbunden mit dem Condorcet-Paradoxon ist das Arrow'sche Unmöglichkeitstheorem, das ebenfalls das Phänomen zyklischer Mehrheiten anspricht und uns davor bewahrt, perfekte Kohärenz politisch oder analytisch anstreben zu wollen. Interessanterweise sprach Arrow vom „well-known paradox of voting"[606] und wusste anfänglich nichts von seinem ideengeschichtlichen Vorgänger, der eigentlich als Begründer der Theorie der kollektiven Wahl gelten müsste.[607] Arrow kam zu dem Ergebnis, dass konsistente individuelle Präferenzordnungen unter Anwendung demokratischer Entscheidungsregeln nicht zu konsistenten Kollektiventscheidungen führen.[608] Seine Erkenntnisse trug er in seinem Werk *Social Choice and Individual Values* zusammen, das zum Zeitpunkt der Publikation 1951 von der Politikwissenschaft größtenteils ignoriert wurde.[609]

Anschaulich lässt sich das Arrow Theorem anhand individueller Präferenzen von drei Akteuren X, Y, Z darstellen: X (a, b, c); Y (b, c, a); Z (c, a, b). Bei mehr als zwei zur Wahl stehenden Alternativen ergeben sich individuelle transitive Präferenzen: Akteur X zieht nicht nur die Option a der Option b und die

604 Vgl. ebd., S. 203f.

605 Vgl. Kevenhörster, Paul, *Politikwissenschaft. Band 1: Entscheidungen und Strukturen der Politik*, S. 265.

606 Arrow, Kenneth J., *Social Choice and Individual Values*, New Haven, London 1963, S. 93f. Arrow war sich während der Vorarbeiten zu dem hier aufgeführten Werk sicher, zu keiner vollständig neuen Erkenntnis gelangt zu sein. Er wurde 1948 auf entsprechende Überlegungen hingewiesen, die jedoch nicht ausdrücklich auf Condorcet Bezug nahmen. Schließlich führt Arrow selbst eine Publikation Guilbauds von 1952 auf, die sich mit dem Condorcet-Paradoxon auseinandersetzt. Arrow ergänzt, dass Condorcets Arbeiten durch einen 1770 von Jean-Charles de Borda präsentierten Aufsatz inspiriert wurden.

607 Vgl. Schulz, Daniel, *Marquis de Condorcet: Freiheit, Revolution, Verfassung*, S. 20f.

608 Vgl. Arrow, Kenneth J., *Social Choice and Individual Values*, S. 51; vgl. Kevenhörster, Paul, *Politikwissenschaft. Band 1: Entscheidungen und Strukturen der Politik*, S. 267; vgl. Shepsle, Kenneth A., *Analyzing Politics: Rationality, Behavior, and Institutions*, S. 68; vgl. Easterly, William, *The Tyranny of Experts: Economists, Dictators, and the Forgotten Rights of the Poor*, New York 2013, S. 31.

609 Vgl. Kellstedt, Paul M./Whitten, Guy D., *The Fundamentals of Political Science Research*, Cambridge 2009, S. 38.

Option b der Option c, sondern ebenfalls die Option a der Option c vor. Betrachtet man die individuellen Präferenzordnungen einzelner Akteure gemeinsam, lässt sich daraus jedoch weder eine Rangfolge noch eine kollektive Entscheidung für eine bestimmte Option ableiten, da es ständig eine andere Option gibt, die jeweils bevorzugt werden würde. Zunächst wäre keine der obersten Präferenzen mehrheitsfähig. Ein paarweiser Vergleich würde auch kein eindeutiges Ergebnis liefern: Option a wird gegenüber Option b von X und Z bevorzugt; Option b wird gegenüber c von X und Y bevorzugt werden; Option c würde gegenüber a von Y und Z bevorzugt werden. Obwohl einzelne Präferenzen rationaler Akteure transitiv geordnet werden können, ergibt sich eine intransitive kollektive Präferenzordnung.[610]

Aus diesen modellhaften Überlegungen ergeben sich Konsequenzen für Forderungen nach kohärenter Politik, da die Bewegungsrichtung eines politischen Systems häufig nicht politikfeldspezifischen Interessen und Zielen entspricht und diese unter Umständen sogar unterläuft.[611] In einfachen Worten fasst Nicholas Stern unbewusst die zentralen Erkenntnisse Arrows und Condorcets zusammen, indem er feststellt, „dass soziale Entscheidungsprozesse in der Praxis manchmal so verwirrend und wenig informativ sind, dass darin kaum soziale Werte für langfristige kollektive Entscheidungen [...] zu finden sind“[612]. Da ein vollständig kohärentes politisches Handeln folglich genauso unwahrscheinlich wie theoretisch ausgeschlossen ist, muss zudem davon ausgegangen werden, dass politische Entscheidungen tendenziell kurzfristig getroffen als langfristig geplant werden.[613] Etwas konstruktiver formuliert muss die Existenz divergierender Ziele unterschiedlicher Akteure und die damit einhergehende Offenheit des politischen Prozesses als Ausgangssituation für erfolgreiche Kohärenzarbeit insbesondere bei der Bearbeitung politischer Querschnittsaufgaben anerkannt werden.[614] Da inkohärente Gruppenentscheidungen bereits bei vollständig rational handelnden Einzelakteuren strukturbildend sind, müssen

---

610 Vgl. ebd., S. 37.

611 „[T]he notion that through the workings of an entire system effects may be very different from, and even opposed to, intentions is surely the most important intellectual contribution that economic thought has made to the general understanding of social processes.“ (Arrow, Kenneth J., *Collected Papers of Kenneth J. Arrow: General equilibrium,* Band 2, Cambridge 1983, S. 107f.).

612 Stern, Nicholas, *Der Global Deal*, S. 109.

613 Vgl. Kunz, Volker, Kenneth J. Arrow: Social Choice and Individual Values, in: Kailitz, Steffen (Hrsg.), *Schlüsselwerke der Politikwissenschaft,* Wiesbaden 2007, S. 21.

614 „Wenn alles mit allem kohärent ist, geht nichts mehr – erst recht nicht vorwärts.“ (Kloke-Lesch, Adolf, *Globale Partnerschaft im Dienst der Entwicklung: Notwendigkeiten und Chancen für mehr Kohärenz in den internationalen Beziehungen*, S. 35); vgl. Kloke-Lesch, Adolf, *Funktionale Positionsbestimmung der Entwicklungspolitik*, S. 330.

diese sukzessive durch institutionelle Mechanismen bearbeitet werden.[615] Übertriebenen normativen und analytischen Ansprüchen darf somit nicht mit einer „Flucht in den Fatalismus“[616] und dem damit einhergehenden Ruf nach einem wohlwollenden Diktator oder allwissenden sozialen Planer einhergehen, sondern bereits formal-theoretisch mit dem Hinweis auf das Arrow-Theorem begegnet werden. In einfachen wie ernüchternden Worten beschreibt Kissinger das Charakteristikum (außen-)politischer Entscheidungsprozesse und deren Ergebnisse als ausgeglichene Unzufriedenheit statt absoluter Zufriedenheit.[617]

Neben den vorgetragenen formal-theoretischen Überlegungen existieren eine Reihe relevanter Beiträge der Policy-Analyse und Verwaltungsforschung, die zur stärkeren politikwissenschaftlichen Fundierung des Konzeptes Politikkohärenz herangezogen werden können. Mit Blick auf Regierungshandeln sind hier insbesondere Forschungsansätze zu Policy-Subsystemen, abgestimmtem oder planvollem Regieren (*joined-up government*) sowie grundlegenden Koordinierungsproblemen relevant.[618] Die nachfolgenden Unterkapitel analysieren dabei jeweils die für diese Studie relevanten Aspekte.

3.4.3 Policy-Subsysteme: Bedingungen für verbesserte Kohärenz

> „But what are the forces that cause issues to diffuse through subsystems and to what extent do these spillovers translate into viable policy regimes once the urgency of crises fade and coalitions concerned about them fracture?“[619]

Die bisher diskutierten Ansätze für verbesserte Politikkohärenz oder entsprechende politischen Forderungen (Kapitel 2) beruhen vorrangig auf einer Top-down-Perspektive, die politische Führung sowie evidenzbasiertes und damit einhergehendes autoritatives Policy-Making in den Mittelpunkt rückt. Mit Hilfe erklärender und analytischer Ansätze kann diese praxeologische Herangehensweise fundiert werden. Dazu eignen sich zunächst die policyanalytischen Er-

---

615 Vgl. Kevenhörster, Paul, *Das Rätesystem als Instrument zur Kontrolle politischer und wirtschaftlicher Macht*, Opladen 1974, S. 119.

616 Weimann, Joachim, *Wirtschaftspolitik: Allokation und kollektive Entscheidung*, S. 202.

617 „The test is not absolute satisfaction but balanced dissatisfaction.“ (Kissinger, Henry A., How the Ukraine crisis ends, in: *The Washington Post*, 05.03.2014).

618 Vgl. Lang, Achim/Tosun, Jale, *Coordinating and Integrating Cross-Sectoral Policies: A Theoretical Approach (Paper prepared for presentation at the 7th ECPR General Conference)*, Bordeaux 2013, S. 10.

619 Jochim, Ashley E./May, Peter J., Beyond Subsystems: Policy Regimes and Governance, in: *Policy Studies Journal (PSJ)*, Vol. 38, Nr. 2, 2010, S. 322.

kenntnisse über Policy-Subsysteme, die sich auf Bedingungen für verbesserte Kohärenz konzentrieren.[620] Inkohärenzen werden hier auf überlappende Policy-Subsysteme und konfliktive Politikprobleme (*policy issues*) zurückgeführt, die sich vor allem während der Phasen der Problemthematisierung und Politikimplementierung manifestieren.[621]

Das Konzept der Policy-Subsysteme stellte Griffith in seinem Werk *Impasse of Democracy* 1939 vor, in dem die US-amerikanische Regierung als bloße Zusammensetzung einzelner und nahezu unkoordinierter Gravitationszentren beschrieben wird.[622] Aus dieser Beobachtung folgt, dass Regierungshandeln nicht zuletzt durch die Analyse dieser Subsysteme verstanden und erklärt werden kann. Policy-Subsysteme bestehen aus unterschiedlichen Akteuren und Organisationen, die in sektorale Politikprozesse (*policy-making*) involviert oder von speziellen Politikproblemen (*policy issues*) betroffen sind. Entsprechende Forschungsansätze konzentrieren sich auf die Entstehung bestimmter Subsysteme sowie deren Koordinierungs- oder Regulierungsregime.[623] Die Einflussversuche einzelner Akteure zielen auf Entscheidungsprozesse und Politikergebnisse ab. Sie erstrecken sich aufgrund der Komplexität einzelner Themen und den damit einhergehenden institutionellen Arrangements in der Regel auf das jeweils relevante Subsystem.[624] Etablierte und gut organisierte Interessengruppen genießen innerhalb *ihres* Subsystems einen relativ komfortablen Zugang zu tradierten Entscheidungsstrukturen und können so erheblichen Druck auf die jeweiligen politischen Entscheidungsträger ausüben. Für weniger dominante oder subsystemfremde Interessen trifft das Gegenteil zu. Entscheidungen in Policy-

---

620 Vgl. Lang, Achim/Tosun, Jale, *Coordinating and Integrating Cross-Sectoral Policies: A Theoretical Approach (Paper prepared for presentation at the 7th ECPR General Conference)*, S. 5. Synomyn werden Begriffe wie *policy domain, policy monopolies, issue networks* oder *subgovernments* verwendet, die jedoch nicht zu analytischer Klarheit beitragen. Vgl. Jochim, Ashley E./May, Peter J., *Beyond Subsystems: Policy Regimes and Governance*, S. 305.

621 Vgl. Lang, Achim/Tosun, Jale, *Coordinating and Integrating Cross-Sectoral Policies: A Theoretical Approach (Paper prepared for presentation at the 7th ECPR General Conference)*, S. 5.

622 „Looking at our government from another perspepctive, one can see it to be composed of a number of dispersive and virtually uncoordinated units, each whirling in its own orbit [...]. One cannot live in Washington for long without being conscious that it has these whirlpools or centers of activity focusing on particular problems.“ (Griffith, Ernest S., *The Impasse of Democracy: A Study of the Modern Government in Action*, New York 1939, S. 182).

623 Vgl. Schneider, Volker/Wagemann, Claudius/Janning, Frank, *Methods and study types in German policy analysis*, S. 59; vgl. Adam, Silke/Kriesi, Hanspeter, The Network Approach, in: Sabatier, Paul A. (Hrsg.), *Theories of the Policy Process*, Cambridge 2007, S. 129.

624 Vgl. S. 119.

Subsystemen weisen in der Regel ein hohes Maß an Stabilität auf und basieren auf einem reziproken bzw. interdependenten Verhältnis öffentlicher und privater Akteure. Zu wesentlichen Veränderungen kommt es innerhalb eines Subsystems vor allem, wenn ein bestimmtes Problem makropolitisch sichtbar und von der politischen Führung bearbeitet sowie entschieden wird. Dies entspricht in der Regel genauso wenig den Interessen etablierter Kräfte eines Policy-Subsystems wie umfassende Politikansätze oder politische Querschnittsaufgaben, die mit einem höheren Konfliktniveau und letztlich einem Einflussverlust einzelner Policy-Subsysteme über Politikergebnisse einhergehen.[625]

Aus diesen Überlegungen ergibt sich, dass der Umsetzung politikfeldübergreifender Politikansätze die Beharrungskräfte einzelner Policy-Subsysteme gegenüber stehen. In diesem Sinne wäre Politics, d.h. der „aktive, durch Verhandlung und Tausch, durch Konflikt und Konsens gekennzeichnete Prozess der politischen Gestaltung“[626], weniger umfassend oder ganzheitlich, sondern in besonderem Maße von den Werten, Wahrnehmungen und Interessen innerhalb einzelner Subsysteme geprägt – „politics is compartmentalized“[627]. Eine Stärkung hierarchischer Koordinierungsmechanismen und horizontaler Querverbindungen zu anderen Politikbereichen könnten diesem Phänomen entgegenwirken.

Mehrere Studien kritisieren in diesem Zusammenhang die mangelnde theoretische und empirische Tiefe kohärenzbezogener Untersuchungen, wenngleich Politikkohärenz ein zugängliches Konzept sei und grundsätzlich befürwortet werde.[628] Dennoch bleibe es schwierig bis unmöglich, die Konsistenz unterschiedlicher Policies zu messen oder den Grad der Gemeinsamkeit politikfeldspezifischer Ziele zu quantifizieren.[629] Vor allem komme es daher darauf an, die Wechselwirkungen oder das Zusammenspiel von Interessen und Politikproblemen stärker in den Blick zu nehmen.[630] Politikkohärenz bedeutet in diesem Sinne eine möglichst große Kongruenz der Wahrnehmung und Beschreibung

---

625 Vgl. Thurber, James A., Political Power and Policy Subsystems in American Politics, in: Peters, B. G./Rockman, Bert A. (Hrsg.), *Agenda for Excellence: Administering the State*, Chatham 1996, S. 100ff.

626 Klein, Martina/Schubert, Klaus, *Das Politiklexikon*, S. 223.

627 Carbone, Maurizio, *Mission Impossible: the European Union and Policy Coherence for Development*, S. 327.

628 Vgl. May, Peter J./Sapotichne, Joshua/Workman, Samuel W., *Policy Coherence and Policy Domains*, S. 381; vgl. May, Peter J. et al., Policy Coherence and Component-Driven Policymaking: Arctic Policy in Canada and the United States, in: *The Policy Studies Journal*, Vol. 33, Nr. 1, 2005, S. 39.

629 Vgl. May, Peter J./Sapotichne, Joshua/Workman, Samuel W., *Policy Coherence and Policy Domains*, S. 383.

630 Vgl. ebd., S. 382.

eines politischen Problems.[631] Außerdem sei schließlich eine entschiedene Art der Problembearbeitung weitere Voraussetzung für kohärente Politikergebnisse.[632] Diese beiden Bedingungen verdeutlichen, dass sowohl die Interessengruppen bei der Problemformulierung als auch die öffentlichen Akteure bei der Politikimplementierung eine wesentliche Rolle spielen.[633] Hinzu kommt, dass eine zunehmend präzise Festlegung von Zielen und einzelnen Umsetzungsschritten mehr politischen Widerstand erzeugt als die beabsichtigte oder unbeabsichtigte Unschärfe allgemeiner Zielvorstellungen und in der Folge eine umfassende politische Unterstützung erschweren könnte.[634] Aus kohärenten Zielen ließen sich nicht per se harmonisierte Instrumente oder eine abgestimmte Politikumsetzung ableiten.[635] Variierende Politikkohärenz sei schließlich auf das jeweilige Politikproblem, die involvierten Akteure und deren Interessen sowie die Art der Problembearbeitung zurückzuführen.[636] Insgesamt werde verbesserte Politikkohärenz durch fehlende institutionelle Vorkehrungen begrenzt, für die jedoch in den einzelnen Politikfeldern kein entsprechender politischer Handlungsdruck entstehen würde.[637]

Zusammengefasst ist die Problemthematisierung umso beliebiger, je größter die Anzahl der behandelten Themen und je stärker der Einfluss von Interessengruppen ist. Je vielfältiger sich die Anzahl an zu berücksichtigenden Einzelaspekten darstellt, desto schwieriger können Ziele verfolgt und politisch umgesetzt werden. Aus diesen Gründen braucht es integrative Institutionen. Ein Ministerium oder ein Ausschuss im Parlament müsste für ein Thema zuständig sein und für eine kohärente Problembearbeitung verantwortlich zeichnen.[638]

631 „[A] strong constituency with a shared policy image.“ (Jordan, Grant/Halpin, Darren, *The Political Costs of Policy Coherence: Constructing a Rural Policy for Scotland*, S. 21).

632 Vgl. May, Peter J./Sapotichne, Joshua/Workman, Samuel W., *Policy Coherence and Policy Domains*, S. 384. „[A] diverse set of policy issues and interests can cohere if they are linked by a common set of ideas or greater targeting.“ (Ebd., S. 385).

633 Vgl. Kraft, Michael E./Furlong, Scott R., *Public Policy: Politics, Analysis, and Alternatives*, Washington D.C. 2004, S. 73f.

634 Vgl. Thomas, Daniel C., *Still Punching below Its Weight? Coherence and Effectiveness in European Union Foreign Policy*, S. 459f.

635 Vgl. Nilsson, Måns et al., Understanding Policy Coherence: Analytical Framework and Examples of Sector–Environment Policy Interactions in the EU, in: *Environmental Policy and Governance*, Vol. 22, 2012, S. 410.

636 Vgl. May, Peter J./Sapotichne, Joshua/Workman, Samuel W., *Policy Coherence and Policy Domains*, S. 391.

637 Vgl. ebd., S. 400.

638 Vgl. Lang, Achim/Tosun, Jale, *Coordinating and Integrating Cross-Sectoral Policies: A Theoretical Approach (Paper prepared for presentation at the 7th ECPR General Conference)*, S. 5.

Zu ähnlichen Ergebnissen kommen weitere Studien, die Politikkohärenz als den relativen Grad der Integration relevanter Einzelpolitiken konzeptualisieren.[639] Ein hohes Maß an Kohärenz sei in diesem Sinne ebenfalls auf möglichst kongruente Ziele unterschiedlicher Politikfelder zurückzuführen.[640] Ohne übergeordnete Organisationsprinzipien oder verbindende Leitideen entstünde lediglich ein ressortübergreifender Politikansatz, der sich aus einer eher zufälligen Anhäufung bestimmter Einzelpolitiken ergebe. Anstelle einer wirksamen Politikkoordinierung verblieben wesentliche Entscheidungen folglich auf der Ebene der einzelnen Politikbereiche.[641] Um dies genauer zu operationalisieren, untersuchen die Autoren politische Zentralität (*policy centrality*), die Unterschiedlichkeit der Themen (*issue diversity*) sowie das Engagement für einzelne Themen (*issue involvement*): Politische Zentralität beschreibt, inwiefern die Teilpolitik eine wesentliche Rolle für die politische Querschnittsaufgabe spielt; die Unterschiedlichkeit der Themen bringt zum Ausdruck, wie sehr die Teilpolitiken mit Blick auf einen ressortübergreifenden Ansatz variieren; schließlich stellt das Engagement der Akteure einzelner Teilpolitiken einen wesentlichen Faktor für die Umsetzung einer übergeordneten Politik dar.[642]

Die entsprechende Untersuchung kam für die sogenannte Arktikpolitik der USA zu dem Ergebnis, dass diese trotz deklaratorischer Bekenntnisse zu einer ressortübergreifenden Politik vor allem ein Nebenprodukt betroffener Politikbereiche ist. Sie weise weder erkennbare Überschneidungen noch gravierende Interessenkonflikte zwischen einzelnen Politikfeldern auf und entfalte letztlich keine integrierende Wirkung durch ein gemeinsam erarbeitetes Zielsystem. Stattdessen dominierten Einzelentscheidungen in bestimmten Politikbereichen und deren jeweiligen Interessengruppen (*policies with publics*) die Ausgestaltung einer Arktikpolitik, die von keiner vergleichbaren öffentlichen Unterstützung oder entsprechenden Interessengruppen gekennzeichnet sei (*policy without public*).[643] Mit den Worten der Autoren zusammengefasst: „[T]here is a limited constituency for Arctic policy as a whole while there are extensive constituencies for various components of Arctic policy.“[644] Trotz des fehlenden organisatorischen Unterbaus und substanzieller Gemeinsamkeiten sprechen beteiligte Akteure dennoch von einer Arktikpolitik. Dies diene nicht vorrangig der zutreffenden Beschreibung eines ressortübergreifenden und neuen Politikfeldes,

639 Vgl. z.B. May, Peter J. et al., *Policy Coherence and Component-Driven Policymaking: Arctic Policy in Canada and the United States*, S. 37.

640 Vgl. ebd., S. 55.

641 Vgl. ebd., S. 39f.

642 Vgl. ebd., S. 48ff.

643 Ebd., S. 55ff.

644 Ebd., S. 58.

sondern mit Blick auf benachbarte Politikfelder vor allem der Markierung bzw. Besetzung eines freien Politikraumes (*policy space*).[645] Die politische Relevanz integrierter Politikansätze ergebe sich demnach eher rhetorisch als faktisch.[646] Nichtsdestotrotz haben Anstrengungen zu verbesserter Politikkohärenz mittelbare und langfristige Auswirkungen, wenn sie gemeinsame Lernprozesse stimulierten oder die Ausrichtung einzelner Policy-Subsysteme auf übergeordnete Zielsetzungen einübten.[647]

Überträgt man diese Überlegungen auf die Politikkohärenz im Rohstoffsektor, ist danach zu fragen, ob die Rohstoffpolitik mehr als die Summe ihrer Teilpolitiken darstellt. Diese wäre der Fall, wenn die untersuchten Politikfelder wesentliche und unterschiedliche Beiträge zu einer Rohstoffpolitik lieferten. Ferner ist entscheidend, ob die einzelnen Politikbereiche die ressortübergreifende Querschnittsaufgabe als solche wahrnehmen und operativ gestalten.[648]

Eine wesentliche Erkenntnis aus der Beschäftigung mit Policy-Subsystemen ist außerdem, dass die Forderung nach politischer Führung oder wohlmeinende Politikempfehlungen zu mehr Politikkohärenz zu kurz greifen, da der politische Prozess nicht ausschließlich auf diesen Wegen seiner Inkohärenzen entledigt werden kann.[649] Politische Konflikte lassen sich weder sublimieren noch sind sie dysfunktional.[650] Stattdessen entsteht erst durch die Deklarierung ambitionierter Kohärenzziele eine Erwartungshaltung, die ursächlich für die Wahrnehmung selbstgeschaffener Performanzprobleme ist.[651] Aus diesem Grund müssen normativ aufgeladene Wünsche nach verbesserter Politikkohärenz das jeweilige Politikproblem, die Existenz heterogener sowie legitimer Interessen, mögliche politische Unterstützung und politikfeldspezifische Einflussversuche hinreichend reflektieren.[652] Politikkohärenz ergibt sich nicht zwingend aus einem evidenzbasierten, rationalen Prozess und übergeordneten Zielen, sondern muss analytisch zu betroffenen Interessengruppen und machtpolitischen Erwä-

645 Vgl. ebd., S. 59.

646 Vgl. Jordan, Grant/Halpin, Darren, *The Political Costs of Policy Coherence: Constructing a Rural Policy for Scotland*, S. 24.

647 Vgl. Nilsson, Måns et al., *Understanding Policy Coherence: Analytical Framework and Examples of Sector–Environment Policy Interactions in the EU*, S. 411.

648 Vgl. May, Peter J. et al., *Policy Coherence and Component-Driven Policymaking: Arctic Policy in Canada and the United States*, S. 40; vgl. Tiess, Guenter, *Rohstoffpolitik in Europa: Bedarf, Ziele, Ansätze*, S. 111.

649 Vgl. Jordan, Grant/Halpin, Darren, *The Political Costs of Policy Coherence: Constructing a Rural Policy for Scotland*, S. 21.

650 Vgl. ebd., S. 39.

651 Vgl. ebd., S. 23.

652 Vgl. ebd., S. 38f.

gungen in Beziehung gesetzt werden, die politische Prozesse und Ergebnisse wesentlich prägen.[653]

3.4.4 Übergreifende Wahrnehmung von Querschnittsaufgaben (Aktive Politik)

Politikwissenschaftliche Überlegungen zu abgestimmtem und planvollem Regieren kommen nicht umhin, das Konzept *Joined-Up Government* (JUG) und dessen theoretische Prämissen kritisch zu würdigen.[654] JUG wurde 1997 in Großbritannien von der Blair-Regierung als Leitmotiv vorangetrieben, um das sektoral organisierte Regierungshandeln zu „modernisieren".[655] Die öffentliche Verwaltung sollte effektiver und effizienter arbeiten, indem politische Querschnittsaufgaben möglichst ressortübergreifend wahrgenommen und bearbeitet werden.[656] Zugleich stellte JUG eine Gegenbewegung oder komplementäre Strategie zu *New Public Management* (NPM) dar. Auf den Ideen des NPM basierten vorangegangene Reformen des öffentlichen Sektors, die nicht zuletzt in Großbritannien mit Dezentralisierung, Privatisierung sowie einer ziel- und ergebnisorientierten Steuerung der Verwaltung einhergingen.[657]

Ausgangspunkt der neuen Reformüberlegungen war die Behauptung, dass gesellschaftliche Probleme immer weniger der ministeriellen Arbeitsteilung entsprachen oder sogenannten vertikalen „Silos" zugeordnet werden konnten.[658] Entsprechend heißt es in einem Bericht der 1997 zunächst im *Cabinet Office* eingerichteten *Social Exclusion Unit*: „Problems have fallen through the cracks between Whitehall departments or between central and local govern-

653 Vgl. Nilsson, Måns et al., *Understanding Policy Coherence: Analytical Framework and Examples of Sector–Environment Policy Interactions in the EU*, S. 413.

654 Folgendes Problem einer systematischen Betrachungsweise soll dabei nicht unerwähnt bleiben: „Ironically, however, the various ‚joining-up' literature […] are not themselves joined-up in any coherent way but form an archipelago of relatively seperated units" (Hood, Christopher, *The Idea of Joined-Up Government: A Historical Perspective*, S. 21).

655 Vgl. Cabinet Office, *Modernising Government*, White Paper, CM 4310, London 1999; vgl. Fischer, Thomas/Schmitz, Gregor P./Seberich, Michael, Die Strategie der Politik, in: Fischer, Thomas/Schmitz, Gregor P./Seberich, Michael (Hrsg.), *Die Strategie der Politik: Ergebnisse einer vergleichenden Studie,* Gütersloh 2007, S. 8. Für eine Bewertung dieses Ansatzes vgl. Performance and Innovation Unit, *Wiring It Up: Whitehall's Management of Cross-Cutting Policies and Services*, London 2000, S. 67–73.

656 Vgl. Page, Edward C., Joined-Up Government and the Civil Service, in: Bogdanor, Vernon (Hrsg.), *Joined-Up Government,* Oxford 2005, S. 141.

657 Vgl. Christensen, Tom/Lægreid, Per, The Whole-of-Government Approach to Public Sector Reform, in: *Public Administration Review (PAR),* Vol. 67, Nr. 6, 2007, S. 1059.

658 Vgl. Page, Edward C., *Joined-Up Government and the Civil Service*, S. 141ff; vgl. Christensen, Tom/Lægreid, Per, *The Whole-of-Government Approach to Public Sector Reform*, S. 1060.

ment."[659] Notwendige Politikansätze beispielsweise im Bereich der gesundheitlichen Prävention oder Kriminalitätsbekämpfung erschienen einzelnen Ressorts nicht attraktiv genug, wenn sie hauptsächlich einen Mehrwert für andere Ressorts, nicht aber für den eigenen Geschäftsbereich ergaben. Querschnittsaufgaben wie die Bedürfnisse älterer Menschen wurden nicht mehr ausreichend von einzelnen Politikbereichen wahrgenommen. Spezifische Politikprobleme wurden ignoriert und auf diese Weise in andere Politikfelder abgeschoben.[660] Im Ergebnis haben diese Entwicklungen dazu geführt, dass zur Befriedigung von Gemeinwohlinteressen ein geringerer Aufwand betrieben wurde als zur Abschirmung des eigenen Aufgabenbereiches.[661] Der Ansatz JUG stellt folglich eine Herausforderung für die tradierten Strukturen des englischen Parlaments und der Ministerialverwaltung dar, die – wie viele andere Parlaments- und Regierungssysteme – nach einzelnen Zuständigkeiten gegliedert sind.[662] Das stark ausgeprägte Ressortprinzip sorgt für funktionale Arbeitsteilung und wird durch eine schlanke Führung zusammengehalten.[663]

Aus diesen Gründen wurden auf Basis des JUG nicht nur bessere Anreize für stärkere politische Führung innerhalb einzelner Ministerien, sondern auch wesentliche Impulse und Führungsarbeit durch die Regierungszentrale (Premierminister, *Cabinet Office*, Finanz- und Wirtschaftsministerium) gefordert.[664] Neben entsprechenden Kapazitäten zur besseren Abstimmung und vertieften Kenntnissen über andere Politikbereiche sollte die budgetäre Flexibilität erhöht werden, um vorhandene personelle wie auch finanzielle Ressourcen möglichst wirksam zu nutzen.[665] Weiterhin war vorgesehen, diejenigen Interessen stärker zu berücksichtigen, die bei der Bearbeitung von Querschnittsaufgaben eine wesentliche Rolle spielen.[666] Schließlich sollten externe Kontrollmechanismen

---

659 Social Exclusion Unit, *Bringing Britain Together: A National Strategy for Neighbourhood Renewal*, Command Paper 4045, London 1998, Pt. 8.

660 „Schools, for example, dump unruly children onto the streets where they become a problem for the police, while prisons dump ex-prisoners into the community without adequate job preparation or housing so that they could become a burden for social security." (Mulgan, Geoff, Joined-Up Government: Past, Present, and Future, in: Bogdanor, Vernon (Hrsg.), *Joined-Up Government,* Oxford 2005, S. 177).

661 Vgl. Page, Edward C., *Joined-Up Government and the Civil Service*, S. 142.

662 Vgl. Bogdanor, Vernon, *Introduction*, S. 6.

663 Vgl. Mulgan, Geoff, *Joined-Up Government: Past, Present, and Future*, S. 176.

664 Vgl. Performance and Innovation Unit, *Wiring It Up: Whitehall's Management of Cross-Cutting Policies and Services*, S. 28ff. u. 61ff.

665 Vgl. ebd., S. 40ff. u. 47ff.

666 Vgl. ebd., S. 31ff.

und eine umfassende Qualitätssicherung so ausgebaut werden, dass ressortübergreifende Politikansätze nicht erschwert, sondern gefördert werden.[667]

JUG wurde mit nahezu missionarischem Eifer („missionary government“[668]) vorangetrieben und setzte ein hohes Maß politischer Übereinstimmung voraus, das das britische Regierungssystem typischerweise nicht kennzeichnet. Letztlich konnten keine grundlegend neuen Organisationsprinzipien des Regierungshandelns durchgesetzt werden.[669] Stattdessen fanden Veränderungen innerhalb bestehender Strukturen statt, die die Flexibilität des Regierens erhöhen sollten, um neuen Herausforderungen wirksam begegnen zu können.[670] Dies gelang vor allem dort, wo deutliche Ziele festgelegt, Aufgaben sinnvoll verteilt und entsprechende Ressourcen zur Verfügung gestellt wurden. Notwendig war zudem eine geeignete Kombination eines „clear sense of mission from top to bottom“[671] und hinreichendem Freiraum zur Umsetzung bestimmter politischer Ziele in unterschiedlichen Kontexten. Zu Anreizen im Bereich der Personalführung zählten eine höhere Vergütung, bessere Karriereaussichten und gesteigertes Renommee für die mit ressortübergreifenden Aufgaben betrauten Beamten.[672] Nennenswerte institutionelle Veränderungen ergaben sich vor allem durch die Einrichtung neuer Referate (*units*) im *Cabinet Office*: Neben der bereits erwähnten *Social Exclusion Unit* wurden die *Performance and Innovation Unit* (später *Strategic Communication Unit*) sowie die *Regulatory Impact Unit* geschaffen.[673] Zudem entstand das *Centre for Management and Policy Studies* als exekutivnahe Denkfabrik, und das *Office of Public Service* wurde dem *Cabinet Office* angegliedert.[674]

Gleichzeitig gestaltete sich die Umsetzung ehrgeiziger Politikziele im Sinne eines JUG häufig schwierig.[675] So wurde die Politikimplementierung insbe-

---

667 Vgl. ebd., S. 52ff.

668 Bogdanor, Vernon, *Introduction*, S. 17.

669 Vgl. Mulgan, Geoff, *Joined-Up Government: Past, Present, and Future*, S. 185.

670 Vgl. ebd., S. 185; vgl. Bogdanor, Vernon, *Introduction*, S. 17.

671 Mulgan, Geoff, *Joined-Up Government: Past, Present, and Future*, S. 180.

672 Vgl. ebd., S. 184.

673 Vgl. Clark, Tim, New Labour's Big Idea: Joined-up Government, in: *Social Policy and Society*, Vol. 1, Nr. 2, 2002, S. 108f.; vgl. Performance and Innovation Unit, *Wiring It Up: Whitehall's Management of Cross-Cutting Policies and Services*, S. 39; vgl. ebd., Annex A1, S. 77; vgl. Christensen, Tom/Lægreid, Per, *The Whole-of-Government Approach to Public Sector Reform*, S. 1061.

674 Vgl. Performance and Innovation Unit, *Wiring It Up: Whitehall's Management of Cross-Cutting Policies and Services*, S. 65.

675 Vgl. Foster, Christopher, Joined-Up Government and Cabinet Government, in: Bogdanor, Vernon (Hrsg.), *Joined-Up Government*, Oxford 2005, S. 123. „[T]he down-to-earth problems of comprehensive planning and implementation failures of high-flying public policies

sondere durch den zusätzlichen Koordinierungsaufwand und die iterative Vorbereitung politischer Entscheidungen während der Phase der Politikformulierung verzögert.[676] Anstelle eines grundlegend transformierten Regierungshandelns ging es zunächst lediglich darum, ausgewählte Probleme in detaillierten Kontexten erfolgreich zu bearbeiten und dabei auf die Professionalität derer zu setzen, die mit den jeweiligen Herausforderungen vertraut waren.[677] Langfristig erwarten Beobachter eine Verbindung aus ressortübergreifender Strategiefindung und kurzfristiger Umsetzung (horizontal) mit hierarchisch organisierter Verantwortung und der Übernahme langfristiger Aufgaben (vertikal).[678]

Während es sich bei JUG vor allem um einen neuen Begriff handelte, ist die Grundidee dieses Konzeptes unter anderem in Bagehots *The English Constitution* angelegt: „A cabinet is a combining committee — a hyphen which joins, a buckle which fastens, the legislative part of the state to the executive part of the state."[679] Demnach besteht die zentrale Aufgabe des Kabinetts darin, den legislativen mit dem exekutiven Teil des Staates zu verbinden.[680] Auch ohne eine explizite ministerielle Aufgaben- und Arbeitsteilung obliegt es dem Kabinett, das Policy-Making auf exekutiver Ebene *zusammenzuführen*.[681]

JUG war im Hinblick auf die beabsichtigte Reichweite und die eingesetzten Instrumente möglicherweise eine Regierungsstrategie von neuer Qualität.[682] Gleichzeitig verkörperte JUG eine Reihe alter Ideen zur verbesserten Koordinierung (vgl. Kapitel 3.4.5) und einen inhärent autoritativen Steuerungsgedanken.[683] Daher erscheint die kritische Frage gerechtfertigt, ob sich der erhöhte Bürokratieaufwand letztlich in besseren Politikergebnissen niederschlug oder vor allem der Erreichung hochtrabender Führungsziele diente.[684] Zudem beschrieb JUG administrative Probleme, die bereits die riesigen Bürokratien der Römer, Ottomanen und Chinesen herausforderten oder denen Frankreich durch

became evident." (Jann, Werner/Jantz, Bastian, The development of policy analysis in Germany: practical problems and theoretical concepts, in: Blum, Sonja/Schubert, Klaus (Hrsg.), *Policy analysis in Germany,* Bristol 2013, S. 33).

676 Vgl. Foster, Christopher, *Joined-Up Government and Cabinet Government*, S. 114f.

677 Vgl. Page, Edward C., *Joined-Up Government and the Civil Service*, S. 154.

678 Vgl. Mulgan, Geoff, *Joined-Up Government: Past, Present, and Future*, S. 185.

679 Bagehot, Walter, *The English Constitution*, London 1873, S. 50.

680 Vgl. Hood, Christopher, *The Idea of Joined-Up Government: A Historical Perspective*, S. 24.

681 Vgl. Foster, Christopher, *Joined-Up Government and Cabinet Government*, S. 115.

682 Vgl. Hood, Christopher, *The Idea of Joined-Up Government: A Historical Perspective*, S. 25.

683 Vgl. ebd., S. 39f.; „The slogans ‚joined-up-government' and ‚whole-of-government' provided new labels for the old doctrine of coordination in the study of public administration." (Christensen, Tom/Lægreid, Per, *The Whole-of-Government Approach to Public Sector Reform*, S. 1060).

684 Vgl. Clark, Tim, *New Labour's Big Idea: Joined-up Government*, S, 114f.

die Schaffung einer in der *École Nationale d'Administration* (ENA) einheitlich ausgebildeten Verwaltungselite zu begegnen versucht.[685] Auch in Großbritannien lassen sich Beispiele für planerisches Regierungshandeln finden, die JUG vorausgegangen sind. So führte Premierminister Winston Churchill 1951 das *Overlord System* ein: Minister ohne unmittelbaren Geschäftsbereich waren dafür verantwortlich, die Aktivitäten mehrerer Kabinettsmitglieder zu koordinieren. Premierminister Edward Heath (1970–1974) führte mehrere Superministerien ein: Im *Department of Trade and Industry* (DTI) wurden die Bereiche Handel und Technologie (ehemals Luftverkehr und Energieversorgung) neu zusammengefasst; das *Department of the Environment* (DoE) ging aus den Ministerien für Wohnungswesen und Lokalverwaltung, öffentliches Bauwesen sowie Transport hervor.[686] Während seiner zweiten Amtszeit führte Harold Wilson (1974–1976) mit dem *Joint Apporach to Social Policy* (JASP) 1975 ein ressortübergreifendes Vorgehen in der Sozialpolitik ein.[687]

In Deutschland erfasste das späte Kabinett Kiesinger und die anschließende sozialliberale Koalition in den 1960er Jahren eine ähnliche Planungseuphorie, die rückblickend als „rationalistisch und optimistisch“[688] eingestuft werden kann und letztlich am „Widerstand selbstbewusster Minister und eifersüchtiger Ressortbürokratien“[689] scheiterte.[690] So wurde Ende 1968 die *Projektgruppe Regierungs- und Verwaltungsreform* (PRVR) eingesetzt, die institutionelle und organisatorische Rahmenbedingungen untersuchen und eine effektive Politikforumulierung und -planung voranbringen sollte.[691] Das zentrale Anliegen war eine Verbesserung genauer gesagt ein Ausbau der Entscheidungs- und Pla-

---

685 Vgl. Mulgan, Geoff, *Joined-Up Government: Past, Present, and Future*, S. 176.

686 Vgl. Campbell, John, *Edward Heath: A Biography*, London 1993, S. 314; vgl. Mulgan, Geoff, *Joined-Up Government: Past, Present, and Future*, S. 117.

687 Vgl. ebd., S. 177.

688 Bogumil, Jörg/Jann, Werner/Nullmeier, Frank, Politik und Verwaltung – Perspektiven der politikwissenschaftlichen Verwaltungsforschung, in: *Policy Sciences*, Vol. 37, 2006, S. 9.

689 Rudzio, Wolfgang, *Das politische System der Bundesrepublik Deutschland*, Wiesbaden 2011, S. 256.

690 „Nach dem Ende der Planungseuphorie der [19]70er Jahre verfestigte sich in der Bundesrepublik ein bis heute anhaltender Trend, den strategischen Apparat auszudünnen oder erst gar nicht in die Politikformulierung einzubeziehen.“ (Glaab, Manuela, *Strategie und Politik: das Fallbeispiel Deutschland*, S. 79).

691 Vgl. Schubert, Klaus/Bandelow, Nils C., *Lehrbuch der Politikfeldanalyse 2.0*, München 2009, S. 90f.; vgl. Schatz, Heribert, Auf der Suche nach neuen Problemlösungsstrategien: Die Entwicklung der politischen Planung auf Bundesebene, in: Mayntz, Renate/Scharpf, Fritz W. (Hrsg.), *Planungsorganisation. Die Diskussion um die Reform von Regierung und Verwaltung des Bundes*, München 1973, S. 31.

nungskapazitäten.[692] Zudem wurde der Analyse bestimmter Probleme, Lösungsansätze und deren Implikationen eine erhöhte Relevanz zugesprochen.[693] Die Ergebnisse der ab 1969 untersuchten Entscheidungsprozesse wurden in der einflussreichen Studie *Policy-Making in the German Federal Bureaucracy* veröffentlicht und machten deutlich, dass Entscheidungs- und Politikformulierungsprozesse weder apolitisch sind noch auf ausschließlich rationale Art und Weise verlaufen.[694] Stattdessen handelt es sich um das Ergebnis kollektiver Aushandlungs- und Diskussionsprozesse, die von unterschiedlich verteilten Machtressourcen, Interessendivergenzen, verschiedenen Handlungsorientierungen sowie bestimmten institutionellen und strukturellen Rahmenbedingungen geprägt sind.[695]

Aus diesen Untersuchungen, die politikwissenschaftlich als Planungsdiskussion rezipiert wurden und von methodologischem Optimismus geprägt waren, ergab sich die zentrale Forderung nach einer „aktiven Politik"[696]. Dieses normative Modell der aktiven Politik stellt einen Gegenentwurf zu einem reaktiven oder lediglich kompensatorischen Vorgehen dar, das mit den ungleich höheren Kosten der Nachsorge einhergeht.[697] Aktive Politik setzt erhöhte Planungskapazitäten des politisch-administrativen Systems voraus und ist durch das Primat der Politik, Langfristigkeit und einen erheblichen Gestaltungsanspruch gekennzeichnet.[698] Dies bedeutet, dass Politikansätze nicht von der Ver-

692 Vgl. Wittkämper, Gerhard W., Planungsideologien in der Politik, in: *Liberal,* Vol. 11, Nr. 1, 1969, S. 60f.; vgl. Flohr, Heiner, Zur Planung der Regierungsarbeit in Bonn: Einige grundsätzliche Überlegungen, in: *Die Mitarbeit: Zeitschrift zur Gesellschafts- und Kulturpolitik,* Vol. 19, Nr. 1, 1970, S. 14.

693 Vgl. Jann, Werner/Jantz, Bastian, *The development of policy analysis in Germany: practical problems and theoretical concepts*, S. 30f.

694 Vgl. Mayntz, Renate/Scharpf, Fritz W., *Policy-Making in the German Federal Bureaucracy,* Amsterdan; Oxford; New York 1975.

695 Vgl. Jann, Werner/Jantz, Bastian, *The development of policy analysis in Germany: practical problems and theoretical concepts*, S. 31; vgl. Mayntz, Renate/Scharpf, Fritz W., *Policy-Making in the German Federal Bureaucracy*, Amsterdan; Oxford; New York 1975, S. 107ff.

696 Mayntz, Renate/Scharpf, Fritz W., Kriterien, Voraussetzungen und Einschränkungen aktiver Politik, in: Mayntz, Renate/Scharpf, Fritz W. (Hrsg.), *Planungsorganisation. Die Diskussion um die Reform von Regierung und Verwaltung des Bundes,* München 1973, S. 115.

697 „Active policy-making in this understanding required sophisticated capacities for programme and policy formulation within the federal bureaucracy, steering capacities at the centre of government, for example through strengthening coordination and information capacities, as well as the introduction of integrated planning and decision-making systems." (Jann, Werner/Jantz, Bastian, *The development of policy analysis in Germany: practical problems and theoretical concepts*, S. 31).

698 Vgl. Mayntz, Renate/Scharpf, Fritz W., *Kriterien, Voraussetzungen und Einschränkungen aktiver Politik,* S. 122–125.

waltung, sondern von der politischen Führung weitestgehend autonom entwickelt und gesteuert werden. Umfassende und längerfristige Programme müssen „übergreifende Problemzusammenhänge mittels konzertierter Strategien [...] verarbeiten“[699] können. Schließlich erfordern „umweltverändernde“ Zielsetzungen, Entwicklungen nicht retrospektiv nachzuvollziehen, sondern zu antizipieren und entsprechend zu steuern. Als Konsequenz ergibt sich für eine aktive Politik ein erhöhter Ressourcen-, Informationsverarbeitungs- und Koordinierungsbedarf, der mit einer entsprechenden Konfliktregelungskapazität einhergehen muss.[700] Damit wendet sich aktive Politik im Sinne eines planerischen und langfristigen Regierungshandelns ausdrücklich gegen inkrementelles Problemlösen, das Lindblom metaphorisch als *muddling through* (etwa: sich durchwursteln) bezeichnet.[701] Unter Inkrementalismus werden „untereinander nicht abgestimmte politische Einzelmaßnahmen von begrenzter Reichweite“[702] und ein „Politikstil schrittweisen Reformierens“[703] verstanden. Der Entscheidungsprozess besteht folglich aus kleinen, teilweise widersprüchlichen Schritten und Anpassungsprozessen, die mit vergleichsweise geringen Kosten der Entscheidung und der Implementierung einhergehen.[704] Politikergebnisse ergeben sich demnach nicht aus voherigen Übereinkünften oder umfassender Planung, sondern aus einem Wettbewerb unterschiedlicher Ideen, die sich jeweils auf spezifische Aspekte eines Politikproblems konzentrieren.[705] Anders formuliert unterscheiden sich beide Ansätze darin, dass die Problembearbeitung entweder das Ergebnis von Interaktionen darstellt oder Entscheidungen vor allem auf bestehenden Problemwahrnehmungen basieren.[706] Die Kritiker eines inkrementellen Vorgehens setzen auf eine Politik der großen Schritte und umfassendes Problemlösen, während dessen Befürworter ein noch anspruchsvolleres inkrementelles Vorgehen vorschlagen, um zunehmend komplexe Probleme überhaupt hinreichend bewältigen zu können.[707]

---

699 Ebd., S. 122.

700 Vgl. ebd., S. 124f.

701 Vgl. Lindblom, Charles E., The Science of „Muddling Through“, in: *Public Administration Review,* Vol. 19, Nr. 2, 1959, S. 79–88.

702 Kevenhörster, Paul, *Politikwissenschaft. Band 1: Entscheidungen und Strukturen der Politik,* S. 384.

703 Kevenhörster, Paul, *Politikwissenschaft Band 2: Ergebnisse und Wirkungen der Politik,* S. 447.

704 Vgl. ebd., S. 447; vgl. Klein, Martina/Schubert, Klaus, *Das Politiklexikon*, S. 139.

705 Vgl. Jordan, Grant/Halpin, Darren, *The Political Costs of Policy Coherence: Constructing a Rural Policy for Scotland*, S. 22.

706 Vgl. Lindblom, Charles E., Still Muddling, Not Yet Through, in: *Public Administration Review,* Vol. 39, Nr. 6, 1979, S. 524.

707 Vgl. ebd., S. 517.

Kurzum wird planerisches Regierungshandeln sowohl durch die institutionalisierten Entscheidungsprozesse auf unterschiedlichen Ebenen und die Umsetzung einer Policy durch mehrere Akteure als auch die gesellschaftlichen Rahmenbedingungen eingeschränkt.[708] Eine Analyse der Politikkohärenz bewegt sich folglich zwischen begründeten Forderungen nach einer aktiven Politik und der empirischen Realität inkrementellen Problemlösens.

Insgesamt ist das in diesem Abschnitt diskutierte Konzept JUG nicht als einzigartiges, sondern populäres Konzept einzuordnen, um Überlegungen zu Koordinierung politisch umzusetzen.[709] JUG versucht dabei genauso wie aktive Politik, den systemimmanenten Konflikt zu moderieren, der sich aus der „Autonomie einzelner Verwaltungseinheiten“ und einer „strategisch-planerische[n] Ausrichtung der Gesamtverwaltung“[710] ergibt.[711] Ergänzt um die für diese Studie relevante Komponente zunehmender globaler Interdependenzen atmen aktuelle Forderungen nach verbesserter Politikkohärenz ansatzweise den Geist der abgeebbten Debatte um *Joined-Up Government* oder der Planungseuphorie in der jungen Bundesrepublik: „Daher müssen Außen-, Sicherheits- und Entwicklungspolitik strategisch miteinander verquickt werden und mit langem Atem zusammenarbeiten. [...] Denn Außenbeziehungen gehen im Zeitalter beschleunigter Globalisierung (beinahe) das gesamte Kabinett an.“[712] Folglich sollten Überlegungen zu Politikkohärenz zwar nicht überhöhten Erwartungen an ein möglichst planvolles Regierungshandeln erliegen, aber die gesammelten Erfahrungen berücksichtigen und neben dem Gestaltungswillen politischer Akteure und der „unvermeidliche[n] Unvollkommenheit der politischen Information“[713]

---

708 Vgl. Kevenhörster, Paul, *Politikwissenschaft. Band 1: Entscheidungen und Strukturen der Politik*, S. 350.

709 Vgl. Page, Edward C., *Joined-Up Government and the Civil Service*, S. 139f.; vgl. 6, Perri, Joined-Up Government in the West beyond Britain: A Provisional Assessment, in: Bogdanor, Vernon (Hrsg.), *Joined-Up Government*, Oxford 2005, S. 45.

710 Bogumil, Jörg/Jann, Werner/Nullmeier, Frank, *Politik und Verwaltung – Perspektiven der politikwissenschaftlichen Verwaltungsforschung*, S. 11.

711 Aus *Joined-Up Government* entwickelte sich seit den frühen 2000ern zunächst in Australien der Ansatz *Whole-of-Government*, der später verwaltungswissenschaftlich umfassend rezipiert wurde. „Whole of government denotes public service agencies working across portfolio boundaries to achieve a shared goal and an integrated government response to particular issues.“ (Management Advisory Committee, *Whole of Government Responses to Australia's Priority Challenges*, Canberra 2004, S. 4); vgl. Christensen, Tom/Lægreid, Per, *The Whole-of-Government Approach to Public Sector Reform*, S. 1059f.

712 Messner, Dirk/Faust, Jörg, *Gestaltungsmacht Deutschland – Herausforderungen globalen Wandels gehören auf die Agenda*, Die aktuelle Kolumne vom 12.02.2014, Bonn 2014, S. 2.

713 Rudzio, Wolfgang, *Das politische System der Bundesrepublik Deutschland*, S. 264.

den Einfluss administrativer sowie bürokratischer Faktoren untersuchen, um aktuelle Koordinierungsprobleme besser zu erfassen.[714]

3.4.5 Politikkohärenz als Koordinierungsproblem

> „The quest for coordination is in many respects the twentieth-century equivalent of the medieval search for the philosopher's stone. If only we can find the right formula for coordination, we can reconcile the irreconcilable, harmonize competing and wholly divergent interests, overcome irrationalities in our government structures, and make hard policy choices to which no one will dissent.“[715]

Die politikwissenschaftliche Fundierung der Politikkohärenz, die in den vorangegangenen Unterkapiteln vorgenommen wurde, verdeutlicht, dass eine möglichst kohärente Politik mit einem erhöhten Koordinierungsaufwand einhergeht.[716] Die politikwissenschaftliche Konzeptualisierung der Politikkohärenz wird daher in diesem Abschnitt um policy-analytische Kenntnisse über Koordinierung ergänzt und abgeschlossen. Entgegen einer möglichen Steigerung der Verwaltungseffizienz, budgetschonenderen Einzelpolitiken oder hochtrabenden Forderungen nach einer „Kohärenz im Sinne einer weltweiten menschenrechtsbasierten nachhaltigen Entwicklung“[717] lässt sich aus den Arbeiten über positive und negative Koordinierung im Ergebnis ein gewisses Maß an analytischer Demut gegenüber dem Ziel verbesserter horizontaler Kohärenz ableiten.[718]

---

714 Vgl. Jann, Werner/Jantz, Bastian, *The development of policy analysis in Germany: practical problems and theoretical concepts*, S. 32; vgl. Schneider, Volker/Wagemann, Claudius/Janning, Frank, *Methods and study types in German policy analysis*, S. 51.

715 Seidman, Harold, *Politics, Position and Power. The Dynamics of Federal Organization*, London, Toronto 1998, S. 142.

716 „Coordination is a big challenge for consistent policy-making. We refer to ‚coordination‘ as the attempt to produce coherent government policies and to achieve a state that minimises conflicts that arise between different government organisations (mainly ministries) over programmes, proposals or legislative bills.“ (Schmid, Josef/Buhr, Daniel, Federal government: permanent in-house capacities – life within the 'apparatus', in: Blum, Sonja/Schubert, Klaus (Hrsg.), *Policy analysis in Germany*, Bristol 2013, S. 95).

717 Koczy, Ute/Hoppe, Thilo/Kekeritz, Uwe, *Entwicklungspolitik der Zukunft: Beiträge zur sozial-ökologischen Transformation*, Berlin 2012, S. 3.

718 „Coordination is an eternal and ubiquitous problem in public administration. […] Finding ways for organizations that are organized differently to work together is eternal and ubiquitous not only in public management, but in every part of social life.“ (6, Perri, *Joined-Up Government in the West beyond Britain: A Provisional Assessment*, S. 93f.).

In einem vorgelagerten Schritt lohnt eine systemtheoretische Einordnung des Konzeptes Politikkohärenz, um Auswirkungen gegenläufiger oder möglichst abgestimmter Einzelentscheidungen in einem größeren Zusammenhang zu betrachten. Das Erkenntnisinteresse Eastons richtet sich auf die Austauschbeziehungen zwischen der Umwelt und dem politischen System sowie den Konsequenzen für dessen Anpassungsfähigkeit und Stabilität (Abbildung 23).[719] Unterstützung (z.B. das Zahlen von Steuern) und unterschiedliche Forderungen (z.B. von Interessengruppen) werden als *Inputs* an das politische System herangetragen, das von Easton als *black box* nicht näher konzeptualisiert wird, für die hier angestrebte Analyse der Politikkohärenz jedoch erschlossen werden muss. Das politische System legt nun fest, welche Forderungen Berücksichtigung finden, und produziert Entscheidungen oder Policies, die der Selbsterhaltung dienen und als *Outputs* ihre Wirkung auf das gesellschaftliche Umfeld entfalten. Aus der geänderten Umwelt ergeben sich Rückkopplungseffekte (*Feedback*) für erneute *Inputs* (Forderungen und Unterstützung).

Abbildung 23: Modell des politischen Systems nach David Easton[720]

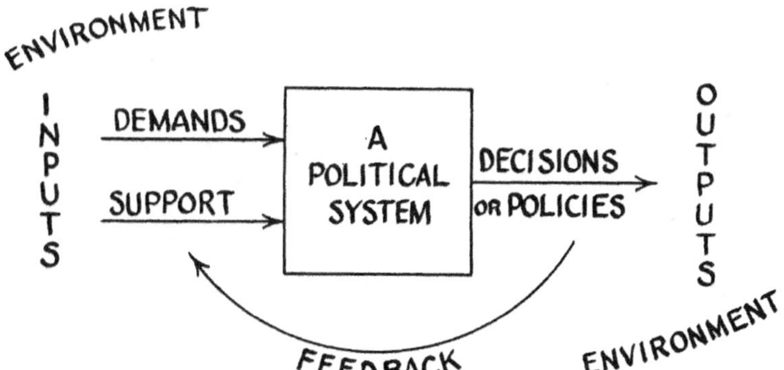

FIG. 1

719 „The study of politics is concerned with understanding how authoritative decisions are made and executed for a society." (Easton, David, An Approach to the Analysis of Political Systems, in: *World Politics*, Vol. 9, Nr. 3, 1957, S. 383).

720 „This diagram represents a very primitive ‚model' – to dignify it with a fashionable name – for approaching the study of political life." (Ebd., S. 384, Originaldarstellung).

Aus diesen Überlegungen kann abgeleitet werden, dass Entscheidungen oder Policies danach zu beurteilen sind, wie sie sich als *Outputs* auf die Umwelt des politischen Systems, daraus folgenden Rückkopplungen und letztlich auf die Strukturen des politischen Systems auswirken.[721] In diesem Sinne können Überlegungen zur Politikkohärenz durchaus auf Eastons Systemtheorie zurückgreifen, um die Wirkung politischer (Einzel-)Entscheidungen sowie die Notwendigkeit möglichst umfassender Antworten auf die unterschiedlichen und sich wandelnden Anforderungen der Umwelt zu verdeutlichen. Wie bereits in den vorangegangen Unterkapiteln dargestellt ist das politische System jedoch arbeitsteilig organisiert und stark fragmentiert. Die Einheiten des politischen Systems konzentrieren ihre Aufmerksamkeit auf die Probleme in ihrem jeweiligen Verantwortungsbereich und vernachlässigen dadurch wechselseitige Abhängigkeiten in zweifacher Hinsicht. Liegt die Ursache eines Problems in einem anderen Politikfeld, werden erstens Wechselwirkungen nicht berücksichtigt und tendenziell Symptome bearbeitet. Die entlang eigener Zuständigkeiten entworfenen Politikansätze können zweitens unbeabsichtigte Auswirkungen auf andere Politikbereiche entfalten.[722] Beides wirkt sich auf die Qualität der Entscheidungen mit den angesprochenen Rückkopplungseffekten aus und soll nun systematisch begründet werden.

Vorweg ein qualifizierender Hinweis zu zentraler Koordinierung: wenngleich jene wiederholt gefordert wird, muss insbesondere für das deutsche Regierungssystem festgehalten werden, dass das Bundeskanzleramt in den einzelnen Geschäftsbereichen hierarchisch nicht oberhalb der jeweiligen Ministerien verortet werden kann. Stattdessen bestimmt der Bundeskanzler die Richtlinien der Politik, innerhalb derer jeder Minister seinen Geschäftsbereich selbständig und unter eigener Verantwortung *leitet* (Art. 65 GG). Hinzu kommt, dass die Richtlinienkompetenz des Bundeskanzlers durch demokratische Parteien sowie die Dynamiken einer Koalitionsregierung geprägt wird, und politische Ziele nicht per se durch den Regierungschef festgelegt, sondern vielmehr „unter Beteiligung des Bundeskanzlers entwickelt und von ihm zu den seinigen erklärt werden“[723]. Schließlich können zentrale Steuerungsversuche die (informellen) Beziehungen zu einzelnen Häusern beeinträchtigen, die für die Effektivität des

721 Vgl. Westle, Bettina, David Easton: A Systems Analysis of Political Life, in: Kailitz, Steffen (Hrsg.), *Schlüsselwerke der Politikwissenschaft,* Wiesbaden 2007, S. 106; vgl. Bornemann, Basil, *Policy-Integration und Nachhaltigkeit: Integrative Politik in der Nachhaltigkeitsstrategie der deutschen Bundesregierung* , S. 44.

722 Vgl. Mayntz, Renate/Scharpf, Fritz W., *Policy-Making in the German Federal Bureaucracy,* S. 145.

723 Rudzio, Wolfgang, *Das politische System der Bundesrepublik Deutschland*, S. 256.

Regierungshandelns wiederum von wesentlicher Bedeutung sind.[724] Der interministeriellen Koordinierung kommt folglich im Hinblick auf horizontale Politikkohärenz eine besondere Bedeutung zu.[725]

Überträgt man die Unterscheidung zwischen der Vermeidung widersprüchlicher Politiken und das konzertierte Vorgehen unterschiedlicher Politikbereiche auf die Qualität der Koordinierung kann entsprechend von negativer und positiver Koordinierung gesprochen werden (Tabelle 13). Bereits im Zuge der Problembetrachtung und der Entwicklung von Lösungsvorschlägen unterscheidet sich negative von positiver Koordinierung dahingehend, dass betroffene Ressorts eher getrennt als gemeinsam vorgehen. Daraus folgt für negative Koordinierung, dass die Ministerien bei der Entwicklung von Lösungsvorschlägen sowie der Erarbeitung von Kabinettsbeschlüssen stärker auf die Durchsetzung eigener Ressortinteressen als auf die Steigerung ressortübergreifender Kohärenz ausgerichtet sind.

Die Problembearbeitung erfolgt bei negativer Koordinierung politikfeldspezifisch, bei positiver Koordinierung politikfeldübergreifend. Dementsprechend ergeben sich bei negativer Koordinierung wenige, bei positiver Koordinierung mehrere alternative Entscheidungsoptionen. Der Koordinationswaufwand und der Innovationsgrad sind folglich gering (negative Koordinierung) oder hoch (positive Koordinierung). Empirisch sind Entscheidungsprozesse und Politikergebnisse häufiger von negativer als von positiver Koordinierung gekennzeichnet.[726]

---

724 Vgl. ebd., S. 282; vgl. Mayntz, Renate/Scharpf, Fritz W., *Policy-Making in the German Federal Bureaucracy*, S. 146.

725 Vgl. Hacke, Christian, Vernetzte Sicherheit: Intention und Wirklichkeit, in: Meier-Walser, Reinhard/Wolf, Alexander (Hrsg.), *Neue Dimensionen internationaler Sicherheitspolitik*, München 2011, S. 55.

726 „Negative coordination prevails, that is, coordination between organisational units, in which the enforcing organisational unit merely examines if a variant of a decision has a negative influence on the status quo or on the interests of other units. In contrast to positive coordination, there is no examination of possible optimal combinations from which all involved actors would benefit the most. This leads to substantially diminished efforts, which is the cause of the empirical dominance of this variant of coordination." (Schmid, Josef/Buhr, Daniel, *Federal government: permanent in-house capacities – life within the 'apparatus'*, S. 97); vgl. Kevenhörster, Paul, *Politikwissenschaft Band 2: Ergebnisse und Wirkungen der Politik*, S. 438.

Tabelle 13: Unterschiede positiver und negativer Koordinierung[727]

Kriterium	Negative Koordinierung	Positive Koordinierung
Problembetrachtung	Getrennt	Gemeinsam
Entwicklung von Lösungsvorschlägen	einzeln	zusammen
Lösungsorientierung	Einzelinteresse	Gemeinwohl
Problembearbeitung	politikfeldspezifisch	politikfeldübergreifend
Alternative Entscheidungsoptionen	wenige	viele
Koordinationsaufwand	gering	hoch
Innovationsgrad	gering	hoch
Häufigkeit	regelmäßig	selten

Es überrascht nicht, dass die deutsche Ministerialbürokratie auf diesem Kontinuum eher der negativen als der positiven Koordinierung zugeordnet werden kann.[728] Das vorrangige Ziel interministerieller Abstimmung ist, „(potenzielle) Konflikte auf möglichst niedriger Hierarchiestufe auszugleichen und beizulegen"[729], und umfasst dazu hauptsächlich informelle Koordinierung durch direkte Kommunikation (E-Mail, Telefon), unregelmäßige oder nicht-institutionalisierte Koordinierung (z.B. Ressortbesprechungen) und institutionalisierte Koordinierung über interministerielle Ausschüsse. Kabinettsbeschlüsse werden im Vorhinein soweit abgestimmt, dass diese in der Regel vom Kabinett angenommen werden. Damit eine Initiative nicht am Widerstand eines anderen Ministeriums scheitert, erfolgt eine enge Ressortabstimmung, die durchaus von „Mitzeichnungskriege[n]"[730] gekennzeichnet sein kann.[731] Dies führt nicht nur dazu, dass die Interessen anderer Ressorts berücksichtigt, sondern bereits bei der Entwicklung von Politikansätzen antizipiert werden. Ein in diesem Sinne erfolgreiches Policy-Making basiert auf Vorschlägen, die eigene Kapazitäten nicht übersteigen, keinen Widerspruch in anderen Politikbereichen und bei der politischen

727 Vgl. Schmid, Josef/Buhr, Daniel, *Federal government: permanent in-house capacities – life within the 'apparatus'*, S. 97; eigene Darstellung und Übersetzung.

728 Vgl. Rudzio, Wolfgang, *Das politische System der Bundesrepublik Deutschland*, S. 259; vgl. Kevenhörster, Paul, *Politikwissenschaft. Band 1: Entscheidungen und Strukturen der Politik*, S. 346f.; vgl. Mayntz, Renate/Scharpf, Fritz W., *Policy-Making in the German Federal Bureaucracy*, S. 150.

729 Eberlei, Walter/Weller, Christoph, *Deutsche Ministerien als Akteure von Global Governance. Eine Bestandsaufnahme der auswärtigen Beziehungen der Bundesministerien*, INEF-Report, 51, Duisburg 2001, S. 41f.

730 Murswieck, Axel, Des Kanzlers Macht: Zum Regierungsstil Gerhard Schröders, in: Egle, Christoph/Ostheim, Tobias/Zohlnhöfer, Reimut (Hrsg.), *Das rot-grüne Projekt: Eine Bilanz der Regierung Schröder 1998–2002*, Opladen 2003, S. 129.

731 Vgl. Rudzio, Wolfgang, *Das politische System der Bundesrepublik Deutschland*, S. 256.

Führung hervorrufen und mit den zur Verfügung stehenden Ressourcen durchführbar sind.[732]

Einerseits verringert dieses Vorgehen den Koordinationsaufwand, verhindert offene interministerielle Konflikte und entspricht der arbeitsteiligen Logik einer Ministerialbürokratie.[733] In diesem Sinne ist es wenig hilfreich, einzelnen Ressorts eine „Silomentalität"[734] vorzuwerfen, da ein gewisser „Ressortegoismus"[735] aufgrund der funktionalen Differenzierung sowie des grundgesetzlich verankerten Ressortprinzips strukturell bedingt ist. Andererseits steht dieses Vorgehen innovativen und effektiven Problemlösungen insofern im Wege, als die oben beschriebenen Voraussetzungen für eine aktive Politik häufig nicht gegeben oder erfüllt sind.[736] Positive Koordinierung würde mit einer größeren Aufmerksamkeit für ressortübergreifende Aspekte und umfassenden Problembeschreibungen einhergehen, Handlungsspielräume erweitern und integrierte Politikansätze mit größerer Reichweite fördern.[737] Gleichzeitig birgt eine umfassende Koordinierung ohne entsprechende Problemverarbeitungskapazität und Kompetenzübertragung etwaige Risiken überkomplexer Problemlagen und einer nicht zu bewältigenden Informationsflut sowie erhebliches Konfliktpoten-

---

732 Vgl. Schmid, Josef/Buhr, Daniel, *Federal government: permanent in-house capacities – life within the 'apparatus'*, S. 96.

733 „Damit soll ausgedrückt werden, daß die Berücksichtigung politischer Entscheidungskriterien durch die Ministerialbürokratie zum guten Teil die Form einer gedanklichen Vorwegnahme von Widerständen gegen bestimmte Pläne hat, die dann entsprechend modifiziert werden, ohne daß es überhaupt zu einer akuten Auseinandersetzung darüber gekommen wäre. Es ist einsehbar, daß das zu anderen Entscheidungsergebnissen führt, als wenn man Abstriche von einem Plan erst macht, nachdem man sich in manifesten Konflikten nicht durchsetzen konnte. Die antizipatorische Konfliktregelung durch die Ministerialbürokratie könnte leicht die Tendenz zu reaktiver und inkrementaler Programmentwicklung begünstigen." (Mayntz, Renate, *Soziologie der öffentlichen Verwaltung*, S. 209f.); vgl. ebd., S. 103; vgl. Scharpf, Fritz W., *Planung als politischer Prozeß. Aufsätze zur Theorie der planenden Demokratie*, Frankfurt am Main 1973, S. 73; vgl. Scharpf, Fritz W., *Positive und negative Koordination in Verhandlungssystemen*, S. 57.

734 Unmüßig, Barbara/Kellner, Michael, Gegen die Silo-Mentalität in den Amtsstuben, in: *Frankfurter Rundschau*, 02.10.2012. Online einzusehen unter http://www.fr-online.de/meinung/gastbeitrag-gegen-die-silo-mentalitaet-in-den-amtsstuben,1472602,20071364.html, zuletzt aufgerufen am 14.05.2015.

735 Scharpf, Fritz W., *Fallstudien zu Entscheidungsprozessen in der Bundesregierung*, S. 82.

736 Vgl. Weller, Christoph, *Bundesministerien*, S. 217; vgl. Mayntz, Renate/Scharpf, Fritz W., *Policy-Making in the German Federal Bureaucracy*, S. 147ff.

737 Vgl. Schmid, Josef/Buhr, Daniel, *Federal government: permanent in-house capacities – life within the 'apparatus'*, S. 95.

zial zwischen beteiligten Ressorts.[738] Im Ergebnis kann positive Koordinierung somit ebenfalls zu einer Einigung auf den kleinsten gemeinsamen Nenner oder keiner Koordinierung führen.[739] Im schlimmsten Falle ließe sich die Diskrepanz zwischen deklarierter Vorgehensweise und faktischen Veränderungen von Entscheidungspozessen als „organisatorische Heuchelei“ [740] abtun. Wenn man davon ausgeht, dass übergeordnete Ziele nicht durch unabhängige Handlungen einzelner Akteure, sondern durch ein abgestimmtes Vorgehen bestmöglich zu erreichen sind, kann aus den beschriebenen Herausforderungen geschlussfolgert werden, dass Koordinierung nach wie vor „die große Lücke im organisatorischen Denken und Handeln“[741] darstellt.[743]

Dennoch ergibt sich eine analytische Unschärfe, wenn ein Gegensatz zwischen den Handlungen einzelner Akteure und ressortübergreifendem Regierungshandeln konstruiert wird, da die entsprechende Politikformulierung und Politikimplementierung sich als Resultante der Interaktionen von Akteuren mit eigenen Interessen, Zielen und Strategien innerhalb eines bestimmten institutionellen Rahmens darstellen.[743] Diese Erkenntnis leitet sich aus den Arbeiten über das *Institutional Analysis and Development Framework*[744] und den *Akteurzentrierten Institutionalismus*[745] ab. Ersteres konzentriert sich nach Ostrom vor allem auf die Identifizierung von Strukturvariablen, die die Handlungen in-

738 „Obviously, neither the frustration of over-complexity nor of unresolvable conflicts of interest or of ideology are very conductive to active policy-making.“ (Mayntz, Renate/Scharpf, Fritz W., *Policy-Making in the German Federal Bureaucracy*, S. 149); vgl. Scharpf, Fritz W., *Fallstudien zu Entscheidungsprozessen in der Bundesregierung*, S. 82.

739 Vgl. Mayntz, Renate/Scharpf, Fritz W., *Policy-Making in the German Federal Bureaucracy*, S. 150.

740 Werner, Jann, Die skandinavische Schule der Verwaltungswissenschaft: Neo-Institutionalismus und die Renaissance der Bürokratie, in: Bogumil, Jörg/Jann, Werner/Nullmeier, Frank (Hrsg.), *Politik und Verwaltung. (Politische Vierteljahresschrift) PVS Sonderheft 37,* Wiesbaden 2005, S. 132.

741 Hüttl, Alfred, Verwaltung gestern, heute, morgen: Koordinierungsprobleme der öffentlichen Verwaltung, in: *Die Öffentliche Verwaltung (DÖV),* Vol. 18, Nr. 12, 1965, S. 409.

742 Vgl. Whetten, David A., Issues in Conducting Research, in: Rogers, David L./Whetten, David A. (Hrsg.), *Interorganizational Coordination: Theory, Research, and Implementation,* Ames 1982, S. 98 u. 100.

743 Vgl. Scharpf, Fritz W., Interorganizational Policy Studies: Issues, Concepts and Perspectives, in: Hanf, Kenneth/Scharpf, Fritz W. (Hrsg.), *Interorganizational Policy Making. Limits to Coordination and Central Control,* London 1978, S. 346.

744 Vgl. Ostrom, Elinor, Institutional Rational Choice: An Assessment of the Institutional Analysis and Development Framework, in: Sabatier, Paul A. (Hrsg.), *Theories of the Policy Process,* Cambridge 2007, S. 21ff.

745 Vgl. Scharpf, Fritz W., *Interaktionsformen. Akteurszentrierter Institutionalismus in der Politikforschung*, Opladen 2000.

dividueller oder kollektiver Akteure im Rahmen bestimmter Institutionen beeinflussen. Mit Letzterem vollzieht Scharpf Entstehungsprozesse von bestimmten Politiken nach, indem institutionelle Arrangements und das komplexe Zusammenwirken einzelner Akteure mit divergierenden Zielsystemen, unterschiedlich verteilten Handlungsressourcen und Kompetenzen in den Blick genommen werden. In Anlehnung an diese beiden institutionalistischen Ansätze der Policyforschung ergeben sich folgenden Analyseschritte, die im Hinblick auf Politikkohärenz in den nächsten Kapiteln zu bewältigen sind:[746]

- Beschreibung des Politikproblems und relevanter Akteure
- Feststellung der Präferenzen und damit einhergehendes Konfliktniveau
- Berücksichtigung der Regeln, die ein bestimmtes Vorgehen fördern oder einschränken
- Analyse der Interaktionsformen im Zuge des Entscheidungsprozesses
- Darstellung des Politikergebnisses unter Berücksichtigung der Einflussnahme relevanter Akteure
- Erarbeitung institutioneller Verbesserungsvorschläge

Während Politikkohärenz zusammengefasst als Koordinierungsproblem verstanden werden kann, geht Politikkohärenz als normatives Leitbild guten Regierungshandelns über analytische Dimensionen der Koordinierung hinaus. Dies liegt zunächst daran, dass mit Politikkohärenz eine Verzahnung unterschiedlicher Politikfelder oder Policy-Subsysteme angesprochen ist, die anspruchsvoller ist als formale Abstimmungsprozesse sowie die häufig festgestellte negative Koordinierung. Weiterhin zeigt die bisherige Verwendung des Begriffes Politikkohärenz insbesondere im Bereich der Entwicklungspolitik, dass in der Regel konkrete inhaltlich-materielle Sachverhalte und entsprechende Politikansätze verhandelt werden, die mittels einer policy-analytischen Perspektive politikwissenschaftlich fundiert werden können. Ferner darf ergänzt werden, dass Politikkohärenz die Leistungsfähigkeit des politischen Systems stärker erhöht als beansprucht und systemisch sinnvoll ist, da sie inkrementellem Policy-Making entgegenwirkt und externe Effekte einzelner Politikfelder zu internalisieren versucht. Wie die politische Forderung nach verbesserter Polikkohärenz umgesetzt wird, kann nun anhand der Rohstoffstrategie als empirischer Fall eines ressortübergreifenden Politikansatzes untersucht werden.

746 Vgl. Gellner, Winand/Hammer, Eva-Maria, *Policyforschung*, München 2010, S. 77–83 u. 99.

4. Analyse: Die Rohstoffstrategie der Bundesregierung

> „Ministerial bureaucracy is essential with regards to concrete policy-making in Germany. The administration is not only responsible for the implementation of decisions, but also for drafting and preparing them. This process starts with ‚backstage' agenda setting [...]. The policy-making process then goes on with developing specific proposals, coordination within and between ministries and preparing the legislative process."[747]

Das Bundeskabinett beschließt am 20. Oktober 2010 die *Rohstoffstrategie der Bundesregierung* mit dem Ziel der „Sicherung einer nachhaltigen Rohstoffversorgung Deutschlands mit nicht-energetischen mineralischen Rohstoffen"[748]. Vergleichbar der Rohstoffinitiative der Europäischen Kommission (2008) sieht diese Rohstoffstrategie eine Integration der Rohstoffpolitik in außenorientierte Politikbereiche vor.[749] Zur ressortübergreifenden Abstimmung richtet die Bundesregierung 2007 den Interministeriellen Ausschuss Rohstoffe (IMA Rohstoffe) ein.[750] Die *Deutsche Rohstoffagentur* (DERA) wird 2010 als rohstoffwirt-

---

747 Schmid, Josef/Buhr, Daniel, *Federal government: permanent in-house capacities – life within the 'apparatus'*, S. 95.

748 BMWi, *Rohstoffstrategie der Bundesregierung. Sicherung einer nachhaltigen Rohstoffversorgung Deutschlands mit nicht-energetischen mineralischen Rohstoffen*, S. 1.

749 Die Rohstoffinitiative der Europäische Kommission umfasst drei übergeordnete Ziele: Diskriminierungsfreier Zugang zu Rohstoffen auf dem Weltmarkt, dauerhafte Versorgung mit Rohstoffen aus europäischen Quellen und eine Senkung des Primärrohstoffverbrauchs in der EU. Das Ziel eines diskriminierungsfreien Zugangs zu Rohstoffen auf dem Weltmarkt weist eine außenpolitische Orientierung auf, die eine „bessere Koordinierung der verschiedenen Bereiche der EU-Außenpolitik (Außenbeziehungen, Handel, Entwicklung, Sicherheit usw.)" notwendig erscheinen lässt. Für eine Einschätzung der entwicklungspolitischen Kohärenz ist dabei von besonderer Relevanz, dass eine „Ausrichtung der Entwicklungspolitik auf dauerhaften Zugang zu Rohstoffquellen durch die Gestaltung der Budgethilfe, der Kooperationsstrategien und anderer Instrumente" vorgesehen ist. Vgl. Europäische Kommission, *Die Rohstoffinitiative – Sicherung der Versorgung Europas mit den für Wachstum und Beschäftigung notwendigen Gütern*, S. 6 u. 14.

750 Vgl. Bundesregierung, *Zwischenbilanz der Rohstoffaktivitäten der Bundesregierung (Schwerpunkt nichtenergetische Rohstoffe)*, Berlin 2008. Neben dem Auswärtigen Amt, dem Bundesministerium für Finanzen, dem Bundesministerium für Ernährung, Landwirtschaft und Verbraucherschutz, dem Bundesministerium für Umwelt, Naturschutz und Reaktorsicherheit, dem Bundesministerium für Bildung und Forschung, dem Bundesministerium für wirtschaft-

schaftliches Kompetenzzentrum gegründet.[751] Das BMZ ergänzt die Rohstoffstrategie 2010 mit dem Positionspapier *Entwicklungsfaktor Extraktive Rohstoffe.*[752] Mit der Mongolei (2011), Kasachstan (2012), Chile (2013) und Peru (2014) werden bilaterale *Rohstoffpartnerschaften* abgeschlossen.[753] Im August 2011 wird das *Helmholtz-Institut Freiberg für Ressourcentechnologie* gegründet.[754] Das Umweltministerium legt 2012 das *Deutsche Ressourceneffizienzprogramm* (ProgRess) vor.[755] Neben der langjährigen politischen sowie finanziellen Unterstützung der Transparenzinitiative EITI wird 2014 eine Kandidatur der Bundesrepublik Deutschland eingeleitet.[756]

Verglichen mit den neuen Akzenten, die durch die Rohstoffstrategie kommuniziert worden sind, war die bisherige „Rohstoffpolitik" von einer mehrjährigen Inaktivität gekennzeichnet. Im Rahmen der Entwicklungszusammenarbeit stand beim Abbau von Rohstoffen lange Zeit die Durchsetzung eines nachhaltigen Ressourcenmanagements unter sozialen und umweltpolitischen Bedingun-

---

liche Zusammenarbeit und Entwicklung, dem Bundesministerium für Verkehr, Bau und Stadtentwicklung und dem Bundesministerium des Innern sind die Deutsche Rohstoffagentur und die Bundesbank sowie als Sachverständige der BDI und andere Wirtschaftsverbände vertreten. Vgl. Feldt, Heidi, *Die deutsche Rohstoffstrategie: Eine Bestandsaufnahme*, Berlin 2012, S. 4.

751 Vgl. BMWi, *Der Bergbau in der Bundesrepublik Deutschland 2012: Bergwirtschaft und Statistik*, S. 30.

752 Vgl. BMZ, *Entwicklungsfaktor extraktive Rohstoffe*; vgl. Laag, Benjamin, *Interview mit Mitarbeitern des Referats 313 Wasser; Energie; Stadtentwicklung; Geosektor, BMZ, vollständig transkribiert*, Bonn, 11.01.2013.

753 Vgl. Bundesregierung, *Jahresbericht der Bundesregierung 2012/2013*, Berlin 2013, S. 60; vgl. Bundesregierung, *Abkommen zwischen der Regierung der Bundesrepublik Deutschland und der Regierung der Republik Peru über Zusammenarbeit im Rohstoff-, Industrie- und Technologiebereich*, Berlin 2014; vgl. Bardt, Hubertus/Kempermann, Hanno/Lichtblau, Karl, *Deutsche Unternehmen im Wettbewerb um Rohstoffe: Versorgungsrisiken und Absicherungsstrategien*, S. 55.

754 Vgl. Bundesregierung, *Jahresbericht der Bundesregierung 2010/2011*, Berlin 2011, S. 42; vgl. Mischo, Helmut/Grund, Klaus, *Forschung in einem europäischen Umfeld: Der Ausbau des Forschungs- und Lehrbergwerks der Bergakademie Freiberg zum zentralen Forschungsstandort unter Tage*, Freiberg 2014.

755 Vgl. Bundesregierung, *Deutsches Ressourceneffizienzprogramm (ProgRess): Programm zur nachhaltigen Nutzung und zum Schutz der natürlichen Ressourcen, Beschluss des Bundeskabinetts vom 29.02.2012*, Berlin 2012.

756 Vgl. Krause, Reinhard, *Extractive Industries Transparency Initiative (EITI): Umsetzung in Deutschland (FAB-Rohstoffgespräch am 18. Juni 2014)*, Freiberg 2014. Folien 16f.; vgl. BMWi, *Bundesregierung stärkt Rohstofftransparenz*, Pressemitteilung vom 02.07.2014, 02.07.2014. Online einzusehen unter http://www.bmwi.de/DE/Presse/pressemitteilungen,did=644956.html, zuletzt aufgerufen am 14.05.2015.

gen (z.B. Altlastenbeseitigung durch Projekte der BGR) im Vordergrund.[757] Das Explorationsförderprogramm als wesentliches Außenwirtschaftsförderinstrument des Wirtschaftsministeriums wurde in den 1990ern eingestellt, nachdem eine gesicherte Rohstoffversorgung der heimischen Wirtschaft über funktionierende Weltmärkte zu einem Rückzug deutscher Unternehmen aus dem Auslandsbergbau geführt hatte.[758] Aufgrund niedriger Rohstoffpreise und des vergleichsweise langfristigen Charakters einer Investition im Rohstoffbereich war die Finanzierung von Rohstoffprojekten durch deutsche Banken schwierig. Auf politischer Ebene sah man weder Handlungsbedarf noch gab es eingehende Forderungen nach einer Rohstoffpolitik.[759]

Vor dem Hintergrund dieser Ausgangslage untersucht das vierte Kapitel die Entstehung und Umsetzung der Rohstoffstrategie sowie die von der Bundesregierung intendierte „kohärent gestaltende Rohstoffaußenpolitik unter Berücksichtigung außen-, wirtschafts- und entwicklungspolitischer Ziele“[760]. Um die Ausrichtung und Intensität der Politikkohärenz policy-analytisch zu untersuchen, stehen die Zielsysteme unterschiedlicher Politikfelder, Strukturen gewachsener Behördenarrangements sowie Aushandlungsprozesse unterschiedlicher Ressortinteressen im Mittelpunkt. Wenn sich Strategien „aus den ‚osmotischen Beziehungen‘ zwischen den Ministerien, d.h. also quasi aus dem Bauch der Fachministerien heraus“[761] entwickeln, empfiehlt sich das in Unterkapitel 1.4 vorgestellte prozessanalytische Vorgehen, um Kausalmechanismen und Wirkungszusammenhänge aufzuzeigen.[762] Berücksichtigung für eine derartige Analyse findet außerdem der ursprünglich von Laswell (1956) konzipierte und

757 Vgl. Laag, Benjamin, *Interview mit Dr. Heidi Feldt, entwicklungspolitische Beraterin, vollständig transkribiert*, Berlin, 19.12.2012.

758 Vgl. Laag, Benjamin, *Interview mit dem Referatsleiter IV B 2 Internationale Rohstoffpolitik, BMWi, vollständig transkribiert und überarbeitet*, Berlin, 18.12.2012.

759 Vgl. Schwarz, Rüdiger, *Nationale Rohstoffstrategie – Wie Deutschland international wieder ins Spiel kommt*, S. 96f. „‚Deutschland hat die strategische Bedeutung dieser Ressourcen nicht rechtzeitig erkannt‘, meint der Zuger Fondsmanager und Rohstoffexperte Christoph Eibl. Und dafür sei das Land zum Teil selbst verantwortlich. Leichtfertig haben sich die Deutschen darauf verlassen, dass Rohstoffe ständig verfügbar sind, reichlich und billig. Viele Unternehmen sind aus dem Geschäft ausgestiegen. [...] Auch die Bundesregierung kümmerte sich zuletzt mehr um die Versorgung mit Rohöl und Erdgas als um den Zugriff auf Wolfram oder Indium.“ (Jung, Alexander/Wagner, Wieland, Die Rohstofflücke, in: *Der Spiegel*, 45, 2009, S. 86).

760 BMWi, *Rohstoffstrategie der Bundesregierung. Sicherung einer nachhaltigen Rohstoffversorgung Deutschlands mit nicht-energetischen mineralischen Rohstoffen*, S. 8.

761 Mathias Brucksteeg, zit. n. Glaab, Manuela, *Strategie und Politik: das Fallbeispiel Deutschland*, S. 102.

762 Vgl. Schneider, Volker/Wagemann, Claudius/Janning, Frank, *Methods and study types in German policy analysis*, S. 61.

kontinuierlich weiterentwickelte Politikzyklus (*Policy Cycle*), um ein differenziertes Verständnis für die Abläufe innerhalb von Entscheidungsprozessen zu entwickeln.[763]

Abbildung 24: Der Politikzyklus (Policy Cycle)[764]

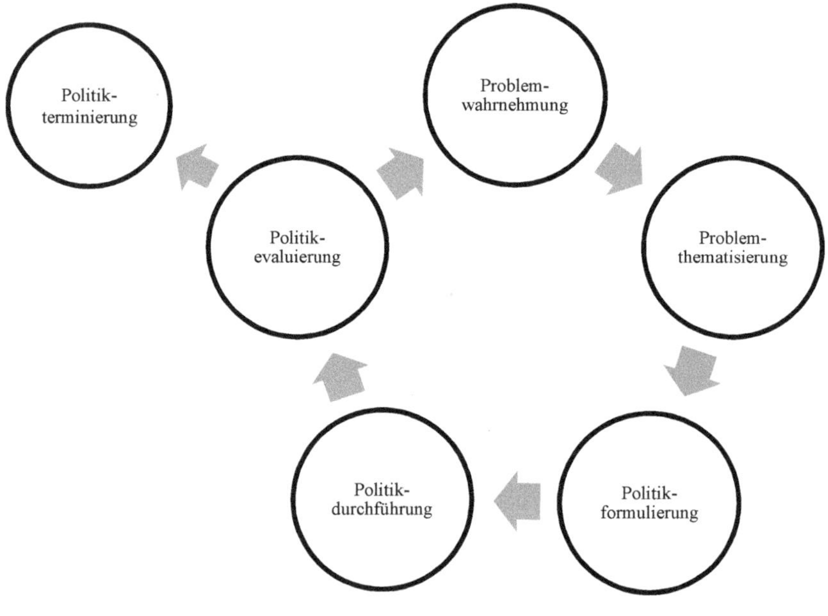

Die Phasen des Politikzyklus als „wohl einflussreichste[s] Modell der Politikfeldanalyse“[765] gliedern den Politikprozess in die logischen sowie sequenziellen Schritte der Problemwahrnehmung (Problemdefinition), Problemthematisierung (Agenda-Setting), Politikimplementierung, Politikevaluierung und ggf. Politikterminierung, beschreiben die Beziehungen der einzelnen Akteure zuein-

763 Vgl. Lasswell, Harold D., *The Decision Process: Seven Categories of Functional Analysis*, College Park 1956; vgl. Jann, Werner/Wegrich, Kai, Phasenmodelle und Politikprozesse: Der Policy Cycle, in: Schubert, Klaus/Bandelow, Nils C. (Hrsg.), *Lehrbuch der Politikfeldanalyse 2.0*, München 2009, S. 104.

764 Jann, Werner/Wegrich, Kai, *Phasenmodelle und Politikprozesse: Der Policy Cycle*, S. 86; Schubert, Klaus/Blum, Sonja, *Politikfeldanalyse*, S. 105.

765 Schubert, Klaus/Blum, Sonja, *Politikfeldanalyse*, Wiesbaden 2009, S. 101.

ander und ermöglichen eine Bewertung politischer Entscheidungen.[766] Es bietet sich zudem an, den *Policy Cycle* komplementär zum *Policy Coherence Cycle* anzuwenden. Der bereits erwähnte *Policy Coherence Cycle* berücksichtigt insbesondere Politikformulierung, Entscheidung, Implementierung und Bewertung politischer Maßnahmen bei der Analyse von Politikkohärenz. Obwohl an der Erklärungsheuristik des *Policy Cycle* teilweise kritisiert wird, dass sich die empirische Realität des Politikprozesses häufig nicht in voneinander abgrenzbare und aufeinanderfolgende Schritten aufteilen lasse und die kausalen Beziehungen zwischen den Phasen vernachlässigt würden, dient dieses Vorgehen zunächst der analytischen Strukturierung des Politikprozesses und ermöglicht so eine Bewertung des institutionellen Kontextes rohstoffpolitischer Entscheidungen.[767]

4.1 Entstehung und Umsetzung der Rohstoffstrategie

4.1.1 Problemwahrnehmung

> „Die eigene Erfahrung hat den Vorzug völliger Gewißheit und größter Specialität, wodurch der Nachtheil, der ihr daraus erwächst, daß ihre Sphäre beschränkt und ihre Beispiele nicht allbekannt sind, überwogen wird."[768]

Die Definition eines Problems basiert wesentlich auf der Perspektive und dem Hintergrund des jeweiligen Akteurs. Werte, Einstellungen und Interessen sind entscheidend dafür, ob und wie ein Problem wahrgenommen und beschrieben wird.[769] Die Problemdefinition umfasst eine Diskussion über angestrebte Ziele, gesellschaftliche Trends und Rahmenbedingungen, Prognosen und schließlich einen Entwurf politischer Handlungsalternativen.[770] Im Vergleich zu den an-

---

766 Vgl. Kraft, Michael E./Furlong, Scott R., *Public Policy: Politics, Analysis, and Alternatives*, S. 77 u. 98; vgl. Schneider, Volker/Wagemann, Claudius/Janning, Frank, *Methods and study types in German policy analysis*, S. 59f.

767 Vgl. Jann, Werner/Jantz, Bastian, *The development of policy analysis in Germany: practical problems and theoretical concepts*, S. 35; vgl. Kevenhörster, Paul, *Politikwissenschaft. Band 1: Entscheidungen und Strukturen der Politik*, S. 319.

768 Schopenhauer, Arthur, *Die Welt als Wille und Vorstellung*, Leipzig 1819, S. 2092.

769 Vgl. Kraft, Michael E./Furlong, Scott R., *Public Policy: Politics, Analysis, and Alternatives*, S. 79.

770 „Aus der Analyse der offenen Problemsituation (Problemdefinition) erfolgt die Ableitung der notwendigen politischen Entscheidung (Entscheidungsoption)." (Glaab, Manuela, *Strategie und Politik: das Fallbeispiel Deutschland*, S. 83).

schließenden Phasen des Politikzyklus ist die Problemdefinition wenig institutionalisiert.[771] Der Spielraum, der sich für handelnde Politiker ergibt, stellt sich in der Regel als eine begrenzte Gelegenheit dar, in der inhaltliche Überlegungen (*Policy*) und politische Erwägungen des Machterhalts oder des Machterwerbs (*Politics*) zusammenfallen.[772] Um die Gunst der Stunde politisch nutzen zu können, sind zudem eine hinreichendes Echo in den Medien und eine günstige Konstellation der öffentlichen Meinung als „Resonanzboden für die Durchsetzung von Politikzielen“[773] und als Legitimationsgrundlage für öffentliches Handeln notwendig.[774] Anders formuliert bestimmen die veröffentlichte und öffentliche Salienz sowie die Konflikthaftigkeit einer Fragestellung, ob sich das Parlament oder die Regierung eines Themas annimmt.[775] Diese Voraussetzungen können dazu führen, dass sich ein Problem während der Phase seiner Definition nicht weiter zuspitzt und zum Zeitpunkt der politischen Entscheidung wesentlich weniger akut ist, als ursprünglich postuliert.[776] Daher ist es schwierig, „die öffentliche Aufmerksamkeit für langfristige Themen wachzuhalten“[777]. Bereits während der Phase der Problemdefinition und zu Beginn einer politischen Auseinandersetzung ist es daher entscheidend, wer über die Definitionsmacht verfügt, die bestimmte Sachverhalte zu Problemen werden lässt.[778]

Die Phase der Problemwahrnehmung hat sich im Hinblick auf die 2010 verabschiedete Rohstoffstrategie als ein schleichender Prozess und punktuelles Agenda-Setting dargestellt, in dem vor allem außenwirtschaftliche Interessen gegenüber der Politik artikuliert wurden. Während des ersten Rohstoffgipfels *Rohstoffsicherheit – Herausforderung für die Industrie* im März 2005 vereinbarten die damalige rot-grüne Bundesregierung und der Bundesverband der Deutschen Industrie e.V. (BDI), eine Rohstoffstrategie für Deutschland zu erar-

771 Vgl. Kevenhörster, Paul, *Politikwissenschaft. Band 1: Entscheidungen und Strukturen der Politik*, S. 341f.

772 Vgl. Schmid, Josef/Buhr, Daniel, *Federal government: permanent in-house capacities – life within the 'apparatus'*, S. 99.

773 Glaab, Manuela, *Strategie und Politik: das Fallbeispiel Deutschland*, S. 89.

774 Vgl. Strünck, Christoph, Public interest groups and policy analysis: a push for evidence-based policy-making? in: Blum, Sonja/Schubert, Klaus (Hrsg.), *Policy analysis in Germany*, Bristol 2013, S. 226f.

775 „Salience is the issue's relative importance to the general public, and conflicts refer to the level of disagreement over it.“ (Kraft, Michael E./Furlong, Scott R., *Public Policy: Politics, Analysis, and Alternatives*, S. 84).

776 Vgl. Downs, Anthony, Up and Down with Ecology: the Issue-Attention Cycle, in: *The Public Interest*, Nr. 28, 1971, S. 39.

777 Stern, Nicholas, *Der Global Deal*, S. 162.

778 Vgl. Kevenhörster, Paul, *Politikwissenschaft. Band 1: Entscheidungen und Strukturen der Politik*, S. 239.

beiten.[779] Im Nachgang legte das Bundeswirtschaftsministerium im Juli 2005 seinen *Bericht zur aktuellen rohstoffwirtschaftlichen Situation und zu möglichen rohstoffpolitischen Handlungsoptionen* vor, und der BDI richtete im Herbst 2005 eine Präsidialgruppe *Internationale Rohstofffragen* ein.[780] Insbesondere seit 2006 werden rohstoffpolitische Fragestellungen zunehmend öffentlich wahrgenommen und stoßen auf ein verstärktes Interesse in der Politik.[781] Ein Diskussionsprozess unter Beteiligung mehrerer Bundesressorts und der BGR mündete in die *Elemente einer Rohstoffstrategie*, die die Bundesregierung auf dem zweiten Rohstoffkongress des BDI im März 2007 vorstellte. Diese Vorarbeiten für eine spätere Rohstoffstrategie sahen „einen ganzheitlichen rohstoffpolitischen Ansatz für eine möglichst enge Verzahnung aller nationalen und internationalen politischen Ebenen im Bereich der Rohstoffpolitik“[782] vor und konzentrierten sich auf „eine sichere Versorgung der deutschen Industrie mit metallischen und nichtmetallischen Industrierohstoffen“[783]. Ohne den Inhalt der eigentlichen Rohstoffstrategie an dieser Stelle vorwegnehmen zu wollen, wurde mit dem Ziel der Versorgungssicherheit und einer Konzentration auf nicht-energetische Rohstoffe bereits 2007 eine wesentliche Problemdefinition seitens der Wirtschaft und der Bundesregierung vorangetrieben. Gleiches gilt auch für die eigentlichen „Elemente“, die die spätere Rohstoffstrategie vorstrukturierten und die nachfolgend dargestellt werden:

– Ordnungspolitisch wird eine Arbeitsteilung von Politik und Wirtschaft insofern festgeschrieben, als die operative Rohstoffversorgung vorrangige Aufgabe der Industrie sei und die Schaffung entsprechender politischer, rechtlicher sowie institutioneller Rahmenbedingungen durch die Politik gewährleistet werden müsste. Einer staatlichen Rohstoffpolitik im Sinne der Rohstoffbevorratung oder öffentlicher Beschaffung sowie dem Einsatz handelspolitischer Maßnahmen wird somit früh eine deutliche Absage erteilt. Stattdessen werde eine „möglichst weit reichende Liberalisierung der Weltmärkte“[784] und der damit einhergehende Abbau von Handelshemmnissen befürwortet. Diese Festlegung, die rohstoffpolitische Ansätze der Bundesregierung bis heute kennzeichnet, ist jedoch nicht unumstritten und wird aus zwei unterschiedlichen Richtungen infrage gestellt. Einerseits könne

779 Vgl. Bundesregierung, *Elemente einer Rohstoffstrategie der Bundesregierung*, S. 1 u. Fußnote 1.

780 Vgl. ebd., S. 1.

781 Vgl. Schwarz, Rüdiger, *Nationale Rohstoffstrategie – Wie Deutschland international wieder ins Spiel kommt*, S. 98.

782 Bundesregierung, *Elemente einer Rohstoffstrategie der Bundesregierung*, S. 7.

783 Ebd., S. 1.

784 Ebd., S. 2.

wegen der Zunahme handels- und wettbewerbsverzerrender Maßnahmen durchaus die bisherige Rolle des Staates infrage gestellt werden.[785] Es überrascht daher nicht, dass der Cronimet Gründer und Geschäftsführer Pilarsky angedeutet hat, „dass man die Schaffung der Rohstoffsicherheit unseres Landes nicht allein von der Industrie verlangen kann, sondern dass es auch Aufgabe der Politik ist“[786]. Andererseits wird die von BDI und Bundesregierung skizzierte staatliche Rohstoffpolitik ausgerechnet vom *Handelsblatt* als „ordnungspolitischer Sündenfall“[787] diskreditiert. Gegen staatliche Eingriffe spreche, dass höhere Rohstoffpreise keineswegs die Wettbewerbsfähigkeit der deutschen Indutrie beeinträchtigten, da höhere Preise für alle Akteure auf globalen Rohstoffmärkten gelten. Gleichzeitig stelle die hohe Volatilität der Rohstoffkurse Unternehmen vor besondere Herausforderungen, denen diese jedoch ohne staatliche Hilfe begegnen könnten. Genannt werden in diesem Zusammenhang Beteiligungen an Bergbauunternehmen, langfristige Lieferverträge, Diversifizierung der Lieferbeziehungen und finanzielle Absicherungsinstrumente gegen drastische Preisschübe.[788]

– Zudem gibt die Bundesregierung die Notwendigkeit einer „Vernetzung verschiedener Politikbereiche“[789] als zentrale Maßgabe vor, um die Rohstoffpolitik in einem „ganzheitlichen politischen Zusammenhang“[790] zu stellen. Dies machte auch Bundeskanzlerin Angela Merkel beim zweiten Rohstoffkongress 2007 deutlich, auf dem sie die Rohstoffpolitik als „klassische Querschnittsaufgabe“ bezeichnete, die „seitens der Bundesregierung bewältigt werden kann“[791]. Entsprechend forderte der BDI, dass „verschiedene Politikfelder und ministerielle Ressorts Hand in Hand arbeiten müssen“ und „ein Weg gefunden werden [muss], Schubladendenken zu überwin-

785 Ohne die dargestellte ordnungspolitische Arbeitsteilung infrage zu stellen, bemerkt auch Ulrich Grillo, damaliger Vorsitzender der BDI-Präsidialgruppe *Internationale Rohstofffragen*, kritisch: „Hätte man bilaterale Verhandlungen schon früher auch mit der ‚Rohstoffbrille‘ geführt, dann hätte es die vielen Ausnahmeregelungen für Rohstoffe in den europäisch-chinesischen Verhandlungen zum WTO-Beitritt Chinas nicht gegeben!“ (Zit. n. BDI-Präsidialgruppe Internationale Rohstofffragen, *Rohstoffsicherheit – Anforderungen an Industrie und Politik (2. BDI-Rohstoffkongress am 20. März 2007 in Berlin)*, Berlin 2007, S. 30).

786 Pilarsky, Günter, *Wirtschaft am Rohstofftropf: Der Kampf um die wichtigsten mineralischen Ressourcen*, S. 76.

787 Dieter, Heribert, Gegen staatliche Rohstoffpolitik, in: *Handelsblatt*, 29.03.2007.

788 Vgl. ebd.

789 Bundesregierung, *Elemente einer Rohstoffstrategie der Bundesregierung*, S. 2.

790 Ebd., S. 2.

791 Zit. n. BDI-Präsidialgruppe Internationale Rohstofffragen, *Rohstoffsicherheit – Anforderungen an Industrie und Politik (2. BDI-Rohstoffkongress am 20. März 2007 in Berlin)*, S. 12.

den"[792]. In diesem Zusammenhang ist die Einrichtung des Interministeriellen Ausschusses Rohstoffe (IMA Rohstoffe) zu sehen, an dem seit 2007 unter Federführung des BMWi das Bundeskanzleramt und eine Reihe weiterer Bundesministerien (Auswärtiges Amt; Finanzen; Ernährung, Landwirtschaft und Verbraucherschutz; Umwelt, Naturschutz und Reaktorsicherheit; Bildung und Forschung; wirtschaftliche Zusammenarbeit und Entwicklung; Verkehr, Bau und Stadtentwicklung; Inneres) teilnehmen. Als Behörden sind die BGR und die Bundesbank vertreten. Ferner wirken der BDI und andere Verbände als Sachverständige im IMA mit.[793] In einer Zwischenbilanz berichtet die Bundesregierung 2008, dass zu den bisherigen Themen des im IMA „Wettbewerbsverzerrungen beim Handel mit NE-Metallen, Sicherung deutscher Wirtschaftsinteressen in Afrika, Rahmenbedingungen für die Gewinnung einheimischer Rohstoffe, Material- und Ressourceneffizienz, Förderung von FuE-Technologien im Bereich mariner mineralischer Rohstoffe und erste Überlegungen des BDI für einen renditeorientierten Rohstoff-Fonds"[794] gezählt haben. Die Bundesregierung macht in ihrem Fortschrittbericht 2008 zur nationalen Nachhaltigkeitsstrategie deutlich, dass „Probleme der Rohstoffversorgung in enger Kooperation von Ressorts und Wirtschaft aufgegriffen und gelöst werden"[795].

– Ausdrücklich sollen außerdem rohstoffpolitische Ansätze in der Entwicklungspolitik gestärkt werden, deren Fokus bisher im Bereich des Umweltschutzes und weniger auf Lagerstättenerkundung und Rohstoffabbau lag. Als langfristiges Ziel werden auf diese Weise die „Entspannung der Weltrohstoffmärkte"[796] durch „angebotsseitige Verbesserungen"[797], d.h. eine Erhöhung des Rohstoffangebots angestrebt. Neben einer stärkeren Konzentration auf rohstoffreiche Entwicklungsländer werden die Einhaltung von Umwelt- und Sozialstandards, Förderung der Transparenz- und Rechenschaftspflicht sowie die Unterstützung staatlicher Institutionen wie Bergbauministerien und geologische Dienste, einer verbesserten Bergbaugesetzgebung und effizienterer Abbaumethoden angekündigt. Gleichzeitig kommt eine dezidiert entwicklungspolitische Komponente insofern zum Tragen, als

792 Ebd., S. 69.

793 Vgl. Bundesregierung, *Zwischenbilanz der Rohstoffaktivitäten der Bundesregierung (Schwerpunkt nichtenergetische Rohstoffe)*, S. 3; vgl. Mihm, Andreas, Merkel propagiert neue Rohstoffstrategie, in: *FAZ*, 68, 21.03.2007, S. 11.

794 Bundesregierung, *Zwischenbilanz der Rohstoffaktivitäten der Bundesregierung (Schwerpunkt nichtenergetische Rohstoffe)*, S. 3f.

795 Bundesregierung, *Fortschrittsbericht 2008 zur nationalen Nachhaltigkeitsstrategie*, Bundestagsdrucksache, 14/6031, Berlin 2008, S. 110.

796 Bundesregierung, *Elemente einer Rohstoffstrategie der Bundesregierung*, S. 4.

797 Ebd., S. 3.

eine erhöhte Wertschöpfung und Weiterverarbeitung der Bodenschätze vor Ort zu einem zentralen Anliegen und einem bedeutenden Beitrag zur Armutminderung erklärt werden.[798] Erich Stather, damaliger Staatssekretär des BMZ, bezeichnete die Elemente einer Rohstoffstrategie als „konstruktiv"[799] und bestätigte, dass sich die Entwicklungspolitik in den Entwürfen wiederfinde. Gleichzeitig hob er hervor, dass „Entwicklungspolitik natürlich nicht allein die Rohstoffsicherheit Deutschlands im Blick haben"[800] könne. Dies bedeute, dass Nachhaltigkeitsaspekte ebenfalls zum Tragen kommen müssten, indem der Rohstoffverbrauch eines Industrielandes wie der Bundesrepublik Deutschland „effizienter und sparsamer"[801] werden müsse. Gute Chancen für integrale Ansätze sieht der Staatssekretär vor allem bei Länder- und Regionalstrategien. Außerdem stelle die strategische Rohstoffsicherungspolitik Chinas eine Herausforderung für die Entwicklungspolitik dar, da politische Rahmenbedingungen in rohstoffreichen Partnerländern wie dem Sudan für die Chinesen eine untergeordnete Rolle spielten.[802] International müsse auf die chinesische Regierung dahingehend eingewirkt werden, die „Verbesserung der politischen und der wirtschaftlichen Situation der Länder stärker zu gewichten"[803].

– Erwähnung finden ferner außenwirtschaftliche Förderungsinstrumente, insbesondere Ungebundene Finanzkredite mit Bundesdeckung für Rohstoffvorhaben, um die Diversifizierung der Bezugquellen voranzubringen. Ungebundene Finanzkredite (UFK) wurden 1961 eingeführt, um unter anderem Finanzierungen von Rohstoffprojekten im Ausland gegen wirtschaftliche und politische Risiken abzusichern. Dazu muss ein deutsches Unternehmen einen langfristigen Liefervertrag abschließen und ein gesamtwirtschaftliches Interesse des konkreten Rohstoffvorhabens begründen. Nach dem bereits erwähnten Rückzug großer deutscher Rohstoffunternehmen aus dem Auslandsbergbau seit Ende der 1980er Jahre soll nun eine Rückwärtsintegration der deutschen rohstoffverarbeitenden Industrie politisch gefördert werden, um den Grad der Versorgungssicherheit durch Beteiligungen an Rohstoffgewinnungsprojekten, Finanzierungsbeteiligungen und langfristige Lieferbeziehungen zu erhöhen.[804] Neben den UFK werden Be-

798 Vgl. ebd., S. 4.

799 Zit. n. BDI-Präsidialgruppe Internationale Rohstofffragen, *Rohstoffsicherheit – Anforderungen an Industrie und Politik (2. BDI-Rohstoffkongress am 20. März 2007 in Berlin)*, S. 34.

800 Zit. n. ebd., S. 34.

801 Zit. n. ebd., S. 34.

802 Vgl. ebd., S. 35.

803 Ebd., S. 35.

804 Vgl. Bundesregierung, *Elemente einer Rohstoffstrategie der Bundesregierung*, S. 5f.

ratungsleistungen der BGR, Investitionsgarantien, die Auslandsvertretungen in rohstoffreichen Ländern sowie eine generelle außenpolitische Flankierung als weitere Elemente des rohstoffpolitischen Instrumentariums angeführt.[805] Gleichzeitig spricht die Bundesregierung relativ deutlich die unterschiedlichen Motivationslagen der Industrie in Bezug auf eine Rückwärtsintegration an, von denen letztlich die Wirksamkeit rohstoffpolitischer Maßnahmen im gegebenen ordnungspolitischen Rahmen abhängt. Obwohl ein gestiegenes Interesse am operativen Rohstoffabbau im Bereich der High-Tech-Metalle und bei Stahlveredlern „signalisiert“[806] werde, sei dieses bei der Kupfer- und Aluminiumindustrie sowie für metallische Rohstoffe insgesamt kaum ausgeprägt. Als Gründe dafür würden Umfang und Langfristigkeit notwendiger Investitionen, unternehmerische Risiken in vielen rohstoffreichen Ländern sowie (mittlerweile) fehlende operative Fähigkeiten im Bergbau anerkannt. Wesentlich deutlicher formuliert der Rohstoffexperte Schwarz, dass es „im Bereich der metallischen Rohstoffwirtschaft keinen international wettbewerbsfähigen Marktteilnehmer mehr [gibt], der die gesamte Wertschöpfungskette oder wesentliche Teile von der Erkundung der Lagerstätten bis zur Herstellung der Metalle in Reinform abdeckt“[807]. Damit die politische Unterstützung von der Wirtschaft voll umfänglich in Anspruch genommen werden kann, fordert die Bundesregierung von der rohstoffverarbeitenden Industrie „verstärkt eigene Rohstoffgewinnungsengagements“[808] und die Bündelung privater Finanzmittel für Rohstoffinvestitionen.[809] In diesem Sinne äußerte sich auch Bundeskanzlerin Angela Merkel beim zweiten Rohstoffkongress 2007, „dass das unser politischer Rat [an die Wirtschaft] wäre, die Bezugsquellen von Rohstoffen möglichst zu diversifizieren, wo immer es geht“[810].

805 Hierbei handelt es sich jedoch nicht um einen vollständig neuen Ansatz, da sich beispielsweise *Germany Trade & Invest* (*Gesellschaft für Außenwirtschaft und Standortmarketing*) in Südafrika seit vielen Jahren auf den Bergbausektor konzentriert. Vgl. Laag, Benjamin, *Interview mit Heiko Stumpf, Germany Trade&Invest (GTAI), vollständig transkribiert*, Johannesburg, 28.06.2013.

806 Bundesregierung, *Elemente einer Rohstoffstrategie der Bundesregierung*, S. 8.

807 Schwarz, Rüdiger, *Nationale Rohstoffstrategie – Wie Deutschland international wieder ins Spiel kommt*, S. 96.

808 Bundesregierung, *Elemente einer Rohstoffstrategie der Bundesregierung*, S. 6.

809 Vgl. Laag, Benjamin, *Interview mit Frank Aletter, Deutsche Industrie- und Handelskammer für das südliche Afrika, vollständig transkribiert*, Johannesburg, 21.06.2013; vgl. Laag, Benjamin, *Interview mit Heiko Stumpf, Germany Trade&Invest (GTAI), vollständig transkribiert.*

810 Zit n. BDI-Präsidialgruppe Internationale Rohstofffragen, *Rohstoffsicherheit – Anforderungen an Industrie und Politik (2. BDI-Rohstoffkongress am 20. März 2007 in Berlin)*, S. 15.

- Als weiteres Betätigungsfeld wurde ein Rohstoffinformationsdienst angesprochen, der weltweite rohstoffwirtschaftliche Entwicklungen analysieren und Beratungsleistungen insbesondere für kleine und mittelständische Unternehmen vorhalten soll. Zu diesem Zeitpunkt zeichnete sich bereits die spätere Gründung und Struktur der Deutschen Rohstoffagentur (DERA) ab, da keine neue öffentliche Einrichtung vorgesehen und entsprechend finanziert werden sollte, sondern der Aufgabenbereich der BGR um die „Rohstoffberatung der deutschen Wirtschaft“[811] erweitert werden sollte. Außerdem wurde eine „stärkere Vernetzung bestehender Einrichtungen mit internationeln Rohstoffinstitutionen“[812] als weiterer Aspekt aufgeführt, der jedoch wesentich ungefährer blieb als die Vorstellungen eines nationen „Rohstoffinformationsdienstes“.
- Außerdem umfassen diese ersten Vorarbeiten einer späteren Rohstoffstrategie eine Reihe weiterer – vor allem umwelt- und forschungspolitischer – Apekte: Komplementär[813] zu einer verbesserten Versorgung mit Primärrohstoffen waren eine Steigerung der Materialeffizienz, bessere Substitutionsmöglichkeiten, der verstärkte Einsatz nachwachsender Rohstoffe und höhere Recyclinganteile (Sekundärrohstoffe) vorgesehen.[814] Zudem sollten heimische Rohstoffpotenziale erschlossen und verstärkt genutzt werden.[815] Ebenso sind rohstoffpolitische Beiträge der Forschungspolitik vorgesehen, indem eine „anwendungsorientierte Rohstoff-Forschung“[816] und rohstofforientierte Studiengänge gefördert werden.
- Schließlich wurden außenpolitische Ansprüche für den Bereich der Rohstoffpolitik angemeldet, indem von einer „Rohstoffaußenpolitik“ die Rede ist, deren Beschreibung eher bilateral als europäisch ausfällt. Konkret kann diese über das Netz der Auslandsvertretungen wahrgenommen werden, die auf die Beziehungen zu einzelnen rohstoffreichen Ländern ausgerichtet sind. Auf europäischer Ebene wurde keine staatliche Rohstoffsicherungspolitik vorgesehen, sondern ein möglichst einheitliches Auftreten der EU in internationalen Rohstofffragen angestrebt.[817]

---

811 Bundesregierung, *Elemente einer Rohstoffstrategie der Bundesregierung*, S. 7.

812 Ebd., S. 7.

813 „Zu diesen Erkenntnissen gehört auch, dass wir Menschen weiterhin auf primäre Rohstoffe angewiesen sind und auf absehbare Zeit sein werden und dass wir zugleich aus mehreren Gründen das Potenzial sekundärer Rohstoffe ausschöpfen lernen müssen.“ (Matschullat, Jörg, *Strategische Rohstoffe – Risikovorsorge*, S. 261).

814 Bundesregierung, *Elemente einer Rohstoffstrategie der Bundesregierung*, S. 8ff.

815 Vgl. ebd., S. 10; vgl. Tiess, Guenter, *Rechtsgrundlagen der Rohstoffpolitik: Ausgewählte Länder Europas*, Wien, New York 2009, Kap. 4.

816 Bundesregierung, *Elemente einer Rohstoffstrategie der Bundesregierung*, S. 11.

817 Ebd., S. 13.

Diese Zusammenschau, die lediglich die Problemwahrnehmung der Bundesregierung widerspiegelt, zeigt, dass „[d]ie Interessen der an der Rohstoffpolitik Beteiligten […] breit gefächert sind“[818]. Während die Rolle des Staates in der Rohstoffpolitik vor dem Hintergrund der bereits beschriebenen rohstoffpolitischen Herausforderungen nicht unumstritten ist, wird seine ordnungspolitische Zuständigkeit für flankierende Maßnahmen von den wesentlichen Akteuren nicht infrage gestellt. Unbestritten ist jedoch eine unterschiedliche Problemwahrnehmung des BMWi und des BMZ bei gleichzeitiger Überschneidung ihrer Zuständigkeitsbereiche. Das Hauptinteresse des BMWi gilt der Versorgungssicherheit der rohstoffverarbeitenden Industrie. Da die meisten metallischen Rohstoffe außerhalb der Bundesrepublik abgebaut werden, ist das Augenmerk des BMWi darauf gerichtet, Rahmenbedingungen zu schaffen, die es der deutschen Wirtschaft ermöglichen, diese Rohstoffe zu beziehen.[819] Im Gegensatz dazu spielt die Rohstoffversorgung der heimischen Industrie für das BMZ keine zentrale Rolle. Vielmehr liegt der Fokus des BMZ auf den Entwicklungsproblemen rohstoffreicher Partnerländer und dem Nutzen des Rohstoffreichtums für die dortige Bevölkerung. Zentral sind transparente und funktionierende Marktwirtschaften sowie eine entwicklungsorientierte Verwendung der im Rohstoffsektor generierten Staatseinnahmen.[820]

Die inhaltliche Überschneidung dieser beiden Politikbereiche wird unterschiedlich bewertet. Auf der einen Seite wird eine mögliche Instrumentalisierung der Entwicklungspolitik für außenwirtschaftliche Ziele befürchtet.[821] Doch auch das umgekehrte Argument beansprucht Gültigkeit, wonach der entwicklungspolitische Ansatz im Rohstoffsektor „fast durchweg die wirtschaftlichen Interessen Deutschlands ausblendet“[822]. Auf der anderen Seite werden die wechselseitigen Vorteile hervorgehoben, die sich aus einer intergrierten Vorgehensweise ergeben können, wenn Rohstoffpolitik die Entwicklung rohstoffreicher Länder *und* die Rohstoffversorgung der deutschen Wirtschaft zu berück-

---

818 Pilarsky, Günter, *Wirtschaft am Rohstofftropf: Der Kampf um die wichtigsten mineralischen Ressourcen*, S. 114.

819 Vgl. Laag, Benjamin, *Interview mit dem Referatsleiter IV B 2 Internationale Rohstoffpolitik, BMWi, vollständig transkribiert und überarbeitet.*

820 Vgl. Laag, Benjamin, *Interview mit den Fachplanern für Rohstoffgovernance, Deutsche Gesellschaft für Internationale Zusammenarbeit (GIZ), vollständig transkribiert*, Eschborn, 31.07.2012; vgl. Laag, Benjamin, *Interview mit dem Referatsleiter IV B 2 Internationale Rohstoffpolitik, BMWi, vollständig transkribiert und überarbeitet*, Berlin, 18.12.2012.

821 Vgl. Laag, Benjamin, *Interview mit Dr. Heidi Feldt, entwicklungspolitische Beraterin, vollständig transkribiert.*

822 Schwarz, Rüdiger, *Nationale Rohstoffstrategie – Wie Deutschland international wieder ins Spiel kommt*, S. 99.

sichtigen vermag.[823] So entspricht eine Stabilisierung rohstoffreicher Partnerländer sicherheitspolitischen Interessen; von einem gut funktionierenden Rohstoffsektor eines Entwicklungslandes profitiert auch die rohstoffverarbeitende Industrie in Deutschland.[824] Diese knappe Zusammenschau stellt an dieser Stelle keine umfassende Analyse entwicklungs- und außenwirtschaftspolitischer Interessenlagen dar (vgl. Kapitel 2.2 und 2.3), sondern verdeutlicht die unterschiedlichen Problemwahrnehmungen am Ausgangspunkt des Politikprozesses.

4.1.2 Problemthematisierung (Agenda-Setting)

„You never want a serious crisis to go to waste.“[825]

Die Phase der Problemthematisierung ist eng mit der Phase der Problemdefinition verknüpft ist und leitet sich häufig unmittelbar aus der öffentlichen Diskussion ab. Die Agenda besteht aus Politikproblemen, denen so viel Aufmerksamkeit zuteil wird, dass sie Gegenstand politischen Handelns werden.[826] Diese Aufmerksamkeit entsteht häufig durch entsprechende Auseinandersetzungen im Parlament, erhöhte Medienberichterstattung oder erfolgreiche Mobilisierungskampagnen organisierter Interessen.[827] Anders formuliert kommt es insgesamt darauf an, dass möglichst gleichzeitig ausreichend Informationen über eine konkrete Angelegenheit (*problem stream*) und entsprechende Politikvorschläge (*policy stream*) verfügbar sind, politische Akzeptanz sowie wirtschaftliche Durchführbarkeit gegenüber möglichen Problemlösungsstrategien gegeben sind (*political stream*) und ein Schlüsselereignis oder eine krisenhafte Situation (*focusing event*) aufgrund entsprechender Medienberichterstattung die öffentliche

823 „Das Dreiecksverhältnis zwischen privaten Investoren und Regierung des Industrielandes und dem Entwicklungsland zeigt in einem solchen Fall [Erschließung von Rohstoffquellen, Komplementärinvestitionen in der Infrastruktur] die wohl größte Interessenharmonie.“ (Vajna, Thomas, *Importabhängigkeit und Rohstoffpolitik*, S. 43f.).

824 Vgl. Laag, Benjamin, *Interview mit Dr. Christian Ruck MdB, stellvertretender Vorsitzender der CSU/CSU-Bundestagsfraktion im Deutschen Bundestag, vollständig transkribiert und überarbeitet*, Augsburg, 12.11.2013; vgl. Lempa, Kristian, *Governance in der Rohstoffwirtschaft: Die deutsche integrierte Rohstoff- und Entwicklungszusammenarbeit – win-win? Mittagsgespräch an der Humboldt-Viadrina School of Governance*, Berlin 2012.

825 Diese Formulierung des früheren Stabschefs des Weißen Hauses Rahm Emanuel umschreibt den erweiterten politischen Handlungsspielraum während einer Krisensituation. Vgl. Seib, Gerald F., In Crisis, Opportunity for Obama, in: *The Wall Street Journal (WSJ)*, 21.11.2008.

826 Vgl. Schattschneider, Elmer E., *The Semi-Sovereign People: A Realist's View of Democracy in America*, New York 1960, S. 81.

827 Vgl. ebd., S. 81.

Aufmerksamkeit für ein bestimmtes Thema erhöht.[828] Ferner ist das Agenda-Setting als neue Sequenz einzuordnen, da das eigentliche Entstehen der politischen Agenda häufig mit einem Prozess der „Entöffentlichung“[829] einhergeht, der innerhalb der Ministerialbürokratie abläuft.[830] In diesem Sinne grenzt sich die institutionelle oder Regierungsagenda, die das Handeln der Exekutive maßgeblich prägt, von der systemischen Agenda, die im Bewusstsein der Öffentlichkeit verankert ist und diskutiert wird, ab.[831] Neben griffigen wie fundierten Problembeschreibungen, die medial kommunizierbar sind und von tonangebenden Parlamentariern aufgegriffen werden, kommt es letztlich darauf an, dass die obere Fach- und die Leitungsebene eines Ministeriums ein bestimmtes Thema aufgreifen.[832]

Aufgrund des gestiegenden Handlungsdrucks im Laufe des Jahres 2010 kommt es in Parteien, großen Verbänden und Ministerien zu unterschiedlichen Veranstaltungs- und Gesprächformaten, um sich an rohstoffpolitischen Diskussionen zu beteiligen oder diese zu prägen.[833] Die Problemthematisierung der Rohstoffpolitik wird durch die Zunahme der Berichterstattung, steigende Rohstoffpreise sowie anekdotisch durch den chinesischen Exportstopp Seltener Erden 2010 vorangetrieben und vor allem durch die Regierung politisch bearbeitet. Ein Blick auf die Meldungen der *Frankfurter Allgemeinen Zeitung* verdeutlicht sowohl die Zuspitzung als auch die Vielschichtigkeit des Themas: Bereits 2006 deuten sich der entwicklungspolitische Bezug („Rohstoffe helfen Dritter Welt“, 6. September 2006) und die Dynamiken auf den internationalen Rohstoffmärkte für den Bergbau („Bergbaukonzerne erwarten das nächste goldene Jahr“, 3. Dezember 2006) an. Dieser Trend setzt sich in den nächsten beiden Jahren fort („Rohstoffe: Der weltweite Hunger und der Reichtum Afrikas“, 16. Mai 2007; „Ein Wettlauf um Burmas Rohstoffe“, 22. September 2007; „Preisanstieg für Rohstoffe hat erst begonnen“, 25.04.2008; „Hunger auf Rohstoffe“, 20. Mai 2008). Unter anderem die FAZ entwirft Analogien zum Kalten

828 Vgl. Kraft, Michael E./Furlong, Scott R., *Public Policy: Politics, Analysis, and Alternatives*, S. 82f. „When these streams converge, policy entrepreneurs have their best chance to move problems and policy ideas onto the agenda and a step closer to approval.“ (S. 83).

829 Schubert, Klaus/Blum, Sonja, *Politikfeldanalyse*, S. 108.

830 Vgl. Schnapp, Kai-Uwe, *Ministerialbürokratien in westlichen Bürokratien. Eine vergleichende Analyse*, S. 232.

831 Vgl. Schattschneider, Elmer E., *The Semi-Sovereign People: A Realist's View of Democracy in America*, S. 81.

832 Vgl. Kevenhörster, Paul, *Politikwissenschaft. Band 1: Entscheidungen und Strukturen der Politik*, S. 343; vgl. Walker, Jack L., Setting the Agenda in the U.S. Senate: A Theory of Problem Selection, in: *British Journal of Political Science*, Vol. 7, Nr. 4, 1977, S. 431.

833 Vgl. Schwarz, Rüdiger, *Nationale Rohstoffstrategie – Wie Deutschland international wieder ins Spiel kommt*, S. 98.

Krieg („China wittert kalten Krieg um Rohstoffe“, 12. Juni 2009; „Kalter Krieg um Rohstoffe“, 10. Juli 2009), berichtet von der agressiven Rohstoffsicherungspolitik Chinas („Chinas Poker um die Rohstoffe“, 18. September 2009) und den Auswirkungen gestiegener Rohstoffpreise für die heimische Industrie („Teure Rohstoffe versetzen Stahlindustrie in Aufruhr“, 19. Juni 2010). Der chinesische Ausfuhrstopp Selter Erden („China verwehrt Japan Rohstoffe“, 13. Oktober 2010) entfaltet schließlich als singuläres Ereignis ohne unmittelbare faktische Auswirkungen für die Versorgungssituation der Bundesrepublik einen gewissen Symbolcharakter. Öffentliche Diskussionen über die Rohstoffversorgung setzen fortan bei Seltenen Erden an und Versorgungsängste können anhand eines konkreten Beispiels illustriert werden. Dies resultiert in einer erhöhten Aufmerksamkeit für die Versorgung mit nichtenergetischen Rohstoffen, die bei der Diskussion um Rohstoffe in der Regel eine untergeordnete Rolle spielen, da eine Debatte um die Versorgung mit energetischen Rohstoffen ungleich populärer geführt werden kann.

Abbildung 25: Entwicklung ausgewählter Rohstoffindizes 1960 bis 2013[834]

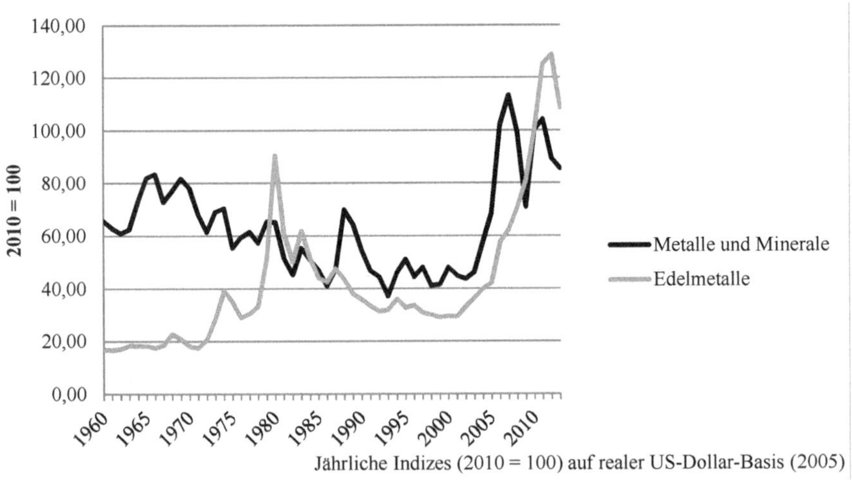

Etwas handfester lässt sich die Problemthematisierung anhand ausgewählter Rohstoffindizes nachvollziehen, die zumindest bis zur Verabschiedung der Rohstoffstrategie insgesamt ansteigen (Abbildung 25). Die Preise für Metalle

834 Vgl. Weltbankgruppe, *Commodity Markets: Historical Data (Annual)*; eigene Darstellung und Übersetzung.

und Minerale erlebten von 2002 bis 2007 einen starken Anstieg und ab 2006 ein zwischenzeitliches Rekordniveau. Der Rohstoffindex für Metalle und Minerale ließ ab Mitte 2008 bis Sommer 2009 etwas nach, verblieb jedoch auf einem insgesamt hohen Niveau, das über den Preisspitzen der späten 1980er Jahre lag.[835] 2011 erreichten die Preise ein Jahr vor Verabschiedung der Rohstoffstrategie einen erneuten Höchststand. Der Preisindex für Edelmetalle entwickelte sich ähnlich, stieg jedoch bereits ab 2001 zunehmend stark sowie kontinuierlich an und ließ erst nach Rekordwerten 2012 etwas nach.

Neben der Berichterstattung und steigenden Preise ist auch die politische Debatte von einer erhöhten Intensität gekennzeichnet. Exemplarisch dafür sind die Dynamiken, die die Äußerungen des damaligen Bundespräsidenten Horst Köhler auslösten, als dieser den Einsatz militärischer Mittel im Zusammenhang mit freien Handelswegen ansprach. Am 22. Mai 2010 hatte der Bundespräsident im Deutschlandradio erklärt, „dass ein Land unserer Größe [...] wissen muss, dass im Zweifel, im Notfall auch militärischer Einsatz notwendig ist, um unsere Interessen zu wahren, zum Beispiel freie Handelswege“[836]. Es folgten der erwartbare Aufschrei der Opposition und die übliche Hysterie der Medien, die die Aussagen des Staatsoberhauptes bewusst missverstanden und unmittelbar auf den Einsatz in Afghanistan bezogen, der jedoch ausdrücklich nicht gemeint war.[837] Aber auch seitens der Regierung war die politische Rückendeckung für den Präsidenten überschaubar, der die öffentliche Kritik an seinen Äußerungen letztlich als Grund für seinen Rücktritt darstellte.[838] Unabhängig von der Herausforderung, gehaltvolle Diskussionen über tragfähige außenpolitische Konzepte in Deutschland zu führen, verdeutlichte diese Episode zweierlei: Die Definition nationaler Interessen und sich daraus ergebene Konsequen-

835 „In den vergangenen zehn Jahren lag das durchschnittliche jährliche Wachstum der Bergwerksförderung bei Eisenerz und den Stahlveredlern Chrom, Mangan, Molybdän und Wolfram bei deutlich über 5 Prozent und damit doppelt so hoch wie der 50-Jahrestrend." (Huy, Dieter et al., *Deutschland: Rohstoffsituation 2012*, S. 10).

836 Deutschlandradio, *Bundespräsident Köhler nach seinem Besuch in Afghanistan im Gespräch mit Christopher Ricke*, 22.05.2010. Online einzusehen unter http://www.deutschlandradio.de/sie-leisten-wirklich-grossartiges-unter-schwierigsten.331.de.html?dram:article_id=203276, zuletzt aufgerufen am 14.05.2015.

837 „Die Journalisten betreiben insofern ein doppeltes, fast zynisch zu nennendes Spiel. Durch ihre Neigung zur Personalisierung und Dramatisierung drehen sie einerseits kräftig mit an der Spirale der Erwartungen und bestärken den Allmachtsmythos der Politik, den diese selbst glaubt vor der Wählerschaft erzeugen zu müssen. Auf der anderen Seite stellen sie Politiker und Parteien an der Pranger, wenn die Erwartungen nicht in Erfüllung gehen oder sich als unhaltbar erweisen.“ (Decker, Frank, Parteiendemokratie im Wandel, in: Decker, Frank/Neu, Viola (Hrsg.), *Parteiendemokratie im Wandel*, Bonn 2013, S. 53).

838 Vgl. N.N., Horst Köhler bricht sein Schweigen, in: *ZEIT ONLINE*, 08.06.2011.

zen für das politische Handeln sind offenbar nach wie vor eine ungewohnte und unbequeme Angelegenheit; zudem belegt das Unverständnis über die Aussagen Köhlers eine gewisse außenpolitische Instinktlosigkeit, die insbesondere bei rohstoffpolitischen Fragen deutlich wird, da eine sichere Versorgung nicht als gegeben betrachtet werden sollte.[839]

Ein ähnlicher Vorwurf lässt sich allerdings auch in die entgegengesetzte Richtung erheben, denn die Befürworter einer Rohstoffpolitik kaprizierten sich stark auf die chinesische Rohstoffpolitik. So forderte Klaus Mangold, langjähriger Vorsitzende des Ostausschusses der deutschen Wirtschaft, im Herbst 2010: „Gerade in Anbetracht der Rohstoffaggressivität Chinas brauchen wir eine Rohstoffstrategie, die uns unsere wichtigsten Märkte sicherstellt"[840]. In ähnlicher Tonlage warnte der damalige Staatssekretär Pfaffenbach (BMWi) im Mai 2010: „Europa muss seine Rohstoffinteressen stärker zum Ausdruck bringen, sonst gewinnt China den Wettlauf."[841] Diese Beobachtungen mögen zutreffend sein, ergeben jedoch keine unmittelbaren Handlungsoptionen, da die wirtschaftliche Dynamik der chinesischen Volkswirtschaft und damit die Nachfrage nach Rohstoffen weder von Deutschland noch von der EU wesentlich beeinflusst werden können. Zudem sind die Konstruktion eines Wettbewerbs zwischen der Volksrepublik und der Bundesrepublik in Form eines Zweikampfes relativ abwegig und die Behauptung „unserer Märkte" gegenüber China nicht im Alleingang erreichbar.[842] Dennoch sind überzeichnete Forderungen dieser Art während der Phase der Problemthematisierung strategisch richtig und erzeugen politischen Handlungsdruck. Zumindest mittelbar schwingt in ihnen auch der Hinweis mit, dass die wirtschaftliche Tätigkeit deutscher Unternehmen im Ausland stärker politisch genutzt werden sollte.[843] Wenn der damalige BDI-Chef Hans-

839 „Als Bundespräsident Horst Köhler 2010 die Bedeutung von Rohstoffsicherheit etwas unglücklich im Zusammenhang mit dem Einsatz militärischer Mittel thematisierte, war das Geschrei in der Öffentlichkeit groß und für ihn nicht folgenlos. Er hatte nur versucht etwas ganz Selbstverständliches auf die politische Tagesordnung zu heben, nämlich dass die sichere Versorgung der deutschen Wirtschaft mit Rohstoffen keineswegs selbstverständlich sei." (Nooke, Günter, *Internationale Aspekte deutscher Rohstoffpolitik*, S. 5).

840 Mangold, Klaus, *Rede Prof. Dr. Klaus Mangold auf der Jahrestagung des Ost-Ausschusses der Deutschen Wirtschaft am 14. Oktober 2010*, Berlin 2010, S. 2.

841 Zit. n. Dunkel, Monika, Wirtschaft pocht auf Rohstoffstrategie, in: *Financial Times Deutschland*, 06.05.2010.

842 „Es besteht ein legitimes Interesse der Volksrepublik China mit den Rohstofflieferungen aus Afrika die eigene weiter wachsende Volkswirtschaft abzusichern. Auch wäre es naiv anderen zu verbieten geopolitische Interessen zu verfolgen." (Nooke, Günter, *Internationale Aspekte deutscher Rohstoffpolitik*, S. 8).

843 Vgl. Perthes, Volker, *Führen setzt Vertrauen voraus! Wo deutsche Außenpolitik besser werden kann*, Berlin 2014.

Peter Keitel im Herbst 2010 mit Blick auf die Rohstoffversorgung „von einem geopolitischen Thema“[844] spricht, kann dies als neuer Anspruch an einer andere Außenwirtschaftspolitik verstanden werden. Diese Feststellung darf jedoch nicht darüber hinwegtäuschen, dass die Industrie selbst „weder Minen aus dem Boden stampfen noch Recyclingkonzepte aus dem Hut zaubern“ [845] kann und den Entwicklungen auf den Rohstoffmärkten nach Ansicht des Leiters eines Edelstahlrohstoff- und Recyclingunternehmen hinterherlaufe. Insgesamt deuten die Forderungen aus der Wirtschaft jedoch auch auf die gleiche außenpolitische Selbstüberschätzung hin, die von zivilgesellschaftlicher Seite zunächt betrieben werden muss, um in der Bundesregierung überhaupt einen veritablen Adressat für die eigene Kritik ausmachen zu können.

Der Deutsche Bundestag befasste sich bis zur Verabschiedung der Rohstoffstrategie 2010 nur punktuell mit einzelnen rohstoffpolitischen Aspekten und trug damit sehr bedingt zur Problemthematisierung bei. Das wesentliche rohstoffpolitische Konzept des Parlaments im Vorfeld der Rohstoffstrategie legt die CDU/CSU-Bundestagsfraktion auf ihrem Rohstoffkongress am 7. Juli Juli 2010 vor. Das Strategiepapier *Deutschlands und Europas Rohstoffversorgung sichern* greift weitestgehend die Aspekte der *Elemente einer Rohstoffstrategie* auf und betont vor allem die hohe Abhängigkeit von Rohstoffimporten, die besonderen Risiken bei strategischen Rohstoffen und das übergeordnete Ziel der Versorgungssicherheit.[846] Kurz vor Verabschiedung der Rohstoffstrategie legt die Linkspartei immerhin noch zwei Anträge[847] vor, aber der konstruktive Beitrag des Parlaments zur Rohstoffstrategie bestand – und das überrascht für eine Regierungspartei nicht – aus dem angesprochenen Strategiepapier der CDU/CSU-Fraktion.[848] Erst die Rohstoffstrategie löst Debatten im Bundestag aus

844 Zit. n. Fischermann, Thomas, Teurer Stoff, in: *ZEIT ONLINE*, 13.01.2011.

845 Pilarsky, Günter, *Wirtschaft am Rohstofftropf: Der Kampf um die wichtigsten mineralischen Ressourcen*, S. 114.

846 Vgl. CDU/CSU-Bundestagsfraktion, *Rohstoffstrategie der CDU/CSU-Bundestagsfraktion*, Berlin 2010.

847 Vgl. Deutscher Bundestag, *Antrag der der Fraktion Die Linke: Sozialen Fortschritt und regionale Integration in Lateinamerika unterstützen*, Drucksache 17/3214, Berlin 06.10.2010; vgl. Deutscher Bundestag, *Antrag der Fraktion Die Linke: Beziehungen der Europäischen Union mit Afrika solidarisch und gerecht gestalten*, Drucksache 17/3672, Berlin 10.11.2010.

848 „[...] dass wir wirklich das Thema so stark selbst beackern, dass anderen Parteien jetzt nichts mehr Neues dazu einfällt. Ich war neulich bei einer Podiumsdiskussion, da hat man den Schwerpunkt jetzt von Seiten der Grünen und der SPD und der Linken und so weiter schon auch darauf gelegt, dass der Abbau von Rohstoffen in Entwicklungsländern umwelt- und sozial verträglich erfolgt, aber das haben wir alles auch schon. Also, das heißt, mein Eindruck ist, dass wir die Probleme, die andere Parteien aufgreifen können, auch schon selber aufgegriffen haben.“ (Laag, Benjamin, *Interview mit Dr. Christian Ruck MdB, stellvertretender*

und führt unter anderem zu einer *Grünen Rohstoffstrategie* der Bundestagsfraktion Bündnis 90/Die Grünen, deren Schwerpunkte ausschließlich auf Einsparung, Substitution und Recycling liegen.[849]

Wie bereits in der Einleitung angedeutet erreichten rohstoffpolitische Debatten im Parlament während der Ölkrise in den 1970er Jahren einen vorläufigen Höhepunkt und nahmen vor dem Hintergrund geänderter Rahmenbedingungen auf den globalen Rohstoffmärkten ab 2007 erneut zu.[850] Beispielhaft zeigten sich die unterschiedlichen Perspektiven auf das Thema Rohstoffe während einer entwicklungspolitischen Afrikadebatte im Mai 2007. Die damalige Entwicklungsministerin Wieczorek-Zeul sprach davon, die im Rohstoffsektor generierten Einnahmen in größerem Umfang für Entwicklung nutzen zu müssen. Als Beispiel nennt sie die DR Kongo: In den Haushalt des Landes seien nur ein Zehntel der im kongolesischen Rohstoffsektor möglichen Steuereinnahmen in Höhe von 400 Millionen US-Dollar eingegangen.[851] In diesem Sinne forderte Christian Ruck (CSU) im Vorfeld des G8-Gipfels in Heiligendamm von den reichsten Staaten der Welt ein Signal, „dass die Reichtümer Afrikas nicht in Wildwestmanier und auch nicht zum Schaden einer gesunden Entwicklung Afrikas ausgebeutet werden“[852]. Gleichzeitig weist Nüßlein (ebenfalls CSU) auf den Zusammenhang von Importabhängigkeit der deutschen Industrie und entwicklungspolitischen Fragestellungen hin. Etwas dialektisch fordert er,

---

Vorsitzender der CSU/CSU-Bundestagsfraktion im Deutschen Bundestag, vollständig transkribiert und überarbeitet).

849 Die „Grüne Rohstoffstrategie“ wird fast ein Jahr nach der Rohstoffstrategie der Bundesregierung vorgelegt und fällt somit nicht mehr in die Phase der Problemthematisierung. Vgl. Laag, Benjamin, *Interview mit einer wissenschaftlichen Mitarbeiterin der entwicklungspolitischen Sprecherin der Bundestagsfraktion von Bündnis 90/Die Grünen; Obfrau im Ausschuss für wirtschaftliche Zusammenarbeit und Entwicklung*, Berlin, 05.02.2013; vgl. Bütikofer, Reinhard/Koczy, Ute, Es geht auch anders! Alternativen in der Rohstoffpolitik, in: *Forum Umwelt & Entwicklung – Rundbrief*, Vol. 4, 2012, S. 9; vgl. Bündnis 90/Die Grünen Bundestagsfraktion, *Grüne Rohstoffstrategie (Beschluss Fraktionsklausur, 1. September 2011)*, Berlin 2011, S. 13.

850 Vgl. Bundesregierung, *Deutschland und Afrika: Konzept der Bundesregierung*, S. 15 u. 41–45; vgl. Bundesregierung, *Deutschland, Lateinamerika und die Karibik: Konzept der Bundesregierung*, S. 39–46; vgl. Deutscher Bundestag, *Stenografischer Bericht der 58. Sitzung vom 15.09.2010*, S. 6130 u. 6141; vgl. Deutscher Bundestag, *Antrag der Fraktion der SPD: Fairen Rohstoffhandel sichern – Handel mit Seltenen Erden offenhalten*; vgl. Deutscher Bundestag, *Antrag der der Fraktion Die Linke: Sozialen Fortschritt und regionale Integration in Lateinamerika unterstützen*; vgl. Deutscher Bundestag, *Antrag der Fraktion Die Linke: Beziehungen der Europäischen Union mit Afrika solidarisch und gerecht gestalten.*

851 Vgl. Deutscher Bundestag, *Stenografischer Bericht 97. Sitzung am 10. Mai 2007*, Plenarprotokoll, 16/97, Berlin 2007, S. 9881.

852 Zit. n. ebd., S. 9884.

„nationale Interessen ab und zu in den Vordergrund zu stellen“ und „das eigene Interesse nicht darauf [zu] richten, wer am schnellsten und billigsten an Ressourcen aus Entwicklungsländern kommt“[853]. Die Grünen rücken das Thema Transparenz in den Mittelpunkt und die Linkspartei möchte „Macht- und Besitzstrukturen im globalen Energie- und Rohstoffsystem“[854] infrage stellen. Die Bundeskanzlerin betonte im November 2007 die Notwendigkeit einer fairen Rohstoffpolitik als Voraussetzung für den wirtschaftlichen Aufschwung rohstoffreicher Entwicklungsländer.[855]

Nach dem Regierungswechsel 2009 wurden sowohl das Verhältnis von Außenwirtschafts- und Entwicklungspolitik als auch rohstoffpolitische Vorstellungen konkretisiert. Der Koalitionsvertrag *Wachstum, Bildung, Zusammenhalt* zwischen CDU, CSU und FDP kündigt eine engere Abstimmung entwicklungspolitischer und außenwirtschaftspolitischer Ansätze an und fordert eine „angemessene“ Berücksichtigung der Interessen der deutschen Wirtschaft. Zudem sollen die Entscheidungsverfahren für die Instrumente der Außenwirtschaftsförderung beschleunigt und weiterhin an den international vereinbarten Regeln und Leitlinien ausgerichtet werden.[856] Im fünften Kapitel „Faire Regeln für die Weltwirtschaft“ werden die Ziele einer „nachhaltigen Rohstoffversorgung“ und Stärkung multilateraler Ansätze der WTO festgehalten.[857] Zudem werden „Zugang zu Rohstoffen und deren verlässliche Verfügbarkeit für die deutsche Industrie“ als „unverzichtbare Ziele der Außenwirtschaftspolitik“[858] eingestuft. Überlegungen zur „Ansiedlung eines Forschungsinstitut zur nachhaltigen und sicheren Rohstoffversorgung mit Standort in den neuen Ländern“[859] befanden sich zum Zeitpunkt der Koalitionsverhandlungen offenbar in einem fortgeschrittenen Stadium und belegen die hohe Kontinuität der Vorarbeiten aus der vorangegangenen Legislaturperiode.

Die Problemthematisierung wurde 2010 entscheidend durch das BMWi, aber auch seitens des BMZ geprägt. Beide Ministerien wurden wie das Auswärtige Amt seit der Bundestagswahl 2009 von der FDP geleitet – möglicherweise ein wesentlicher Grund für die als „ungewöhnlich glatt“[860] wahrgenommene re-

853 Zit. n. ebd., S. 9925.

854 Zit. n. ebd., S. 9927.

855 Vgl. Deutscher Bundestag, *Stenografischer Bericht 129. Sitzung am 28. November 2007*, Plenarprotokoll, 16/129, Berlin 2007, S. 13522.

856 Vgl. CDU/CSU/FDP, *Wachstum. Bildung. Zusammenhalt. Koalitionsvertrag zwischen CDU, CSU und FDP*, Berlin 2009, S. 55.

857 Vgl. ebd., S. 54.

858 Ebd., S. 56.

859 Ebd., S. 57.

860 Laag, Benjamin, *Interview mit Mitarbeitern des Referats 313 Wasser; Energie; Stadtentwicklung; Geosektor, BMZ, vollständig transkribiert.*

gierungsinterne Abstimmung der Rohstoffstrategie trotz aller Startschwierigkeiten der christlich-liberalen Koalition. Im BMWi trieb Minister Brüderle das Rohstoffthema voran, indem er von Mai bis September 2010 einen Rohstoffdialog durchführte, an dem Vertreter von Verbänden, Unternehmen und Gewerkschaften sowie das AA und das BMZ teilnahmen. Beim zweiten Treffen im Rahmen des Rohstoffdialogs im Juni 2010 machte Brüderle deutlich, dass der Erfolg einer Rohstoffstrategie davon abhänge, dass „alle an einem Strang ziehen – Unternehmen, Verbände, Gewerkschaften und die verschiedenen Ministerien“[861]. Durch den Austausch mit relevanten Akteuren beabsichtigte das BMWi anstehenden Handlungsbedarf zu identifizieren und Lösungsvorschläge zu entwickeln.[862] Tatsächlich wurden vor allem bestehende Konzepte kommuniziert und deren Legitimationsgrundlage auf diese Weise erweitert. Gleichzeitig schien die eingangs beschriebene „Entöffentlichung“ während der Phase der Problemthematisierung insofern einzutreten, als die Opposition die exklusive Teilnahme der Wirtschaftsvertreter und die Nichtteilnahme zivilgesellschaftlicher Vertreter kritisiert hat.[863] Jedenfalls nutzte Brüderle den Rahmen des Rohstoffdialogs dazu, um für Herbst 2010 die Rohstoffstrategie anzukündigen. Eine ähnliche Dynamik entstand auch im BMZ durch handelnde Personen wie der parlamentarischen Staatssekretärin Kopp.[864] Diese hatte während ihrer Arbeit in der Opposition als energiepolitische Sprecherin der FDP-Fraktion wiederholt das Thema Rohstoffstrategie in mündlichen Anfragen und bei anderen Gelegenheiten thematisiert. Um komplementär zur Rohstoffstrategie der Bundesregierung eine entwicklungspolitische Rohstoffstrategie anzukündigen, nutzte sie eine Rede beim BDI im Frühjahr 2010. Sie wich offenbar gezielt von einem vorbereiteten Redemanuskript ab und verankert auf diese Weise Rohstoffe als einen Entwicklungsfaktor in der Entwicklungszusammenarbeit der Bundesregierung, der jedoch für das BMZ keinen völlig neuen Tätigkeitsbereich darstellt.[865] Minister Niebel verdeutlichte auf einer Konferenz über nachhaltige Ressourcenpolitik im BMZ am 6. Oktober 2010 mit rund 200 Vertretern von

861 BMWi, *Zweiter Rohstoffdialog des Bundeswirtschaftsministers (Pressemitteilung)*, 21.06.2010. Online einzusehen unter http://www.bmwi.de/DE/Presse/pressemitteilungen,did=347018.html, zuletzt aufgerufen am 14.05.2015.

862 Vgl. BMWi, *Industrieland Deutschland: Stärken ausbauen – Schwächen beseitigen – Zukunft sichern*, Berlin 2010, S. 27.

863 Vgl. Schradi, Johannes, Fragwürdige Partnerschaften, in: *welt-sichten*, 12/2010. Online einzusehen unter http://www.welt-sichten.org/artikel/1268/fragwuerdige-partnerschaften, zuletzt aufgerufen am 14.05.2015.

864 Zur Rolle personenbezogener Netzwerke vgl. Glaab, Manuela, *Strategie und Politik: das Fallbeispiel Deutschland*, S. 97.

865 Vgl. Laag, Benjamin, *Interview mit Mitarbeitern des Referats 313 Wasser; Energie; Stadtentwicklung; Geosektor, BMZ, vollständig transkribiert.*

NGOs und wissenschaftlichen Institutionen, dass gute Regierungsführung, Rechtssicherheit und Transparenz zentrale Voraussetzungen für eine nachhaltige Rohstoffwirtschaft und die entwicklungsorientierte Nutzung der Einnahmen aus dem Rohstoffsektor darstellten.[866]

Kurz vor Verabschiedung der Rohstoffstrategie verkündete Bundeskanzlerin Angela Merkel am 14. Oktober 2010 nochmal: „Deutschland braucht eine neue Rohstoffstrategie.“ [867] Zugleich sprach sie erneut die Notwendigkeit einer noch engeren Abstimmung zwischen Wirtschaft und Politik an.[868] Die eigentliche Ausarbeitung der Rohstoffstrategie war zu diesem Zeitpunkt vermutlich weitgehend abgeschlossen, stellte jedoch zugleich die Phase der Problemformulierung und Entscheidung dar, die im nächsten Abschnitt näher betrachtet wird.

4.1.3 Problemformulierung und Entscheidung

„Zwänge können eine Politik anstoßen,
sie bestimmen jedoch nicht automatisch die Mittel.“[869]

Im Rahmen der anschließenden Phase der Problemformulierung wird untersucht, wie politische Programme entstehen und politische Entscheidungen zustandekommen. Diese Sequenz geht in der Regel mit einer reduzierten Zahl der Akteure einher und mündet in konkreten Maßnahmen (Steuerungsinstrumente oder Programme), die formal von Regierung und Parlament, informell von Verwaltung und Interessengruppen verhandelt werden.[870] Dabei verfügen Interessengruppen häufig über eine weitreichende Expertise für bestimmte Problemstellungen und können die Problemformulierung entsprechend ihrer eigenen ökonomischen und politischen Bedürfnisse beeinflussen.[871] In diesen politikfeldspezifischen Netzwerken der Problemformulierung strukturieren die jeweiligen Koordinierungs- und Steuerungsmechanismen das Handeln der unterschiedlichen Akteure.[872] Dabei neigen externe Akteure zu innovativeren Politikvorschlägen als die Ministerialbürokratie, die eher von einem konservativen

---

866 Vgl. BMZ, *Konferenz über nachhaltige Ressourcenpolitik im BMZ,* 06.10.2010. Online einzusehen unter http://www.bmz.de/20101006-1, zuletzt aufgerufen am 14.05.2015.

867 Zit n. Büschemann, Karl-Heinz/Uhlmann, Steffen, „Deutschland braucht eine Rohstoffstrategie“, in: *Süddeutsche Zeitung (SZ)*, 239, 15.10.2010.

868 Vgl. ebd.

869 Kissinger, Henry, *China. Zwischen Tradition und Herausforderung*, München 2012, S. 216.

870 Vgl. Schubert, Klaus/Blum, Sonja, *Politikfeldanalyse*, S. 113ff.

871 Vgl. Kraft, Michael E./Furlong, Scott R., *Public Policy: Politics, Analysis, and Alternatives*, S. 85.

872 Vgl. Kevenhörster, Paul, *Politikwissenschaft. Band 1: Entscheidungen und Strukturen der Politik*, S. 362.

und inkrementellen Vorgehen gekennzeichnet ist.[873] Wie ein Staatssekretär überrascht feststellte, spielte der Referatsleiter „eine sehr wichtige Rolle. [...] Gegen die Überzeugung eines Referenten etwas zu entwickeln, ist außerordentlich schwierig“[874]. Im Mittelpunkt dieser Phase stehen die Fragen, welche Policyoptionen zur Erreichung der formulierten Ziele zur Verfügung stehen und wie entsprechende Politikentscheidungen gerechtfertigt respektive begründet werden.[875] Da politische Ziele auf der Grundlage unterschiedlicher Interessen und Problemwahrnehmungen entwickelt werden, ergeben sich häufig allgemeine und wenig konfliktträchtige Formulierungen, die eine klare Umsetzung jedoch ungleich schwieriger werden lassen.[876]

Die Rohstoffstrategie der Bundesregierung wurde unter Federführung des BMWi erarbeitet und war zunächst eine Angelegenheit der Bundesregierung. Zudem entfalteten die Meinungsbildungsprozesse und die Vorarbeiten der Koalitionsparteien einen gewissen Handlungsdruck gegenüber der Exekutive.[877] Die wesentliche Ausarbeitung wurde vom BMWi gesteuert und lief offenbar in enger Abstimmung mit dem AA ab.[878] Die Ressortabstimmung des Referentenentwurfs der Rohstoffstrategie fand in der Regel zwischen einzelnen Referaten, in wenigen Fällen auf Ebene der Unterabteilung statt. Voraussetzungen für eine erfolgreiche Koordinierung waren dabei nicht zuletzt gute persönliche Beziehungen zwischen den Mitarbeitern betroffener Ministerien, die sich nach anfänglichen Schwierigkeiten zu einer „geölten Maschinerie“[879] entwickelten. Die Beziehung zwischen BMZ und BMWi wurde als „teilweise konfliktiv“[880] wahrgenommen. Aus Sicht des BMZ gab es im Vergleich zu anderen Abstim-

873 Vgl. Kraft, Michael E./Furlong, Scott R., *Public Policy: Politics, Analysis, and Alternatives*, S. 85.

874 Zit. n. Rudzio, Wolfgang, *Das politische System der Bundesrepublik Deutschland*, S. 275.

875 „In der Phase der Politikformulierung werden politische Programmvorschläge zu politischen Entscheidungen verdichtet.“ (Kevenhörster, Paul, *Politikwissenschaft. Band 1: Entscheidungen und Strukturen der Politik*, S. 346).

876 Vgl. Kevenhörster, Paul, *Politikwissenschaft Band 2: Ergebnisse und Wirkungen der Politik*, S. 84 u. 406.

877 Vgl. Laag, Benjamin, *Interview mit Dr. Christian Ruck MdB, stellvertretender Vorsitzender der CSU/CSU-Bundestagsfraktion im Deutschen Bundestag, vollständig transkribiert und überarbeitet.*

878 Vgl. Laag, Benjamin, *Interview mit Mitarbeitern des Referats 313 Wasser; Energie; Stadtentwicklung; Geosektor, BMZ, vollständig transkribiert.*

879 Laag, Benjamin, *Interview mit einem Referenten für Rohstoffpolitik, Referat 410 Auswärtiges Amt, Gesprächsprotokoll*, Berlin, 30.01.2013.

880 Ebd.

mungsprozessen jedoch „relativ wenig umstrittene Aspekte“[881], so dass bei der Zustimmung des Kabinetts am 20. Oktober 2010 nochmals „die gute Zusammenarbeit der Ressorts bei der Erstellung dieses Papiers gelobt und hervorgehoben“ [882] wurde. Diese Einschätzung einer gelungenen interministeriellen Abstimmung muss nicht überraschen, da die Strategie einen sehr deskriptiven Charakter mit relativ offenen Formulierungen aufweist, die rohstoffpolitischen Beiträge der Ressorts nach einzelnen Kapiteln gegliedert sind und ressortübergreifende Elemente auf die Einleitung und den Schluss beschränkt bleiben.[883] Somit leistet die Strategie vor allem eine Zusammenschau verschiedener – teilweise bereits existierender – Einzelkomponenten, die unter dem Ziel der „Sicherung einer nachhaltigen Rohstoffversorgung Deutschlands mit nicht-energetischen mineralischen Rohstoffen“[884] eingeordnet werden.[885] In diesem Sinne spiegelt sich in der Rohstoffstrategie der Bundesregierung die klassische interministerielle Arbeitsteilung wieder.

Für die Politikkohärenz lässt sich an dieser Stelle ein zweifaches Zwischenfazit ziehen: Ausgehend von ihrem Zielsystem weist die Rohstoffstrategie insofern ein hohes Maß an Kohärenz auf, als die vorgesehenen Beiträge einzelner Politikfelder auf eine Verbesserung der Versorgungssituation in Deutschland ausgerichtet sind.[886] In der Strategie findet sich die entsprechende Formulierung: „Die wirtschaftliche Leistungsfähigkeit Deutschlands beruht zu einem erheblichen Anteil auf der Verfügbarkeit wichtiger Rohstoffe. Rohstoffsicherung bedarf daher einer engagierten außen- und außenwirtschaftlichen Unterstützung sowie entwicklungspolitischer Flankierung.“[887] Zudem ist die Rohstoffstrategie im negativen Sinne kohärent, da sich die einzelnen Kapitel nach der interministeriellen Koordinierung zumindest nicht widersprechen.[888] Die Kohärenz ist vor allem außenwirtschaftlich geprägt und lässt eine niedrige Intensität erwarten, wenn es im Zuge der Politikimplementierung zu keinen wesentlichen ressortübergreifenden Politikansätzen kommt.

---

881 Laag, Benjamin, *Interview mit Mitarbeitern des Referats 313 Wasser; Energie; Stadtentwicklung; Geosektor, BMZ, vollständig transkribiert.*

882 Ebd.

883 Vgl. ebd.

884 BMWi, *Rohstoffstrategie der Bundesregierung. Sicherung einer nachhaltigen Rohstoffversorgung Deutschlands mit nicht-energetischen mineralischen Rohstoffen*, S. 1.

885 Vgl. Laag, Benjamin, *Interview mit dem Projektleiter des Sektorvorhabens „Politikberatung Mineralische und Energierohstoffe“, Bundesanstalt für Geowissenschaften und Rohstoffe (BGR), vollständig transkribiert.*

886 Vgl. Laag, Benjamin, *Interview mit Dr. Heidi Feldt, entwicklungspolitische Beraterin, vollständig transkribiert.*

887 Bundesregierung, *Rohstoffstrategie der Bundesregierung – Sicherung einer nachhaltigen Rohstoffversorgung Deutschlands mit nicht-energetischen mineralischen Rohstoffen*, S. 26.

888 Vgl. Laag, Benjamin, *Interview mit Mitarbeitern des Referats 313 Wasser; Energie; Stadtentwicklung; Geosektor, BMZ, vollständig transkribiert.*

Die Rohstoffstrategie besteht aus folgenden wesentlichen Kernelementen, auf die in der Phase der Politikdurchführung näher eingegangen wird:

- Verbesserung des Zugangs zu Rohstoffen
- Bekämpfung von Handelshemmnissen und Wettbewerbsverzerrungen
- Unterstützung der deutschen Wirtschaft bei der Diversifizierung ihrer Rohstoffbezugsquellen
- Entwicklungspolitische Flankierung durch Förderung von *Good Governance* und Transparenz bei der Rohstoffgewinnung
- Förderung der Aus- und Weiterbildung ausländischer Fach- und Führungskräfte im Rohstoffbereich
- Ausbau bilateraler Rohstoffpartnerschaften
- Förderung der Rohstoffforschung und -entwicklung
- Gründung der Deutschen Rohstoffagentur
- Aufbau eines Ressourcentechnologieinstituts
- Anreize zu Ressourcen- und Materialeffizienz; verbessertes Recycling
- Verzahnung mit der Rohstoffinitiative der EU
- Unterstützung multilateraler Ansätze der WTO, G8, G20 und UN

Die Phase der Problemformulierung besteht jedoch nicht nur aus der vom Kabinett angenommenen Rohstoffstrategie, sondern wurde durch eine Rohstoffstrategie des BMZ ergänzt.[889] Zudem erfolgte ebenfalls fünf Tage nach der Rohstoffstrategie der Bundesregierung eine Stellungnahme zivilgesellschaftlicher Organisationen, die Anforderungen an eine „zukunftsfähige Rohstoffstrategie" formulieren und die Beteiligungsstrukturen während des Entstehungsprozesses der Rohstoffstrategie kritisieren.[890]

Bereits im Februar 2010 veröffentlichte das BMZ sein 14-seitiges Positionspapier *Entwicklungsfaktor extraktive Rohstoffe*, das die entwicklungspolitischen Herausforderungen des Rohstoffreichtums zusammenfasst und vor allem dazu diente, eine entwicklungspolitische Positionierung für den Rohstoffbereich vorzunehmen und sich daraus ergebende Forderungen und eigene Maßnahmen darzustellen.[891] Zunächst wurde – und diese Deutlichkeit ist möglicherweise eine Folge des Regierungswechsels 2009 – festgestellt, dass „Interessen

889 Vgl. BMZ, *Entwicklungsfaktor extraktive Rohstoffe*; vgl. Laag, Benjamin, *Interview mit Mitarbeitern des Referats 313 Wasser; Energie; Stadtentwicklung; Geosektor, BMZ, vollständig transkribiert.*

890 Vgl. Global Policy Forum Europe, *Anforderungen an eine zukünftige Rohstoffstrategie. Vorläufige Stellungnahme zivilgesellschaftlicher Organisationen zur Rohstoffstrategie der Bundesregierung vom 25. Oktober*, Bonn 2010.

891 Vgl. BMZ, *Entwicklungsfaktor extraktive Rohstoffe. Ein Positionspapier des BMZ*, S. 3.

der Entwicklungsländer und der Industrieländer zusammenkommen“[892], wenn es um das Thema Rohstoffe geht. Beide hätten ein Interesse an einem möglichst freien Welthandel, um Rohstoffe zu beziehen (Industrieländer) und Rohstoffe abzusetzen (Entwicklungsländer). Die Einnahmen im Rohstoffsektor stellten eine wesentliche Quelle zur Finanzierung der eigenen Entwicklung dar. Der Rohstoffsektor sei aus Sicht des BMZ mit den entwicklungspolitischen Querschnittsaufgaben Armutsbekämpfung, Förderung guter Regierungsführung, Umwelt- und Ressourcenschutz, Krisenprävention, ländliche Entwicklung und nachhaltige Wirtschaftsentwicklung verknüpft. Die deutsche EZ konzentrierte sich in ihren bisherigen Beiträgen auf die Wahrung sozialer und ökologischer Mindeststandards, Unterstützung der Transparenzinitiative EITI sowie des staatlichen Finanzmanagements in der DR Kongo, Ghana und der Zentralafrikanischen Wirtschafts- und Währungsgemeinschaft (CEMAC), Modellvorhaben im Kleinbergbau und damit zusammenhängende Mikrofinanzierungen.[893]

Trotz der postulierten entwicklungs- und außenwirtschaftlichen Interessenkonvergenz lassen sich in dem Positionspapier des BMZ mindestens drei Aspekte erkennen, die dem Ziel der Rohstoffsicherung nicht ohne Weiteres entsprechen. Zunächst wird mit Exportzöllen ein Instrument angesprochen, das aus Sicht des BMZ „den Aufbau weiterverarbeitender Industrien in ärmeren Ländern stimulieren“[894] könne. Der in bilateralen oder internationalen Verhandlungen geäußerten Forderung nach einem Abbau der Exportzölle steht das BMZ somit zurückhaltend bis kritisch gegenüber. Außerdem leitet sich aus dem „Ziel vermehrter Wertschöpfung im Rohstoff-Gewinnungsland“[895] keineswegs ein unmittelbarer Beitrag zu einer besseren Rohstoffversorgung der deutschen Industrie ab. Schließlich wird mit Blick auf den IMA Rohstoffe anerkannt, dass das Thema Rohstoffe innerhalb der Bundesregierung ressortübergreifend bearbeitet werde und „[e]ntwicklungspolitische Themen [...] an Bedeutung [gewinnen]“[896]. Gleichzeitig lässt die Bemerkung des BMZ, dass sich diese Institution „insbesondere mit den politischen Problemen der Rohstoffsicherheit“[897] befasse, den Schluss zu, dass hier eine andere Schwerpunktsetzung durchaus denkbar wäre. Keiner dieser Punkte findet sich in dem entwicklungspolitischen Kapitel der Rohstoffstrategie wieder. Immerhin wird „armen/ärmsten Entwicklungsländern“ an einer anderen Stelle der Rohstoffstrategie „eine gewisse Fle-

892 Ebd., S. 9.
893 Vgl. ebd., S. 10f.
894 Ebd., S. 8.
895 Ebd., S. 10.
896 Ebd., S. 12.
897 Ebd., S. 12.

xibilität wie Übergangsfristen beim Zollabbau“[898] eingeräumt. Zudem heißt es im entwicklungspolitischen Kapitel, dass das im Positionspapier des BMZ niedergelegte ganzheitliche Konzept verfolgt werde. Wenngleich die Formulierungen der Rohstoffstrategie keineswegs justiziabel sind, behält sich das BMZ durch diesen Einschub vor, die Themen lokale Wertschöpfung und Exportzölle weiter im Blick zu behalten.

Ferner versuchte das BMZ politikfeldspezifische Ziele durch das *Entwicklungspolitische Strategiepapier Extraktive Rohstoffe* zu unterstreichen, das am 25. Oktober 2010, d.h. fünf Tage nach dem Kabinettsbeschluss zur Rohstoffstrategie verkündet wurde.[899] Dieses Strategiepapier stellt eine Ergänzung der Rohstoffstrategie dar und beruht weitgehend auf dem Positionspapier *Extraktive Rohstoffe* von Anfang 2010.[900] Aus Sicht des BMZ „konkretisiert und erläutert es den Beitrag der deutschen Entwicklungspolitik“ zur Rohstoffstrategie der Bundesregierung, indem einzelne Handlungsfelder der Entwicklungspolitik umrissen und unterschiedliche „Beiträge und Anforderungen an die Wirtschaft“[901] formuliert werden. Gleichzeitig werden die bereits angesprochenen Interessendivergenzen erneut und etwas nuancierter thematisiert: „Rohstoffreiche Entwicklungsländer müssen im Interesse ihrer eigenen Entwicklung Exportzölle innerhalb festgesetzter Grenzen erheben dürfen. Ein unreflektiertes komplettes Verbot von Exportbeschränkungen ist weder politisch durchsetzbar noch entwicklungspolitisch sinnvoll.“[902] Ebenfalls wird das Ziel einer „Steigerung des Anteils der lokalen Wertschöpfung“[903] wiederholt. Auf diese Weise artikuliert das BMZ spezifische entwicklungspolitischen Interessen, die entweder nicht in den Koordinierungsprozess eingebracht wurden oder in der Ressortabstimmung keinen Bestand hatten. Das BMZ unterscheidet sich mit einer eigenen Strategie im unmittelbaren Nachgang zur Rohstoffstrategie der Bundesregierung auch von anderen Ressorts. So wurde das vom BMU erarbeitete *Deutsche Ressourceneffizienzprogramm (ProgRess)* erst im Februar 2012 verabschiedet, um das umweltpolitische Kapitel der Rohstoffstrategie umzusetzen.[904]

---

898 BMWi, *Rohstoffstrategie der Bundesregierung. Sicherung einer nachhaltigen Rohstoffversorgung Deutschlands mit nicht-energetischen mineralischen Rohstoffen*, S. 9.

899 Vgl. BMZ, *Entwicklungsfaktor extraktive Rohstoffe*, BMZ Strategiepapier, 25.10.2010, Berlin 2010.

900 Vgl. Laag, Benjamin, *Interview mit Mitarbeitern des Referats 313 Wasser; Energie; Stadtentwicklung; Geosektor, BMZ, vollständig transkribiert.*

901 BMZ, *Entwicklungsfaktor extraktive Rohstoffe*, Kurzfassung.

902 Ebd., S. 22.

903 Ebd., S. 8.

904 Vgl. Bundesregierung, *Deutsches Ressourceneffizienzprogramm (ProgRess): Programm zur nachhaltigen Nutzung und zum Schutz der natürlichen Ressourcen, Beschluss des Bundeskabinetts vom 29.2.2012.*

Offenbar versucht das BMZ Geländegewinne zu erzielen, indem das Thema Rohstoffpolitik in der Phase der Politikformulierung durch eine dezidiert entwicklungspolitische Zusatzstrategie besetzt wird.[905] Relativ offensiv werden auch ressortübergreifende Ansätze thematisiert und die „Einspeisung entwicklungspolitischer Aspekte in die Rohstoffstrategie“[906] angesprochen. Das BMZ stellt heraus, dass es sich „besonders in ressortübergreifenden Aktivitäten“[907] engagiere und verweist auf seine aktive Beteiligung am Rohstoffdialog, der vom BMWi initiiert wurde, und seinen Beitrag zum Aufbau bilateraler Rohstoffpartnerschaften. Mit Blick auf Politikkohärenz ist festzustellen, dass das BMZ nicht die alleinige konzeptionelle Zuständigkeit oder Definitionsmacht in Kohärenzfragen besitzt, sondern vor der grundsätzlichen Aufgabe steht, die Relevanz entwicklungspolitischer Fragestellungen gegenüber anderen Ressorts und deren ebenfalls legitimen Zielsystemen inhaltlich zu begründen.[908] Falls – wie im Falle der Rohstoffstrategie – umfassende Beiträge des BMZ zu Maßnahmen der Diversifizierung von Rohstoffbezugsquellen[909], dem Aufbau bilateraler Rohstoffpartnerschaften[910] sowie der „Herstellung von Transparenz und *Good Governance* bei der Rohstoffgewinnung“[911] vorgesehen sind, könnten sich dazu zahlreiche Möglichkeiten bieten.

Erwähnung soll an dieser Stelle schließlich eine Stellungnahme zivilgesellschaftlicher Organisationen finden, die keinen direkten Zugang zum Entscheidungsprozess hatten, und ihre Interessen im unmittelbaren Anschluss an die Problemformulierung artikuliert haben.[912] Zunächst drängen die zivilgesell-

---

905 Vgl. Laag, Benjamin, *Interview mit dem Projektleiter des Sektorvorhabens „Politikberatung Mineralische und Energierohstoffe“, Bundesanstalt für Geowissenschaften und Rohstoffe (BGR), vollständig transkribiert.*

906 BMZ, *Entwicklungsfaktor extraktive Rohstoffe*, S. 23.

907 Ebd., S. 23.

908 Vgl. Ashoff, Guido, *Politikkohärenz: eine zusätzliche Voraussetzung und wesentliche Aufgabe wirksamer Entwicklungspolitik*, S. 358.

909 Diese umfassen Garantien für Ungebundene Finanzkredite (UFK), Investitionsgarantien, Exportgarantien (Hermes-Deckung) sowie eine Neuauflage des von 1972 bis 1990 durchgeführten Explorationsförderprogramms. Vgl. Bundesregierung, *Rohstoffstrategie der Bundesregierung – Sicherung einer nachhaltigen Rohstoffversorgung Deutschlands mit nicht-energetischen mineralischen Rohstoffen*, S. 10f.

910 Rohstoffpartnerschaften wurden beispielsweise mit der Mongolei (Oktober 2011) und Kasachstan (Februar 2012) abgeschlossen.

911 Vgl. Bundesregierung, *Rohstoffstrategie der Bundesregierung – Sicherung einer nachhaltigen Rohstoffversorgung Deutschlands mit nicht-energetischen mineralischen Rohstoffen*, S. 7.

912 Zu einer Öffnung der Beteiligungsstrukturen äußert sich der Rohstoffexperte Schwarz: „Es ist schlechterdings in mitgliederbasierten Organisationen wie zum Beispiel dem BDI nicht möglich, im Monatsrhythmus qualifizierte Meinungsbildungsprozesse zu einem brauchbaren Ab-

schaftlichen Organisationen in ihren *Anforderungen an eine zukunftsfähige Rohstoffstrategie* auf eine Senkung des Rohstoffverbrauchs durch Besteuerung, umwelt- und ressourcenschonende Beschaffung und verbesserte Ressourceneffizienz sowie vermehrtes Recycling.[913] Sie befürchten zudem den Handel mit sogenannten Konfliktrohstoffen und Rohstoffprojekte in Konfliktregionen.[914] Bei Rohstoffprojekten müsse das Prinzip der freien, frühzeitigen und informierten Zustimmung (*free, prior and informed consent*, FPIC) der lokalen Bevölkerung genauso gewährleistet werden wie menschenrechtliche, ökologische und soziale Aspekte.[915] Für die Handelspolitik wird ein grundlegender Kurswechsel gefordert und der Einsatz von Exportzöllen bejaht.[916] Das Garantieinstrumentarium der Außenwirtschaftsförderung wird insgesamt kritisch gesehen.[917] Im Hinblick auf Transparenz werden länderbezogene Berichtspflichten, eine stärkere Umsetzung der EITI und umfassende Zertifizierungsmaßnahmen gefordert.[918] Schließlich wird der Entstehungsprozess der Rohstoffstrategie als „völlig intransparent“[919] beschrieben, da die zivilgesellschaftlichen Organisationen und Autoren des hier skizzierten Positionspapiers nicht in dem von ihnen erhofften Maße beteiligt worden sind. Insgesamt stellt dieser Zwischenruf aus der Zivilgesellschaft – trotz diffuser demokratischer Legitimation seiner Forderungen – eine inhaltliche Erweiterung der Problemwahrnehmung dar.

Nichtregierungsorganisationen fehlt häufig ein gewisses Situations- oder Lagebewusstsein, ohne das ihre scharfe Kritik häufig wirkungslos bleibt. Eine Ausnahme bildete in diesem Zusammenhang die Initiative *Publish What you Pay*, die eine der globalen Triebkräfte für mehr Transparenz in den extraktiven Industrien darstellt.[920] Mit der Gründung der EITI wird die grundlegende Forderung dieses zivilgesellschaftlichen Netzwerkes von staatlicher und wirt-

---

schluss zu führen. Insoweit wird die Diskussion gegenwärtig unter Ausschluss der beteiligten Öffentlichkeiten von Fachreferenten der jeweiligen Organisationen geführt.“ (Schwarz, Rüdiger, *Nationale Rohstoffstrategie – Wie Deutschland international wieder ins Spiel kommt*, S. 99).

913 Global Policy Forum Europe, *Anforderungen an eine zukünftige Rohstoffstrategie. Vorläufige Stellungnahme zivilgesellschaftlicher Organisationen zur Rohstoffstrategie der Bundesregierung vom 25. Oktober*, S. 3.

914 Vgl. ebd., S. 5.

915 Vgl. ebd., S. 6.

916 Vgl. ebd., S. 7.

917 Vgl. ebd., S. 8.

918 Vgl. ebd., S. 9f.

919 Ebd., S. 11.

920 Vgl. du Preez, Mari-Lise/Benkenstein, Alex, *The New EITI Standard and the role of civil society*, 04.06.2013. Online einzusehen unter http://www.saiia.org.za/opinion-analysis/the-new-eiti-standard-and-the-role-of-civil-society, zuletzt aufgerufen am 14.05.2015.

schaftlicher Seite anerkannt und hinreichend institutionalisiert, so dass vorübergehend sehr ambitioniert nach einer neuen Daseinsberechtigung gesucht und schließlich mit den Slogans *Publish Why You Pay and How You Extract* sowie *Publish What You Earn and How You Spend It* gefunden wurde.[921] Die Aktivitäten deutscher Nichtregierungsorganisationen verlaufen dagegen häufig unterhalb des Radars der öffentlichen Wahrnehmung. Dies liegt sowohl an dem oben beschriebenen mangelnden Situationsbewusstsein zivilgesellschaftlicher Organisationen als auch an einer Öffentlichkeit, die sich zwar zunehmend, aber dennoch nicht gerade leidenschaftlich für globale Zusammenhänge interessiert. Ob sich die Nichtregierungsorganisationen als wirkungslose Nörgler erweisen oder die skizzierten Forderungen durchsetzen konnten, zeigt unter anderem die nächste Phase der Politikdurchführung.

4.1.4 Politikdurchführung

Die Umsetzung oder der Vollzug einer politischen Entscheidung durch das politisch-administrative System erfolgt in der Phase der Politikimplementierung. Sowohl aus Gesetzgeberperspektive als auch aus „Perspektive der Ausführungsebene"[922] sind die Einflussfaktoren zu identifizieren, die die Implementierung eines politischen Programmes und dessen Zielkatalog erleichtern oder erschweren.[923] Viele Beobachter schenken der Umsetzung einer getroffenen Entscheidung häufig weniger Aufmerksamkeit als der Entscheidung selbst, obwohl sich insbesondere die Politikimplementierung als wesentlicher Teil des Politikprozesses auf den Bürger, Interessengruppen, Unternehmen oder die Situation in anderen Ländern auswirkt. Während dieser Phase kann zwischen der *Organisation*, *Interpretation* und *Anwendung* einer zu implementierenden Maßnahme unterschieden werden. *Organisation* bezieht sich auf die verwendeten Mittel und institutionellen Ressourcen der beteiligten sowie zuständigen Verwaltungseinheiten. *Interpretation* meint die zu leistende Übersetzungsarbeit einer getroffenen Entscheidung in konkrete Maßnahmen und gegenüber möglichen Adressaten. *Applikation* oder *Anwendung* beschreibt den nächsten Schritt der tatsächlichen Umsetzung, um schließlich die angestrebten Politikziele zu erreichen.[924]

---

921 Vgl. Feldt, Heidi, *Zehn Jahre Publish what you pay – eine Kampagne feiert Geburtstag*, 03.12.2012. Online einzusehen unter http://www.boell.de/oekologie/ressourcen/ressourcenpolitik-oekologie-publish-what-you-pay-geschichte-10-jahre-16149.html, zuletzt aufgerufen am 14.05.2015.

922 Vgl. Schubert, Klaus/Blum, Sonja, *Politikfeldanalyse*, S. 128.

923 Vgl. ebd., S. 125–129.

924 Kraft, Michael E./Furlong, Scott R., *Public Policy: Politics, Analysis, and Alternatives*, S. 88.

Die Politikimplementierung gilt als entscheidende Phase des Politikprozesses, da sich hier die faktischen Auswirkungen des Regierungshandelns ergeben.[925] Ob das Politikergebnis hinter deklarierten Politikzielen zurückbleibt oder diesen entspricht, liegt sowohl an der Zielsetzung selbst als auch an der entsprechenden Umsetzung.[926] Einerseits können Ziele zu ambitioniert sein oder einen symbolpolitischen Charakter aufweisen, der sich bereits im Vorhinein nicht an der Durchführbarkeit orientiert hat; andererseits ergeben sich Implementationslücken, wenn ein zu geringer Mitteleinsatz vorgesehen ist oder die Durchsetzung zu zentral gesteuert respektive zu beliebig erfolgt.[927] Somit ergeben sich folgende Voraussetzungen für erfolgreiche Politikimplementation:[928] ein präzise formuliertes und hierarchisch geordnetes Zielsystem; klare Entscheidungsregeln; geeignete Durchführungsorganisationen sowie deren Verhältnis zueinander; ausreichender Mittelaufwand; Arbeitsroutine; Erwartungshaltung und Handlungslogiken beteiligter Akteure; „Einsatzfreude und Durchsetzungsfähigkeit der Organisationsspitze"; Reaktion und Verhalten der Adressaten (Rohstoff- und verarbeitende Industrie, rohstoffreiche Entwicklungsländer, Verbraucher, Forschungseinrichtungen); Einsatz von Programmevaluierungen; Unterstützung und Überzeugung beteiligter Ministerien und deren Beamten.

Das übergeordnete Ziel der unter Federführung des BMWi erstellten Rohstoffstrategie bildet die „Sicherung einer nachhaltigen Rohstoffversorgung Deutschlands mit nicht-energetischen mineralischen Rohstoffen" und wird als Reaktion auf rohstoffpolitische Maßnahmen aufstrebender Schwellenländer wie China und Indien sowie mögliche Versorgungsengpässe in der rohstoffverarbeitenden Industrie verstanden.[929] Neben neuen rohstoffbezogenen Forschungsprogrammen, der Förderung heimischer Rohstoffexploration und -gewinnung, Maßnahmen zur Steigerung der Materialeffizienz und verbesserten Recyclingquoten im Inland soll der hohen Importabhängigkeit bei Industrierohstoffen mit einer „kohärente[n] gestaltende[n] Rohstoffaußenpolitik unter Berücksichtigung außen-, wirtschafts- und entwicklungspolitischer Ziele"[930] begegnet wer-

925 Vgl. ebd., S. 88.

926 Vgl. Jann, Werner/Jantz, Bastian, *The development of policy analysis in Germany: practical problems and theoretical concepts*, S. 34.

927 Vgl. Kevenhörster, Paul, *Politikwissenschaft Band 2: Ergebnisse und Wirkungen der Politik*, S. 406 u. 47.

928 Kevenhörster, Paul, *Politikwissenschaft. Band 1: Entscheidungen und Strukturen der Politik*, S. 351.

929 Vgl. Bundesregierung, *Rohstoffstrategie der Bundesregierung – Sicherung einer nachhaltigen Rohstoffversorgung Deutschlands mit nicht-energetischen mineralischen Rohstoffen*, S. 7.

930 Ebd., S. 8.

den. Als Kernziele werden für diesen Bereich die Bekämpfung von Handelshemmnissen und Wettbewerbsverzerrungen, Maßnahmen zur Diversifizierung von Rohstoffbezugsquellen[931], der Aufbau bilateraler Rohstoffpartnerschaften sowie die Herstellung von Transparenz und *Good Governance* bei der Rohstoffgewinnung vorgegeben. Die Implementierung entsprechender Maßnahmen wird nun schrittweise dargestellt und im Hinblick auf Politikkohärenz analysiert.

Abbau von Handelshemmnissen und Wettbewerbsverzerrungen

Die Bundesregierung versucht Handelshemmnissen und Wettbewerbsverzerrungen im multilateralen Handelsregime der WTO und auf EU-Ebene im Rahmen der Gemeinsamen Handelspolitik zu begegnen.

Auf WTO-Ebene spielen Streitschlichtungsverfahren eine zentrale Rolle, wie sie 2009 mit der Klage der EU, der USA und Mexikos gegen die mutmaßlich verdeckte Industriepolitik Chinas eingeleitet wurden, nachdem die kommunistische Führung Exportzölle und -quoten für unterschiedliche Rohstoffe verhängt hatte. Zudem wurde die Ausfuhr der für die Produktion von Mobiltelefonen, Elektro- und Hybridmotoren oder Magneten für Windkraftanlagen benötigten Seltenen Erden verstärkt ab 2010 mit Zöllen von 15 bis 25 Prozent und einer Mehrwertsteuer von 16 Prozent eingeschränkt. Ziel dieser Maßnahmen waren – nach Angaben Chinas – Ressourcenschonung und Eindämmung der Umweltverschmutzung, die mit der Gewinnung Seltener Erden einhergeht. Endprodukte konnten hingegen zoll- und mehrwertsteuerfrei ausgeführt werden. Die Streitschlichtung der WTO bestätigte Anfang 2014, dass die Maßnahmen der chinesischen Regierung darauf abzielten, heimischen Unternehmen einen privilegierten Zugang zu Seltenen Erden zu sichern, und gegen WTO-Regeln für ausländische Direktinvestitionen verstießen.[932] Auch das Berufungsgremium der WTO kam im August 2014 zu dem Ergebnis, dass die chinesischen Ausfuhrbeschränkungen für Seltene Erden, Wolfram und Molybdän nicht mit dem Regelwerk der WTO vereinbar waren. Ein rohstofffförderndes Land dürfe keine Exportrestriktionen verhängen, die ausschließlich für ausländische Unternehmen gelten. Zudem sei das Ziel der Ressourcenschonung nicht stichhaltig, wenn inländische Akteure vollen Zugriff auf die heimischen Boden-

---

931 Diese umfassen Garantien für Ungebundene Finanzkredite (UFK), Investitionsgarantien, Exportgarantien (Hermes-Deckung) sowie eine Neuauflage des von 1972 bis 1990 durchgeführten Explorationsförderprogramms (Bundesregierung 2010: 10f.).

932 Vgl. Jha, Saurav, *China's Rare Earths Advantage*; vgl. Kühl, Christiane et al., *China verspricht neue Rohstoffpolitik*; vgl. Dunsch, Jürgen, EU-Erfolg gegen China im Streit um Seltenen Erden, in: *Frankfurter Allgemeine Zeitung*, 73, 27.03.2014 .

schätze hätten. Die Volksrepublik musste nun innerhalb einer angemessenen Frist die WTO-Entscheidung umsetzen.[933] In diesem Sinne wertete EU-Handelskommissar Karel de Gucht den Ausgang des Streitschlichtungsverfahrens als „ein klares Signal, dass Exportbeschränkungen nicht dazu dienen dürfen, die heimische Industrie auf Kosten ausländischer Mitbewerber zu schützen oder zu bevorzugen“[934]. Diese Entscheidung konnte als Beleg für die Relevanz und Wirksamkeit multilateraler Handelsregime gelten, deren Bedeutung unter anderem von der Rohstoffstrategie der Bundesregierung hervorgehoben wird, um Verzerrungen im internationalen Rohstoffhandel zu begegnen.[935] In gewisser Weise bildete der Ausgang des WTO-Streitschlichtungsverfahrens einen Kontrapunkt zu den Handelsrestriktionen Chinas, die seinerzeit die Forderungen nach rohstoffpolitischen Maßnahmen beflügelt hatten. Daher ist es geradezu bemerkenswert, dass es im Spätsommer 2014 weder ein mediales Echo noch Reaktionen der Politik gegeben hat, die mit der rohstoffpolitischen Aufgeregtheit 2010 und 2012 vergleichbar gewesen wären.

Als weiteres rohstoffpolitisches Instrument begreift die Bundesregierung die einseitig gewährten Handelspräferenzen der EU, die mit niedrigeren Zöllen für Einfuhren aus Entwicklungsländern einhergehen. Die rohstoffpolitische Interessenlage der EU solle im „Rahmen der Reform des Allgemeinen Präferenzsystems – soweit ärmere und ärmste Entwicklungsländer nicht nachteilig betroffen sind – zusätzlich berücksichtigt“[936] werden. Die seit 1971 angewandten Zollpräferenzen der EU wurden zuletzt 2011 reformiert und 2012 vom Europäischen Parlament und vom Rat verabschiedet. Die Reform soll nach Auskunft der Europäischen Kommission eine stärkere Konzentration auf tatsächlich begünstigte Länder ermöglichen und mehr Stabilität sowie Berechenbarkeit gewährleisten.[937] Neben einer Reihe von Veränderungen traten zum 1. Januar 2014 auch neue Bedingungen in Kraft, die ein temporäres Aussetzen der Zollerleichterungen zur Folge haben. Zu diesen unlauteren Handelspraktiken zählen unter anderem Maßnahmen, die die Rohstoffversorgung europäischer Unter-

---

933 Vgl. Europäische Kommission, *WTO-Berufungsgremium erklärt Chinas Beschränkungen bei seltenen Erden und anderen Rohstoffen für unzulässig*, Pressemitteilung vom 07.08.2014. Online einzusehen unter http://europa.eu/rapid/press-release_IP-14-912_de.htm, zuletzt aufgerufen am 14.05.2015.

934 Vgl. ebd.

935 Vgl. BMWi, *Rohstoffstrategie der Bundesregierung. Sicherung einer nachhaltigen Rohstoffversorgung Deutschlands mit nicht-energetischen mineralischen Rohstoffen*, S. 9.

936 Ebd., S. 9.

937 Vgl. Europäische Kommission, *Bessere Zollpräferenzen für die bedürftigsten Länder: Reform des Allgemeinen Präferenzsystems der EU (MEMO)*, 31.10.2012. Online einzusehen unter http://europa.eu/rapid/press-release_MEMO-12-820_de.htm, zuletzt aufgerufen am 14.05.2015.

nehmen systematisch beeinträchtigen.[938] Diese Änderung geht offenbar auch auf eine Forderung der Bundesregierung zurück, die das Allgemeine Präferenzsystem zur Durchsetzung europäischer Rohstoffinteressen nutzen möchte.[939]

Eine andere rohstoffpolitische Maßnahme im europäischen Kontext stellt 2011 der Vorschlag einer Vereinbarung für die verbesserte Transparenz von Zahlungsströmen auf EU-Ebene dar. Die 2013 verabschiedeten Vorschriften der EU sehen für Unternehmen im Rohstoffsektor Offenlegungspflichten projektbezogener Zahlungsströme ab 100.000 Euro vor und müssen von den Mitgliedsstaaten bis spätestens 2015 in nationales Recht umgesetzt werden.[940] Die Bundesregierung hat sich in den Verhandlungen zunächst für länderbezogene Offenlegungspflichten von Zahlungsströmen ab einer Million Euro stark gemacht.[941] Daran wird kritisiert, dass die Bundesregierung in diesem Entscheidungsprozess „so stark [...] zu bremsen versucht wie sonst eigentlich kein anderer Mitgliedstaat"[942]. Entwicklungspolitische Ansprüche haben sich „in einer Nische"[943] befunden und seien in diesem Beispiel eines politikfeldübergreifenden Diskussionsprozesses lange nicht sichtbar gewesen. Gleichzeitig stellt diese Regulierung einen Ansatz zu einer effektiveren Kontrolle über Finanzströme dar, die mit Lizenzgebühren und Konzessionszahlungen bei Rohstoffgeschäften unter anderem in Entwicklungsländern einhergehen. Dies mag sich in der konkreten Umsetzung als Wettbewerbsnachteil für europäische Unternehmen darstellen und mit einem erhöhten bürokratischen Aufwand einhergehen.[944] Zudem versucht die EU die Aktivitäten der extraktiven Industrie in anderen Ländern zu normieren. Die Regulierung könnte jedoch gleichzeitig stilbildend sein,

---

938 Vgl. Europäisches Parlament/Europäischer Rat, Regulation No 978/2012 of 25 October 2012 applying a scheme of generalised tariff preferences and repealing Council Regulation (EC) No 732/2008, in: *Official Journal of the European Union*, 31.10.2012, Allg, Art. 19 Nr. 1(d).

939 Vgl. Paasch, Armin, Freihandel macht hungrig, in: *Le Monde diplomatique*, 13.01.2012, S. 5.

940 Vgl. Mildner, Stormy-Annika/Wassenberg, Florian, *Rohstoffreichtum darf nicht länger arm machen*, S. 7; vgl. Hilbig, Sven, *Transparenz in den Zahlungsströmen – ein erster Schritt hin zum verantwortlichen Umgang mit Rohstoffen*; vgl. N.N., *Disclosing government payments: Implications for the oil and gas industry*.

941 Vgl. Laag, Benjamin, *Interview mit dem Referatsleiter IV B 2 Internationale Rohstoffpolitik, BMWi, vollständig transkribiert und überarbeitet*; vgl. Laag, Benjamin, *Interview mit einem Mitarbeiter der RA Rohstoffallianz GmbH, vollständig transkribiert und überarbeitet*, Berlin, 16.10.2012.

942 Laag, Benjamin, *Interview mit einer wissenschaftlichen Mitarbeiterin der entwicklungspolitischen Sprecherin der Bundestagsfraktion von Bündnis 90/Die Grünen; Obfrau im Ausschuss für wirtschaftliche Zusammenarbeit und Entwicklung*.

943 Ebd.

944 Vgl. Laag, Benjamin, *Interview mit einem Mitarbeiter der RA Rohstoffallianz GmbH, vollständig transkribiert und überarbeitet*.

da Unternehmen außerhalb der EU Geschäftsbeziehungen zu europäischen Partnern haben und so mittelbar von den Offenlegungspflichten betroffen sind.[945] Unabhängig vom Ergebnis zeigt sich jedoch insbesondere in der Positionierung der Bundesregierung während der Verhandlungen, dass außenwirtschaftliche Interessen und eine transparente Rohstoffpolitik nicht problemlos miteinander verzahnt werden können.

Insgesamt ist es fraglich, ob die hier beschriebene Rohstoffpolitik im internationalen Kontext unmittelbar als Ausfluss der Rohstoffstrategie eingeordnet werden kann. Dennoch ist unbestritten, dass sie sich unter der Rohstoffstrategie subsumieren lässt und die Rohstoffstrategie eine Argumentationsgrundlage darstellt, auf die sich die Bundesregierung in Verhandlungen dieser Maßnahmen berufen kann.

Maßnahmen zur Diversifizierung von Rohstoffbezugsquellen

Aufgrund des überschaubaren Optimismus, der im Hinblick auf eine rasche und umfassende Handelsliberalisierung angebracht ist, setzte das BMWi auf Investitionsgarantien, Exportgarantien oder Garantien für ungebundene Finanzkredite als flankierende Maßnahmen und legte Anfang 2013 die bereits zwischen 1972 und 1990 angebotene Explorationsförderung wieder auf.[946]

Garantien für Ungebundene Finanzkredite (UFK) wurden 1961 eingeführt und zuletzt 2009 unter anderem durch eine Reduzierung des Selbstbehalts sowie eine Wiederaufnahme der Absicherung gegen wirtschaftliche Risiken angepasst, um Finanzierungen von Rohstoffprojekten im Ausland zu fördern.[947] Dazu muss ein deutsches Unternehmen einen langfristigen Liefervertrag, auf dessen Grundlage „Rohstoffe nach Deutschland verbracht werden“[948], abschließen und ein gesamtwirtschaftliches Interesse des konkreten Rohstoffvorhabens begründen.[949] Das BMWi konstatierte aufgrund von 35 Anfragen für UFK-Garantien 2010 eine gesteigerte Nachfrage deutscher Rohstoffankäufer nach UFK und bewertet dies als „verstärktes Interesse der Industrie […], ihre Rohstoffver-

945 Vgl. Laag, Benjamin, *Interview mit Dr. Oladrian Bello, Programme Director Governance of Africa's Resources Programme (GARP), South African Institute of International Affairs (SAIIA), vollständig transkribiert*, Kapstadt, 06.08.2013.

946 Vgl. Heitzer, Bernhard, Im Interesse einer sicheren Versorgung mit Rohstoffen. Die Umsetzung der deutschen Rohstoffstrategie, in: *Zeitschrift für Außen- und Sicherheitspolitik* (*ZfAS*), Nr. 5, 2012, S. 46; vgl. Stürmer, Peter/Wolff, Peter, *Rohstoffpolitik und Entwicklungspolitik*, Deutsches Institut für Entwicklungspolitik, Bonn 2010, S. 3.

947 Vgl. BMWi, *50 Jahre UFK-Garantien: Rohstoffsicherung für Deutschland*, Berlin 2011, S. 17.

948 Ebd., S. 26.

949 Vgl. ebd., S. 26.

sorgung abzusichern“[950]. So werden nach einer zehnjährigen Unterbrechung im Jahr 2010 wieder Rohstoffprojekte gefördert, die sich sowohl in Entwicklungs- als auch in Schwellenländern befinden. Zum Beispiel wird eine UFK-Garantie dazu genutzt, um in Mauretanien ein neues Verladeterminal der *Société Nationale Industrielle et Minière* (SNIM) zu bauen. Die erhöhten Exportkapazitäten der SNIM sollen einen Beitrag zur Versorgung von deutschen Eisenerzunternehmen leisten.[951] Außerdem existieren zwei andere Rohstoffprojekte, die der Kupferversorgung zugutekommen sollen.[952] Dennoch sollte die Wirksamkeit der UFK-Garantien nicht überbewertet werden, da sie keine unmittelbaren Anreize für direkte Investitionen in den Rohstoffsektor und folglich ebenso wenig eine Förderung des Auslandsbergbaus darstellen.[953] Kritiker sehen in den UFK daher vor allem eine „Stärkung lokaler Partner“[954].

Im Hinblick auf Direktinvestitionen in Schwellen- und Entwicklungsländern spielen Investitionsgarantien eine ungleich wichtigere Rolle, da sie das Eigenkapital deutscher Firmen gegen politische Risiken absichern, die Kreditaufnahme zur Refinanzierung erleichtern und auf diese Weise zur unternehmerischen Risikovorsorge beitragen. Das übernommene Garantievolumen beträgt 2010 rund 5,8 Mrd. Euro, der entsprechende Anteil des Rohstoffsektors an den Investitionsgarantien jedoch lediglich 4 Prozent. Möglicherweise ist die Zurückhaltung der Unternehmen in diesem Bereich darauf zurückzuführen, dass bei Bergbauprojekten neben politischen Risiken vor allem das Risiko des Bergbauprojektes selbst sowie die Langfristigkeit und notwendige Höhe der Investition eine wesentliche Rolle spielen.[955]

An dritter Stelle sind die Exportgarantien (*Hermes-Deckung*) zu nennen, die Zahlungsausfälle ausländischer Geschäftspartner bei Exportgeschäften absichern und so die Erschließung schwieriger Auslandsmärkte fördern.[956] Relevant ist dieses Instrument der Außenwirtschaftsförderung weniger für klassische Bergbauunternehmen, sondern für Unternehmen, die beispielsweise Bergbautechnologie exportieren und unternehmerische Risiken besser kalkulieren

---

950 BMWi, *Der Bergbau in der Bundesrepublik Deutschland 2012: Bergwirtschaft und Statistik*, S. 29.

951 Vgl. ebd., S. 17.

952 Vgl. ebd., S. 18.

953 Vgl. Gandenberger, Carsten et al., *Die Versorgung der deutschen Wirtschaft mit Roh- und Werkstoffen für Hochtechnologien: Präzisierung und Weiterentwicklung der deutschen Rohstoffstrategie*, Arbeitsbericht, 150/2012, S. 12; vgl. Pilarsky, Günter, *Wirtschaft am Rohstofftropf: Der Kampf um die wichtigsten mineralischen Ressourcen*, S. 116.

954 Vgl. ebd., S. 79.

955 Vgl. ebd., S. 116.

956 Vgl. ebd., S. 79; vgl. Heitzer, Bernhard, *Im Interesse einer sicheren Versorgung mit Rohstoffen. Die Umsetzung der deutschen Rohstoffstrategie*, S. 46.

möchten. Erwartbar sind hier vor allem mittelbare Auswirkungen auf die Versorgungssicherheit.

Nicht neu an diesen klassischen Instrumenten der Außenwirtschaftsförderung ist die kritische Begleitmusik aus dem entwicklungspolitischen und zivilgesellschaftlichen Lager im Hinblick auf Menschenrechte und Sozialstandards.[957] Aus rohstoffpolitischer Sicht stellt sich perspektivisch die Frage, ob die Außenwirtschaftsförderung im Rohstoffbereich lediglich fortgesetzt wird oder aufgrund der neuen rohstoffpolitischen Rhetorik eine andere faktische Qualität aufweist. Während Ersteres zuzutreffen scheint, zeichnet sich Letzteres nur sehr bedingt ab.

Eine andere Erwartungshaltung kann im Hinblick auf die außenwirtschaftliche Explorationsförderung gerechtfertigt sein, die von der Bundesregierung als erster Schritt in die Rückwärtsintegration betrachtet wird.[958] Da sich der unmittelbare Wiedereinstieg in Rohstoffgewinnungsprojekte nach dem Rückzug der rohstoffverarbeitenden Industrie aus dem Auslandsbergbau in den 1990 Jahren schwierig darstellt, kommt dem Rohstoffabbau vorgelagerten Explorationsaktivitäten eine „besondere Bedeutung"[959] zu. Das frühere Explorationsförderprogramm der Bundesregierung lief von 1972 bis 1990 und wird unterschiedlich beurteilt. Während BGR-Chef Volker Steinbach das Programm der 1980er und 1990er als „sehr erfolgreich"[960] einstuft, können kritische Stimmen dies lediglich für ein Drittel der Projekte feststellen und bemerken, dass die Explorationsaktivitäten sich zur Hälfte auf energetische Rohstoffe konzentrierten.[961] Im Hinblick auf eine Neuauflage des Programms ist ferner zu berücksichtigen, dass eine umfassende Bewertung der früheren Explorationsförderung erst zehn Jahre nach Start des Programms möglich gewesen ist.[962]

957 Vgl. dazu exemplarisch Hamm, Brigitte/Scheper, Christian/Schölmerich, Maike, *Menschenrechtsschutz und deutsche Außenwirtschaftsförderung: Ein Plädoyer für konsequente Reformen*, Duisburg 2011.

958 Vgl. BMWi, *Rohstoffstrategie der Bundesregierung. Sicherung einer nachhaltigen Rohstoffversorgung Deutschlands mit nicht-energetischen mineralischen Rohstoffen*, S. 11.

959 Ebd., S. 11.

960 Steinbach, Volker, Rohstoffsicherung für die Zukunftsfähigkeit Deutschlands? Interview mit Volker Steinbach, in: *WeltTrends Spezial*, Vol. 6, 2011, S. 10.

961 Vgl. Pilarsky, Günter, *Wirtschaft am Rohstofftropf: Der Kampf um die wichtigsten mineralischen Ressourcen*, S. 117.

962 Vgl. Bundesministerium für Wirtschaft, *Bericht über die Versorgung der Bundesrepublik Deutschland mit mineralischen Rohstoffen*, Studien-Reihe, 90, Bonn 1980, S. 91.

Abbildung 26: Ablaufschema des Explorationsförderprogramms[963]

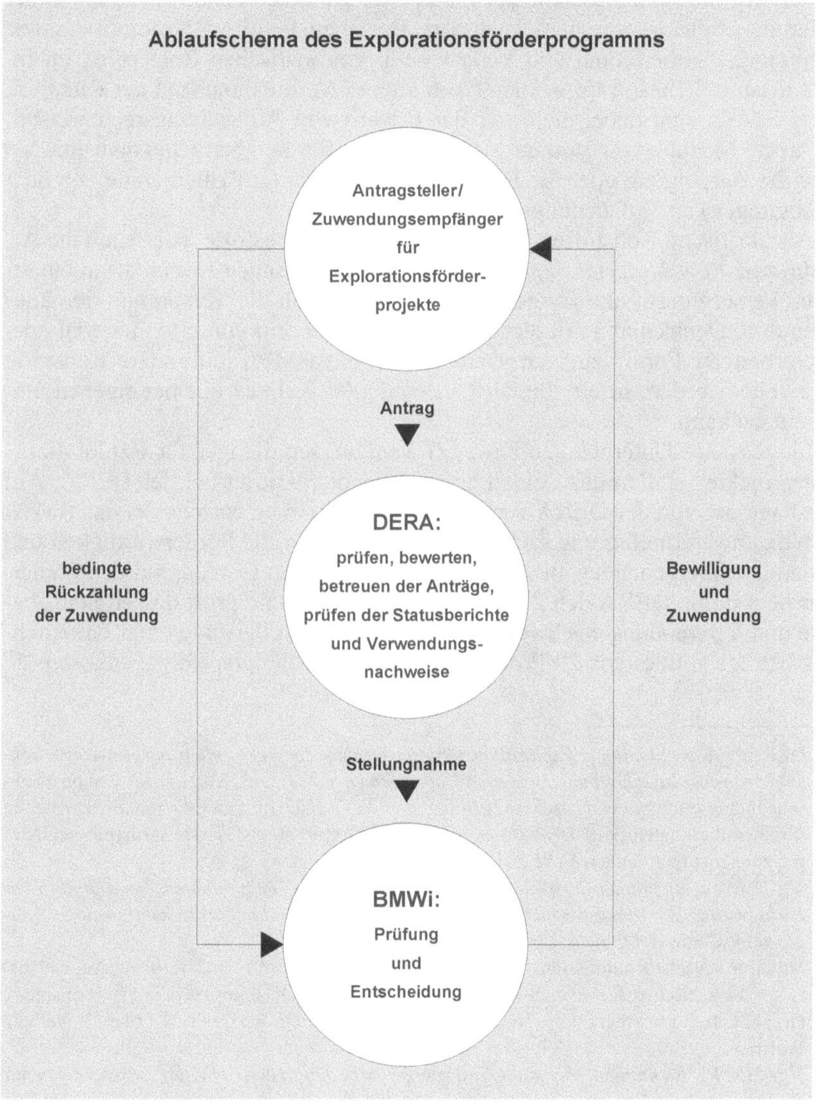

963 DERA, *Ablaufschema des Explorationsförderprogramms*, Berlin 2013.

Am 1. Januar 2013 erfolgte eine Neuauflage des Programms, das sich an Unternehmen mit Sitz und Geschäftsbetrieb in Deutschland wendet. Im Rahmen der Förderung können bedingt rückzahlbare Darlehen für die „Exploration sowie Gewinnung, Aufbereitung und Verarbeitung von kritischen Rohstoffen im In- und Ausland“[964] beantragt werden (Abbildung 26). Entsprechend der Richtlinien des BMWi sind dabei nicht nur der Erwerb von Aufsuchungsrechten, sondern auch Machbarkeitsstudien als Grundlage für bergbauliche Investitionen sowie die Beteiligung oder der Erwerb von Optionen (auf Übernahme von oder Beteiligungen) an Aufsuchungsrechten förderwürdig.[965]

Als „kritische Rohstoffe“ gelten diejenigen 14 Rohstoffe, bei denen die Arbeitsgruppe *Raw Material Supply Group* der Europäischen Kommission ein erhöhtes Versorgungsrisiko festgestellt hat.[966] Das Ziel, die Versorgung der Bundesrepublik Deutschland mit diesen Rohstoffen in Form von „Rohmaterial oder in verarbeiteter Form“ zu verbessern, kann vom BMWi auf andere Rohstoffe ausgeweitet werden, sofern die DERA deren „Kritikalität“ in einer eigenen Studie belegen kann.[967]

Interessierte Unternehmen bzw. „Zuwendungsempfänger für Explorationsförderprojekte“ stellen dazu einen entsprechenden Antrag bei der DERA. Auf Grundlage der von der DERA verfassten Stellungnahme entscheidet das BMWi „nach eigener formeller und sachlicher Prüfung“ über die Förderwürdigkeit und der damit einhergehenden Bewilligung und Zuwendung. Während der Förderdauer betreut die DERA den Zuwendungsempfänger und prüft dessen Statusberichte und Verwendungsnachweise.[968] Die Eigenkapitalleistung eines Unternehmens beträgt mindestens 20 Prozent der förderungsfähigen Vorhabenkosten.[969]

964 DERA, *Pressemitteilung: Explorationsförderprogramm zur Versorgung mit kritischen Rohstoffen: Neue Ausschreibungsrunde für Unternehmen startet jetzt,* 31.01.2014. Online einzusehen unter http://www.deutsche-rohstoffagentur.de/DE/Gemeinsames/Oeffentlichkeitsarbeit/Pressemitteilungen/BGR/DERA/dera-bgr-140131_Explorationsf%C3%B6rderprogramm.html, zuletzt aufgerufen am 14.05.2015.

965 Vgl. BMWi, *Richtlinien über die Gewährung von bedingt rückzahlbaren Zuwendungen zur Verbesserung der Versorgung der Bundesrepublik Deutschland mit kritischen Rohstoffen (Explorationsförderrichtlinien)*, Berlin 2012, S. 2.

966 Vgl. Europäische Kommission, *Critical raw materials for the EU*, S. 24ff. u. 36. Auf der Liste der 14 kritischen finden sich Antimon, Beryllium, Kobalt, Fluorit, Gallium, Germanium, Graphite, Indium, Magnesium, Niobium, Metalle der Platingruppe, seltene Erden, Tantal und Wolfram.

967 Vgl. BMWi, *Richtlinien über die Gewährung von bedingt rückzahlbaren Zuwendungen zur Verbesserung der Versorgung der Bundesrepublik Deutschland mit kritischen Rohstoffen (Explorationsförderrichtlinien)*, Nr. 1.3.

968 Vgl. ebd.

969 Vgl. ebd., Nr. 4.1.b.

Spätestens 10 Jahre nach der letzten Zuwendungszahlung muss die Produktionsaufnahme erfolgen.[970] Die Teilnahme am Explorationsförderprogramm verpflichtet Unternehmen außerdem dazu, die Vorgaben der *Extractive Industries Transparency Initiative* (EITI) und der *OECD-Leitsätze für multinationale Unternehmen* sowie die einschlägigen EU-Rechtsvorschriften umzusetzen.[971] Während somit die zivilgesellschaftliche Beobachtung einer vorrangig auf die Versorgungssicherheit der deutschen Wirtschaft ausgerichteten Explorationsförderung zutreffend ist, muss die Erzählung über den deutschen Raubbau in rohstoffreichen Ländern jenseits rechtlicher Standards im Falle des Explorationsförderprogramms dem Bereich der Verschwörungstheorien zugeordnet werden.

Im November 2013 teilt das BMWi mit, dass die ersten Förderanträge bewilligt wurden und ein Fördervolumen von 4,7 Millionen Euro aufweisen, das aus bedingt rückzahlbaren Zuwendungen bis 2016 besteht.[972] Nach Auskunft der DERA konzentrieren sich die Explorationsaktivitäten auf die kritischen Rohstoffe Indium, Wolfram, Graphit und Antimon. Während 2013 zwei Projekte im Inland durchgeführt wurden, stellten Spanien und die Entwicklungsländer Mosambik, Sri Lanka und Bolivien die übrigen Zielländer des Explorationsförderprogramms dar (Tabelle 14). Für das Jahr 2014 werden seitens der Bundesregierung genauer gesagt des Zuwendungsgebers BMWi und nach Prüfung durch die DERA 7,5 Millionen Euro bereitgestellt.[973]

---

970 Vgl. ebd., Nr. 5.2.a.

971 Vgl. ebd., Nr. 4.2. Zum 1. Januar 2014 wurde die ursprüngliche Formulierung der Nr. 4.2 dahingehend angepasst, dass Unternehmen von der vorausgesetzten Beachtung und Einhaltung der *Extractive Industries Transparency Initiative* (EITI) und einschlägiger EU-Rechtsvorschriften „Kenntnis" nehmen und die OECD-Leitsätze für multinationale Unternehmen „berücksichtigen". Vgl. BMWi, Bekanntmachung im Rahmen der Rohstoffstrategie der Bundesregierung: Änderung der Richtlinien über die Gewährung von bedingt rückzahlbaren Zuwendungen zur Verbesserung der Versorgung der Bundesrepublik mit kritischen Rohstoffen (Explorationsförderrichtlinien), in: *Bundesanzeiger (BAnz)*, 07.01.2014.

972 Vgl. Reckordt, Michael, *Rohstoffpartnerschaft mit Peru*, AK Rohstoffe – Newsletter, 3, Berlin 2014.

973 Vgl. DERA, *Pressemitteilung: Explorationsförderprogramm zur Versorgung mit kritischen Rohstoffen: Neue Ausschreibungsrunde für Unternehmen startet jetzt.*

Tabelle 14: Bewilligte Anträge im Rahmen des Explorationsförderprogramms (2013)[974]

Unternehmen	Rohstoff	Zielland
AMG Mining AG	Graphit	Mosambik
AMG Mining AG	Graphit	Sri Lanka
Cronimet Mining AG	Wolfram	Bolivien
Saxony Minerals & Exploration AG	Wolfram	Deutschland
Umbono Capital Projects GmbH	Antimon	Spanien
Umbono Capital Projects GmbH	Indium	Deutschland

Obwohl das Programm zunächst anlaufen muss und eine fundierte Bewertung zum jetzigen Zeitpunkt schwierig erscheint, wird das Programm bereits als „nur ein bisschen mehr als ein Tropfen auf dem heißen Stein“[975] beschrieben, da aufgrund des geringen Mitteleinsatzes keine wesentlichen bergbaulichen Aktivitäten zu erwarten seien. Dieser Einwand ist nicht völlig unberechtigt, wenn man sich vor Augen führt, dass ein chinesisches Staatsunternehmen 2007 in die afghanische Kupfermine *Mes Aynak* rund 2,9 Milliarden US-Dollar investiert hat.[976] Zudem betreibt die Volksrepublik China zur Beteiligung an Bergbaufirmen seit 2007 einen Staatsfonds, der mit Mitteln in einer geschätzten Höhe von 200 Milliarden Euro ausgestattet ist.[977] Obwohl es sich hierbei nicht zuletzt aus ordnungspolitischen Gründen um keinen besonders originellen Vergleich handelt, verhindern die unterschiedlichen Quantitäten zumindest eine Überbewertung des Explorationsförderprogramms. Möglicherweise lässt sich die Situation der Rohstoffversorgung mithilfe eines Explorationsförderprogramms dieser Quantität und Qualität „nicht grundlegend ändern“[978]. Hinzu kommt, dass der eigentliche Rohstoffabbau erst nach der kapitalintensiven sowie wirtschaftlich risikoreichen Explorationsphase und der damit einhergehenden Identifizierung konkreter Bergbauprojekte beginnen kann.[979] Letztlich setzt die Lagerstättenge-

974 Vgl. DERA, *Geförderte Maßnahmen 2013,* 15.11.2013. Online einzusehen unter http://www.deutscherohstoffagentur.de/DERA/DE/Foerderprogramme/Explorationsfoerderprogramm/Gefoerderte_Massnahmen/gefoerderte_massnahmen_node.html, zuletzt aufgerufen am 14.05.2015.

975 Pilarsky, Günter, *Wirtschaft am Rohstofftropf: Der Kampf um die wichtigsten mineralischen Ressourcen*, S. 83.

976 Vgl. Böge, Friederike, Das Große Spiel ist abgesagt, in: *FAZ*, 14.05.2014.

977 Vgl. Pilarsky, Günter, *Wirtschaft am Rohstofftropf: Der Kampf um die wichtigsten mineralischen Ressourcen*, S. 77.

978 Ebd., S. 117.

979 Vgl. Ausschuss für Bildung, Forschung und Technikfolgenabschätzung, *Technikfolgenabschätzung (TA): Die Versorgung der deutschen Wirtschaft mit Roh- und Werkstoffen für*

winnung und die Aufbereitung des Lagerstätteninhaltes jedoch das Aufsuchen von Bodenschätzen voraus.[980] Diese wird seitens der Politik durch das wiederaufgelegte Explorationsförderprogramm unterstützt.

Deutsche Rohstoffagentur (DERA)

Bereits am 4. Oktober 2010 hat das BMWi in der BGR als „strukturelle Maßnahme" die Deutsche Rohstoffagentur eingerichtet, die fortan als „rohstoffwirtschaftliches Kompetenzzentrum" fungieren und vor allem mittelständischen Unternehmen den Marktzugang zu Rohstoffen erleichtern soll.[981] Die Gründung in der Abteilung *Energierohstoffe, Mineralische Rohstoffe* der BGR erscheint nicht zuletzt deshalb sinnvoll, da man auf die bestehenden Netzwerke und rohstoffwirtschaftlichen Regionalkenntnisse der Bundesanstalt zurückgreifen kann, die sich aus der langjährigen Zusammenarbeit mit Entwicklungs- und Schwellenländern ergeben haben.[982] Zu den in der Rohstoffstrategie aufgezählten Aufgaben gehören der Aufbau eines Rohstoffinformationssystems, Beratungs- und Unterstützungsleistungen, die fachliche Unterstützung und Betreuung des Explorationsförderprogramms, Forschungs- und Entwicklungsvorhaben im Rohstoffbereich sowie die Kooperation mit rohstoffreichen Ländern.[983] Letzteres umfasst beispielsweise eine Kooperation mit dem *Council for Geoscience* in Südafrika, die zunächst von der deutschen Botschaft und der Auslandshandelskammer in Pretoria vorbereitet wurde.[984] Das „Rohstoffinformations- und Frühwarnsystem" besteht bisher aus der DERA-Rohstoffliste[985], Risikoberichten und einem Preismonitor.[986] Zudem erstellte die DERA in Zusammenarbeit mit den Auslandshandelskammern (AHK) und *Germany Trade and Invest*

Hochtechnologien – Präzisierung und Weiterentwicklung der deutschen Rohstoffstrategie, S. 102.

980 Vgl. Tiess, Guenter, *Rohstoffpolitik in Europa: Bedarf, Ziele, Ansätze*, S. 204f.

981 Laag, Benjamin, *Interview mit der Referentin für Grundsatzfragen Rohstoffpolitik, nationale und internationale Rohstofffragen, Referat Sicherheit und Rohstoffe, Bundesverband der Deutschen Industrie e.V. (BDI), vollständig transkribiert*, Berlin, 30.01.2013.

982 Vgl. Pilarsky, Günter, *Wirtschaft am Rohstofftropf: Der Kampf um die wichtigsten mineralischen Ressourcen*, S. 80.

983 Vgl. BMWi, *Rohstoffstrategie der Bundesregierung. Sicherung einer nachhaltigen Rohstoffversorgung Deutschlands mit nicht-energetischen mineralischen Rohstoffen*, S. 20.

984 Vgl. Laag, Benjamin, *Interview mit Frank Aletter, Deutsche Industrie- und Handelskammer für das südliche Afrika, vollständig transkribiert.*

985 Vgl. Buchholz, Peter/Huy, Dieter/Sievers, Henrike, *DERA-Rohstoffliste 2012: Angebotskonzentration bei Metallen und Industriemineralen – Potenzielle Preis- und Lieferrisiken*, DERA-Rohstoffinformationen, 10, Berlin 2012.

986 Vgl. DERA, *Ziele, Aufgaben und Ergebnisse 2010-2013*, Berlin 2013, S. 7; vgl. Marbler, Herwig et al., *Brasilien – Ein Rohstoff-Champion*, Commodity TopNews 44, Hannover 2014.

(gtai) Investorenhandbücher zu Tansania, der Mongolei sowie Südafrika[987] und mehrere Länderstudien.[988] Insbesondere durch die Investorenhandbücher sollen Anreize zu bergbaulichen Aktivitäten entstehen.[989] Wenngleich die DERA aus Sicht der OECD unter anderem dafür verantwortlich ist, die Kohärenz der Rohstoffpolitik zu stärken, sollte man die Leistungsfähigkeit der DERA nicht überschätzen, da die Agentur aus fünf unbefristeten Stellen und acht auf zwei Jahre befristeten Stellen besteht.[990] Dennoch scheint die Beschreibung einer „Umetikettierung“[991] bisheriger BGR-Aktivitäten etwas zu ungenau, da mit einer Reorganisierung die Kernaufgaben, Ziele und Anforderungen hervorgehoben werden und eine „institutionelle Stärkung“[992] der Rohstoffpolitik erfolgt. Dementsprechend wird die geologische Wissensbasis in einer Evaluierung der Europäischen Kommission als Hauptaktivität der DERA und europaweite *Good Practice* eingestuft.[993]

Entwicklungszusammenarbeit

Da viele Kooperationsländer der deutschen EZ reich an Rohstoffen sind, deren Transformationspotenzial aber häufig nicht für ihre eigene Entwicklung nutzen können, sind Rohstoffe aus entwicklungspolitischer Perspektive kein neues Thema.[994] Dies gilt insbesondere für den Bereich des Umweltschutzes, während Exploration und Abbau in den vergangenen beiden Jahrzehnten eine eher

---

Online einzusehen unter http://www.bgr.bund.de/DE/Gemeinsames/Produkte/Downloads/Commodity_Top_ews/DERA/ctn_44_brasilien.pdf, zuletzt aufgerufen am 14.05.2015.

987 Vgl. Graupner, Torsten et al., *Investor's and Procurement Guide South Africa Part 1: Heavy Minerals, Rare Earth Elements, Antimony*, DERA Rohstoffinformationen, Nr. 21, Berlin 2014.

988 Vgl. DERA, *Ziele, Aufgaben und Ergebnisse 2010 – 2013*, S. 8f.; vgl. Laag, Benjamin, *Interview mit Heiko Stumpf, Germany Trade&Invest (GTAI), vollständig transkribiert*; vgl. Laag, Benjamin, *Interview mit Frank Aletter, Deutsche Industrie- und Handelskammer für das südliche Afrika, vollständig transkribiert.*

989 Vgl. ebd.

990 Vgl. OECD, *OECD Environmental Performance Reviews: Germany 2012*. S. 36; DERA, *Ziele, Aufgaben und Ergebnisse 2010 – 2013*, S. 15.

991 Laag, Benjamin, *Interview mit Dr. Heidi Feldt, entwicklungspolitische Beraterin, vollständig transkribiert.*

992 Steinbach, Volker, *Rohstoffsicherung für die Zukunftsfähigkeit Deutschlands? Interview mit Volker Steinbach*, S. 9.

993 Vgl. Europäische Kommission, *Evaluation and Exchange of Good Practices for the Sustainable Supply of Raw Materials within the EU*, S. 43 u. 45.

994 „Therefore, problems that have gone through the cycle almost always receive a higher average level of attention, public effort, and general concern than those still in the pre-discovery stage.“ (Downs, Anthony, *Up and Down with Ecology: the Issue-Attention Cycle*, S. 41).

untergeordnete Rolle gespielt haben.[995] Die Rohstoffstrategie der Bundesregierung und insbesondere das BMZ-Strategiepapier *Entwicklungsfaktor extraktive Rohstoffe* erklären Rohstoffe nun jedoch ausdrücklich zu einer maßgeblichen Bezugsgröße der Entwicklungspolitik.[996] Dies belegt zunächst ein Blick auf die bilateralen ODA-Leistungen im Bereich *Bodenschätze und Bergbau* (Tabelle 15). Im Zeitraum von 2003 bis 2009 sind Zahlungen, die unmittelbar dem Förderbereich *Bodenschätze und Bergbau* zugerechnet werden, zwischen 1,4 und 2 Millionen US-Dollar zu verzeichnen. Ab 2010 kommt es zu einem Anstieg der ODA-Verpflichtungen auf rund 14 Millionen US-Dollar, die 2012 auf 121 Millionen US-Dollar gesteigert werden. Dieser Aufwuchs macht sich in den ausgezahlten Entwicklungshilfeleistungen ab 2012 mit etwas mehr als 7 Millionen US-Dollar bemerkbar, stellt aber bei bilateralen ODA-Leistungen von 6,6 Milliarden Euro keine kritische Größe dar.

Insgesamt verfolgt das BMZ nach eigenen Angaben mit seinem ganzheitlichen Ansatz im Rohstoffbereich die Förderung von guter Regierungsförderung, den Ausbau von Strukturen für eine nachhaltige Wirtschaftsentwicklung, Klimaschutz und Biodiversität sowie den Schutz der Menschenrechte im Rahmen einer – in den Worten des damaligen Ministers Niebel – „entwicklungspolitisch verantworteten Rohstoffpolitik"[997]. Aufgrund dieser Aufgabenbeschreibung lässt sich der Einsatz der ODA-Mittel im Rohstoffbereich nicht ohne weiteres genau beziffern.

995 Vgl. Bundesregierung, *Elemente einer Rohstoffstrategie der Bundesregierung*, S. 3.

996 Vgl. BMZ, *Entwicklungsfaktor extraktive Rohstoffe*, Vorbemerkung.

997 BMZ, *Strategien deutscher Entwicklungspolitik für eine nachhaltigere Rohstoffpolitik. Dialog mit der Zivilgesellschaft zur rohstoffpolitischen Position des BMZ. Rede von Dirk Niebel, Bundesminister für wirtschaftliche Zusammenarbeit und Entwicklung am 6. Oktober, Berlin, 2010.*

Tabelle 15: Deutsche EZ (bilateral) im Bereich „Bodenschätze und Bergbau“[998]

Jahr	Auszahlung (Disbursement)	Verpflichtung (Commitment)
		jeweils in Mio. US-Dollar
2003	1.915.478,48	1.508.021,69
2004	1.648.912,91	20.272.891,04
2005	1.441.772,31	99.838,43
2006	1.929.780,00	7.531.070,00
2007	1.786.298,20	2.291.254,90
2008	1.843.908,71	1.109.967,11
2009	2.012.578,02	135.523,46
2010	14.993,38	14.993,38
2011	898.862,51	14.577.326,52
2012	7.044.723,41	121.931.539,00

Bisherige entwicklungspolitische Maßnahmen im Rohstoffsektor umfassen beispielsweise ein Pilotprojekt zur Zertifizierung von Handelsketten mineralischer Rohstoffe in Ruanda (zusammen mit dem BMWi) oder die finanzielle und politische Unterstützung der *Extractive Industries Transparency Initiative* (EITI).[999] Daneben führt die GIZ Vorhaben zur Stärkung staatlicher Strukturen (insbesondere der *Good Financial Governance*) in den Rohstoffsektoren Zentral- und Westafrikas durch.[1000] Der Fokus der Entwicklungspartnerschaften mit der Wirtschaft (PPP) soll im Zuge der Rohstoffstrategie durch einen Ideenwettbewerb auf den Rohstoffbereich gelenkt werden. Schließlich werden unter Beteiligung des BMZ bilaterale Rohstoffpartnerschaften mit der Mongolei (2011) und Kasachstan (2012) ausgehandelt, auf die unten näher eingegangen wird.[1001]

998 Eigene Darstellung. Der Förderbereich „Bodenschätze und Bergbau“ ergibt sich aus dem DAC 5-Code 322 „Mineral Resources and Mining“. Für die Datengrundlage vgl. Europäische Kommission, *EU Aid Explorer*, Brüssel 2014; vgl. OECD, *Aid (ODA) by sector and donor*, Paris 2013.

999 Vgl. BMZ, *Entwicklungsfaktor extraktive Rohstoffe*, S. 13.

1000 Vgl. Laag, Benjamin, *Interview mit den Fachplanern für Rohstoffgovernance, Deutsche Gesellschaft für Internationale Zusammenarbeit (GIZ), vollständig transkribiert*; vgl. Lempa, Kristian, *Governance in der Rohstoffwirtschaft: Die deutsche integrierte Rohstoff- und Entwicklungszusammenarbeit – win-win? Mittagsgespräch an der Humboldt-Viadrina School of Governance*.

1001 Vgl. Höfinghoff, Tim/Hein, Christoph, Deutschland sichert sich Rohstoffe in der Mongolei, in: *Frankfurter Allgemeine Sonntagszeitung*, 14.10.2011, S. 11.

Die neue rohstoffpolitische Rhetorik[1002] im Rohstoffbereich kann jedoch nicht darüber hinwegtäuschen, dass die Entwicklungszusammenarbeit in diesem Sektor gleichzeitig ein gewisses Maß an Kontinuität aufweist. Durch die Teilnahme des BMZ an der *International Aid Transparency Initiative* (IATI) können seit 2013 umfassende Daten zur bilateralen Entwicklungszusammenarbeit abgerufen werden.[1003] Berücksichtigt man bilaterale Maßnahmen im Sektor *Bodenschätze und Bergbau*, die seit 2000 von den Durchführungsorganisationen oder nichtstaatlichen Projektträgern durchgeführt wurden bzw. werden, ergibt sich die in Tabelle 16 dargestellte Liste. Obwohl auffällt, dass *Bodenschätze und Bergbau* keine unbekannte Größe der bilateralen EZ darstellen, wird eine ganze Reihe von Maßnahmen unter dieser Kategorie subsumiert, die offenbar nicht unmittelbar mit dem operativen Bergbau zusammenhängen. Gleichzeitig werden seit 2006 und somit bereits vor Verabschiedung der Rohstoffstrategie konkrete Rohstoffprojekte in der Mongolei (Zertifizierung von Referenzmaterialien), Ruanda (Pilotprojekt „Rohstoffzertifizierung Ruanda"), der DR Kongo (Unterstützung der Einführung und Umsetzung eines Zertifizierungssystems für mineralische Rohstoffe; Stärkung der Kontrolle im Rohstoffsektor), Namibia (Beratung des geologischen Dienstes) oder Laos (Nachhaltige Entwicklung des Bergbausektors) durchgeführt. Wesentliche Durchführungsorganisationen der technischen Zusammenarbeit sind zu dieser Zeit die BGR und die PTB. Nach Verabschiedung der Rohstoffstrategie ist festzustellen, dass die Anzahl und das Budget der Maßnahmen zunehmen und die GIZ als Durchführungsorganisation eine größere Rolle spielt. Gleichzeitig werden bereits laufende Projekte fort- oder neue Projekte in Ländern aufgesetzt, mit denen es zuvor eine Zusammenarbeit im Rohstoffsektor gegeben hat (z.B. Mongolei, Laos oder Namibia). Neue Rohstoffprojekte werden in Burundi (Beratung der Regierung zur Ausgestaltung des extraktiven Sektors; Unterstützung der Regierung bei der Regulierung des Bergbausektors), Tansania (Stärkung der Rohstoffgovernance im Erdgassektor) sowie länderübergreifend in der Region der Großen Seen in Zentralafrika (Unterstützung der regionalen Rohstoffzertifizierung) durchgeführt. In der BGR wird 2012 mit 1,28 Millionen Euro das Sektorvorhaben *Politikberatung Mineralische Rohstoffe und Energierohstoffe* initiiert, um das BMZ und insbesondere das Referat 313 *Stadtentwicklung, Geosektor, Energie und Wasser* bei Rohstofffragen in Entwicklungsländern sowie bei der Umsetzung des Strategiepapiers *Entwicklungsfaktor Extraktive Rohstoffe* zu unterstützen.

1002 Vgl. BMZ, *Gudrun Kopp zum African Economic Outlook 2013: Afrikas Ressourcen verantwortungsvoll nutzen.*

1003 Vgl. BMZ, *Transparenz: Projekt und Organisationsdaten*, Berlin 2014. Online einzusehen unter http://www.bmz.de/de/was_wir_machen/wege/transparenz-fuer-mehr-Wirksamkeit/Veroeffentlichung-gemaess-IATI-Standard/, zuletzt aufgerufen am 14.05.2015.

Zudem wird in der BGR und der GIZ 2011 jeweils das Modul *Mineralische Rohstoffe für Entwicklung* für regionale Rohstoffprogramme aufgelegt.

Das kirchliche Hilfswerk *Misereor* ist für kleinere Maßnahmen im Bergbausektor auf den Philippinen (Förderung von Menschenrechten), Indonesien (Unterstützung von Frauengruppen) sowie den südamerikanischen Ländern Peru (Verbesserung sozialer und ökologischer Standards; Verhinderung von Wasserverschmutzung) und Bolivien (Verteidigung der Umweltrechte) verantwortlich.

Außerdem wurde die *Globale entwicklungspolitische Rohstoffinitiative* (GeRI) initiiert, um die Aktivitäten der BGR und der GIZ besser abzustimmen und die fachliche Expertise der beiden Durchführungsorganisationen zu bündeln.[1004] Das Budget der GIZ liegt hier mit 2,7 Millionen Euro höher als das der BGR (1 Million Euro). Die GeRI dient dezidiert dazu, die entwicklungspolitische Strategie *Extraktive Rohstoffe* umzusetzen und die Rohstoffstrategie der Bundesregierung zu „begleiten". Wenn eine „kohärente Umsetzung von Maßnahmen in Rohstoff-Kooperationsländern"[1005] intendiert wird, meint die GeRI vornehmlich eine abgestimmte Umsetzung entwicklungspolitischer Maßnahmen untereinander und weniger die Koordinierung politikfeldübergreifender Programme.

1004 Vgl. Laag, Benjamin, *Interview mit dem Projektleiter des Sektorvorhabens „Politikberatung Mineralische und Energierohstoffe", Bundesanstalt für Geowissenschaften und Rohstoffe (BGR), vollständig transkribiert*; vgl. Laag, Benjamin, *Interview mit dem Referatsleiter IV B 2 Internationale Rohstoffpolitik, BMWi, vollständig transkribiert und überarbeitet.*

1005 Renner, Sven/Wagner, Markus, *GeRI: Die Globale entwicklungspolitische Rohstoffinitiative. Flexibilität, Sichtbarkeit, Kohärenz der Entwicklungspolitik im Rohstoffsektor*, Bonn, Hannover 2013, S. 1.

Tabelle 16: Bilaterale ODA-Projekte im Sektor „Bodenschätze und Bergbau"

Startdatum	*Empfänger*	*DO*	*Budget (USD)*	*Maßnahmentitel*
31.05.2000	Paläst. Gebiete	KfW	14.225.838	Industriepark Jenin II
06.07.2000	Marokko	KfW	5.112.919	Industrieller Umweltfonds III (*Fonds de dépollution industrielle*, FODEP III)
23.11.2001	Thailand			Förderung der Ökoeffizienz in der Industrie
27.09.2001	Philippinen			Gründerzentrum für kleine und mittlere Unternehmen (KMU)
29.08.2001	Marokko	KfW	1.011.292	Industrieller Umweltfonds II
22.10.2002	Türkei	GIZ	2.700.000	Wirtschaftsförderung in Anatolien
07.03.2002	Afghanistan	DEG	500.000	DEG-Förderung von Existenzgründern in Afghanistan
15.11.2004*	Tadschikistan	GIZ	2.000.000	Schwerpunktprogramm Nachhaltige Wirtschaftsentwicklung, Komponente Förderung der KMU
26.04.2004	Afghanistan	DEG	2.000.000	Rehabilitierung einer Zuckerfabrik in Baghlan (DEG-Beteiligung)
28.07.2004	Afghanistan	DEG	1.500.000	DEG-Förderung von Existenzgründern, Phase III
31.05.2005	Bulgarien	KfW	14.000.000	KMU-Förderung Phase IV einschließlich Kreditgarantiefonds (KGF)
10.11.2005	Afghanistan	DEG	2.500.000	DEG-Förderung von Existenzgründern, Phase V
15.12.2005	Bulgarien	KfW	700.000	KMU-Förderung Phase IV einschließlich Kreditgarantiefonds (KGF), Begleitmaßnahme
21.12.2005	Indien	KfW	1.000.000	Finanzierung und Entwicklung von KMU (*Small Industries Development Bank of India*, SIDBI), Begleitmaßnahme
16.10.2006	China (VR)	GIZ	5.473.000	Sozial verantwortungsvolle Unternehmensführung (*Corporate Social Responsibility*, CSR)
19.10.2006*	Mongolei	BGR	700.000	Zertifizierung von Referenzmaterialien
15.12.2006	Senegal			Kernvorgaben-Programm (KV) Beschäftigungsförderung für Jugendliche im städtischen Raum
27.12.2006	DR Kongo	BGR	6.200.000	Unterstützung der Einführung und Umsetzung eines Zertifizierungssystems für mineralische Rohstoffe
13.03.2007	*nicht anwendbar*	BGR	1.470.000	Politikberatung mineralische und Energie-Rohstoffe

Startdatum	*Empfänger*	*DO*	*Budget (USD)*	*Maßnahmentitel*
12.04.2007*	*nicht anwendbar*	PTB	2.000.000	Aufbau einer regionalen Qualitätsinfrastruktur in der Ostafrikanischen Gemeinschaft (*East African Community*, EAC)
23.06.2008	Ruanda	BGR	250.000	Pilotprojekt „Rohstoffzertifizierung Ruanda“
09.12.2008	Türkei	GIZ	1.800.000	Wirtschaftsförderung in Anatolien
18.12.2008	DR Kongo	BGR	5.000.000	Stärkung der Kontrolle im Rohstoffsektor
29.08.2008	Namibia			Beratung des geologischen Dienstes
05.05.2009	Tunesien	PTB	700.000	Unterstützung beim Aufbau technischer Kompetenz des Staatlichen Metrologieinstituts PTB
23.10.2009*	Senegal	GIZ	6.642.000	Förderung der Wettbewerbsfähigkeit und Wachstum von KMU und des Mikrofinanzsektors
20.10.2009	Laos	BGR	2.500.000	Nachhaltige Entwicklung des Bergbausektors in Laos
03.11.2009	Indien	GIZ	9.210.000	Schirmprogramm zur Förderung kleinst, klein und mittlerer Unternehmen
23.12.2009	Kenia	GIZ	17.663.360	Programm Privatsektorförderung in der Landwirtschaft
23.12.2009	nicht anwendbar	PTB	500.000	OAS Verbesserung dezentraler Strukturen: Anwendung von Qualitätskriterien im Umwelt- und Lebensmittelsektor
23.12.2009	Indonesien			Programm: Regionale Wirtschaftsentwicklung
23.12.2009*	Mongolei	BGR	793.527	Umweltschutz im Bergbau
31.08.2010	*nicht anwendbar*	BGR	7.000.000	EZ mit der Internationalen Konferenz „Große Seen“ (*International Conference on the Great Lakes Region*, ICGLR), Unterstützung der regionalen Rohstoffzertifizierung
27.10.2010	Mongolei	BGR	250.000	Integrierte Rohstoffinitiative (BGR-Programmkomponente)
27.10.2010	Mongolei	PTB	250.000	Integrierte Rohstoffinitiative (PTB-Programmkomponente)
25.02.2010	Guatemala	EED	116.000	Weitere Ausbildung und Stärkung von Kleinunternehmern in Guatemala
07.04.2010	Indien	EED	250.000	Weiterführung der Marktentwicklung und Kleinstgewerbeförderung für Frauen in Madhya Pradesh
04.11.2010	Moldau	KfW	1.000.000	Unterstützung von kleinsten, kleinen und mittleren Unternehmen (KKMU) durch Beteiligung an ProCredit-Bank
28.10.2010	Nigeria	EED	350.000	Unterstützung Kleinunternehmen im Wertschöpfungsprozess und Wiederbelebung der indigenen Textilproduktion

Startdatum	*Empfänger*	*DO*	*Budget (USD)*	*Maßnahmentitel*
16.02.2011	Chile	EED	100.000	Gemeinwesenentwicklung und Wirtschaftsförderung in Armenvierteln des Großraums Santiago (Fortführung)
27.12.2010	*nicht anwendbar*	PTB	1.000.000	Komponente Unterstützung der Qualitätsinfrastruktur im Südkaukasus
27.12.2010	*nicht anwendbar*	GIZ	5.000.000	Offener Beratungsfonds nachhaltige Wirtschaftsentwicklung Irak
20.01.2011	Tunesien	GIZ	3.250.000	Nachhaltiges Industriezonenmanagement
27.07.2011	*nicht anwendbar*	GIZ	5.690.000	Offener Regionalfonds Wirtschafts- und (Jugend-)Beschäftigungsförderung in Zentralamerika
15.08.2011	*nicht anwendbar*	GIZ	4.500.000	Mineralische Rohstoffe für Entwicklung (GIZ-Modul)
21.07.2011	Philippinen	Misereor	250.000	Unterstützung der Kampagne des *Philippine Misereor Partnership Inc.* gegen den forcierten Bergbau
25.08.2011	Bolivien	Misereor	100.000	Verteidigung der Umweltrechte für von der Verschmutzung durch Bergbau betroffene Gemeinden und Stadtviertel des Departements Oruro
17.11.2011	*nicht anwendbar*	GIZ	2.700.000	Globale entwicklungspolitische Rohstoffinitiative (GeRI)
22.12.2011	Namibia	BGR	2.000.000	Nachhaltige Nutzung des mineralischen Rohstoffpotentials Namibias
30.11.2011	Benin	EED	300.000	Begleitende Unterstützung für Handwerker des informellen Sektors in Houéyogbé
07.11.2011	Mongolei	BGR	860.000	Umweltschutz im Bergbau
07.11.2011	Mongolei	BGR	1.600.000	Rohstoffwirtschaftliche Kapazitätenentwicklung der Behörde für mineralische Rohstoffe der Mongolei
07.11.2011	Nepal	PTB	1.500.000	Unterstützung Nepals auf dem Gebiet der Qualitätsinfrastruktur (2. Phase)
07.11.2011	Paläst. Gebiete	PTB	1.200.000	Unterstützung der nationalen Qualitätsinfrastruktur in den Palästinensischen Gebieten
01.03.2012	*nicht anwendbar*	BGR	1.500.000	Mineralische Rohstoffe für Entwicklung (BGR-Modul)

Startdatum	*Empfänger*	*DO*	*Budget (USD)*	*Maßnahmentitel*
20.03.2012	*nicht anwendbar*	BGR	1.000.000	Programm Globale entwicklungspolitische Rohstoffinitiative (GeRI)
07.12.2012	Burundi	GIZ	900.000	Beratung der burundischen Regierung zur Ausgestaltung des extraktiven Sektors
07.12.2012	Burundi	BGR	600.000	Unterstützung der burundischen Regierung bei der Regulierung des Bergbausektors
06.08.2012	Philippinen	Misereor	78.000	Management-Skills, Vernetzung und Beratung für Kleingewerbetreibende in South Cotabato, Sarangani, Mindanao
29.06.2012	Südafrika	EED	420.000	Förderung wirtschaftlicher Aktivitäten der Armen im ländlichen Raum, Fortführung
20.12.2012	Indonesien	EED	270.000	Integrierte ländliche Entwicklung und Kleingewerbeförderung in West Manggarai
20.12.2012	Myanmar	EED	175.000	Yugang yu Schulbildungs- und Einkommensmöglichkeiten für Binnenflüchtlinge (*Internally Displaced Persons*, IDP)
09.08.2013	Argentinien	WFD	408.061	Lokale Wirtschaftsentwicklung mit Mikro-Unternehmen aus indigenen Armutsgruppen
13.11.2012	*nicht anwendbar*	GIZ	1.600.000	Förderung von Innovation und Technologieentwicklung im Verband Südostasiatischer Nationen (*Association of Southeast Asian Nations*, ASEAN) (Fortführung HCD)
13.11.2012	*nicht anwendbar*	BGR	1.280.000	Politikberatung Mineralische und Energie-Rohstoffe
17.04.2013	Tansania	GIZ	2.000.000	Stärkung der Rohstoffgovernance im Erdgassektor von Tansania
14.03.2013	Guatemala	Misereor	150.000	Weitere Förderung und Stärkung von Kleinstunternehmer in Guatemala
14.03.2013	Indien	Misereor	250.000	Kleinstgewerbeförderung mit Frauen im ländlichen Raum in Madhya Pradesh
21.05.2013	Peru	Misereor	90.000	Unterstützung der Koordinationsarbeit peruanischer Organisationen zur Verbesserung der sozialen und ökologischen Standards im Bergbau
28.06.2013	Indonesien	EED	230.000	Unterstützung von Frauengruppen im Bergbaugebiet Sopo Komil
21.08.2013	Kolumbien	Misereor	128.000	Integrale Gemeindeentwicklung ausgehend von Agroforstparzellen in der Diözese Florencia, Departement Caquetá
10.10.2013	Philippinen	Misereor	147.000	Förderung von Menschenrechten in den Philippinen unter besonderer Beachtung von Menschenrechtsverletzung im Kontext von Bergbauvorhaben
10.10.2013	Indien	Misereor	118.000	Kleingewerbeförderung für Frauen im dichtest besiedelten ländlichen Raum in Nordindien

Startdatum	*Empfänger*	*DO*	*Budget (USD)*	*Maßnahmentitel*
28.11.2013	Tansania	EED	179.000	Stärkung von Kleinstunternehmer in der Kilimandscharo Region
31.10.2013	Georgien	EED	420.000	Förderung von ökologischen und sozialen Verantwortung in der Rohstoffindustrie, Fortführung
02.12.2013*	Moldau	KfW	2.000.000	Unterstützung von kleinsten, kleinen und mittleren Unternehmen (KKMU) durch Beteiligung an ProCredit-Bank
18.12.2013	Peru	Misereor	147.000	Verhinderung von Wasserverschmutzung in Bergbauregionen in der Sierra de La Libertad
06.02.2014	Laos	BGR	1.800.000	Nachhaltige Entwicklung des Bergbau Sektor in Laos

*) Maßnahme beendet

Die „Sichtbarkeit der deutschen EZ im Rohstoffsektor“[1006] zählt zu den weiteren Grundsätzen des GeRI-Konzeptes, das somit eine strategische Komponente vis-à-vis anderen Politikfeldern aufweist. Die drei inhaltlichen Handlungsfelder umfassen „Rohstoffwirtschaft nach den Grundsätzen der Nachhaltigkeit, transparente und leistungsfähige öffentliche Finanzsysteme sowie Partnerschaft mit der Privatwirtschaft für mehr entwicklungspolitisches Engagement“[1007]. Daneben werden im Rahmen der GeRI Kooperationsansätze mit der Privatwirtschaft verfolgt, um „die entwicklungspolitischen Partnerländer zu starken Wirtschaftspartnern zu machen und so eine langfristig orientierte, nachhaltig wirksame Kooperation zu schaffen“[1008]. Explizit wird hier vor dem Hintergrund der hohen Importabhängigkeit der deutschen Industrie eine Verknüpfung von Außenwirtschaftsförderung und Entwicklungszusammenarbeit in drei Bereichen angestrebt: Über sogenannte *Business to Business*-Plattformen sollen unternehmerische Netzwerke zwischen lokalen und internationalen Firmen etabliert werden, um die Wertschöpfung vor Ort zu stärken; mithilfe des *Mining Sector Assessment* sollen natürliche, institutionelle, rechtliche und wirtschaftliche Voraussetzungen des Bergbaus in rohstoffreichen Entwicklungsländern bewertet und Investitionsanreize geschaffen werden; die Förderung gesellschaftlicher Verantwortung von Bergbauunternehmen soll zur Finanzierung lokaler Entwicklungsprioritäten wie beruflicher Bildung oder der Stärkung lokaler Wertschöpfungsketten beitragen.[1009]

Mittlerweile werden drei bilaterale Maßnahmen unter GeRI subsumiert:[1010]

1. Nachdem die BGR und der belgische sowie französische geologische Dienst in Burundi bereits zwischen den 1960er und 1980er Jahren Nickel- und Goldvorkommen nachgewiesen haben, ist die heutige EZ vor allem auf die Stärkung der Kapazitäten des burundischen Bergbauministeriums ausgerichtet. Technisch wird dabei der Aufbau eines digitalen Bergbaukatasters als wesentliche Voraussetzung einer effizienten Konzessionsvergabe und -verwaltung unterstützt. Grundlage des industriellen Bergbaus in Burundi ist außerdem eine verbesserte Systematisierung und Auswertung geologischer Informationen sowie die damit einhergehende Bewertung von La-

1006 Ebd., S. 1.

1007 Ebd., S. 2.

1008 BMZ, *Zusammenarbeit mit der Wirtschaft,* Online einzusehen unter http://www.bmz.de/de/was_wir_machen/themen/geri/konzepte_themen/zusammenarbeit_mit_der_wirtschaft/index.html, zuletzt aufgerufen am 14.05.2015.

1009 Vgl. ebd.

1010 Vgl. BMZ, *Bilaterale Maßnahmen der deutschen Entwicklungszusammenarbeit im Rohstoffsektor,* Online einzusehen unter http://www.bmz.de/de/was_wir_machen/themen/geri/bilaterale_massnahmen/index.html, zuletzt aufgerufen am 14.05.2015.

gerstätten unter Berücksichtigung bergbaulicher Umweltaspekte. Beiträge zu mehr Transparenz im Bergbausektor wird durch die Beratung des Finanzministeriums, eine stärkere Einbindung privater und zivilgesellschaftlicher Akteure sowie die Unterstützung burundischer Bemühungen um einen Kandidatenstatus für EITI geleistet.

2. In Mosambik steht aufgrund von Kohlevorkommen sowie abbauwürdigen Vorkommen von Kupfer, Gold, Edelsteinen, Industriemineralen und Erdgas gute Regierungsführung im Bergbausektor im Mittelpunkt entwicklungspolitischer Vorhaben. Konkret geht es auch hier darum, die Organisationsstrukturen und Kompetenzen des Bergbauministeriums und die damit einhergehenden Konzessionsvergaben sowie die Aufsicht von Explorations- und Abbauaktivitäten zu stärken, um Gewinne entwicklungsorientiert einsetzen und Umweltrisiken angemessen begegnen zu können.
3. In Tansania wird den neuen Funden größerer Erdgasvorkommen durch Beratung und Kapazitätsentwicklung verstärkt Rechnung getragen, um eine „transparente und effektive Steuerung des Erdgassektors" zu ermöglichen. Zusätzlich wird mit Rohstoffunternehmen zusammengearbeitet, um *Corporate Social Responsibility* auf lokaler Ebene zu stärken und berufliche Bildung auszubauen. Auf staatlicher Seite werden Bemühungen um gute Regierungsführung und *Good Financial Governance* unterstützt.

Die Zuständigkeit für Rohstofffragen wird von mehreren Sektorreferaten sowie den jeweiligen Länder- und Regionalreferaten wahrgenommen. Hier unterscheidet sich das BMZ wesentlich vom BMWi, das fünf Referate im Zuge der Umsetzung der Rohstoffstrategie eingerichtet hat.[1011] Dieser Unterschied erklärt vermutlich den Versuch der parlamentarischen Staatssekretärin Kopp, rohstoffpolitische Fragen im BMZ besser bündeln zu wollen. Anfang 2013 setzte sie die *Taskforce Rohstoffe* ein, die laut einer Pressemitteilung des Ministeriums von Kopp als neue Sonderbeauftragte für Rohstoffe im BMZ geleitet werde und die Koordinierung der Rohstoffpolitik innerhalb der Entwicklungspolitik vorantreiben sollte.[1012] Über Arbeitsergebnisse dieser Taskforce ist nichts bekannt. Dennoch kann insgesamt konstatiert werden, dass sich das BMZ ein in Ansätzen (neues) rohstoffpolitisches Profil erarbeitet hat und dies während der Phase

---

1011 Vgl. Laag, Benjamin, *Interview mit der Referentin für Grundsatzfragen Rohstoffpolitik, nationale und internationale Rohstofffragen, Referat Sicherheit und Rohstoffe, Bundesverband der Deutschen Industrie e.V. (BDI), vollständig transkribiert.*

1012 Vgl. BMZ, *Gudrun Kopp koordiniert Rohstoffpolitik des BMZ,* 31.01.2013. Online einzusehen unter http://www.bmz.de/20130131-1, zuletzt aufgerufen am 14.05.2015; vgl. BMZ, *Gudrun Kopp: „G20 können bei Rohstofffragen stärker koordinieren",* 26.02.2013. Online einzusehen unter http://www.bmz.de/20130226-1, zuletzt aufgerufen am 14.05.2015.

der Politikdurchführung vor allem aktiv kommuniziert.[1013] Gleichzeitig weist die entwicklungspolitische Bearbeitung rohstoffpolitischer Herausforderungen ein gewisses Maß an inhaltlicher Kontinuität und Pfadabhängigkeit bei der Länderauswahl auf, die der vielfach deklarierten neuen Art der Entwicklungszusammenarbeit nicht zu entsprechen vermag. Kritiker der liberalen Führung im BMZ und deren rohstoffpolitischer Ambitionen müssen berücksichtigen, dass schließlich auch der Mittelaufwuchs für Rohstoffprojekte weder qualitativ noch quantitativ dazu geführt hat, dass andere entwicklungspolitische Querschnittsthemen systematisch oder strukturell verdrängt wurden.

Bilaterale Rohstoffpartnerschaften

Im Rahmen bilateraler Rohstoffpartnerschaften mit „ausgewählten Produzentenländern“[1014] unternimmt die Bundesregierung den Versuch, außen-, wirtschafts- und entwicklungspolitische Zielsetzungen „eng mit einander zu verzahnen“[1015]. Der Grundgedanke der Rohstoffpartnerschaften ist, die Rohstoffversorgung der Bundesrepublik und die wirtschaftliche Entwicklung eines rohstoffreichen Landes in Einklang zu bringen. Wesentliche Voraussetzung einer erhöhten Rohstoffversorgung ist das Engagement der deutschen Wirtschaft, die während der Phase der Problemformulierung engere Beziehungen zu rohstoffreichen Ländern gefordert und an der Konzeptualisierung der Rohstoffpartnerschaften mitgewirkt hat.[1016] Nach der Rohstoffstrategie kann eine Rohstoffpartnerschaft dazu beitragen, den Rohstoffsektor zu modernisieren, eine weiterverarbeitende Industrie anzusiedeln, neue Lagerstätten zu erschließen, die Einhaltung von Umwelt- und Sozialstandards sowie rechtliche Rahmenbedingungen zu fördern, die Ausbildung von Personal zu verbessern, *Good Financial Governance* voranzubringen und Wissenstransfer durch wissenschaftlich-technische Zusammenarbeit zu ermöglichen.[1017] Mit der Mongolei (2011), Kasachs-

---

1013 Vgl. Niebel, Dirk, Die Zukunft der deutschen Entwicklungspolitik, in: Harnisch, Sebastian/ Schmidt, Siegmar (Hrsg.), *Auf Augenhöhe: 50 Jahre Bundesministerium für wirtschaftliche Zusammenarbeit und Entwicklung*, Baden-Baden 2012, S. 15ff.; vgl. Endres, Alexandra, „Wir sind auf die Rohstoffe der Entwicklungsländer angewiesen“, in: *ZEIT ONLINE*, 22.02.2012.

1014 BMWi, *Rohstoffstrategie der Bundesregierung. Sicherung einer nachhaltigen Rohstoffversorgung Deutschlands mit nicht-energetischen mineralischen Rohstoffen*, S. 24.

1015 Ebd., S. 24.

1016 Vgl. Laag, Benjamin, *Interview mit der Referentin für Grundsatzfragen Rohstoffpolitik, nationale und internationale Rohstofffragen, Referat Sicherheit und Rohstoffe, Bundesverband der Deutschen Industrie e.V. (BDI), vollständig transkribiert.*

1017 Vgl. BMWi, *Rohstoffstrategie der Bundesregierung. Sicherung einer nachhaltigen Rohstoffversorgung Deutschlands mit nicht-energetischen mineralischen Rohstoffen*, S. 24.

tan (2012), Chile (2013) und Peru (2014) wurden bilaterale *Rohstoffpartnerschaften* abgeschlossen.[1018]

Die Rohstoffpartnerschaften sind die operativen Elemente der Rohstoffstrategie, deren Ansatz am ehesten ressortübergreifend geprägt ist. Am deutlichsten wird dies am Beispiel der Rohstoffpartnerschaft mit der Mongolei, die beim Staatsbesuch Merkels, die als erste Bundeskanzlerin in die Mongolei reiste, am 12. Oktober 2010 abgeschlossen wurde.[1019] Im Vergleich zu den anderen Rohstoffpartnerschafen ist zudem eine vorläufige Bewertung einfacher, da die Verhandlungen mit der Mongolei bereits knapp ein Jahr nach Verabschiedung der Rohstoffstrategie abgeschlossen wurden.[1020] Die Herausforderungen ressortübergreifender Politikansätze werden bei der Unterzeichnung der Rohstoffpartnerschaft deutlich, als BMWi und AA intensiv darüber diskutierten, welches Ressort zeichnungsberechtigt sei. Das AA beansprucht dies für sich, da es sich bei dem Abkommen um eine völkerrechtliche Vereinbarung handelt, die in die Zuständigkeit des Außenministeriums fiele. Aus Sicht des BMWi müsste für einen rohstoffbezogenen Vertrag dieser Art das Wirtschaftsministerium zuständig sein. Letztlich unterzeichnen ein mitgereister Staatssekretär des BMWi und der deutsche Botschafter das Vertragswerk zwischen der deutschen und mongolischen Regierung.[1021] Ebenfalls wurde ein Vertrag zur Kohleförderung abgeschlossen, der jedoch nicht unmittelbar mit der Versorgung mit nicht-energetischen Rohstoffstoffen zusammenhängt.[1022] Genauso wenig wie die anderen bilateralen Rohstoffpartnerschaften sichert das Abkommen der Bundesrepublik einen exklusiven Zugang zu mongolischen Bodenschätzen oder vereinbarte Liefermengen bestimmter Rohstoffe.[1023] Wenngleich sich daher kein Widerspruch zu multilateralen Freihandelsverträgen ergibt, führten die bilateralen Rohstoffpartnerschaften wie im Falle der Mongolei zu leichten Irritationen auf

1018 Vgl. Bundesregierung, *Jahresbericht der Bundesregierung 2012/2013*, S. 60; vgl. Bundesregierung, *Abkommen zwischen der Regierung der Bundesrepublik Deutschland und der Regierung der Republik Peru über Zusammenarbeit im Rohstoff-, Industrie- und Technologiebereich*; vgl. Bardt, Hubertus/Kempermann, Hanno/Lichtblau, Karl, *Deutsche Unternehmen im Wettbewerb um Rohstoffe: Versorgungsrisiken und Absicherungsstrategien*, S. 55.

1019 Vgl. Bundesregierung, *Jahresbericht der Bundesregierung 2011/2012*, Berlin 2012, S. 53.

1020 Vgl. Höfinghoff, Tim/Hein, Christoph, *Deutschland sichert sich Rohstoffe in der Mongolei*, S. 11.

1021 Vgl. Laag, Benjamin, *Interview mit dem Referatsleiter IV B 2 Internationale Rohstoffpolitik, BMWi, vollständig transkribiert und überarbeitet.*

1022 Vgl. ZEIT ONLINE, *Merkel sichert Zugang zu mongolischen Rohstoffen*, 13.10.2012, http://www.zeit.de/politik/ausland/2011-10/mongolei-merkel-rohstoffe; zuletzt aufgerufen am 14.05.2015.

1023 Vgl. Bardt, Hubertus/Kempermann, Hanno/Lichtblau, Karl, *Deutsche Unternehmen im Wettbewerb um Rohstoffe: Versorgungsrisiken und Absicherungsstrategien*, S. 55.

europäischer Ebene, die die Bundesregierung gegenüber der Europäischen Kommission ausräumte, indem sie deutlich machte, dass keine handelsmäßige Bevorzugung erreicht werden sollte.[1024] Für die Mongolei standen neben der Dritt-Nachbarpolitik und Prestige vor allem Fragen des Technologie- und Wissenstransfers sowie politische Unterstützung für das Rahmenabkommen über umfassende Partnerschaft und Zusammenarbeit mit der EU und den Beitritt zur OSZE 2012 im Mittelpunkt.[1025]

Wie bereits angedeutet (Tabelle 16), besteht mit der Mongolei eine langjährige entwicklungspolitische Kooperation, die auch mit der Übernahme entwicklungspolitischer Projekte nach der deutschen Wiedervereinigung zusammenhängt und im Rahmen der Rohstoffpartnerschaft vertieft wird. Dazu hat das BMZ in „enger Zusammenarbeit mit dem AA und dem BMWi“[1026] die Integrierte mineralische Rohstoffinitiative mit der Mongolei (IMRI) aufgelegt, die sich auf die Schwerpunkte gute Regierungsführung, Kapazitätsaufbau für nachhaltige Wirtschaftsentwicklung und Kooperationsförderung im mineralischen Rohstoffsektor konzentriert (Tabelle 17). Aufgrund des Mitteleinsatzes des BMZ sind sich außen- und wirtschaftspolitische Akteure einig, dass entwicklungspolitische Belange hier besonders stark zum Tragen kommen.[1027]

Im BMZ hält man die Rohstoffpartnerschaft mit der Mongolei durchaus für ein „Musterbeispiel für Kohärenz“[1028], da dieser entwicklungspolitische Ansatz den in der Rohstoffstrategie angesprochenen Zielen entspricht, das Angebot an Rohstoffen zu erhöhen, Explorationsaktivitäten zu fördern und Regierungsführung sowie Transparenz im Rohstoffsektor zu verbessern.[1029] Aus Sicht der

---

1024 Vgl. Laag, Benjamin, *Interview mit dem Referatsleiter IV B 2 Internationale Rohstoffpolitik, BMWi, vollständig transkribiert und überarbeitet.*

1025 Vgl. Laag, Benjamin, *Interview mit dem Länderreferenten Koreanische Halbinsel und Mongolei, Auswärtiges Amt, vollständig transkribiert*, Berlin, 29.01.2013.

1026 BMZ, *14. Entwicklungspolitischer Bericht der Bundesregierung: Weißbuch zur Entwicklungspolitik*, Bonn, Berlin 2013, S. 75.

1027 Vgl. Laag, Benjamin, *Interview mit dem Länderreferenten Koreanische Halbinsel und Mongolei, Auswärtiges Amt, vollständig transkribiert*; vgl. Laag, Benjamin, *Interview mit der Referentin für Grundsatzfragen Rohstoffpolitik, nationale und internationale Rohstofffragen, Referat Sicherheit und Rohstoffe, Bundesverband der Deutschen Industrie e.V. (BDI), vollständig transkribiert*; vgl. Laag, Benjamin, *Interview mit einem Mitarbeiter des Referats 214 Globale Fragen; Vereinte Nationen; Entwicklungspolitik, Bundeskanzleramt, vollständig transkribiert*, Berlin, 16.10.2012; vgl. Laag, Benjamin, *Interview mit dem Projektleiter des Sektorvorhabens „Politikberatung Mineralische und Energierohstoffe“, Bundesanstalt für Geowissenschaften und Rohstoffe (BGR), vollständig transkribiert.*

1028 Laag, Benjamin, *Interview mit Mitarbeitern des Referats 313 Wasser; Energie; Stadtentwicklung; Geosektor, BMZ, vollständig transkribiert.*

1029 Vgl. Laag, Benjamin, *Interview mit Adolf Kloke-Lesch, Ministerialdirektor a. D., Deutsches Institut für Entwicklungspolitik, vollständig transkribiert*, Bonn, 22.11.2013; vgl. Laag,

GIZ leistet die deutsche EZ in der Mongolei einen Beitrag zu möglichst hohen Einnahmen im Rohstoffsektor, entwicklungsorientierten Allokationsentscheidungen und umweltverträglicher Rohstoffförderung sowie günstigen Marktbedingungen für Zulieferunternehmen im Bergbausektor.[1030]

Tabelle 17: Schwerpunkte der Rohstoffpartnerschaft mit der Mongolei[1031]

Beginn der Maßnahme	Name	Finanzierung (Euro)
2010	Integrierte Rohstoffinitiative (IMRI)	GIZ: 3,9 Mio. BGR: 0,25 Mio. PTB: 0,25 Mio.
2012	Rohstoffwirtschaftliche Kapazitätsentwicklung der Bergbauinstitutionen	BGR: 1,6 Mio.
2012	Kooperative Berufsbildung im Rohstoffsektor	5 Mio.
2013	Deutsch-Mongolische Hochschule für Bergbau und Technologie	4 Mio. (Zusage)

Im Gegensatz zu dieser entwicklungspolitischen Zufriedenheit setzte bereits mit der ersten Rohstoffpartnerschaft bei der Wirtschaft und Teilen des BMWi eine Ernüchterung ein, die sich im Zuge der anderen Rohstoffpartnerschaften verstetigte.[1032] Dies ist vor allem darauf zurückzuführen, dass das erwartete Engagement der deutschen Industrie weitgehend ausbleibt und kaum Beiträge zu einer verbesserten Rohstoffversorgung erkennbar werden.[1033] Die Suche nach interessierten Investoren in Deutschland gestaltete sich schwierig, obwohl die mongolische Seite sich sehr offen für diese Rohstoffpartnerschaft zeigte. Nach-

Benjamin, *Interview mit Dr. Christian Ruck MdB, stellvertretender Vorsitzender der CSU/CSU-Bundestagsfraktion im Deutschen Bundestag, vollständig transkribiert und überarbeitet.*

1030 Vgl. Paust, Sebastian, Deutsche Rohstoffpartnerschaften für Afrika, in: Wahlers, Gerhard (Hrsg.), *Deutsche Wirtschaftsinteressen und afrikanische Rohstoffe: Nachhaltigkeit und Transparenz in der globalisierten Welt,* Sankt Augustin 2013, S. 41.

1031 Vgl. BMZ, *Protokoll der Verhandlungen über die Entwicklungszusammenarbeit zwischen der Regierung der Mongolei und der Regierung der Bundesrepublik Deutschland vom 26. bis 27. März 2012 in Bonn*, Bonn 2012; vgl. BMWi, *Antwort der Bundesregierung auf die Kleine Anfrage der Abgeordneten Ute Koczy, Oliver Krischer, Uwe Kekeritz, weiterer Abgeordneter und der Fraktion Bündnis 90/Die Grünen (Drucksache 17/13212)*, Deutscher Bundestag Drucksache, 17/13434, Berlin 10.05.2013, S. 7f.

1032 Vgl. Laag, Benjamin, *Interview mit den Fachplanern für Rohstoffgovernance, Deutsche Gesellschaft für Internationale Zusammenarbeit (GIZ), vollständig transkribiert.*

1033 Vgl. Schwarz, Rüdiger, Rohstoffpartnerschaften – Chile und wie weiter? in: *WeltTrends,* Vol. 21, Nr. 90, 2013, S. 15; vgl. Laag, Benjamin, *Interview mit Dr. Christian Ruck MdB, stellvertretender Vorsitzender der CSU/CSU-Bundestagsfraktion im Deutschen Bundestag, vollständig transkribiert und überarbeitet.*

dem die politischen Rahmenbedingungen geschaffen worden sind, formulierte ein Bundestagsabgeordneter im Hinblick auf die deutsche Wirtschaft, dass man „den Hund nicht zum Jagen tragen“[1034] könne. Offenbar waren die Erwartungen auf beiden Seiten zu hoch, da sich keine kurzfristigen Wirkungen erzielen ließen und keine umfassenden Lieferverträge abgeschlossen wurden. Langfristig und vor dem Hintergrund steigender sowie weiterhin volatiler Preise könnten sich die Rohstoffpartnerschaften als wirksam erweisen, da die deutsche Wirtschaft durch sie „einen Fuß in der Tür“[1035] rohstoffreicher Länder hat.[1036]

Ein ähnliches Bild ergibt sich bei der Rohstoffpartnerschaft mit Kasachstan, wo ebenfalls keine nennenswerten Investitions- oder Bergbauaktivitäten deutscherseits zu verzeichnen sind.[1037] Es bestätigt sich die Vermutung, dass sich die rohstoffverarbeitende Industrie stärker über Lieferketten als durch eigene Bergwerke oder den direkten Einkauf versorgt.[1038] Dies erschwert Wirtschaftsverbänden in der Folge die Argumentation gegenüber der Politik, ist aber letztlich auch darauf zurückzuführen, dass es für viele Unternehmen noch keine hinreichenden Zwänge gibt, sich stärker in der vorgelagerten Wertschöpfungskette zu engagieren.[1039] Da Kasachstan vom BMZ als B-Kooperationsland

1034 Ebd.

1035 Vgl. Laag, Benjamin, *Interview mit der Referentin für Grundsatzfragen Rohstoffpolitik, nationale und internationale Rohstofffragen, Referat Sicherheit und Rohstoffe, Bundesverband der Deutschen Industrie e. V. (BDI), vollständig transkribiert.*

1036 Vgl Matthias Wachter (BDI) zit. n. Willershausen, Florian, *Schatzsuche im Nirgendwo*, S. 27.

1037 „Auf der kasachischen Seite stelle man sich die Vereinbarung folgendermaßen vor, berichtet ein Diplomat: Herr Nasarbajew befiehlt den kasachischen Unternehmen, mehr seltene Erden für Deutschland zu reservieren, und dafür befiehlt Frau Merkel den deutschen Unternehmen, mehr in Kasachstan zu investieren. Diese Erwartung wird die Kanzlerin kaum erfüllen können.“ (Willershausen, Florian, *Schatzsuche im Nirgendwo*, S. 28); vgl. Scheen, Thomas, Die Rückkehr der Räuber, in: *FAZ*, 183, 08.08.2012, S. 3, vgl. N.N., Rohstoffabkommen mit Kasachstan in der Kritik, in: *Frankfurter Allgemeine Sonntagszeitung*, 08.02.2012, S. 10; vgl. Laag, Benjamin, *Interview mit Dr. Heidi Feldt, entwicklungspolitische Beraterin, vollständig transkribiert*; vgl. Horn, Grit, Rohstoffpartnerschaft mit Inhalt füllen, *Wirtschaftsportal OWC-Verlag für Außenwirtschaft GmbH*, 16.06.2014. Online einzusehen unter https://owc.de/2014/06/16/kazatomprom-in-berlin-rohstoffpartnerschaft-mit-inhalt-fuellen/; zuletzt aufgerufen am 14.05.2015.

1038 Vgl. Bardt, Hubertus/Kempermann, Hanno/Lichtblau, Karl, *Deutsche Unternehmen im Wettbewerb um Rohstoffe: Versorgungsrisiken und Absicherungsstrategien*, S. 60. „Es gibt zwar viele Rohstoffkonferenzen, praktische Schritte unternehmen die Deutschen aber nicht.“ (Rau, Albert, „Null Bewegung bei den Deutschen“, in: *Wirtschaftswoche*, 26.04.2013).

1039 Vgl. Laag, Benjamin, *Interview mit der Referentin für Grundsatzfragen Rohstoffpolitik, nationale und internationale Rohstofffragen, Referat Sicherheit und Rohstoffe, Bundesverband*

eingestuft wird, ist keine bilaterale Zusammenarbeit vorgesehen. Das zentralasiatische Land wird ausschließlich im Rahmen des Regionalvorhabens „Nutzung mineralischer Rohstoffe für Entwicklung" (4,5 Millionen Euro) entwicklungspolitisch unterstützt.[1040] Dies ist vermutlich auch die Erklärung dafür, dass das Abkommen nicht so umfangreich wie jenes mit der Mongolei ist. Der Vertragstext sieht keine Verbesserung der Verwaltung und der Gesetzgebung im Rohstoffsektor vor. Ebenso wenig werden Transparenz oder die Menschenrechtssituation dieses autoritär regierten Landes angesprochen.[1041]

Ein Lernprozess hat sich im Vorfeld der Rohstoffpartnerschaft mit Peru abgezeichnet, als erstmalig zivilgesellschaftliche Organisationen eingebunden wurden.[1042] Nach Abschluss der Rohstoffpartnerschaften mit der Mongolei und Kasachstan und in Vorbereitung der Rohstoffpartnerschaft mit Peru entschloss sich das damalige BMWi, einen Konsultationsprozess mit Nichtregierungsorganisationen, die sich mit rohstoffpolitischen Fragestellungen in Lateinamerika beschäftigen, zu beginnen. Diese neue Art der Einbindung wird von zivilgesellschaftlicher Seite trotz anhaltender Kritik an den offenbar als nicht legitim geltenden Versorgungsinteressen ebenso positiv bewertet wie die vertraglich fixierte Verpflichtung der peruanischen Regierung zu erhöhter Transparenz und verbesserter Einhaltung internationaler Sozial- und Umweltstandards im Bergbau.[1043] Zudem wurde das zivilgesellschaftliche Selbstverständnis während der aufgeregten Diskussionen über eine mögliche Rohstoffpartnerschaft mit Peru deutlich, als Misereor sich beschwerte: „Es kann nicht sein, dass der Vertrag ohne demokratische Kontrolle von ein paar Beamten im Ministerium geheim verhandelt wird."[1044] Polemisch wird dies als „Menschenrechtsverletzung" angesehen; der Lernprozess des Wirtschaftsministeriums bleibt unerwähnt.

Das Rohstoffabkommen zwischen der Bundesrepublik Deutschland und Peru wird in Berlin am 14. Juli 2014 mit dem erklärten Ziel einer „Diversifizie-

---

der Deutschen Industrie e.V. (BDI), vollständig transkribiert; vgl. Klein, Deborah, *Rohstoffinteressen deutscher Unternehmen im Ausland. Executive Summary – BDI-Unternehmerbefragung 2012*, Berlin 2012, S. 5ff.

1040 BMWi, *Antwort der Bundesregierung auf die Kleine Anfrage der Abgeordneten Ute Koczy, Oliver Krischer, Uwe Kekeritz, weiterer Abgeordneter und der Fraktion Bündnis 90/Die Grünen (Drucksache 17/13212)*, S. 8.

1041 Vgl. Dahlmann, Anja/Mildner, Stormy-Annika, *Rohstoffpartnerschaften: Kein Garant für Versorgungssicherheit und Entwicklung*, SWP-Aktuell, 16, Berlin 2012, S. 3.

1042 Vgl. Laag, Benjamin, *Interview mit dem Referatsleiter IV B 2 Internationale Rohstoffpolitik, BMWi, vollständig transkribiert und überarbeitet.*

1043 Vgl. Henkel, Knut, Deutschland gräbt sich in die Anden, in: *Die Tageszeitung (taz)*, 14.07.2014.

1044 Schwab, Tobias, Misereor warnt vor Abkommen, in: *Frankfurter Rundschau (FR)*, 15.11.2013.

rung und Modernisierung der deutschen und peruanischen Wirtschaft [...] zugunsten einer gesicherten Rohstoffversorgung“[1045] unterzeichnet. Der seit Ende 2013 amtierende Wirtschaftsminister Gabriel betrachtet das Abkommen als „politischen Rahmen für einen regelmäßigen Dialog zu Rohstoffthemen“ und betont in der entsprechenden Pressemeldung den beiderseitigen Nutzen, der auf deutscher Seite darin bestehe, in den „Bereichen Umwelt- und Wassermanagement, Ressourceneffizienz oder bei der Rekultivierung stillgelegter Bergwerke innovative Lösungen“ anzubieten.[1046] Außenminister Steinmeier spricht den deutschen Beitrag bei der Einhaltung der Menschenrechte, dem Schutz indigener Bevölkerungsgruppen in Bergbauregionen sowie der Berücksichtigung von Umwelt- und Sozialstandards an. Während das BMWi die Exportmöglichkeiten deutscher Unternehmen herausstellt, erwähnt der Außenminister die „Chancen für die nachhaltige Rohstoffsicherung Deutschlands“.[1047] Ob diese Aufteilung der Zuständigkeiten künftig stilbildend sein wird, muss sich herausstellen. Tatsächlich entspricht Gabriels Fokus auf Außenwirtschaftsförderung den bisherigen Leistungen des BMWi auf dem Felde der Rohstoffpolitik. Dass der Hinweis auf die Rohstoffversorgung im Sinne der vom AA deklarierten Rohstoffaußenpolitik vom Außenminister und nicht vom Wirtschaftsminister vorgetragen wurde, deutet zumindest auf eine abgestimmte Arbeitsteilung hin. Seitens des BMZ wurde zur Unterzeichnung der Rohstoffpartnerschaft mit Peru nichts kommuniziert.[1048]

Insgesamt scheint es daher angebracht, die Rohstoffpartnerschaften als Testballon zu betrachten.[1049] Allerdings ist ihr Erfolg aus außenwirtschaftspolitischer Sicht bisher fraglich, da sich noch keine Belege für eine verbesserte Versorgungssituation anführen lassen, die auf die bilateralen Rohstoffpartnerschaften zurückgehen. Aus entwicklungspolitscher Sicht wirkt der ressortübergreifende Ansatz in der Mongolei zufriedenstellend, da das BMZ insbesondere in

---

1045 Vgl. Bundesregierung, *Abkommen zwischen der Regierung der Bundesrepublik Deutschland und der Regierung der Republik Peru über Zusammenarbeit im Rohstoff-, Industrie- und Technologiebereich*, S. 2 (Präambel).

1046 Bundesministerium für Wirtschaft und Energie/Auswärtiges Amt, *Gemeinsame Pressemitteilung: Rohstoffpartnerschaft mit Peru abgeschlossen,* 14.07.2014. Online einzusehen unter http://www.bmwi.de/DE/Presse/pressemitteilungen,did=646314.html?view=renderPrint, zuletzt aufgerufen am 14.05.2015.

1047 Ebd.

1048 Gleichzeitig stellt der Vertragstext die Möglichkeit in Aussicht, im Rahmen der bilateralen EZ weitere Maßnahmen zu vereinbaren. Vgl. Bundesregierung, *Abkommen zwischen der Regierung der Bundesrepublik Deutschland und der Regierung der Republik Peru über Zusammenarbeit im Rohstoff-, Industrie- und Technologiebereich*, Art. 7 (5).

1049 Vgl. Laag, Benjamin, *Interview mit einem Referenten für Rohstoffpolitik, Referat 410 Auswärtiges Amt, Gesprächsprotokoll.*

der Mongolei für umfangreiche Maßnahmen verantwortlich ist. Eine systematische Zusammenfassung und Bewertung der Politikimplementierung erfolgt in Kapitel 4.2 bzw. Tabelle 18.

4.1.5 Politikevaluierung, Politikterminierung, Politikfortsetzung

„We cannot be satisfied with measuring how many times a bird flaps its wings; we must know how far the bird has flown.“[1050]

Die Phase der Politikevaluierung schließt sich an die Phase der Politikimplementierung an und führt zu einer Bewertung des Politikergebnisses. Diese Bewertung entscheidet darüber, ob ein Politikproblem erfolgreich bearbeitet werden konnte, erfolgreiche Politikansätze fortgeführt respektive verstärkt werden sollten oder eine erneute Problembetrachtung notwendig ist.[1051] Diese Sequenz des Phasenmodells ist insofern idealtypisch, als Fragen nach der Wirkung häufig nicht zentral für politische Entscheidungsträger erscheinen und systematische Erkenntnisse über Wirkungszusammenhänge nicht immer politisch nutzbar bzw. nützlich sind.[1052] Gleichzeitig können positive Bewertungen die Akzeptanz einer politischen Maßnahme erheblich steigern und eine „konfliktmindernde Entscheidungssituation“[1053] herbeiführen.

Tatsächlich lassen sich diese Aspekte im Rahmen der Rohstoffstrategie nur bedingt beobachten. Eine systematische Evaluierung der Rohstoffstrategie deutet sich bisher nicht an. Ansatzweise lassen die Wahlprogramme zur Bundestagswahl 2013 eine vorläufige Bewertung zu. Zudem deutet der neue Koalitionsvertrag weder auf eine Politikterminierung noch eine neue Problemdefinition hin, sondern wertet die Rohstoffpolitik leicht auf, ohne das sich bisher eine weitere konsequente Umsetzung erkennen lässt.

Seitens der Politik wurde bisher durch das *Büro für Technikfolgen-Abschätzung beim Deutschen Bundestag* eine Bewertung der Rohstoffstrategie im Hinblick auf die Versorgung der deutschen Wirtschaft mit Rohstoffen für Hochtechnologien vorgelegt.[1054] Der Bericht erkennt die Notwendigkeit einer Roh-

---

1050 Dye, Thomas R., *Understanding Public Policy*, Prentice Hall 2002, S. 313.

1051 Vgl. Jann, Werner/Wegrich, Kai, *Phasenmodelle und Politikprozesse: Der Policy Cycle*, S. 99f.

1052 Vgl. Schubert, Klaus/Blum, Sonja, *Politikfeldanalyse*, S. 129ff.

1053 Jann, Werner/Wegrich, Kai, *Phasenmodelle und Politikprozesse: Der Policy Cycle*, S. 99.

1054 Vgl. Ausschuss für Bildung, Forschung und Technikfolgenabschätzung, *Technikfolgenabschätzung (TA): Die Versorgung der deutschen Wirtschaft mit Roh- und Werkstoffen für Hochtechnologien – Präzisierung und Weiterentwicklung der deutschen Rohstoffstrategie*, Deutscher Bundestag Drucksache 17/13673, Berlin, 28.05.2013.

stoffpolitik an, die auf eine globale Konkurrenz um Rohstoffe, die Konzentration der Rohstoffe auf wenige – zum Teil instabile – Länder und Unternehmen sowie die Bedeutung von Rohstoffen für den technologischen Fortschritt zurückgeführt wird.[1055] Aus den daraus abgeleiteten Zielen der Versorgungssicherheit und der Verantwortung Deutschlands insbesondere gegenüber rohstoffreichen Entwicklungsländern ergebe sich ein Zielkonflikt, der die gegenwärtige Rohstoffpolitik partiell herausfordere.[1056] Da dieser nicht ohne weiteres aufzulösen sei, schlägt der Bericht einen stärkeren Fokus auf Bergbautechnologien für rohstoffreiche Länder vor und mahnt abschließend ein internationales Rohstoffabkommen an, dessen Realisierung jedoch schwierig bleibe. Die bisherigen punktuellen Lösungen deutscher Rohstoffpolitik könnten die strukturellen Probleme des Bergbaus nicht lösen und tragen nur bedingt zu einer erhöhten Versorgungssicherheit bei.[1057]

Wenngleich das Thema Rohstoffe im Bundestagswahlkampf 2013 keine entscheidende Rolle gespielt hat, finden sich in den Wahlprogrammen einige Aussagen zur Rohstoffpolitik und zur Umsetzung der Rohstoffstrategie. Die bisherigen Regierungsparteien CDU, CSU und FDP unterstreichen ihr Bekenntnis zum freien Welthandel und betonen den positiven Zusammenhang von Wirtschaft und Entwicklung, der vor allem die Entwicklungszusammenarbeit liberaler Prägung kennzeichnete. Vor dem Hintergrund der bestehenden Abhängigkeit von Rohstoffimporten soll die bisherige Rohstoffpolitik fortgesetzt werden, indem außen-, sicherheits-, entwicklungs- und wirtschaftspolitische Interessen verzahnt werden. Die Oppositionsparteien SPD und Grüne fordern hingegen einen „fairen" Welthandel, das Verbot von Rohstoffspekulationen und einen stärkeren Fokus auf soziale und ökologische Aspekte. Insbesondere die Grünen unterstreichen die Notwendigkeit eines insgesamt niedrigeren Rohstoffverbrauchs, um Umweltverschmutzung, Menschenrechtsverletzungen und Rohstoffkonflikten entgegenzuwirken.

Das Ergebnis der Bundestagswahl 2013 führte zu einer Koalition aus CDU, CSU und SPD, die ihre rohstoffpolitischen Ambitionen in ihrem Koalitionsvertrag *Deutschlands Zukunft gestalten* niederschreibt. Im ersten Kapitel *Deutschlands Wirtschaft stärken* wird „Rohstoffsicherung" [1058] als Ziel ausgegeben und findet sich prominent platziert vor den Themen Industrie, Mittelstand, regionale

1055 Vgl. ebd., S. 45ff.

1056 Vgl. ebd., S. 40 u. 87.

1057 Vgl. ebd., S. 203.

1058 CDU/CSU/SPD, *Deutschlands Zukunft gestalten: Koalitionsvertrag zwischen CDU, CSU und SPD*, Berlin 2013, S. 17.

Strukturpolitik oder Bürokratieabbau wieder.[1059] Die weltweit steigende Nachfrage nach Rohstoffen und staatliche Wettbewerbsverzerrungen auf den globalen Rohstoffmärkten werden als Risiken für die heimische Produktion beschrieben.[1060] Vergleichbar der bisherigen Rohstoffstrategie wird eine Rückwärtsintegration der rohstoffverarbeitenden Industrie angesprochen, die durch Rohstoffpartnerschaften, den Abbau von Handelshemmnissen und Außenwirtschaftsinstrumente zur Unterstützung der Rohstoffsicherung vorangebracht werden soll.[1061] Ausdrücklich wird dieses Vorgehen als Ergänzung zu europäischen und multilateralen Ansätzen (WTO, G 20) bezeichnet. Außerdem wird eine „Internationale Rohstoffkonferenz in Deutschland" angekündigt, die einem „globalen Dialog von Politik, Wirtschaft und Zivilgesellschaft"[1062] dienen soll. Vor dem abschließenden Kapitel zur *Arbeitsweise der Koalition* steht als letzter inhaltlicher Abschnitt das Kapitel *Verantwortung in der Welt* zu außen- und entwicklungspolitischen Koalitionsvereinbarungen. Hier findet sich ein Bekenntnis zu einer werte- und interessenbasierten Entwicklungspolitik sowie einer Verbesserung der „entwicklungsorientierten ressortübergreifenden Zusammenarbeit"[1063]. Die interministerielle Koordinierung soll ausgebaut, die Außen- und Sicherheitspolitik „ressortübergreifend"[1064] gestaltet werden. Schließlich wird die Strategie „Wirksam und vorausschauend regieren"[1065] angekündigt, die erhöhten Koordinierungsbedarf erahnen lässt. Ohne expliziten Bezug zur Rohstoffpolitik lassen sich diese Aussagen des Koalitionsvertrages jedoch grundsätzlich auf politikfeldübergreifende Problemlagen übertragen. Die Koalitionspartner sprechen von koordinierenden Stellen, die intra- und interministeriell Ziele und Maßnahmen zusammenführen sollen. Die „strategische Vorausschau" soll genauso gestärkt werden wie Evaluierungen, um während und nach politischen Entscheidungen deren „Wirksamkeit systematisch zu prüfen"[1066]. Es bleibt ab-

1059 Dies begrüßt vor allem der BDI: „Erfreulicherweise ist das Thema ‚Rohstoffsicherung' erstmals als eigenes Unterkapitel im Koalitionsvertrag benannt und zeigt damit den wachsenden Stellenwert des Themas in der Politik. Die Koalition erkennt die Notwendigkeit einer umfassenden Rohstoffstrategie für das Industrieland Deutschland an und will die Industrie bei ihren Bemühungen zur Rohstoffsicherung unterstützen." (Wachter, Matthias, Sicherheitspolitik, Rohstoffsicherung und Afrika im Koalitionsvertrag, in: *Fokus Sicherheit und Rohstoffe*, September, 2013, S. 5).

1060 Vgl. CDU/CSU/SPD, *Deutschlands Zukunft gestalten: Koalitionsvertrag zwischen CDU, CSU und SPD*, S. 17.

1061 Vgl. ebd., S. 18.

1062 Ebd., S. 18.

1063 Ebd., S. 181.

1064 Ebd., S. 173.

1065 Ebd., S. 150.

1066 Ebd., S. 150f.

zuwarten, ob dieses klare Bekenntnis zu mehr Politikkohärenz einen ähnlichen Handlungsdruck entfalten kann wie andere Themen. Aus rohstoffpolitischer Sicht scheint der Koalitionsvertrag die existierenden Ansätze der Vorgängerregierung fortführen zu wollen, ohne über die vorhandenen rohstoffpolitischen Strukturen und Ziele hinauszugehen.

4.2 Bewertung: Kohärenz der deutschen Rohstoffpolitik

Das Ziel der Rohstoffstrategie ist eine sichere Rohstoffversorgung der heimischen Wirtschaft, die im Bereich mineralischer Rohstoffe nahezu vollständig importabhängig ist. Die Rohstoffstrategie entsteht vor dem Hintergrund steigender Rohstoffpreise, intensiveren Wettbewerbs, zunehmender Monopolisierungstendenzen und Handelsrestriktionen sowie neuer geopolitischer Abhängigkeiten. Im Zuge drastischer Preisanstiege wird schließlich eine Rohstoffpolitik auf den Weg gebracht, die aufgrund der mittel- bis langfristigen Wirksamkeit rohstoffpolitischer und extraktiver Aktivitäten vor allem einen reaktiven Charakter aufweist. Aufgrund der dargestellten politikfeldübergreifenden Herausforderungen, die sich für die Entwicklungs-, Außen- und Wirtschaftspolitik ergeben, entsteht die Notwendigkeit eines ressortübergreifenden Vorgehens. Im Rahmen einer Analyse der Rohstoffstrategie wurde daher systematisch die Kohärenz der Rohstoffpolitik als Ziel entwicklungs-, außen- und wirtschaftspolitischer Koordinierung untersucht. Trotz theoretischer und scheinbar rationaler Argumente für eine verbesserte Politikkohärenz, bleibt deren Umsetzung aufgrund starker Einzelinteressen und ausgeprägtem Beharrungsvermögen individueller Politikfelder schwierig. Dass sich dies vor dem Hintergrund außenwirtschaftlicher Zielsetzungen im Rohstoffbereich nicht wesentlich anders darstellt, war möglicherweise zu erwarten. Während Politikkohärenz aus Sicht des BMZ bedeutet, „dass entwicklungspolitische Konsequenzen bei der Vorbereitung von Entscheidungen in anderen Politikbereichen rechtzeitig mitbedacht werden“[1067], weist die Rohstoffstrategie der Bundesregierung offenbar ein anderes Verständnis von Politikkohärenz auf. Der ressortübergreifende Ansatz fordert kohärente Beiträge einzelner Politikbereiche mit dem Ziel einer sicheren Rohstoffversorgung der heimischen Wirtschaft ein. Dadurch ergibt sich eine besondere Herausforderung für die Entwicklungspolitik, die vor allem eine nachhaltige Wirtschaftsentwicklung rohstoffreicher Partnerländer verfolgt.

Die Rohstoffstrategie der Bundesregierung und der damit einhergehende Handlungsdruck führt vor allem zu gewissen Dynamiken innerhalb der drei un-

1067 BMZ, *14. Entwicklungspolitischer Bericht der Bundesregierung: Weißbuch zur Entwicklungspolitik*, Bonn, Berlin 2013, S. 12.

tersuchten Politikfelder: Im BMWi werden fünf Referate zur Umsetzung der Rohstoffstrategie eingerichtet. Im BMZ wird die referatsübergreifende *Taskforce Rohstoffe* als neuer Koordinierungsmechanismus etabliert, wenngleich die Regionalreferate und einzelne Sektorreferate für rohstoffpolitische Fragen zuständig bleiben. Im AA ist ein Rohstoffreferat zusammen mit den Regionalreferaten für Rohstofffragen verantwortlich. Dort versteht man die Rohstoffstrategie vor allem als neue Koordinierungsaufgabe im Sinne einer Rohstoffaußenpolitik, die einzelne rohstoffpolitische Handlungsstränge aufeinander abstimmt. Zudem können die vorrangig auf die bilateralen Beziehungen der Bundesrepublik ausgerichteten Vertretungen in rohstoffreichen Ländern kontextabhängige Koordinierungsleistungen erbringen. Auf interministerieller Ebene nimmt bereits im Vorfeld der Rohstoffstrategie der IMA Rohstoffe seine Arbeit auf, kann aber während der operativen Umsetzung der Rohstoffstrategie keine tragende Rolle spielen. Als erkennbarer ressortübergreifender Ansatz wird die Integrierte Rohstoffinitiative in der Mongolei umgesetzt. Aufgrund der eingesetzten Mittel wird die IMRI vor allem durch das BMZ geprägt und liefert aus außenwirtschaftlicher Sicht keinen Beitrag zu einer besseren Rohstoffversorgung. Die Umsetzung der Rohstoffstrategie verläuft insgesamt nicht ressortübergreifend trotz gemeinsamer Herausforderungen im Rohstoffbereich. Im BMWi wird versucht, die Instrumente der Außenwirtschaftsförderung an rohstoffwirtschaftliche Anforderungen anzupassen. Das neu aufgelegte Explorationsförderprogramm und die Einrichtung der Deutschen Rohstoffagentur stellen hier wesentliche Neuerungen dar, die sich jedoch künftig bewähren müssen. In der Entwicklungspolitik ist ein leichter Mittelaufwuchs für Maßnahmen im Rohstoffbereich zu verzeichnen, der jedoch nicht von neuer konzeptioneller Qualität ist. Die sogenannte *Globale entwicklungspolitische Rohstoffinitiative* wurde aufgelegt, um die Koordinierung der entwicklungspolitischen Durchführungsorganisationen BGR und der GIZ zu fördern. Eine ressortübergreifende strategische Koordinierung kann nicht festgestellt werden. Vielmehr sind sowohl die Entstehung als auch die Umsetzung durch formale Ressortabstimmung und ad hoc-Koordinierung auf Referentenebene geprägt.

Eine systematische Evaluierung der Rohstoffstrategie steht genauso aus wie eine feststellbare Fortsetzung oder Reaktivierung der Rohstoffpolitik nach dem Regierungswechsel 2013. Beides würde sich aus dem Koalitionsvertrag ergeben und sollte nicht erst durch neue Entwicklungen auf den globalen Rohstoffmärkten erzwungen werden.

Tabelle 18: Rohstoffpolitik aus wirtschafts-, entwicklungs- und außenpolitischer Perspektive (Synopse)[1068]

Rohstoffstrategie	**Bundesregierung**		
	Sicherung einer nachhaltigen Rohstoffversorgung Deutschlands (Rohstoffeffizienz, Recycling, Rohstoffimporte, Forschung)		
	BMWi	**BMZ**	**AA**
Politikfeldspezifische Ziele	Sicherung der Rohstoffversorgung; rohstoffwirtschaftliche Rahmenbedingungen	Nachhaltige Wirtschaftsentwicklung rohstoffreicher Partnerländer	Bilaterale Beziehungen der Bundesrepublik Deutschland
Interne Koordinierung	Unterabteilung IV B Rohstoffpolitik	*Taskforce* Rohstoffe (referatsübergreifend); Unterabteilung Nachhaltige Entwicklung; natürliche Ressourcen; Wirtschaft und Infrastruktur; Regionalreferate	Referat Energieaußenpolitik ein-schl. EU-Energiepolitik; Rohstoffaußenpolitik einschl. EU-Rohstoffpolitik; Regionalreferate
Neue Ansätze auf ministerieller Ebene	Gründung der Deutschen Rohstoffagentur DERA; Explorationsförderprogramm	Globale Entwicklungspolitische Rohstoffinitiative (GeRI) zwischen GIZ und BGR	Rohstoffaußenpolitik
Interministerielle Koordinierung	Interministerieller Ausschuss Rohstoffe (IMA) Rohstoffpartnerschaften (Kasachstan, Mongolei, Peru) Integrierte Rohstoffinitiative Mongolei (IMRI)		
Koordinierungslücken	Keine übergreifende strategische Koordinierung; ad hoc- Koordinierung auf Referentenebene; bisher keine Evaluationsvorhaben		

Viele Beschreibungen der deutschen Rohstoffpolitik sind nach dieser Analyse zu ungenau. Der Vorwurf deklaratorischer Politik im Rohstoffbereich sollte ernst genommen werden, denn die Rohstoffversorgung wird ein zentrales Thema einer Volkswirtschaft bleiben, die mittelfristig auf Rohstoffimporte angewiesen sein wird. Falls man weder zugänglich für diese nicht unproblematische Importabhängigkeit der deutschen Wirtschaft von mineralischen Rohstoffen ist noch das Transformationspotential des Rohstoffreichtums für zahlreiche Entwicklungsländer erkennen kann, sei abschließend darauf hingewiesen, dass insbesondere für den vielfach propagierten Umbau unseres Wirtschafts- und Ener-

1068 Eigene Darstellung.

giesystems ein erhöhter Bedarf an zahlreichen mineralischen Rohstoffen besteht und bestehen wird.[1069]

Entsprechend relevant sind Versorgungsrisiken bei bestimmten Rohstoffen auch im Hinblick auf die Nutzung „sauberer Energien“.[1070] Mit anderen Worten wäre es ökonomisch und ökologisch kurzsichtig, bereits jetzt von einer sogenannten Postwachstumsökonomie oder kohlenstofffreien Wirtschaft zu träumen, da wir mittelfristig „Metalle für grüne Energiequellen“[1071] wie Windkraft, Photovoltaik sowie die Stromspeicherung benötigen werden.[1072] Wird dieser wesentliche Nebenaspekt der „Energiewende“ vernachlässigt, droht dieses international einzigartige Projekt zu scheitern und seinen Vorbildcharakter einzubüßen. Gleichzeitig werden auch hier die Widersprüche einer modernen Industriegesellschaft deutlich, denn für saubere Zukunftstechnologien werden häufig Rohstoffe benötigt, deren Abbau weder in Deutschland noch in Europa in hinreichenden Mengen möglich ist, sondern wie im Falle der Seltenen Erden mit hohen Umweltbelastungen einhergeht.[1073] Würde man in der Konsequenz zum Beispiel auf moderne Neodym-Magnete bei Windkraftanlagen verzichten, blieben nur weniger effiziente Elektromagnete mit kürzerer Lebensdauer und geringe Anreize zu mehr Innovation.[1074]

Kurzum: Die Kritik am gegenwärtigen Ressourcen- und Energieverbrauch des Westens erscheint berechtigt und nachvollziehbar.[1075] Dennoch grenzt es an Selbstüberschätzung, wenn man glaubt, den Ressourcenfluch vieler rohstoffreicher Entwicklungsländer durch ein verändertes Konsumverhalten in Europa

---

1069 Vgl. Viebahn, Peter et al., Assessing the need for critical minerals to shift the German energy system towards a high proportion of renewables, in: Renewable and Sustainable Energy Reviews, Vol. 49, 2015, S. 669; vgl. Viebahn, Peter et al., *Kritische mineralische Ressourcen und Stoffströme bei der Transformation des deutschen Energieversorgungssystems,* Abschlussbericht an das BMWi, S. 242; vgl. Nooke, Günter, *Internationale Aspekte deutscher Rohstoffpolitik*, S. 4; vgl. Bilow, Uta, Der Schlüssel zu den Rohstoffen, in: *FAZ*, 07.12.2013.

1070 Vgl. Mischo, Helmut, *Lagerstätten Seltener Erden in Namibia*, S. 125f.

1071 Bilow, Uta, *Der Schlüssel zu den Rohstoffen.*

1072 Vgl. Pilarsky, Günter, *Wirtschaft am Rohstofftropf: Der Kampf um die wichtigsten mineralischen Ressourcen*, S. 9. „Erst recht entsteht ein Problem für die öffentliche Kommunikation, wenn das dreckige Rohstoffgeschäft zur angeblich sauberen Nutzung von Solar- und Windenergie unausweichlich dazu gehört. Die Neigung unter Politikern, sich hier die ganze Wahrheit eher nicht bewusst zu machen, zumindest aber nicht darüber zu reden, wird von vielen anderen Beteiligten in der Wahlbevölkerung, den Medien und in der Industrie toleriert und unterstützt.“ (Nooke, Günter, *Internationale Aspekte deutscher Rohstoffpolitik*, S. 4).

1073 Vgl. Jha, Saurav, *China's Rare Earths Advantage*.

1074 Vgl. Hilpert, Hanns G./Kröger, Antje E., *Chinesisches Monopol bei Seltenen Erden: Risiko für die Hochtechnologie*, S. 8.

1075 Vgl. Brand, Ulrich, Das bornierte Streben nach Profit, in: *FAZ*, 16.07.2014.

oder Nordamerika erfolgreich bewältigen zu können. Während Letzteres kurzfristig vermutlich nur durch autoritatives Eingreifen erreichbar zu sein scheint, würde beispielsweise ein Rückzug aus dem internationalen Rohstoffgeschäft nicht zuletzt auch entwicklungspolitisch in eine Sackgasse führen. Zunächst muss erwartet werden, dass andere Akteure mit ordnungspolitischen Vorstellungen fernab der sozialen Marktwirtschaft entstehende Lücken schließen und den Markt in eine Richtung verändern würden, die auch den schärfsten Kritikern aktueller Rohstoffregime noch weniger passen würde.[1076] Zweitens kann zumindest ansatzweise der Vorwurf des Eurozentrismus oder sogar eines Neokolonialismus reformuliert werden, denn mit einem Wirtschaftsmodell, das gezielt auf Rohstoffe aus anderen Erdteilen verzichtet, werden rohstoffreichen Ländern Entwicklungsmöglichkeiten entzogen. Weder aus außenwirtschaftlicher noch aus entwicklungspolitischer Sicht erscheint es erstrebenswert, dass die Wirtschaftssysteme einzelner Kooperationsländer durch Akteure ohne entwicklungspolitischen Impetus dominiert werden. Zukünftig wird die Rolle staatlicher Akteure und der Unternehmen aus Schwellenländern in rohstoffreichen Ländern genauso wie die Süd-Süd-Kooperationen an Bedeutung gewinnen. Obwohl keine großen deutschen Akteure in den extraktiven Industrien auszumachen sind, wird es daher aus entwicklungspolitischer Sicht notwendig sein, noch intensiver über die Formen der Zusammenarbeit mit diesem Sektor in rohstoffreichen Partnerländern nachzudenken und entsprechende Auswahlkriterien auszuarbeiten.[1077]

Bereits eine Umsetzung der in den überarbeiteten afrikapolitischen Leitlinien der Bundesregierung angekündigten Maßnahmen würde erhebliche Verbesserungen für ganzheitliche Politikansätze bedeuten. Folgendes stellt die Bundesregierung in Aussicht:

> „Als Mittel der Koordinierung im Rahmen der kohärenten Zusammenarbeit werden neben der üblichen Ressortabstimmung künftig stärker Länderressortkreise sowie gemeinsame entwicklungspolitische Regierungsverhandlungen zur besseren Vernetzung von Aktivitäten bezüglich eines Landes und zur noch gezielteren Ausrichtung künftiger Zusammenarbeit, einschließlich der Erstellung von Länderstrategien, genutzt. ‚Task Forces' sollen in den Fällen eingerichtet werden, in denen insbesondere eine kritische bzw. potenziell krisenhafte Entwicklung der kontinuierlichen Behandlung durch Vertreter verschiedener Ressorts und Organisationen bedarf. Gerade hier soll Vernetzung ausgebaut werden: Vom Informationsaustausch über Strategieentwicklung zu Koordinierung (Portfolio-Entwicklung, Schwerpunktsetzung und Ar-

1076 Vgl. Brühwiller, Tjerk, *China in Lateinamerika: Ein Lächeln für Rohstoffe*.

1077 Vgl. Flohr, Annegret/Coni-Zimmer, Melanie/Jacobs, Andreas, *Friend or Foe? Developing Partnerships in Natural Resource Governance: A Global Stakeholder Analysis*, S. 56.

beitsteilung). Dieser Ansatz erfordert auch die frühzeitige Einbindung in multilaterales Engagement.“[1078]

1078 Bundesregierung, *Afrikapolitische Leitlinien der Bundesregierung*, S. 10.

5. Schlussbetrachtung

5.1 Handlungsstrategien und Policy-Empfehlungen zur Koordinierung der deutschen Außen-, Wirtschafts- und Entwicklungspolitik[1079]

Die deutsche Rohstoffpolitik wird auch in Zukunft vor einer grundsätzlichen Entscheidung stehen: Um Rohstoffinteressen zu verfolgen, könnte der Zweck insofern die Mittel heiligen, als man so vorgeht oder vorgehen muss, wie es China und andere aufstrebende Schwellenländer gegenwärtig vormachen. Dies könnte zu einer erhöhten Versorgungssicherheit führen, würde aber gleichzeitig bedeuten, dass man sich von den ordnungspolitischen Vorstellungen verabschiedet, die die Grundlage unseres Wirtschaftsmodells und außenpolitischer Stabilität bilden. Alternativ dazu könnten jedoch die geschaffenen rohstoffpolitischen Strukturen genutzt werden, um das bisherige Vorgehen zu verstetigen und die eigene Rohstoffversorgung mittelfristig so sicherzustellen, dass auch die Interessen und Entwicklungschancen rohstoffreicher Länder in den Blick genommen werden. In Krisensituationen könnten dringende Rohstoffbedürfnisse jedoch unbefriedigt bleiben.[1080] Um nicht den Nachteilen beider Ansätze zu erliegen, bedarf es künftig eines dualistischen Ansatzes: Einerseits sollte man nicht „mit blindem Aktionismus"[1081] übereilte rohstoffpolitische Entscheidungen treffen, die die aktuelle Rohstoffstrategie zum Beispiel im Falle der Rohstoffpartnerschaften kennzeichnen. Andererseits sollte man sich nicht wieder zu lange auf funktionierende Rohstoffmärkte verlassen und unvorbereitet von akuten Verknappungen des Rohstoffangebots überrascht werden können.[1082] Mit anderen Worten muss man mit einem ethischen Anspruch für die eigenen Rohstoffinteressen eintreten, damit „das deutsche Modell eines verantwortungsbewussten Umgangs mit natürlichen Ressourcen [...] zu einem wichtigen Exportschlager unserer Volkswirtschaft im 21. Jahrhundert"[1083] wird. Notwendige Voraussetzung einer konstruktiven Diskussion in Deutschland ist eine Wirtschaft, die nicht ausschließlich in Krisenzeiten staatliche Interventionen fordert und selbst kaum langfristige Ansätze für eine sichere Rohstoffversorgung ver-

---

1079 „[W]e do not suggest that future research on resource politics should be limited to the ivory tower." (Basedau, Matthias, *Resource Politics in Sub-Saharan Africa beyond the Resource Curse: Towards a Future Research Agenda*, S. 341).

1080 Vgl. Nooke, Günter, *Internationale Aspekte deutscher Rohstoffpolitik*, S. 7.

1081 Willershausen, Florian, *Schatzsuche im Nirgendwo*, S. 27.

1082 Vgl. Jung, Alexander/Wagner, Wieland, *Die Rohstofflücke*, S. 86.

1083 Ruck, Christian, Herausforderung Ressourceneffizienz, in: *Politische Studien*, 63, Juli-August 2012, S. 28.

folgt. Zudem setzen eine erfolgreiche Mitarbeit an einer internationalen Handelsordnung und die europäische Einbettung deutscher Außenpolitik voraus, eigene rohstoffpolitische Interessen formulieren und strategisch verfolgen zu können. Auf diese Weise kann die Bundesregierung gegenüber rohstoffreichen Ländern als „ehrlicher Makler“[1084] auftreten, der aufgrund der hohen Abhängigkeit der heimischen Industrie von Rohstoffimporten ein besonderes Interesse an einer funktionierenden Rohstoffwirtschaft in stabilen Partnerländern hat.

Die dafür notwendige hohe Ausprägung und Intensität von Politikkohärenz erfordern – konsequent zu Ende gedacht – eine gemeinsame Problembetrachtung und Entwicklung von Lösungswegen sowie eine gemeinwohlorientierte und politikfeldübergreifende Problembearbeitung.[1085] Dies würde gleichzeitig die Zahl der Entscheidungsoptionen und den Koordinierungsaufwand erhöhen. Bezogen auf die Rohstoffpolitik müsste unter den gegebenen institutionellen Voraussetzungen stattdessen davon ausgegangen werden, dass das bisherige schrittweise Problemlösen (*Muddling-Through*) fortgesetzt wird und inkrementelle Politikergebnisse hervorbringt. Die politikfeldinterne Koordinierung würde weiterhin einigermaßen stimmige Konzepte für den eigenen Zuständigkeitsbereich ergeben, die möglichst keinen Widerstand in anderen Politikfeldern hervorrufen. Dieser mit einem hohen Maß an negativer Koordinierung einhergehende Inkrementalismus der Politik entspricht den begrenzten politischen Steuerungsmöglichkeiten in verhandlungsdemokratischen Entscheidungsprozessen, die das politische System der Bundesrepublik Deutschland erfahrungsgemäß prägen.[1086]

Eine konsequente Schlussfolgerung aus den bisherigen Überlegungen zu einer ressortübergreifenden Rohstoffpolitik legt hingegen die Entwicklung pro-

---

1084 Nooke, Günter, Welche Rohstoffpolitik wollen wir? Deutsche Wirtschaftsinteressen und afrikanische Rohstoffe, in: Wahlers, Gerhard (Hrsg.), *Deutsche Wirtschaftsinteressen und afrikanische Rohstoffe: Nachhaltigkeit und Transparenz in der globalisierten Welt,* Sankt Augustin 2013, S. 12.

1085 Ähnlich konstatiert das BMZ: „Kohärenz wird allerdings nicht nur allein durch strukturelle Vereinbarungen und Abläufe gesichert, sondern bedarf auch der inhaltlich-strategischen Abstimmung der jeweiligen Politikfelder. Deshalb ist es ein wichtiges Ziel der Bundesregierung, ihre Schwerpunkte in gemeinsam erarbeiteten und ressortübergreifenden Strategiepapieren zu fixieren.“ (BMZ, *14. Entwicklungspolitischer Bericht der Bundesregierung: Weißbuch zur Entwicklungspolitik*, Bonn, Berlin 2013, S. 34).

1086 Vgl. Rudzio, Wolfgang, *Das politische System der Bundesrepublik Deutschland,* Wiesbaden 2011, S. 252f.

aktiver Handlungsstrategien nahe, die über die begrenzte Wirksamkeit einzelner Politikfelder hinausgehen.[1087]

Um das vorhandene anspruchsvolle Problembewusstsein für rohstoffpolitische Herausforderungen weiterzuentwickeln und die selbstreferenzielle Beschäftigung mit den damit einhergehenden Grundsatzfragen zu überwinden, sollten Handlungsempfehlungen diskutiert werden, die sich aus der vorangegangenen Analyse ergeben. Diese umfassen die Einsetzung eines *Bundesbeauftragten für internationale Rohstofffragen im Bundeskanzleramt* oder die Einrichtung eines neuen *Bundesministeriums für rohstoffpolitische Aufgaben*.

Die Einsetzung eines Bundesbeauftragten für internationale Rohstofffragen wäre ein starkes politisches Bekenntnis zu mehr Politikkohärenz. Auf diese Weise würden auch Forderungen nach politischer Führung konzeptionell untermauert und prozedural umgesetzt werden. Politikfeldspezifische Interessen könnten besser verhandelt und in ein übergeordnetes Zielsystem integriert werden, da Bundesbeauftragte nach § 21 Abs. 1 GGO „bei allen Vorhaben, die ihre Aufgaben berühren, frühzeitig zu beteiligen"[1088] sind. Der Bundesbeauftragte für internationale Rohstofffragen müsste von der jeweiligen Bundesregierung ernannt werden und würde von der Amtszeit und damit dem politischen Willen der jeweiligen Bundesregierung abhängen.[1089]

Zwei aktuelle Beispiele belegen, dass auf ministerieller Ebene bereits konkrete rohstoffpolitische Maßnahmen zentral gesteuert werden: Das Bundeskabinett hat im Juli 2014 den parlamentarischen Staatssekretär beim BMWi als EITI-Sonderbeauftragten der Bundesregierung benannt, um die Kandidatur Deutschlands bei der Transparenzinitiative EITI voranzubringen.[1090] Wenngleich der EITI-Sonderbeauftragte zunächst dafür verantwortlich ist, erste Maßnahmen zu koordinieren, um eine Kandidatur der Bundesrepublik beantragen zu können, zeigt sich, dass eine Bündelung von Zuständigkeiten hilfreich ist, um rohstoffpolitische Fortschritte zu erzielen. Der beabsichtigte Beitritt zu EITI ist zunächst ein politisches Bekenntnis zu mehr Transparenz im Rohstoffsektor. Durch die damit einhergehende Einbindung wirtschaftlicher und zivilgesellschaftlicher Akteure werden rohstoffpolitische Fragestellungen mittefristig stärker im öffentlichen Bewusstsein verankert. Zudem ist zu erwarten, dass die in-

---

1087 Vgl. Maihold, Günther, Über den Tag hinaus: Deutsche Außenpolitik jenseits des Krisenmodus, in: Perthes, Volker (Hrsg.), *Ausblick 2016: Begriffe und Realitäten internationaler Politik*, Berlin 2016, S. 51.

1088 Ebd., S. 6.

1089 Vgl. Robbe, Patrizia, *Bundesbeauftragte und Beauftragte der Bundesregierung*, Infobrief, WD 3 - 367/08, Berlin 2010, S. 5.

1090 Vgl. BMWi, *Bundesregierung stärkt Rohstofftransparenz,* Pressemitteilung vom 02.07.2014.

ternationale Akteursqualität der Bundesregierung im Rohstoffbereich durch eine Beteiligung an EITI erhöht wird.[1091]

Als weiteres Beispiel rohstoffpolitischer Koordinierung sind die Aktivitäten des persönlichen Afrikabeauftragten der Bundeskanzlerin zu nennen. Dieser hat von prominenter Position mehrfach die Notwendigkeit einer ressortübergreifenden Rohstoffpolitik unterstrichen, die sich aus entwicklungspolitischer Verantwortung, einer hohen Rohstoffabhängigkeit der deutschen Wirtschaft und neuen geopolitischen Herausforderungen ergibt.[1092] So hat der Afrikabeauftragte eine Wiedereinführung des früheren entwicklungspolitischen Konzeptes der Ankerländer für den Rohstoffbereich vorgeschlagen, um modellhaft die Vorzüge für Entwicklungsländer und die deutsche Wirtschaft herauszustellen.[1093] Ein konkretes Ergebnis seiner bisherigen Bemühungen ist die 2014 initiierte CONNEX-Initiative[1094] der G7-Staaten, die eine verantwortliche Rohstoffnutzung in rohstoffreichen Entwicklungsländern fördern soll. Zunächst geht es vorrangig um rechtliche, geologische, betriebswirtschaftliche und technische Beratung für afrikanische Länder bei Vertragshandlungen.[1095] Zugleich beabsichtigt die Bundesregierung, „industrielle Kerne für die ökonomische Entwicklung in Afrika aufzubauen und gleichzeitig die Rohstoffversorgung“[1096] der heimischen Industrie zu verbessern.

Weder die CONNEX-Initiative noch die Benennung eines EITI-Beauftragten sind von erkennbaren Ressortstreitigkeiten gekennzeichnet, obwohl beide Maßnahmen die ressortübergreifenden Herausforderungen einer Rohstoffpolitik exemplarisch belegen. Während die Transparenzinitiative EITI vom BMZ in rohstoffreichen Entwicklungsländern finanziell, technisch und politisch unter-

---

1091 Vgl. Krause, Reinhard, *Extractive Industries Transparency Initiative (EITI): Umsetzung in Deutschland (FAB-Rohstoffgespräch am 18. Juni 2014)*, Folien 16f.

1092 Vgl. Nooke, Günter, Welche Rohstoffpolitik wollen wir? Deutsche Wirtschaftsinteressen und afrikanische Rohstoffe, S. 14; vgl. ders., Internationale Aspekte deutscher Rohstoffpolitik, S. 6.

1093 Vgl. Nooke, Günter, *Wirtschaftskooperation auf Augenhöhe: Von der Rohstoffabhängigkeit zur Wertschöpfungskette (Eingangsstatement während des Fachgespräches der CDU/CSU-Bundestagsfraktion am 24.09.2014: Gemeinsam in Afrikas Zukunft investieren: Chance für die deutsch-afrikanische Wirtschaftskooperation)*, Berlin 2014, Minute 36:48–51:31.

1094 CONNEX: Initiative zur Beratung in komplexen Rohstoffvertragsverhandlungen (*Initiative on Strengthening Assistance for Complex Contract Negotiations*); vgl. CONNEX, *Fact Sheet: G7-CONNEX Initiative – Strengthening Assistiance for Complex Contract Negotiations*, Brüssel 2014.

1095 Vgl. ebd.

1096 BMZ, *G7 setzen sich für faire Rohstoffverträge ein – Start der CONNEX-Initiative*, 17.06.2014. Online einzusehen unter http://www.bmz.de/20140617-3, zuletzt aufgerufen am 14.05.2015.

stützt wird, ist das BMWi für das Bergrecht und damit bei der Umsetzung von EITI in Deutschland federführend. Der Afrikabeauftragte der Bundeskanzlerin setzt sich für eine kohärente Politik der Bundesregierung gegenüber Afrika ein und stellt gleichzeitig den außenwirtschaftlichen Mehrwert, der sich im Rahmen der CONNEX-Initiative für die heimische Industrie ergeben soll, heraus. Wenngleich sowohl EITI als auch CONNEX keine rohstoffpolitischen Quantensprünge darstellen, belegen sie jedoch die Wirksamkeit gezielter Kompetenzbündelung und bestehende Interdependenzen auf ministerieller Ebene. Diese bisherigen Erfahrungen sollten daher genutzt und konzeptionell weiterentwickelt werden, um einen *Bundesbeauftragten für internationale Rohstofffragen im Bundeskanzleramt* einzusetzen. Das Bundeskanzleramt könnte auf diese Art und Weise der im Rohstoffbereich erforderlichen Richtlinienkompetenz stärkeren Ausdruck verleihen und die bisherigen Aktivitäten einzelner Politikfelder besser koordinieren.

Die Einrichtung eines *Bundesministeriums für rohstoffpolitische Aufgaben* als alternative Handlungsstrategie wäre ungleich schwieriger zu erreichen und ergibt sich vor allem sachlogisch aus der politikwissenschaftlichen Beschäftigung mit Politikkohärenz. Damit eine kohärente Politik nicht das Nebenprodukt der Aktivitäten innerhalb einzelner Politikfelder darstellt, müssen strukturelle Voraussetzungen und administrative Kapazitäten geschaffen werden, die ressortübergreifende Problemlagen handhabbar machen. Im Sinne einer „ressortmäßige[n] Verselbständigung neuer Politikfelder“[1097] hätte ein Ministerium wesentlich mehr Durchschlagskraft, da hier rohstoffpolitische Kompetenzen und das momentan breit gestreute Rohstoffwissen der Ministerialbürokratie gebündelt werden könnten.[1098] Neben dieser Sachrationalität muss eine Handlungsempfehlung jedoch letztlich administrativ umsetzbar sowie politisch realisierbar sein.[1099]

Seit der ersten Kabinettsreform Konrad Adenauers 1957 hat es insgesamt knapp 40 Zuständigkeitsverschiebungen zwischen verschiedenen Bundesministerien gegeben.[1100] Dabei variierte auch die Anzahl der Bundesministerien:

1097 Derlien, Hans-Ulrich, Zur Logik des Ressortzuschnitts, in: *Verwaltungsarchiv*, Nr. 87, 1996, S. 550.

1098 Ein weiterer Aspekt kommt hinzu: „Inkorporierung von Teilpolitiken in einem Ministerium reduziert die Zahl der möglichen autonomen Konfliktpartner und erlaubt autoritative Prioritätenentscheidungen.“ (Derlien, Hans-Ulrich, Zur Logik des Ressortzuschnitts, in: *Verwaltungsarchiv*, Nr. 87, 1996, S. 570).

1099 Vgl. Rudzio, Wolfgang, *Das politische System der Bundesrepublik Deutschland*, Wiesbaden 2011, S. 252.

1100 Vgl. Sieberer, Ulrich, Die Politik des Ressortzuschnitts zwischen Koalitionsarithmetik und thematischer Profilierung, S. 78; vgl. Derlien, Hans-Ulrich, Zur Logik des Ressortzuschnitts, in: *Verwaltungsarchiv*, Nr. 87, 1996, S. 555.

während 1961 die meisten Bundesministerien (19) existierten, gibt es heute 14 Bundesministerien.[1101] Auf Grundlage der Richtlinienkompetenz (Art. 65 GG) sowie der damit einhergehenden Organisationsbefugnisse (§ 9 GGO) kann ein Bundeskanzler Schwerpunkte der Regierungsarbeit bestimmen und formell durch Organisationserlasse Kompetenzen verschieben oder – wie im vorliegenden Fall – vorhandene Aufgaben anderer Geschäftsbereiche in einem neuen Ministerium zusammenführen.[1102]

Neben diesen rechtlichen Grundlagen spielen organisatorische Faktoren und vor allem der „politisch motivierte Verteilungskonflikt in Koalitionsregierungen“[1103] eine entscheidende Rolle bei der Änderung des Ressortzuschnitts. Entsprechend der Stimmanteile teilen sich Koalitionäre in der Regel die Sitze am Kabinettstisch auf. Politische Parteien streben aufgrund ihres jeweiligen Profils gezielt die Führung bestimmter Ressorts an. Kompromisse werden häufig durch Kompetenzverschiebungen oder die Kompensation mit vermeintlich schwächeren Ministerposten erreicht.[1104] In diesem Sinne kann sich ebenfalls die Anzahl der Ministerien nach einem Regierungswechsel verändern, um einen Ausgleich zwischen Koalitionspartnern zu erreichen oder bestimmte Zuständigkeiten zu bündeln respektive anders zu verteilen.[1105]

So führten beispielsweise Forderungen aus dem Parlament nach einem Entwicklungsministerium, politische Opportunitäten und die Koalitionsarithmetik nach der Bundestagswahl 1961 zur Gründung des BMZ.[1106] Ausgelöst durch die Reaktorkatastrophe in Tschernobyl wurde 1986 das Umweltministerium gegründet.[1107] Die Zuständigkeiten des Bundesministeriums für Arbeit und Soziales wurden während der Legislaturperiode von 2002 bis 2005 auf das neu geschaffene Bundesministerium für Wirtschaft und Arbeit und das Bundesministerium für Gesundheit und soziale Sicherung aufgeteilt. Nach der Bundestags-

---

1101 Vgl. ebd., S. 554.

1102 Vgl. Böckenförde, Ernst Wolfgang, *Die Organisationsgewalt im Bereich der Regierung: eine Untersuchung zum Staatsrecht der Bundesrepublik*, Berlin, S. 139f.

1103 Vgl. Sieberer, Ulrich, Die Politik des Ressortzuschnitts zwischen Koalitionsarithmetik und thematischer Profilierung, S. 95.

1104 Vgl. ebd., S. 80.

1105 Vgl. Verzichelli, Luca, Portfolio Allocation, in: Strøm, Kaare/Müller, Wolfgang C./ Bergman, Torbjörn (Hrsg.), *Cabinets and Coalition Bargaining. The Democratic Life Cycle in Western Europe*, Oxford 2008, S. 237.

1106 Vgl. Bohnet, Michael, *Geschichte der deutschen Entwicklungspolitik – Strategien, Innenansichten, Zeitzeugen, Herausforderungen*, München 2015, S. 31f.; vgl. Kevenhörster, Paul, *Entwicklungshilfe auf dem Prüfstand: Entwicklungspolitische Bilanzen führender Geberstaaten*, S. 271f.

1107 Vgl. Radunski, Peter, *Aus der politischen Kulisse: Mein Beruf zur Politik*, Berlin 2015, S. 113f.

wahl 2013 kam es ebenfalls zu Zuständigkeitsverschiebungen: die Baupolitik wurde vom Wirtschaftsministerium ins Umweltministerium verlagert; die Zuständigkeit für Verbraucherschutz wanderte vom Landwirtschaftsministerium weitestgehend ins Bundesjustizministerium; der im Wirtschaftsministerium verankerte Bereich digitale Infrastruktur wurde ins Verkehrsministerium verschoben. Die aufgelisteten Beispiele zeigen, dass Kompetenzänderungen der Bundesressorts keine Einzelfälle darstellen. Veränderungen in der Ressortstruktur sind dabei vor allem ein Verhandlungsergebnis der politischen Führung im Zuge einer Koalitionsvereinbarung. Mit anderen Worten ist die „Regierungsbildung als Vorgang der Integration divergierender politischer Kräfte“[1108] zu verstehen, deren Ausgang nicht zuletzt aufgrund des „diffusen[n] Anspruchsniveau[s] handelnder Akteure“[1109] schwer vorhersehbar ist.

Obwohl der politische Wille folglich ausschlaggebend ist und verbesserte Entscheidungsprozesse dabei selten als politisches Ziel erkennbar sind, bleibt der Ressortzuschnitt insgesamt ein „Optimierungsversuch zwischen politikfeldspezifischen Imperativen, organisatorischen Beschränkungen und politischen Zwängen“[1110]. Bisher existieren jedoch nur wenige politikwissenschaftliche Untersuchungen, die Zuständigkeitsverschiebungen systematisch in den Blick nehmen.[1111] Aus der vorliegenden Untersuchung der Politikkohärenz ergibt sich die Notwendigkeit, den diffusen Handlungsdruck ressortübergreifender Ansprüche abzumildern und zu kanalisieren. Bereits im BMZ hat sich trotz artikulierter rohstoffpolitischer Ambitionen gezeigt, dass die Bearbeitung eines Querschnittsthemas ohne einen organisatorischen Unterbau nur schwer zu bewältigen ist. Ein Rohstoffministerium würde hingegen die funktionale Aufgabenteilung wesentlich erleichtern. Im BMWi hat man im Zuge der Rohstoffstrategie klare rohstoffpolitische Zuständigkeiten geschaffen, die in dieser Form auch in ein anderes Haus übertragen werden könnten – daher würde sich die Neugründung eines Ministeriums eher als eine Ausgründung darstellen.

Während ein weiteres Ministerium einerseits den Ressortpartikularismus verstärken würde, könnten andererseits die bisherigen Konfliktlinien zwischen einzelnen Ministerien durch ressortinterne Konfliktlösungsmechanismen abge-

---

1108 Böckenförde, Ernst Wolfgang, *Die Organisationsgewalt im Bereich der Regierung: eine Untersuchung zum Staatsrecht der Bundesrepublik*, Berlin, S. 194.

1109 Derlien, Hans-Ulrich, Zur Logik des Ressortzuschnitts, in: *Verwaltungsarchiv*, Nr. 87, 1996, S. 580.

1110 Derlien, Hans-Ulrich, Zur Logik des Ressortzuschnitts, in: *Verwaltungsarchiv*, Nr. 87, 1996, S. 550.

1111 Vgl. Sieberer, Ulrich, Die Politik des Ressortzuschnitts zwischen Koalitionsarithmetik und thematischer Profilierung, S. 80.

mildert werden.[1112] Die rohstoffpolitische Programmentwicklung könnte unter einem Dach stattfinden und stimmige Konzepte liefern, die eine strategische Vorgehensweise erleichtern würden. Dies ist eine wichtige Voraussetzung für ein möglichst kohärentes Regierungshandeln bei einem Thema, dessen Relevanz in den kommenden Jahren nicht abnehmen wird. Man denke an entsprechende Verhandlungen auf Ebene der EU oder der G20.[1113] Man denke aber auch an Regierungsverhandlungen mit rohstoffreichen Ländern, bei denen sich entwicklungspolitische Verantwortung und außenwirtschaftliche Interessen überschneiden. Man denke schließlich an rohstoffpolitische Zukunftsthemen wie Recycling, Substitution und Ressourceneffizienz, die nicht in Ressortkonflikten aufgerieben werden dürfen, sondern bereits heute in unserem rohstoffarmen Land eine zentralere Rolle spielen müssten. Im Falle der Rohstoffpolitik sprechen nach der gegenwärtigen Aufgabendifferenzierung in einzelnen Ressorts zumindest inhaltliche Gründe für die Bündelung rohstoffpolitischer Zuständigkeiten in einem Rohstoffministerium. Zentrale Voraussetzung für einen geänderten Ressortzuschnitt und der damit einhergehenden inhaltlichen Aufwertung der Rohstoffpolitik wäre, dass sich wirksame ressortinterne Koordinierungs- und Konfliktregelungsmechanismen etablieren, die eine kohärente Rohstoffpolitik ermöglichen.[1114]

1112 Vgl. Derlien, Hans-Ulrich, Zur Logik des Ressortzuschnitts, in: *Verwaltungsarchiv*, Nr. 87, 1996, S. 570.

1113 „Bei internationalen Verhandlungen reichen in Fachfragen die für die Koordination zwischen den zuständigen Ressorts bestehenden Instanzen nicht aus, um starke Positionen zu generieren. Erst aus der Zusammenführung von derzeit verteilten Kompetenzen und Ressourcen in gemeinsamen Handlungssträngen kann eine gestärkte außenpolitische Präsenz erwachsen, die sich den Herausforderungen jenseits etablierter Politikmuster zu stellen vermag." (Maihold, Günther, Über den Tag hinaus: Deutsche Außenpolitik jenseits des Krisenmodus, in: Perthes, Volker (Hrsg.), *Ausblick 2016:* Begriffe und Realitäten internationaler Politik, Berlin 2016, S. 53).

1114 Vgl. ebd., S. 579.

5.2 Forschungsperspektiven

> „Die Zukunft ist offen. Sie ist nicht vorherbestimmt. Daher kann sie niemand voraussagen – außer durch Zufall. Die Möglichkeiten, die in der Zukunft liegen, gute sowohl wie schlimme, sind unabsehbar. Wenn ich sage, ‚Optimismus ist Pflicht', so schließt das nicht nur ein, daß die Zukunft offen ist, sondern auch, daß wir alle sie mitbestimmen durch das, was wir tun: Wir sind verantwortlich für das, was kommt. So ist es unser aller Pflicht, statt etwas Schlimmes vorauszusagen, uns einzusetzen für jene Dinge, die die Zukunft besser machen können."[1115]

Die deutsche Rohstoffpolitik wurde als aktuelles Beispiel eines ressortübergreifenden Politikansatzes untersucht, der ausdifferenzierte Politikfelder miteinander verbindet und gleichzeitig bestehende Behördenarrangements herausfordert. Die Untersuchung hat neue Erkenntnisse über die Entstehung einer *Metapolicy* geliefert, die sich nicht unmittelbar aus der Struktur der Ministerialbürokratie, sondern aufgrund einer ressortübergreifenden Problemstellung ergeben hat.

Obwohl eine wirksame Politikkoordinierung inhaltlich angezeigt ist, fällt die Bewertung der gegenwärtigen Rohstoffpolitik ernüchternd aus: Ein möglicher konzeptioneller Gewinn wird deutlich von deklaratorischer Politik überlagert. Trotz der festgestellten Rhetorik im Hinblick auf eine verbesserte Politikkohärenz überwiegt der Eindruck eines ressortübergreifenden Selbstgesprächs. Obwohl die Rohstoffpolitik auf das Ziel einer verbesserten Rohstoffversorgung ausgerichtet ist, erschweren politikfeldspezifische Interessen und die Strukturen interministerieller Abstimmung die Integration relevanter Politikbereiche. Eine wirksame Koordinierung der Rohstoffpolitik konnte trotz einiger hoffnungsvoller Ansätze nicht beobachtet werden und lässt auch politisch weiterhin auf sich warten.

Das grundsätzliche Problem im politikwissenschaftlichen Umgang mit inkohärenten Politikprozessen und -ergebnissen ist nicht der Mangel an empirischen Erkenntnissen, sondern die apolitische Rationalität, auf denen diese empirischen Erkenntnisse basieren. Aufgrund der umfassenden Analyse eines Kohärenzproblems mehr politische Führung zu fordern, greift zu kurz und trägt wenig zur Bearbeitung eines beschriebenen Problems bei. Stattdessen müssen die Mechanismen und Prozesse innerhalb des politischen Systems stärkere poli-

---

1115 Popper, Karl R., Von der Notwendigkeit des Friedens (Danksagung anläßlich der Verleihung der Otto-Hahn-Friedensmedaille am 17. Dezember 1993 in Berlin), in: Popper, Karl R. (Hrsg.), *Alles Leben ist Problemlösen: Über Erkenntnis, Geschichte und Politik,* München 1995, S. 326.

tikanalytische Berücksichtigung erfahren, Fragen von Macht nicht vernachlässigt und langfristige Kosten inkohärenter Politiken aufgezeigt werden.

Ressortübergreifende Herausforderungen werden künftig vermutlich nicht abnehmen. Ob beispielsweise die „Energiewende“ für erfolgreiche und wirksame Koordinierung steht, kann noch nicht abschließend beurteilt werden.[1116] Feststellbar ist jedoch eine in Ansätzen bereits stattfindende oder zumindest öffentlich wahrgenommene Koordinierung der Energiepolitik durch das federführende BMWi.[1117] Dies liegt nicht nur am ungleich prominenteren Thema der „Energiewende“, die im Gegensatz zur Rohstoffpolitik ein höheres Maß an politischer Steuerung erfordert, sondern ebenfalls an der damit verbundenen Frage nach der Machtverteilung innerhalb der Bundesregierung. Während der entwicklungspolitische Kohärenzanspruch versucht, eine inhaltliche Begründung dafür zu liefern, entwicklungspolitische Fragestellungen wegen ausgeprägter Interdependenzen mit anderen Politikbereichen zur Chefsache zu machen, ließ sich beim Vizekanzler ein umgekehrter Ansatz erkennen: Nach der Bundestagswahl 2013 hat er sich mit der „Energiewende“ gezielt eines als besonders relevant erachteten Themas angenommen und die politische Führung eines Machtpolitikers demonstriert, die aus inhaltlichen Erwägungen erwartet wird. Falls aus diesem Grunde die „Energiewende“ *gelingen* sollte oder zumindest weiter vorangebracht werden kann als unter der christlich-liberalen Koalition und in einem sozialdemokratisch dominierten Bundesrat, dürfte die entsprechende politische Dividende eingestrichen werden können. An dieser Stelle kann daher geschlussfolgert werden, dass Politikkohärenz *und* politischer Wettbewerb keine Gegensätze sein müssen, sondern zwei Seiten derselben Medaille darstellen. Diskussionen um eine verbesserte Politikkohärenz laufen ins Leere, wenn sie auf dem Policy-Auge blind sind und inhaltliche Gründe für eine bessere Koordinierung bereits als hinreichend erachten.

An diesem Punkt wird sich schließlich die strategische sowie normative Frage nach dem Verhältnis liberaler Demokratien zu anderen politischen Systemen entscheiden: Führen der politische Wettbewerb pluralistischer Interessen sowie die Struktur liberaler Demokratien und deren Anreize für handelnde Akteure nicht zu tragfähigen Politikergebnissen, droht eine Legitimationskrise der Demokratie westlicher Prägung. Tatsächlich erleben wir im Bereich der Rohstoffpolitik längst einen Systemwettbewerb, in dem sich ein Staatskapitalismus chinesischer Prägung und multilateral vereinbarter Freihandel gegenüber stehen. In dieser mindestens im Rohstoffsektor stattfindenden Auseinandersetzung mit staatlich verursachten Wettbewerbsverzerrungen geht es vor allem darum, wer und auf welche Weise künftig international geltende Spielregeln gestalten kann.

1116 Vgl. Bollmann, Ralph, Regiert uns in Wahrheit dieser Mann? in: *FAZ*, 25.01.2014.

1117 Vgl. Alexander, Robin, Der Plan des Gegenkanzlers, in: *Die Welt am Sonntag*, 26.01.2014.

Politikkohärenz und wirksame Politikkoordinierung bleiben wesentliche Voraussetzungen für bessere Politikergebnisse. Gleichzeitig leitet sich aus den entsprechenden theoretischen Überlegungen und deren empirischer Untersuchung sowohl für den Politiker als auch für den Politikwissenschaftler ein gewisses Maß an Demut ab, das uns vor unbegründeten Vorstellungen über Ergebnisse kollektiven Handelns, abschließenden Bewertungen und absoluter Erkenntnis bewahren sollte. Gleiches gilt für übersteigerte Erwartungen an den Rohstoffabbau. Der Bergbau stellt nicht nur eine kulturelle oder zivilisatorische Errungenschaft des menschlichen Fortschritts dar, sondern hat auch negative Auswirkungen. Das biblische Lied von der Weisheit Gottes im Buch Hiob (28, 1-28) weist entsprechende Bezüge zum Bergbau auf.[1118] Rohstoffgewinnung bleibt eine leere ökonomische Aktivität des Menschen, wenn sie nicht in einen weisheitlichen Rahmen oder Fragen nach begründeten Bedürfnissen und akzeptablen Wegen der Gewinnung eingebunden wird. In ähnlicher Weise sollte die Suche nach Einsicht und Weisheit kein Selbstzweck sein, sondern gesellschaftliche Orientierung bieten und der Verständigung über Ordnungsvorstellungen dienen, die ein gutes Leben ermöglichen.

> „Es hat das Silber seine Gänge und das Gold seinen Ort, wo man es läutert. Eisen bringt man aus der Erde, und aus dem Gestein schmilzt man Kupfer. Man macht der Finsternis ein Ende und bis ins Letzte erforscht man das Gestein, das im Dunkel tief verborgen liegt. Man bricht einen Schacht fern von da, wo man wohnt; vergessen, ohne Halt für den Fuß, hängen und schweben sie, fern von den Menschen. Man zerwühlt wie Feuer unten die Erde, auf der doch oben das Brot wächst. Man findet Saphir in ihrem Gestein, und es birgt Goldstaub. Den Steig dahin hat kein Geier erkannt und kein Falkenauge gesehen. Das stolze Wild hat ihn nicht betreten, und kein Löwe ist darauf gegangen. Auch legt man die Hand an die Felsen und gräbt die Berge von Grund aus um. Man bricht Stollen durch die Felsen, und alles, was kostbar ist, sieht das Auge. Man wehrt dem Tröpfeln des Wassers und bringt, was verborgen ist, ans Licht. Wo will man aber die Weisheit finden? Und wo ist die Stätte der Einsicht? Niemand weiß, was sie wert ist, und sie wird nicht gefunden im Lande der Lebendigen. Die Tiefe spricht: ‚In mir ist sie nicht'; und das Meer spricht: ‚Bei mir ist sie auch nicht'. Man kann nicht Gold für sie geben noch Silber darwägen, sie zu bezahlen. Ihr gleicht nicht Gold von Ofir oder kostbarer Onyx und Saphir. Gold und edles Glas kann man ihr nicht gleichachten noch sie eintauschen um güldnes Kleinod. Korallen und Kristall achtet man gegen sie nicht; wer Weisheit erwirbt, hat mehr als Perlen. Topas aus Kusch wird ihr nicht gleichgeschätzt, und das reinste Gold wiegt sie nicht auf. Woher kommt denn die Weisheit? Und wo ist die Stätte der Einsicht? Sie ist verhüllt vor den Augen aller Lebendigen, auch verbor-

1118 Vgl. Rudolph, Barbara, *Predigt über Hiobsbotschaft und Gottes Weisheit im Rahmen des Festaktes anlässlich des Tages zum Abschied vom saarländischen Bergbau am Samstag, 30. Juni 2012, auf dem Gelände des Bergwerks Ensdorf*, Textservice zu Pressemitteilung (Landeskirchenamt der Evangelischen Kirche im Rheinland), 99/2012, Düsseldorf 2012.

gen den Vögeln unter dem Himmel. Der Abgrund und der Tod sprechen: ‚Wir haben mit unsern Ohren nur ein Gerücht von ihr gehört'. Gott weiß den Weg zu ihr, er allein kennt ihre Stätte. Denn er sieht die Enden der Erde und schaut alles, was unter dem Himmel ist. Als er dem Wind sein Gewicht gegeben und dem Wasser sein Maß gesetzt, als er dem Regen ein Gesetz gegeben hat und dem Blitz und Donner den Weg: damals schon sah er sie und verkündigte sie, bereitete sie und ergründete sie und sprach zum Menschen: Siehe, die Furcht des Herrn, das ist Weisheit, und meiden das Böse, das ist Einsicht."[1119]

1119 *Die Bibel nach der Übersetzung Martin Luthers (Bibeltext in der revidierten Fassung von 1984)*, Stuttgart 1985, Buch Hiob 28, 1–28. Für weitere Erläuterungen dankt der Autor Kaplan Marius Fletschinger.

Literatur- und Quellenverzeichnis

Acemoglu, Daron/Robinson, James A., *Why Nations Fail: The Origins of Power, Prosperity, and Poverty,* New York 2012.

Achtnich, Tilman, *Die Story im Ersten: Sklavenarbeit für unseren Fortschritt,* ARD 2012.

Adam, Silke/Kriesi, Hanspeter, The Network Approach, in: Sabatier, Paul A. (Hrsg.), *Theories of the Policy Process,* Cambridge 2007, S. 129–154.

Africa Progress Panel, *Riding the crest of a global commodity wave,* 16.10.2013. Online einzusehen unter http://www.africaprogresspanel.org/wp-content/uploads/2013/10/20131016_Riding_the_crest_of_a_global_commodity_wave_ENG.pdf, zuletzt aufgerufen am 14.05.2015.

Afrikanische Union, *Report on the Proposed Concept/Structure of the African Mineral Development Centre (AMDC),* Addis Abeba 2014.

Ders. *Africa Mining Vision (AMV),* Addis Abeba 2009.

Alexander, Robin, Der Plan des Gegenkanzlers, in: *Welt am Sonntag,* 26.01.2014.

Allison, Graham T., Conceptual Models and the Cuban Missile Crisis, in: *The American Political Science Review,* Vol. 63, Nr. 3, 1969, S. 689–718.

Allison, Graham/Zelikow, Philip, *Essence of Decision. Explaining the Cuban Missile Crisis,* New York 1999.

Andrews-Speed, Philip et al., *The Global Resource Nexus: The Struggles for Land, Energy, Food, Water, and Minerals,* Washington D.C. 2012.

Arrow, Kenneth J., *Collected Papers of Kenneth J. Arrow: General equilibrium,* Band 2, Cambridge 1983.

Ders., *Social Choice and Individual Values,* New Haven, London 1963.

ARTE, *Die geheimen Deals der Rohstoffhändler,* 14.01.2014.

Ashoff, Guido, Politikkohärenz für Entwicklung. Die Wirksamkeit der Entwicklungspolitik hängt auch von anderen Politiken ab, in: *Ein Dossier der Gemeinsamen Konferenz Kirche und Entwicklung (GKKE),* Nr. 2, 2013, S. 3–6.

Ders., Politikkohärenz: eine zusätzliche Voraussetzung und wesentliche Aufgabe wirksamer Entwicklungspolitik, in: Faust, Jörg/Neubert, Susanne (Hrsg.), *Wirksamere Entwicklungspolitik. Befunde, Reformen, Instrumente,* Baden-Baden 2010, S. 346–377.

Ders., *Enhancing Policy Coherence for Development: Justification, Recognition and Approaches to Achievement,* Studies Deutsches Institut für Entwicklungspolitik, Nr. 11, Bonn 2005.

Ausschuss für Bildung, Forschung und Technikfolgenabschätzung, *Technikfolgenabschätzung (TA): Die Versorgung der deutschen Wirtschaft mit Roh- und Werkstoffen für Hochtechnologien – Präzisierung und Weiterentwicklung der deutschen Rohstoffstrategie,* Deutscher Bundestag Drucksache, Nr. 17/13673, Berlin 28.05.2013.

Auswärtiges Amt, *Simbabwe: Beziehungen zu Deutschland,* 01.04.2014. Online einzusehen unter http://www.auswaertiges-amt.de/DE/Aussenpolitik/Laender/Laenderinfos/Simbabwe/Bilateral_node.html#doc353858bodyText4, zuletzt aufgerufen am 14.05.2015.

Auswärtiges Amt/Bundesministerium der Verteidigung/Bundesministerium für wirtschaftliche Zusammenarbeit und Entwicklung, *Für eine kohärente Politik der Bundesregierung gegenüber fragilen Staaten: Ressortübergreifende Leitlinien,* Berlin 2012.

Auty, Richard M., *Sustaining Development in Mineral Economies: The Resource Curse Thesis,* London 1993.

Babies, Hans-Georg et al., *Deutschland – Rohstoffsituation 2011,* DERA Rohstoffinformationen, Nr. 13, Berlin 2012.

Baffes, John/Cosic, Damir, *Commodity Markets Outlook,* World Bank Global Economic Prospects, Nr. 1, Washington D.C. 2014.

Baffes, John/Cosic, Damir, *Commodity Markets Outlook,* Global Economic Prospects Series, Nr. 4, Washington D.C. 2013.

Bagehot, Walter, *The English Constitution,* London 1873.

Bagger, Thomas/Heynitz, Wolfram v., „Der vernetzte Diplomat“: Von Vernetzter Sicherheit zu einer „netzwerkorientierten Außenpolitik“, in: *Zeitschrift für Außen- und Sicherheitspolitik,* Nr. 5, 2012, S. 49–61.

Barbier, Edward B., Den Fluch zum Segen machen, in: *welt-sichten,* Nr. 12/2011. Online einzusehen unter https://www.welt-sichten.org/artikel/516/den-fluch-zum-segen-machen, zuletzt aufgerufen am 14.05.2015.

Barder, Owen, *Policy Coherence is a Hobgoblin,* 29.09.2013. Online einzusehen unter http://international.cgdev.org/blog/policy-coherence-hobgoblin, zuletzt aufgerufen am 14.05.2015.

Ders., *A Policymakers' Guide to Dutch Disease: What is Dutch Disease, and is it a problem?* Working Paper, Nr. 91, Washington D.C. 2006.

Bardt, Hubertus/Kempermann, Hanno/Lichtblau, Karl, *Deutsche Unternehmen im Wettbewerb um Rohstoffe: Versorgungsrisiken und Absicherungsstrategien,* Forschungsberichte aus dem Institut der deutschen Wirtschaft Köln, Nr. 93, Köln 2013.

Barma, Naazneen et al., *Rents to Riches? The Political Economy of Natural Resource-Led Development,* Washington D.C. 2012.

Basedau, Matthias, Resource Politics in Sub-Saharan Africa beyond the Resource Curse: Towards a Future Research Agenda, in: Basedau, Matthias/Mehler, Andreas (Hrsg.), *Resource Politics in Sub-Saharan Africa,* Hamburg 2005, S. 325–348.

Basedau, Matthias/Lay, Jann, Conceptualising the „Resource Curse“ in Sub-Saharan Africa: Affected Areas and Transmission Channels, in: Basedau, Matthias/Mehler, Andreas (Hrsg.), *Resource Politics in Sub-Saharan Africa,* Hamburg 2005, S. 9–24.

Bauer, Peter T., *From Subsistence to Exchange and other Essays,* Princeton 2000.

BDI-Präsidialgruppe Internationale Rohstofffragen, *Rohstoffsicherheit – Anforderungen an Industrie und Politik (2. BDI-Rohstoffkongress am 20. März 2007 in Berlin),* Berlin 2007.

Beach, Derek, *Analyzing Foreign Policy,* Houndmills 2012.

Beach, Derek/Pedersen, Rasmus B., *Process-Tracing Methods: Foundations and Guidelines,* Ann Arbor 2013.

Bebbington, Anthony, *Natural resource extraction and the possibilities of inclusive development: politics across space and time*, Effective States and Inclusive Development (ESID) Working Paper, Nr. 21, Manchester 2013.

Behalal, Zobel, Only legislation will stop minerals being traded at the expense of human rights, in: *The Guardian,* 16.12.2013.

Behnke, Joachim/Stange, Carolin/Zintl, Reinhard, *Condorcet: Ausgewählte Schriften zu Wahlen und Abstimmungen,* Tübingen 2011.

Behrens, Axel, *Das Rohstoffversorgungsrisiko in offenen Volkswirtschaften,* Kiel 1991.

Beichelt, Timm, Die europapolitische Koordinierung der Bundesrepublik: besser als ihr Ruf, in: *Zeitschrift für Parlamentsfragen,* Nr. 4, 2007, S. 751–763.

Bello, Oladiran, *Governing Extractive Industries in Africa,* SAIIA Podcast, Nr. 23, Kapstadt 2014.

Bertelsmann-Stiftung, *Transformationsindex BTI 2014,* Gütersloh 2014.

Betz, Joachim, Konfliktfähigkeit und Kooperationsbereitschaft im Nord-Süd-Verhältnis am Beispiel der Rohstoffverhandlungen im Rahmen der UN, in: Ellwein, Thomas (Hrsg.), *Politikfeld-Analysen 1979. Wissenschaftlicher Kongreß der DVPW 1.-5. Oktober in der Universität Augsburg,* Opladen 1979, S. 371–388.

Bilow, Uta, Der Schlüssel zu den Rohstoffen, in: *Frankfurter Allgemeine Zeitung,* 07.12.2013.

Bleischwitz, Raimund, Präventive Ressourcensicherheitspolitik. Initiativen und Anforderungen an ein Global Governance-System, in: *Sicherheit und Frieden (S+F),* 2009, S. 231–237.

Blum, Sonja/Schubert, Klaus, Policy analysis in Germany: past, present and future of the discipline, in: Blum, Sonja/Schubert, Klaus (Hrsg.), *Policy analysis in Germany,* Bristol 2013, S. 1–17.

Blume, Jutta/Greger, Nika/Pomrehn, Wolfgang, *Oben hui, unten pfui? Rohstoffe für die „grüne" Wirtschaft: Bedarfe – Probleme – Handlungsoptionen für Wirtschaft, Politik & Zivilgesellschaft,* Berlin 2011.

Böckenförde, Ernst Wolfgang, *Die Organisationsgewalt im Bereich der Regierung: eine Untersuchung zum Staatsrecht der Bundesrepublik,* Berlin.

Bogdanor, Vernon, Introduction, in: Bogdanor, Vernon (Hrsg.), *Joined-Up Government,* Oxford 2005, S. 1–18.

Böge, Friederike, Das Große Spiel ist abgesagt, in: *Frankfurter Allgemeine Zeitung,* 14.05.2014.

Bogumil, Jörg/Jann, Werner/Nullmeier, Frank, Politik und Verwaltung – Perspektiven der politikwissenschaftlichen Verwaltungsforschung, in: *Policy Sciences,* Vol. 37, 2006, S. 9–26.

Bollmann, Ralph, Regiert uns in Wahrheit dieser Mann? in: *Frankfurter Allgemeine Zeitung,* 25.01.2014.

Bohnet, Michael, *Geschichte der deutschen Entwicklungspolitik – Strategien, Innenansichten, Zeitzeugen, Herausforderungen,* München 2015.

Borchert, Heiko/Thiele, Ralph, Vernetzte Sicherheit: Grundlagen, Zwischenbilanz und Entwicklungspotenzial, in: *Zeitschrift für Außen- und Sicherheitspolitik,* Nr. 5, 2012, S. 1–22.

Bornemann, Basil, *Policy-Integration und Nachhaltigkeit: Integrative Politik in der Nachhaltigkeitsstrategie der deutschen Bundesregierung,* Wiesbaden 2014.

Bosson, Rex/Varon, Bension, *The Mining Industry and the Developing Countries,* Oxford 1978.

Braeckman, Colette, Die dritte Plünderung des Kongo, in: *Le Monde diplomatique,* Nr. 8015 vom 07.07.2006, S. 8–9.

Brand, Ulrich, Das bornierte Streben nach Profit, in: *Frankfurter Allgemeine Zeitung,* 16.07.2014.

Brenner, Wolfgang, *Walther Rathenau: Deutscher und Jude,* München 2005.

Brockington, Dan/Sullivan, Sian, Qualitative Research, in: Scheyvens, Regina/Storey, Donovan (Hrsg.), *Development Fieldwork: A Practical Guide,* London 2003, S. 57–74.

Brühwiller, Tjerk, China in Lateinamerika: Ein Lächeln für Rohstoffe, in: *Neue Zürcher Zeitung (NZZ),* 19.07.2014.

Brzoska, Michael, Ressourcen als Konfliktursache: Knappheit und Überfluss, in: Schneckener, Ulrich/Scheliha, Arnulf v./Lienkamp, Andreas/Klagge, Britta (Hrsg.), *Wettstreit um Ressourcen: Konflikte um Klima, Wasser und Boden,* München 2014, S. 31–48.

Buchholz, Peter/Huy, Dieter/Sievers, Henrike, *DERA-Rohstoffliste 2012: Angebotskonzentration bei Metallen und Industriemineralen – Potenzielle Preis- und Lieferrisiken,* DERA-Rohstoffinformationen, Nr. 10, Berlin 2012.

Bundesanstalt für Geowissenschaften und Rohstoffe (BGR), *Linkages in the Southern African Mining Sector: Domestic Procurement Challenges and Context,* Working Paper, Hannover 2016.

Bundesministerium der Verteidigung, *Weißbuch zur Sicherheitspolitik Deutschlands und zur Zukunft der Bundeswehr*, Bonn 2006.

Bundesministerium für Wirtschaft, *Bericht über die Versorgung der Bundesrepublik Deutschland mit mineralischen Rohstoffen,* Studien-Reihe, Nr. 90, Bonn 1980.

Bundesministerium für Wirtschaft und Energie/Auswärtiges Amt, *Gemeinsame Pressemitteilung: Rohstoffpartnerschaft mit Peru abgeschlossen,* 14.07.2014. Online einzusehen unter http://www.bmwi.de/DE/Presse/pressemitteilungen,did=646314.html?view=renderPrint, zuletzt aufgerufen am 14.05.2015.

Bundesministerium für Wirtschaft und Technologie, *Zweiter Rohstoffdialog des Bundeswirtschaftsministers (Pressemitteilung),* 21.06.2010. Online einzusehen unter http://www.bmwi.de/DE/Presse/pressemitteilungen,did=347018.html, zuletzt aufgerufen am 14.05.2015.

Ders., Bekanntmachung im Rahmen der Rohstoffstrategie der Bundesregierung: Änderung der Richtlinien über die Gewährung von bedingt rückzahlbaren Zuwendungen zur Verbesserung der Versorgung der Bundesrepublik mit kritischen Rohstoffen (Explorationsförderrichtlinien), in: *Bundesanzeiger,* 07.01.2014, S. B1.

Ders., *Der Bergbau in der Bundesrepublik Deutschland 2012: Bergwirtschaft und Statistik,* Berlin 2013.

Ders., *Richtlinien über die Gewährung von bedingt rückzahlbaren Zuwendungen zur Verbesserung der Versorgung der Bundesrepublik Deutschland mit kritischen Rohstoffen (Explorationsförderrichtlinien),* Berlin 2012.

Ders., *50 Jahre UFK-Garantien: Rohstoffsicherung für Deutschland,* Berlin 2011.

Ders., *Industrieland Deutschland: Stärken ausbauen – Schwächen beseitigen – Zukunft sichern,* Berlin 2010.

Ders., *Rohstoffstrategie der Bundesregierung. Sicherung einer nachhaltigen Rohstoffversorgung Deutschlands mit nicht-energetischen mineralischen Rohstoffen,* 2010.

Ders., *Antwort der Bundesregierung auf die Kleine Anfrage der Abgeordneten Ute Koczy, Oliver Krischer, Uwe Kekeritz, weiterer Abgeordneter und der Fraktion Bündnis 90/Die Grünen (Drucksache 17/13212),* Deutscher Bundestag Drucksache, Nr. 17/13434, Berlin 10.05.2013.

Ders., *Bundesregierung stärkt Rohstofftransparenz (Pressemitteilung vom 2.7.2014),* 02.07.2014. Online einzusehen unter http://www.bmwi.de/DE/Presse/pressemitteilungen,did=644956.html?view=renderPrint, zuletzt aufgerufen am 14.05.2015.

Bundesministerium für wirtschaftliche Zusammenarbeit und Entwicklung, *Gudrun Kopp koordiniert Rohstoffpolitik des BMZ,* 31.01.2013. Online einzusehen unter http://www.bmz.de/20130131-1, zuletzt aufgerufen am 14.05.2015.

Ders., *Transparenz: Projekt und Organisationsdaten,* Berlin 2014. Online einzusehen unter http://www.bmz.de/de/was_wir_machen/wege/transparenz-fuer-mehr-Wirksamkeit/Veroeffentlichung-gemaess-IATI-Standard/; zuletzt aufgerufen am 14.05.2015.

Ders., *Gudrun Kopp: „G20 können bei Rohstofffragen stärker koordinieren",* 26.02.2013. Online einzusehen unter http://www.bmz.de/20130226-1, zuletzt aufgerufen am 14.03.2013.

Ders., *14. Entwicklungspolitischer Bericht der Bundesregierung: Weißbuch zur Entwicklungspolitik,* Bonn, Berlin 2013.

Ders., *Protokoll der Verhandlungen über die Entwicklungszusammenarbeit zwischen der Regierung der Mongolei und der Regierung der Bundesrepublik Deutschland vom 26. bis 27. März 2012 in Bonn,* Bonn 2012.

Ders., *Chancen schaffen – Zukunft entwickeln,* Bonn 2011.

Ders., *Entwicklungsfaktor extraktive Rohstoffe,* BMZ Strategiepapier, Berlin 25.10.2010.

Ders., *Entwicklungsfaktor extraktive Rohstoffe. Ein Positionspapier des BMZ,* BMZ Spezial 166, 2010.

Ders., *Strategien deutscher Entwicklungspolitik für eine nachhaltigere Rohstoffpolitik. Dialog mit der Zivilgesellschaft zur rohstoffpolitischen Position des BMZ. Rede von Dirk Niebel, Bundesminister für wirtschaftliche Zusammenarbeit und Entwicklung am 6. Oktober, Berlin, 2010.* Berlin 2010.

Ders., *Rohstoff- und Entwicklungspolitik,* Bericht des Rohstoffausschusses beim Wissenschaftlichen Beirat des BMZ, Bonn 1974.

Ders., *Gudrun Kopp zum African Economic Outlook 2013: Afrikas Ressourcen verantwortungsvoll nutzen,* 19.06.2013. Online einzusehen unter http://www.bmz.de/20130619-2, zuletzt aufgerufen am 14.05.2015.

Ders., *G7 setzen sich für faire Rohstoffverträge ein – Start der CONNEX-Initiative,* 17.06.2014. Online einzusehen unter http://www.bmz.de/20140617-3, zuletzt aufgerufen am 14.05.2015.

Ders., *Konferenz über nachhaltige Ressourcenpolitik im BMZ,* 06.10.2010. Online einzusehen unter http://www.bmz.de/20101006-1, zuletzt aufgerufen am 14.05.2015.

Ders., *Bilaterale Maßnahmen der deutschen Entwicklungszusammenarbeit im Rohstoffsektor.* Online einzusehen unter http://www.bmz.de/de/was_wir_machen/themen/geri/bilaterale_massnahmen/index.html, zuletzt aufgerufen am 14.05.2015.

Ders., *Länder: Auswahl der Kooperationsländer.* Online einzusehen unter http://www.bmz.de/de/was_wir_ machen/laender_regionen/laenderliste/index.html, zuletzt aufgerufen am 14.05.2015.

Ders., *Montenegro: Situation und Zusammenarbeit.* Online einzusehen unter http://www.bmz.de/de/was_wir_ machen/laender_regionen/Mittel-Ost-und-Suedosteuropa/montenegro/zusammenarbeit_montenegro.html, zuletzt aufgerufen am 14.05.2015.

Ders., *Zusammenarbeit mit der Wirtschaft.* Online einzusehen unter http://www.bmz.de/de/was_wir_machen/themen/geri/konzepte_themen/zusammenarbeit_mit_der_wirtschaft/index.html, zuletzt aufgerufen am 14.05.2015.

Bundesregierung, *Abkommen zwischen der Regierung der Bundesrepublik Deutschland und der Regierung der Republik Peru über Zusammenarbeit im Rohstoff-, Industrie- und Technologiebereich,* Berlin 2014.

Ders., *Afrikapolitische Leitlinien der Bundesregierung,* Deutscher Bundestag Drucksache, Nr. 18/1484, Berlin 2014.

Ders., *Jahresbericht der Bundesregierung 2012/2013,* Berlin 2013.

Ders., *Deutsches Ressourceneffizienzprogramm (ProgRess): Programm zur nachhaltigen Nutzung und zum Schutz der natürlichen Ressourcen, Beschluss des Bundeskabinetts vom 29.2.2012,* Berlin 2012.

Ders., *Jahresbericht der Bundesregierung 2011/2012,* Berlin 2012.

Ders., *Deutschland und Afrika: Konzept der Bundesregierung,* 2011.

Ders., *Gemeinsame Geschäftsordnung der Bundesministerien,* Berlin 2011.

Ders., *Jahresbericht der Bundesregierung 2010/2011,* Berlin 2011.

Ders., *Deutschland, Lateinamerika und die Karibik: Konzept der Bundesregierung,* Berlin 2010.

Ders., *Rohstoffstrategie der Bundesregierung – Sicherung einer nachhaltigen Rohstoffversorgung Deutschlands mit nicht-energetischen mineralischen Rohstoffen,* Deutscher Bundestag Drucksache, Nr. 17/3399, Berlin 2010.

Ders., *Fortschrittsbericht 2008 zur nationalen Nachhaltigkeitsstrategie,* Bundestagsdrucksache, Nr. 14/6031, Berlin 2008.

Ders., *Zwischenbilanz der Rohstoffaktivitäten der Bundesregierung (Schwerpunkt nichtenergetische Rohstoffe),* Berlin 2008.

Ders., *Elemente einer Rohstoffstrategie der Bundesregierung,* Berlin 2007.

Bundesverband der Deutschen Industrie e. V. (BDI), *Positionspapier: Die Chancen des Tiefseebergbaus für Deutschlands Rolle im Wettbewerb für Rohstoffe,* Berlin 2014.

Bündnis 90/Die Grünen Bundestagsfraktion, *Grüne Rohstoffstrategie (Beschluss Fraktionsklausur, 1. September 2011),* Berlin 2011.

Büschemann, Karl-Heinz/Uhlmann, Steffen, „Deutschland braucht eine Rohstoffstrategie", in: *Süddeutsche Zeitung (SZ),* 239, 15.10.2010, S. 19.

Busse, Walter, Kolonialwirtschaftliches Komitee, in: Schnee, Heinrich (Hrsg.), *Deutsches Koloniallexikon. II. Band H-O,* Leipzig 1920, S. 346–347.

Ders., Rohstoffe, in: Schnee, Heinrich (Hrsg.), *Deutsches Koloniallexikon. III. Band P-Z,* Leipzig 1920, S. 182.

Bütikofer, Reinhard/Koczy, Ute, Es geht auch anders! Alternativen in der Rohstoffpolitik, in: *Forum Umwelt & Entwicklung – Rundbrief,* Vol. 4, 2012, S. 9–10.

Büttner, Jürgen, Die Hausse der Rohstoffpreise hat reale Hintergründe, in: *Frankfurter Allgemeine Zeitung,* 24.02.2004.

Cabinet Office, *Modernising Government,* White Paper, Nr. CM 4310, London 1999.

Campbell, John, *Edward Heath: A Biography,* London 1993.

Carbone, Maurizio, Mission Impossible: the European Union and Policy Coherence for Development, in: *European Integration,* Vol. 30, Nr. 3, 2008, S. 323–342.

Cardoso, Fernando H., *Abhängigkeit und Entwicklung in Lateinamerika (Dependencia y desarrollo en América Latina),* Frankfurt 1976.

CDU/CSU-Bundestagsfraktion, *Rohstoffstrategie der CDU/CSU-Bundestagsfraktion,* Berlin 2010.

CDU/CSU/FDP, *Wachstum. Bildung. Zusammenhalt. Koalitionsvertrag zwischen CDU, CSU und FDP,* Berlin 2009.

CDU/CSU/SPD, *Deutschlands Zukunft gestalten: Koalitionsvertrag zwischen CDU, CSU und SPD,* Berlin 2013.

Center for Global Development, *Länderbericht Deutschland,* Washington D.C. 2013.

Ders., *Commitment to Development Index 2012,* Washington D.C. 2012.

Ders., *Commitment to Development Index 2011,* Washington D.C. 2011.

Ders., *Commitment to Development Index 2010,* Washington D.C. 2010.

Ders., *Commitment to Development Index 2009,* Washington D.C. 2009.

Ders., *Commitment to Development Index 2008,* Washington D.C. 2008.

Christensen, Tom/Lægreid, Per, The Whole-of-Government Approach to Public Sector Reform, in: *PAR,* Vol. 67, Nr. 6, 2007, S. 1059–1066.

Clark, Helen, *Avoiding the resource curse: Managing extractive industries for Human Development,* 20.10.2011. Online einzusehen unter http://www.undp.org/content/undp/en/home/presscenter/speeches/2011/10/20/he len-clark-avoiding-the-resource-curse-managing-extractive-industries-for-human-development-/, zuletzt aufgerufen am 14.05.2015.

Clark, Tim, New Labour's Big Idea: Joined-up Government, in: *Social Policy and Society,* Vol. 1, Nr. 2, 2002, S. 107–117.

Clemens, Marius/Fuhrmann, Winfried, *Rohstoffbasierte Staatsfonds: Theorie und Empirie,* Forschungsbericht, Nr. 0108, Potsdam 2008.

Collier, Paul, *The Plundered Planet. How to Reconcile Prosperity with Nature,* London 2010.

Ders., *Die unterste Milliarde: Warum die ärmsten Länder scheitern und was man dagegen tun kann,* München 2008.

Collier, Paul/Hoeffler, Anke, Greed and Grievance in Civil War, in: *Oxford Economic Papers,* Vol. 56, Nr. 4, 2004, S. 563–595.

Colschen, Lars C., *Deutsche Außenpolitik,* Paderborn 2010.

Colschen, Lars C./Hoyer, Daniel v./Weigl, Michael, *Profis hinter den Kulissen. Bürokratische Regime im internationalen Prozess zur deutschen Einheit,* München 2002.

CONCORD, *Spotlight on EU Policy Coherence for Development: The real life impact of EU policies on the poor,* Brüssel 2013.

Condorcet, Jean Antoine Nicolas de Caritat de, *Essai sur l'Application de l'Analyse à la Probabilité des Décisions Rendues à la Pluralité des Voix,* Paris 1785.

CONNEX, *Fact Sheet: G7-CONNEX Initiative – Strengthening Assistiance for Complex Contract Negotiations,* Brüssel 2014.

Consolo, Olivier et al., *Policy Coherence for Development (Podcast European Development Days 2013),* 27.11.2013. Online einzusehen unter http://eudevdays.eu/topics/policy-coherence-development, zuletzt aufgerufen am 14.05.2015.

Curtis, Mark/Hajat, Rafiq, *Malawi's Mining Opportunity: Increasing Revenues, Improving Legislation,* Lilongwe 2013.

Dabán, Teresa/Hélis, Jean-Luc, *A Public Financial Management Framework for Resource-Producing Countries,* International Monetary Fund (IMF) Working Paper, Nr. WP/10/72, Washington D.C. 2009.

Dadasov, Ramin/Hefeker, Carsten/Lorz, Oliver, *Natural Resource Production, Corruption and Expropriation,* Joint Discussion Paper Series in Economics, Nr. 36, Marburg 2014.

Dahlmann, Anja/Mildner, Stormy-Annika, *Rohstoffpartnerschaften: Kein Garant für Versorgungssicherheit und Entwicklung,* Stiftung Wissenschaft und Politik, SWP-Aktuell, Nr. 16, Berlin 2012.

Dashwood, Hevina S., *The Rise of Global Corporate Social Responsibility: Mining and the Spread of Global Norms,* Cambridge 2012.

Decker, Frank, Parteiendemokratie im Wandel, in: Decker, Frank/Neu, Viola (Hrsg.), *Parteiendemokratie im Wandel,* Bonn 2013, S. 21–60.

Demotes-Mainard, Bertrand, Thales: Strategische Rohstoffe, in: Kausch, Peter/Bertau, Martin/ Gutzmer, Jens/Matschullat, Jörg (Hrsg.), *Strategische Rohstoffe – Risikovorsorge,* Berlin 2014, S. 13–23.

Department for Environment, Food and Rural Affairs/Department for Business Innovation & Skills, *Resource Security Action Plan: Making the most of valuable materials,* London 2012.

Derlien, Hans-Ulrich, Zur Logik des Ressortzuschnitts, in: *Verwaltungsarchiv, Zeitschrift für Verwaltungslehre, Verwaltungsrecht und Verwaltungspolitik,* Nr. 87, 1996, S. 548–580.

Deutsche Botschaft Gaborone, *Deutschland und SADC unterzeichnen Abkommen über Entwicklungsprojekte im Umfang von 44,2 Mio. Euro,* 10.04.2013. Online einzusehen unter http://www.gaborone.diplo.de/Vertretung/gaborone/de/05/Entwicklungspolitik/Regierungsabkommen_20SADC/Seite__Regierungsabkommen_20SADC.html, zuletzt aufgerufen am 14.05.2015.

Deutsche Botschaft Jaunde, *Deutschland und die Zentralafrikanische Republik,* 2007. Online einzusehen unter http://www.jaunde.diplo.de/Vertretung/jaunde/de/03/Bilaterale__Beziehungen/D__und__Zar.html, zuletzt aufgerufen am 14.05.2015.

Deutsche Gesellschaft für Internationale Zusammenarbeit, *Übersicht Länderbüros,* 2014. Online einzusehen unter http://www.giz.de/de/html/weltweit.html, zuletzt aufgerufen am 14.05.2015.

Deutsche Rohstoffagentur (DERA), *Pressemitteilung: Explorationsförderprogramm zur Versorgung mit kritischen Rohstoffen: Neue Ausschreibungsrunde für Unternehmen startet jetzt,* 31.01.2014. Online einzusehen unter http://www.deutsche-rohstoffagentur.de/DE/Gemeinsames/Oeffentlichkeitsarbeit/Pressemittei lungen/BGR/DERA/dera-bgr-140131_Explorationsf%C3%B6rderprogramm.html, zuletzt aufgerufen am 14.05.2015.

Ders., *Ablaufschema des Explorationsförderprogramms,* Berlin 2013.

Ders., *Ziele, Aufgaben und Ergebnisse 2010 – 2013,* Berlin 2013.

Ders., *Geförderte Maßnahmen 2013,* 15.11.2013. Online einzusehen unter http://www.deutsche-rohstoffagentur.de/DERA/DE/Foerderprogramme/Explorationsfoerderprogramme/Gefoerderte_Massnahmen_2013/gefoerderte_massnahmen_2013_node.html, zuletzt aufgerufen am 14.05.2015.

Deutsche Vertretungen in Südafrika, Lesotho und Swasiland, *Bilaterale Beziehungen mit Lesotho,* 2014. Online einzusehen unter http://www.southafrica.diplo.de/Vertretung/suedafrika/de/09__ Lesotho__Swazil/Lesotho __Fakten.html, zuletzt aufgerufen am 14.05.2015.

Deutscher Bundestag, *Drucksachen und Plenarprotokolle des Bundestages,* 2013. Online einzusehen unter http://suche.bundestag.de/index.do, zuletzt aufgerufen am 14.05.2015.

Ders., *Stenografischer Bericht der 178. Sitzung vom 10. Mai 2012,* Deutscher Bundestag Plenarprotokoll, Nr. 17/178, Berlin 2012.

Ders., *Antrag der Fraktion der SPD: Fairen Rohstoffhandel sichern – Handel mit Seltenen Erden offenhalten,* Drucksache, Nr. 17/4553, Berlin 2011.

Ders., *Stenografischer Bericht der 139. Sitzung vom 10. November 2011,* Deutscher Bundestag Plenarprotokoll, Nr. 17/139, Berlin 2011.

Ders., *Antrag der der Fraktion Die Linke: Sozialen Fortschritt und regionale Integration in Lateinamerika unterstützen,* Drucksache, Nr. 17/3214, Berlin 2010.

Ders., *Antrag der Fraktion Die Linke: Beziehungen der Europäischen Union mit Afrika solidarisch und gerecht gestalten,* Drucksache, Nr. 17/3672, Berlin 2010.

Ders., *Stenografischer Bericht der 58. Sitzung vom 15. September 2010,* Plenarprotokoll, Nr. 17/58, Berlin 2010.

Ders., *Stenografischer Bericht der 49. Sitzung vom 17. Juni 2010,* Deutscher Bundestag Plenarprotoll, Nr. 17/49, Berlin 2010.

Ders. *Stenografischer Bericht der 39. Sitzung vom 5. Mai 2010,* Deutscher Bundestag Plenarprotokoll, Nr. 17/39, Berlin 2010.

Ders., *Stenografischer Bericht der 129. Sitzung vom 28. November 2007,* Plenarprotokoll, Nr. 16/129, Berlin 2007.

Ders., *Stenografischer Bericht der 97. Sitzung vom 10. Mai 2007,* Plenarprotokoll, Nr. 16/97, Berlin 2007.

Ders., *Jahreswirtschaftsbericht 1978 der Bundesregierung,* Drucksache, Nr. 8/1471, Bonn 1978.

Ders., *39. Sitzung,* Plenarprotokoll, Nr. 03.07.1958, Bonn 1958.

Deutschlandradio, *Bundespräsident Köhler nach seinem Besuch in Afghanistan im Gespräch mit Christopher Ricke,* 22.05.2010. Online einzusehen unter http://www.deutschlandradio.de/sie-leisten-wirklich-grossart iges-unter-schwierigsten.331.de.html?dram:article_id=203276, zuletzt aufgerufen am 14.05.2015.

Dieter, Heribert, Gegen staatliche Rohstoffpolitik, in: *Handelsblatt,* 29.03.2007, S. 8.

Dobbs, Richard et al., *Resource Revolution: Tracking global commodity markets,* London 2013.

Dohlman, Ebba, *Indicators for Measuring PCD: Towards a Common Definition and Methodology,* Brüssel 2013.

Ders. *Which institutional structures for assuring policy coherence for development?* Brüssel 2012.

Dohlmann, Ebba, Kohärenz in einer sich veränderten Welt. Politikkohärenz für Entwicklung muss sich an die neuen globalen Bedingungen anpassen, in: *Ein Dossier der Gemeinsamen Konferenz Kirche und Entwicklung (GKKE),* Nr. 2, 2013, S. 16–18.

Döschner, Jürgen, *Aluminium-Produktion in Deutschland: Schmutzig, teuer, überflüssig,* 25.02.2014. Online einzusehen unter http://www.tagesschau.de/wirtschaft/aluminium102.htm l, zuletzt aufgerufen am 14.05.2015.

Downs, Anthony, Up and Down with Ecology: the Issue-Attention Cycle, in: *The Public Interest,* Nr. 28, 1971, S. 38–50.

Drechsler, Horst, *Südwestafrika unter deutscher Kolonialherrschaft: Die großen Land- und Minengesellschaften (1815–1914),* Stuttgart 1996.

Drobe, Malte/Killiches, Franziska, *Vorkommen und Produktion mineralischer Rohstoffe – ein Ländervergleich,* Hannover 2014.

Dunkel, Monika, Wirtschaft pocht auf Rohstoffstrategie, in: *Financial Times Deutschland,* 06.05.2010.

Dunsch, Jürgen, EU-Erfolg gegen China im Streit um Seltenen Erden, in: *Frankfurter Allgemeine Zeitung,* 73, 27.03.2014, S. 18.

Ders., Glencore und Xstrata fusionieren, in: *Frankfurter Allgemeine Zeitung,* 89, 17.04.2013, S. 16.

Durth, Rainer/Körner, Heiko/Michaelowa, Katharina, *Neue Entwicklungsökonomik,* Stuttgart 2002.

Dye, Thomas R., *Understanding Public Policy,* Prentice Hall 2002.

Easterly, William, *The Tyranny of Experts: Economists, Dictators, and the Forgotten Rights of the Poor,* New York 2013.

Easton, David, An Approach to the Analysis of Political Systems, in: *World Politics,* Vol. 9, Nr. 3, 1957, S. 383–400.

Eberlei, Walter/Weller, Christoph, *Deutsche Ministerien als Akteure von Global Governance. Eine Bestandsaufnahme der auswärtigen Beziehungen der Bundesministerien,* Institut für Entwicklung und Frieden, INEF-Report, Nr. 51, Duisburg 2001.

Economic Commission for Africa, *Africa Review Report on Mining,* Nr. E/ECA/CFSSD/6/7, Addis Ababa 2009.

EITI International Secretariat, *EITI Factsheet,* Oslo 2014.

Elsenhans, Hartmut, Nord-Süd-Beziehungen: Theorien über die Nord-Süd-Konfliktformation und ihre Bearbeitung, in: *Politische Vierteljahresschrift (PVS),* Nr. Sonderheft 21, 1990, S. 330–352.

Elsner, Harald, *DERA Rohstoffinformationen: Deutscher Auslandsbergbau. Aktualisierte Studie anlässlich der 3. Fachtagung Deutscher Auslandsbergbau am 9. November 2011,* Hannover 2011.

Emmanuel, Arghiri, *Unequal Exchange: A Study of the Imperialism of Trade,* New York 1972.

Ders., *L' échange inégal: Essai sur les antagonismes dans les rapports économiques internationaux,* Paris 1969.

Endres, Alexandra, „Wir sind auf die Rohstoffe der Entwicklungsländer angewiesen“, in: *ZEIT ONLINE,* 22.02.2012.

Enquete-Kommission „Wachstum, Wohlstand, Lebensqualität – Wege zu nachhaltigem Wirtschaften und gesellschaftlichem Fortschritt in der Sozialen Marktwirtschaft“, *Schlussbericht der Enquete-Kommission „Wachstum, Wohlstand, Lebensqualität – Wege zu nachhaltigem Wirtschaften und gesellschaftlichem Fortschritt in der Sozialen Marktwirtschaft“,* Deutscher Bundestag Drucksache 17/13300, Berlin 2013.

Erdle, Franziska, Die Welt wartet nicht auf Deutschland, in: WirtschaftsVereinigung Metalle (Hrsg.), *Nichteisen-Metalle für eine moderne Gesellschaft,* Berlin 2013, S. 40–45.

Erdmann, Lorenz/Behrendt, Siegfried/Feil, Moira, *Kritische Rohstoffe für Deutschland,* Berlin 2011.

Europäische Kommission, *Bessere Zollpräferenzen für die bedürftigsten Länder: Reform des Allgemeinen Präferenzsystems der EU (Pressemitteilung),* 31.10.2012. Online einzusehen unter http://europa.eu/rapid/press-release_MEMO-12-820_de.htm, zuletzt aufgerufen am 14.05.2015.

Ders., *EU Aid Explorer v. 7.7.0,* Brüssel 2014.

Ders., *Evaluation and Exchange of Good Practices for the Sustainable Supply of Raw Materials within the EU,* Kent 2014.

Ders., *Bericht der Kommission über die Umsetzung der Rohstoffinitiative,* 24.06.2013, COM(2013) 442 final, Brüssel 2013.

Ders., *Critical raw materials for the EU,* Report of the Ad-hoc Working Group on defining critical raw materials, Brüssel 2010.

Ders., *Die Rohstoffinitiative – Sicherung der Versorgung Europas mit den für Wachstum und Beschäftigung notwendigen Gütern,* KOM(2008) 699 endgültig/2, Brüssel 2008.

Ders., *Bericht über die Umsetzung der Außenhilfe der Europäischen Kommission,* Brüssel 2001.

Ders., *WTO-Berufungsgremium erklärt Chinas Beschränkungen bei seltenen Erden und anderen Rohstoffen für unzulässig,* Pressemitteilung, 07.08.2014. Online einzusehen unter http://europa .eu/rapid/press-release_IP-14-912_de.htm, zuletzt aufgerufen am 14.05.2015.

Ders., *Große Herausforderung für die Industrie der EU: 20 kritische Rohstoffe,* Pressemitteilung, Nr. 26.05.2014.

Europäisches Parlament/Europäischer Rat, Regulation No 978/2012 of 25 October 2012 applying a scheme of generalised tariff preferences and repealing Council Regulation (EC) No 732/2008, in: *Official Journal of the European Union,* 31.10.2012, S. L 303/1-L 303/82.

European Centre for Development Policy Management (ECDPM), *ECDPM's Annual Report 2013: Reconciling values and interests in the external action of the EU,* Maastricht 2014.

Evera, Stephen v., *Guide to Methods for Students of Political Science,* Ithaca 1997.

Faller, Peter, *Braucht die EG eine Rohstoffpolitik? Das Rohstoffproblem: Versuch seiner ökonomisch-politischen Lösung unter besonderer Berücksichtigung der Nichteisen-Metalle,* Aachen 1978.

Faust, Jörg, Governance und die Entwicklungsorientierung von Außenpolitiken, in: Faust, Jörg/ Michaelowa, Katharina (Hrsg.), *Politische Ökonomie der Entwicklungszusammenarbeit,* Baden-Baden 2013, S. 169–193.

Faust, Jörg/Messner, Dirk, *Die Neuerfindung der Entwicklungspolitik: Wir brauchen ein Ministerium für Globale Entwicklung,* Die aktuelle Kolumne vom 10.10.2013, Bonn 2013.

Faust, Jörg/Michaelowa, Katharina, Die Politische Ökonomie der Entwicklungszusammenarbeit: Einführung und Überblick, in: Faust, Jörg/Michaelowa, Katharina (Hrsg.), *Politische Ökonomie der Entwicklungszusammenarbeit,* Baden-Baden 2013, S. 13–28.

Faust, Jörg/Ziaja, Sebastian, *German aid allocation and partner country selection: Development-orientation, self-interests and path dependency,* Discussion Paper, Nr. 7, Bonn 2012.

Feldt, Heidi, *Die deutsche Rohstoffstrategie: Eine Bestandsaufnahme,* Berlin 2012.

Ders., *Zehn Jahre Publish what you pay – eine Kampagne feiert Geburtstag,* 03.12.2012. Online einzusehen unter http://www.boell.de/oekologie/ressourcen/ressourcenpolitik-oekologie-publish-what-you-pay-geschichte-10-jahre-16149.html, zuletzt aufgerufen am 14.05.2015.

Feldt, Heidi/Scheper, Christian, *Außenwirtschaftsförderung und Menschenrechte: Eine Bestandsaufnahme deutscher Investitions- und Exportkreditdeckungen aus menschenrechtlicher Perspektive,* INEF-Forschungs-reihe Menschenrechte, Unternehmensverantwortung und Nachhaltige Entwicklung, Nr. 4, Duisburg 2010.

Fischer, Thomas/Schmitz, Gregor P./Seberich, Michael, Die Strategie der Politik, in: Fischer, Thomas/Schmitz, Gregor P./Seberich, Michael (Hrsg.), *Die Strategie der Politik: Ergebnisse einer vergleichenden Studie,* Gütersloh 2007, S. 195–221.

Fischermann, Thomas, Teurer Stoff, in: *ZEIT ONLINE,* 13.01.2011.

Fletcher, James, *Greenland: To Dig or Not to Dig?* BBC World Service, London 2014. Online einzusehen unter http://bbc.in/19ihobd, zuletzt aufgerufen am 14.05.2015.

Flohr, Annegret/Coni-Zimmer, Melanie/Jacobs, Andreas, *Friend or Foe? Developing Partnerships in Natural Resource Governance: A Global Stakeholder Analysis,* Eschborn 2013.

Flohr, Heiner, Zur Planung der Regierungsarbeit in Bonn: Einige grundsätzliche Überlegungen, in: *Die Mitarbeit: Zeitschrift zur Gesellschafts- und Kulturpolitik,* Vol. 19, Nr. 1, 1970, S. 1–14.

Forster, Jacques u. Stokke, Olav, *Policy coherence in development co-operation*, London 1999.

Foster, Christopher, Joined-Up Government and Cabinet Government, in: Bogdanor, Vernon (Hrsg.), *Joined-Up Government,* Oxford 2005, S. 114–138.

Fraenkel, Ernst, *Deutschland und die westlichen Demokratien,* Stuttgart 1974.

Fraktion Bündnis 90/Die Grünen, *Kleine Anfrage: Menschenrechte in der deutschen Entwicklungszusammenarbeit,* Deutscher Bundestag Drucksache, Nr. 17/6195, Berlin 2011.

Fraktion der SPD und Fraktion Bündnis 90/Die Grünen, *Antrag: Reform der europäischen Entwicklungspolitik durch die deutsche EU-Ratspräsidentschaft,* Deutscher Bundestag Drucksache, Nr. 14/538, Berlin 1999.

Freedom House, *Freedom in the World 2013: Democratic Breakthroughs in the Balance,* Washington D.C. 2013.

Friedrich, Carl J./Brzezinski, Zbigniew, *Totalitarian Dictatorship and Autocracy,* Cambridge 1965.

Fröhlich, Christiane/Guesnet, Lena/Müller, Marie, Versorgungssicherheit um jeden Preis? Europas Rohstoffhunger zwischen Angst vor Knappheit und Notwendigkeit zur Kooperation, in: Johannsen, Margret et al. (Hrsg.), *Friedensgutachten 2011,* Berlin 2011, S. 126–139.

Fund for Peace, *Failed States Index 2013,* Washington D.C. 2013.

Galahn, Sven, *Konkurrierende Gleichgewichte in sozialen Entscheidungssituationen: Normative und verhaltenstheoretische Lösungsansätze und empirische Analyse,* Bergisch Gladbach, Köln 1987.

Galeazzi, Greta et al., *Insights from Developments in National Policy Coherence for Development Systems: Key Cross Cutting Issues and Dilemmas,* European Centre for Development Policy Management (ECDPM) Discussion Paper, Nr. 144, Maastricht 2013.

Gandenberger, Carsten et al., *Die Versorgung der deutschen Wirtschaft mit Roh- und Werkstoffen für Hochtechnologien – Präzisierung und Weiterentwicklung der deutschen Rohstoffstrategie,* Arbeitsbericht, Nr. 150, 2012.

Gellner, Winand/Hammer, Eva-Maria, *Policyforschung,* München 2010.

Gemeinsame Konferenz Kirche und Entwicklung (GKKE), *Rohstoffe, Werte und Interessen: Anforderungen an eine entwicklungspolitisch kohärente deutsche Rohstoffpolitik,* 10. Bericht der Gemeinsamen Konferenz Kirche und Entwicklung zur kohärenten Armutsbekämpfung in der deutschen Entwicklungspolitik, 2011.

Ders., *Mehr Kohärenz, aber mit welchem Ziel?* Neunter GKKE-Bericht zur kohärenten Armutsbekämpfung in der deutschen Entwicklungspolitik, Bonn, Berlin 2010.

Ders., *Eigenständig und gemeinsam: Die Beiträge der Ressorts der Bundesregierung zur Entwicklungspolitik,* 8. Bericht der GKKE zur kohärenten Armutsbekämpfung in der deutschen Entwicklungspolitik, 2009.

Geological Survey of Finland, *Finland's Minerals Strategy,* 2010.

George, Alexander L./Bennett, Andrew, *Case Studies and Theory Development in the Social Sciences,* Cambridge 2005.

George, Alexander/McKeown, Timothy, Case Studies and Theories of Organizational Decision Making, in: *Advances in Information Processing in Organizations,* Vol. 2, 1985, S. 21–58.

Gettleman, Jeffrey, The Price of Precious: The minerals in our electronic devices have bankrolled unspeakable violence in the Congo, in: *National Geographic,* 01.10.2013.

Giese, Susanne, Fluch des Öls, in: *Entwicklung und Zusammenarbeit,* Vol. 51, Nr. 5, 2010, S. 206–207.

Glaab, Manuela, Strategie und Politik: das Fallbeispiel Deutschland, in: Fischer, Thomas/Schmitz, Gregor P./Seberich, Michael (Hrsg.), *Die Strategie der Politik: Ergebnisse einer vergleichenden Studie,* Gütersloh 2007, S. 67–115.

Global Policy Forum Europe, *Anforderungen an eine zukünftige Rohstoffstrategie. Vorläufige Stellungnahme zivilgesellschaftlicher Organisationen zur Rohstoffstrategie der Bundesregierung vom 25. Oktober,* Bonn 2010.

Gmür, Heidi, Australien zittert um Chinas Wachstum, in: *Neue Zürcher Zeitung,* 08.02.2014.

Gocht, Werner, Die Rohstoffe der Entwicklungsländer in der Weltwirtschaft – ein gutes Geschäft? in: Hohnholz, Jürgen H. (Hrsg.), *Rohstoffe und nachhaltige Entwicklung – Chance oder Konfliktpotential,* Tübingen 1998, S. 26–36.

Goldcorp, *The 2014 Gold Series,* 24.02.2014. Online einzusehen unter http://www.visualcapitalist.com/gold-series-sought-metal-earth-part-1-5/, zuletzt aufgerufen am 14.05.2015.

Graedel, T. E./Gunn, Gus/Espinoza, Luis T., Metal resources, use and criticality, in: Gunn, Gus (Hrsg.), *Critical Metals Handbook,* Chichester 2014, S. 1–19.

Graupner, Torsten et al., *Investor's and Procurement Guide South Africa Part 1: Heavy Minerals, Rare Earth Elements, Antimony,* DERA Rohstoffinformationen, Nr. 21, Berlin 2014.

Griffith, Ernest S., *The Impasse of Democracy: A Study of the Modern Government in Action,* New York 1939.

Groeben, Klaus v. d., Probleme der interministeriellen Koordinierung, in: *Die Verwaltung,* Vol. 1, Nr. 4, 1968, S. 385–406.

Grossarth, Jan, Flucht vor den Fußnoten, in: *Frankfurter Allgemeine Zeitung,* Campus, 9, 11./12.01.2014, S. C8.

Grynspan, Rebeca, *Remarks for Rebeca Grynspan (UNDP) on the occasion of the Opening of the 67th UN General Assembly side event on „The Role of Natural Resources in Promoting Sustainable Development"*, 28.09.2012. Online einzusehen unter http://www.undp.org/content/undp/en/home/presscenter/speeches/2012/09/28/rebeca-grynspan-the-role-of-natural-resources-in-promoting-sustainable-development-.html, zuletzt aufgerufen am 14.05.2015.

Ders., *Speech at the Security Council Thematic Open Debate on Conflict Prevention and Natural Resources,* 19.06.2013. Online einzusehen unter http://www.undp.org/content/undp/en/home/presscenter/speeches/ 2013/06/19/rebeca-grynspan-speech-at-the-security-council-thematic-open-debate-on.html, zuletzt aufgerufen am 14.05.2015.

Gutzmer, Jens/Klossek, Andreas, Die Versorgung mit wirtschaftskritschen Rohstoffen – Eine Ursachensuche und -analyse, in: Kausch, Peter/Bertau, Martin/Gutzmer, Jens/Matschullat, Jörg (Hrsg.), *Strategische Rohstoffe – Risikovorsorge,* Berlin 2014, S. 61–73.

Hacke, Christian, Vernetzte Sicherheit: Intention und Wirklichkeit, in: Meier-Walser, Reinhard/ Wolf, Alexander (Hrsg.), *Neue Dimensionen internationaler Sicherheitspolitik,* München 2011, S. 45–57.

Häckel, Erwin, Energie- und Rohstoffpolitik, in: Schmidt, Siegmar/Hellmann, Gunther/Wolf, Reinhard (Hrsg.), *Handbuch zur deutschen Außenpolitik,* Wiesbaden 2007, S. 639–649.

Haftendorn, Helga, *Verwaltete Außenpolitik. Sicherheits- und entspannungspolitische Entscheidungsprozesse in Bonn,* Köln 1978.

Haglund, Dan, *Blessing or curse? The rise of mineral dependence among low- and middle-income countries,* Oxford 2011.

Hamm, Brigitte/Scheper, Christian/Schölmerich, Maike, *Menschenrechtsschutz und deutsche Außenwirtschaftsförderung: Ein Plädoyer für konsequente Reformen,* INEF Policy Brief, Nr. 8, Duisburg 2011.

Harnisch, Sebastian, Theorieorientierte Außenpolitikforschung in einer Ära des Wandels, in: Hellmann, Gunther/Wolf, Klaus D./Zürn, Michael (Hrsg.), *Die neuen Internationalen Beziehungen. Forschungsstand und Perspektiven in Deutschland,* Baden-Baden 2003, S. 313–360.

Harnisch, Sebastian/Schmidt, Siegmar, *Auf Augenhöhe: 50 Jahre Bundesministerium für wirtschaftliche Zusammenarbeit und Entwicklung,* Baden-Baden 2012.

Harrison, Lisa, *Political Research: An Introduction,* London 2001.

Harvey, Charles/Lewis, Stephen R., *Policy Choice and Development Performance in Botswana,* New York 1990.

Harvey, Ross, *Future Oil Revenues and Political Dynamics in West and East Africa: A Slippery Slope?* South African Institute of International Affairs (SAIIA) Occasional Paper, Nr. 188, Kapstadt 2014.

Heidelberg Institute for International Conflict Research, *Disputes, non-violent crises, violent crises, limited wars, wars,* Conflict Barometer, Nr. 21, Heidelberg 2013.

Ders., *Conflict Barometer 2011,* Heidelberg 2012.

Heitzer, Bernhard, Im Interesse einer sicheren Versorgung mit Rohstoffen. Die Umsetzung der deutschen Rohstoffstrategie, in: *Zeitschrift für Außen- und Sicherheitspolitik* (*ZfAS*), Nr. 5, 2012, S. 41–49.

Henkel, Knut, Deutschland gräbt sich in die Anden, in: *Die Tageszeitung (taz),* 14.07.2014.

Hennings, Alexa, *MDR FIGARO Features und Essays: Die Jagd nach Yellow Cake,* Mitteldeutscher Rundfunk, 09.05.2012.

Hennis, Wilhelm, *Richtlinienkompetenz und Regierungstechnik,* Tübingen 1964.

Hertog, Leonhard den/Stroß, Simon, Coherence in EU External Relations: Concepts and Legal Rooting of an Ambiguous Term, in: *European Foreign Affairs Review*, Vol. 18, Nr. 3, 2013, S. 373–388.

Hilbig, Sven, *Transparenz in den Zahlungsströmen – ein erster Schritt hin zum verantwortlichen Umgang mit Rohstoffen,* Berlin 2013.

Hill, Robert A. (Hrsg.), *Marcus Garvey and the Universal Negro Improvement Association Papers: Africa for the Africans 1921–1922,* Bd. 9, London 1995.

Hilpert, Hanns G./Kröger, Antje E., Chinesisches Monopol bei Seltenen Erden: Risiko für die Hochtechnologie, in: *Deutsches Institut für Wirtschaftsforschung (DIW) Wochenbericht,* Vol. 19, 2011, S. 3–9.

Hilpert, Hanns G./Mildner, Stormy-Annika, *Nationale Alleingänge oder internationale Kooperation? Analyse und Vergleich der Rohstoffstrategien der G20-Staaten,* Stiftung Wissenschaft und Politik (SWP), Bundesanstalt für Geowissenschaften und Rohstoffe (BGR), Berlin 2013.

Hirschman, Albert O., A generalized linkage approach to development, with special reference to staples, in: Hirschman, Albert O. (Hrsg.), *Essays in Trespassing. Economics to Politics and Beyond,* Cambridge 1981, S. 59–97.

Ders., *Entwicklung, Markt und Moral,* Frankfurt am Main 1993.

Hochschild, Adam, *King Leopold's Ghost: A Story of Greed, Terror and Heroism in Colonial Africa,* London 1999.

Hoebink, Paul, *The Coherence of EU Politics: Perspectives from the North and the South,* Brüssel 2005.

Ders., *The Treaty of Maastricht and Europe's Development Co-operation,* Triple C Evaluations, Nr. 1, Brüssel 2004.

Hoffmann, Catherine, Rohstoffe kennen kein Halten mehr, in: *Frankfurter Allgemeine Sonntagszeitung (FAS),* 43, 24.10.2004, S. 49.

Höfinghoff, Tim, Anleger stimmen Rohstoff-Fusion von Glencore und Xstrata zu, in: *Frankfurter Allgemeine Zeitung,* 272, 21.11.2012, S. 15.

Höfinghoff, Tim/Hein, Christoph, Deutschland sichert sich Rohstoffe in der Mongolei, in: *Frankfurter Allgemeine Sonntagszeitung,* 14.10.2011, S. 11.

Hofmeier, Rolf et al., *Die wirtschaftliche und rohstoffpolitische Bedeutung Afrikas und seiner einzelnen Regionen (Südafrika, Schwarzafrika, Nordafrika) für die Bundesrepublik Deutschland,* Hamburg 1981.

Höltschi, René, Brüssel legt Rohstoffstrategie vor, in: *Neue Zürcher Zeitung,* 03.02.2011, S. 27.

Horn, Grit, Rohstoffpartnerschaft mit Inhalt füllen, Wirtschaftsportal OWC-Verlag für Außenwirtschaft GmbH, 16.06.2014. Online einzusehen unter https://owc.de/2014/06/16/kazatomprom-in-berlin-rohstoffpartnerschaft-mit-inhalt-fuellen/; zuletzt aufgerufen am 14.05.2015.

Hood, Christopher, The Idea of Joined-Up Government: A Historical Perspective, in: Bogdanor, Vernon (Hrsg.), *Joined-Up Government,* Oxford 2005, S. 19–42.

Hüttl, Alfred, Verwaltung gestern, heute, morgen: Koordinierungsprobleme der öffentlichen Verwaltung, in: *Die Öffentliche Verwaltung (DÖV),* Vol. 18, Nr. 12, 1965, S. 405–410.

Huy, Dieter et al., *Deutschland: Rohstoffsituation 2012,* Hannover 2013.

International Bank for Reconstruction and Development, *Weltentwicklungsbericht 2005: Ein besseres Investitionsklima für Jeden,* Washington D.C. 2004.

Internationaler Währungsfonds, *Guide on Resource Revenue Transparency,* Washington D.C. 2007.

Ders., *Template to Collect Data on Government Revenues from Natural Resources,* Washington D.C. 2014.

Jägeler, Franz J., *Die Rohstoffabhängigkeit der Bundesrepublik Deutschland,* Hamburg 1975.

Jann, Werner/Jantz, Bastian, The development of policy analysis in Germany: practical problems and theoretical concepts, in: Blum, Sonja/Schubert, Klaus (Hrsg.), *Policy analysis in Germany,* Bristol 2013, S. 29–43.

Jann, Werner/Wegrich, Kai, Phasenmodelle und Politikprozesse: Der Policy Cycle, in: Schubert, Klaus/Bandelow, Nils C. (Hrsg.), *Lehrbuch der Politikfeldanalyse 2.0,* München 2009, S. 75–113.

Janus, Heiner/Klingebiel, Stephan/Paulo, Sebastian, Beyond Aid – neue Wege? in: *Entwicklung und Zusammenarbeit (E+Z),* Vol. 55, Nr. 7, 2014, S. 292–295.

Jaura, Ramesh, Globalisierung, Rohstoffe und Entwicklungsländer: Eine Agenda für faire Partnerschaft, in: Hohnholz, Jürgen H. (Hrsg.), *Rohstoffe und nachhaltige Entwicklung – Chance oder Konfliktpotential,* Tübingen 1998, S. 11–25.

Jeska, Andrea, Kaum gegründet, schon zerfallen, in: *Die Zeit,* 8, 13.02.2014, S. 11.

Jha, Saurav, China's Rare Earths Advantage, in: *The Diplomat,* 29.04.2014.

Jochim, Ashley E./May, Peter J., Beyond Subsystems: Policy Regimes and Governance, in: *Policy Studies Journal (PSJ),* Vol. 38, Nr. 2, 2010, S. 303–327.

Jordan, Grant/Halpin, Darren, The Political Costs of Policy Coherence: Constructing a Rural Policy for Scotland, in: *Journal of Public Policy,* Vol. 26, Nr. 1, 2006, S. 21–41.

Jung, Alexander/Wagner, Wieland, Die Rohstofflücke, in: *Der Spiegel,* 45, S. 85–86.

Karl, Terry L., The Perils of the Petro-State: Reflections on the Paradox of Plenty, in: *Journal of International Affairs,* Vol. 53, Nr. 1, 1999, S. 31–48.

Ders., *The Paradox of Plenty. Oil Booms and Petro-States,* Berkeley 1997.

Keefe, Patrick R., Buried Secrets: How an Israeli billionaire wrested control of one of Africa's biggest prizes, in: *The New Yorker*, 08.07.2013. Online einzusehen unter: http://www.newyorker.com/magazine/2013/07/08/b uried-secrets, zuletzt aufgerufen am 14.05.2015.

Keijzer, Niels, *EU Policy Coherence for Development: from moving the goalposts to result-based management?* ECDPM Discussion Paper, Nr. 101, Maastricht 2010.

Ders., *Reaching the Policy Table: The Role of Knowledge & Assessment Mechanisms in the Process of Promoting Policy Coherence for Development,* 12th European Association of Development Research and Training Institutes (EADI) General Conference, Genf 2008.

Keijzer, Niels/King, Michael, *Monitoring the effects of the Common Agricultural Policy in developing countries: A review of the institutional options,* London 2012.

Keijzer, Niels/Oppewal, Jorrit, *Learn to walk before you run? A review of methodological approaches for evaluating coherence in the field of international cooperation*, ECDPM Discussion Paper, Nr. 132, Maastricht 2012.

Kellstedt, Paul M./Whitten, Guy D., *The Fundamentals of Political Science Research*, Cambridge 2009.

Kende-Robb, Caroline et al., *Equity in Extractives: Stewarding Africa's natural resources for all*, Africa Progress Report, Nr. 2013, Genf 2013.

Kennedy, Paul, *Aufstieg und Fall der großen Mächte: Ökonomischer Wandel und militärischer Konflikt 1500–2000*, Frankfurt am Main 2002.

Kenny, Charles, What Resource Curse? in: *Foreign Policy*, 06.12.2010. Online einzusehen unter http://foreignp olicy.com/2010/12/06/what-resource-curse/, zuletzt aufgerufen am 14.05.2015.

Kerkmann, Christof, Das iPhone wird ein bisschen sauberer, in: *Handelsblatt*, 13.02.2014.

Kevenhörster, Paul, *Politikwissenschaft Band 2: Ergebnisse und Wirkungen der Politik*, Wiesbaden 2015.

Ders., *Entwicklungshilfe auf dem Prüfstand: Entwicklungspolitische Bilanzen führender Geberstaaten*, Münster, München, New York 2014.

Ders., *Politikwissenschaft. Band 1: Entscheidungen und Strukturen der Politik*, Wiesbaden 2008.

Ders., *Das Rätesystem als Instrument zur Kontrolle politischer und wirtschaftlicher Macht*, Opladen 1974.

KfW IPEX-Bank, *Überblick: Rohstoffversorgung sichern, Deutschland stärken*, 03.02.2014. Online einzusehen unter http://www.kfw-ipex-bank.de/Internationale-Finanzierung/KfW-IPEX-Bank/Gesch%C 3%A4ftssparten/Grundstoffindustrie/%C3%9Cberblick/index.html, zuletzt aufgerufen am 14.05.2015.

King, Gary/Keohane, Robert O./Verba, Sidney, *Designing Social Inquiry: Scientific Inference in Qualitative Research*, Princeton 1994.

King, Michael et al., *Final Report: Measuring Policy Coherence for Development, Study commissioned by The Netherlands Ministry of Foreign Affairs and the German Federal Ministry for Economic Cooperation and Development*, Maastricht 2012.

Kingsnorth, Dudley J., Der globale Markt der Seltenen Erden: Ein Balanceakt, in: Kausch, Peter/Bertau, Martin/Gutzmer, Jens/Matschullat, Jörg (Hrsg.), *Strategische Rohstoffe – Risikovorsorge*, Berlin 2014, S. 93–121.

Kirchner, Thomas, Jagd auf Asteroide, in: *Süddeutsche Zeitung*, 04.02.2016.

Kissinger, Henry, *China. Zwischen Tradition und Herausforderung*, München 2012.

Kissinger, Henry A., How the Ukraine crisis ends, in: *The Washington Post*, 05.03.2014.

Klein, Deborah, *Rohstoffinteressen deutscher Unternehmen im Ausland. Executive Summary – BDI-Unternehmerbefragung 2012*, Berlin 2012.

Klein, Martina/Schubert, Klaus, *Das Politiklexikon*, Bonn 2003.

Kloke-Lesch, Adolf, Globale Partnerschaft im Dienst der Entwicklung: Notwendigkeiten und Chancen für mehr Kohärenz in den internationalen Beziehungen, in: *Kommunikation Global - Magazin zur Internationalen Zusammenarbeit*, Vol. 7, Nr. 74, 2006, S. 32–35.

Ders., Funktionale Positionsbestimmung der Entwicklungspolitik, in: *Internationale Politik und Gesellschaft (IPG)*, Nr. 3, 1998, S. 324–332.

Knoepfel, Peter et al., *Politikanalyse,* Opladen 2011.

Knoll, Anna, *Bringing Policy Coherence for Development into the post-2015 agenda – Challenges and Prospects.* ECDPM Discussion Paper, Nr. 163, Maastricht 2014.

Koczy, Ute/Hoppe, Thilo/Kekeritz, Uwe, *Entwicklungspolitik der Zukunft: Beiträge zur sozial-ökologischen Transformation,* Berlin 2012.

Kolland, Franz, Zwischen Fortschrittsoptimismus und kritischer Gesellschaftsanalyse: Die klassischen Entwicklungstheorien, in: Fischer, Karin et al. (Hrsg.), *Entwicklung und Unterentwicklung: eine Einführung in Probleme, Theorien und Strategien,* Wien 2004, S. 81–106.

Kommission für Internationale Entwicklung, *Pearson Bericht: Bestandsaufnahme und Vorschläge zur Entwicklungspolitik,* Wien, München, Zürich 1969.

Konrad-Adenauer-Stiftung, *Südafrika: Länderprofil,* Johannesburg 2013.

Kopp, Gudrun, Eröffnungsvortrag und Diskussion zum Thema Leitlinien der deutschen Entwicklungspolitik, in: Laag, Benjamin/Obermeyer, Janina-Lorena (Hrsg.), *Europa in der Verantwortung: Entwicklungspolitische Herausforderungen und Perspektiven,* Münster 2013, S. 29–34.

Korinek, Jane/Kim, Jeonghoi, Export Restrictions on Strategic Raw Materials and Their Impact on Trade and Global Supply, in: OECD (Hrsg.), *The Economic Impact of Export Restrictions on Raw Materials,* Paris 2010, S. 103–129.

Kraft, Michael E./Furlong, Scott R., *Public Policy: Politics, Analysis, and Alternatives,* Washington D.C. 2004.

Krätke, Florian, Policy coherence: a sensible idea lost in translation? in: *The Guardian,* 11.11.2013.

Krause, Reinhard, *Extractive Industries Transparency Initiative (EITI): Umsetzung in Deutschland (FAB-Rohstoffgespräch am 18. Juni 2014),* Freiberg 2014.

Kreft, Heinrich, Rohstoffsicherung – eine neue geopolitische Herausforderung, in: Meier-Walser, Reinhard/Wolf, Alexander (Hrsg.), *Neue Dimensionen internationaler Sicherheitspolitik,* München 2011, S. 153–169.

Kruse, Jan, *Reader: Einführung in die qualitative Interviewforschung,* Freiburg 2009.

Kues, Hermann, Christliche Sozialethik und ihre Bedeutung für Afrika: Den Ärmsten Gehör verschaffen, in: *Die Politische Meinung,* Vol. 57, Nr. 509, 2012, S. 35–38.

Kühl, Christiane et al., China verspricht neue Rohstoffpolitik, in: *Financial Times Deutschland,* 07.07.2011.

Kunz, Volker, Kenneth J. Arrow: Social Choice and Individual Values, in: Kailitz, Steffen (Hrsg.), *Schlüsselwerke der Politikwissenschaft,* Wiesbaden 2007, S. 18–22.

Laag, Benjamin, Entwicklungspolitische Implikationen der Rohstoffpolitik, in: Laag, Benjamin/ Obermeyer, Janina-Lorena (Hrsg.), *Europa in der Verantwortung: Entwicklungspolitische Herausforderungen und Perspektiven,* Münster 2013, S. 123–142.

Ders., *Interview mit Adolf Kloke-Lesch, Ministerialdirektor a. D., Deutsches Institut für Entwicklungspolitik, vollständig transkribiert,* Bonn, 22.11.2013.

Ders., *Interview mit dem Länderreferenten Koreanische Halbinsel und Mongolei, Auswärtiges Amt, vollständig transkribiert,* Berlin, 29.01.2013.

Ders., *Interview mit einem Referenten für Rohstoffpolitik, Referat 410 Auswärtiges Amt, Gesprächsprotokoll,* Berlin, 30.01.2013.

Ders., *Interview mit Dr. Christian Ruck MdB, stellvertretender Vorsitzender der CSU/CSU-Bundestagsfraktion im Deutschen Bundestag, vollständig transkribiert und überarbeitet,* Augsburg, 12.11.2013.

Ders., *Interview mit Dr. Heidi Feldt, entwicklungspolitische Beraterin, vollständig transkribiert,* Berlin, 19.12.2012.

Ders., *Interview mit Dr. Oladrian Bello, Programme Director Governance of Africa's Resources Programme (GARP), South African Institute of International Affairs (SAIIA), vollständig transkribiert,* Kapstadt, 06.08.2013.

Ders., *Interview mit einem Mitarbeiter der RA Rohstoffallianz GmbH, vollständig transkribiert und überarbeitet,* Berlin, 16.10.2012.

Ders., *Interview mit einem Mitarbeiter des Referats 214 Globale Fragen; Vereinte Nationen; Entwicklungspolitik, Bundeskanzleramt, vollständig transkribiert,* Berlin, 16.10.2012.

Ders., *Interview mit einer wissenschaftlichen Mitarbeiterin der entwicklungspolitischen Sprecherin der Bundestagsfraktion von Bündnis 90/Die Grünen; Obfrau im Ausschuss für wirtschaftliche Zusammenarbeit und Entwicklung,* Berlin, 05.02.2013.

Ders., *Interview mit der Referentin für Grundsatzfragen Rohstoffpolitik, nationale und internationale Rohstofffragen, Referat Sicherheit und Rohstoffe, Bundesverband der Deutschen Industrie e.V. (BDI), vollständig transkribiert,* Berlin, 30.01.2013.

Ders., *Interview mit Frank Aletter, Deutsche Industrie- und Handelskammer für das südliche Afrika, vollständig transkribiert,* Johannesburg, 21.06.2013.

Ders., *Interview mit Heiko Stumpf, Germany Trade&Invest (GTAI), vollständig transkribiert,* Johannesburg, 28.06.2013.

Ders., *Interview mit dem Projektleiter des Sektorvorhabens „Politkberatung Mineralische und Energierohstoffe", Bundesanstalt für Geowissenschaften und Rohstoffe (BGR), vollständig transkribiert,* Hannover, 07.12.2012.

Ders., *Interview mit den Fachplanern für Rohstoffgovernance, Deutsche Gesellschaft für Internationale Zusammenarbeit (GIZ), vollständig transkribiert,* Eschborn, 31.07.2012.

Ders., *Interview mit dem Referatsleiter IV B 2 Internationale Rohstoffpolitik, Bundesministerium für Wirtschaft und Technologie (BMWi), vollständig transkribiert und überarbeitet,* Berlin, 18.12.2012.

Ders., *Interview mit Mitarbeitern des Referats 313 Wasser; Energie; Stadtentwicklung; Geosektor, Bundesministerium für wirtschaftliche Zusammenarbeit und Entwicklung (BMZ), vollständig transkribiert,* Bonn, 11.01.2013.

Landes, David, *Wohlstand und Armut der Nationen. Warum die einen reich und die anderen arm sind,* Bonn 2010.

Lang, Achim/Tosun, Jale, *Coordinating and Integrating Cross-Sectoral Policies: A Theoretical Approach (Paper prepared for presentation at the 7th European Consortium for Political Research (ECPR) General Conference),* Bordeaux 2013.

Lasswell, Harold D., *The Decision Process: Seven Categories of Functional Analysis,* College Park 1956.

Latimer, Cole, *Seven new underwater mining licences issued,* 24.07.2014. Online einzusehen unter http://www.ferret.com.au/articles/news/seven-new-underwater-mining-licences-issued-n2516104, zuletzt aufgerufen am 14.05.2015.

Lempa, Kristian, *Governance in der Rohstoffwirtschaft wie wichtig ist das? Die deutsche integrierte Rohstoff- und Entwicklungszusammenarbeit – win-win? Mittagsgespräch an der Humboldt-Viadrina School of Governance,* Berlin 2012.

Liedtke, Maren, *Verfügbarkeit mineralischer Rohstoffe (Ostdeutsches Rohstoffsymposium: 12.–13. November 2012, Halle),* Hannover 2012.

Lindblom, Charles E., Still Muddling, Not Yet Through, in: *Public Administration Review (PAR),* Vol. 39, Nr. 6, 1979, S. 517–526.

Ders., The Science of „Muddling Through", in: *Public Administration Review,* Vol. 19, Nr. 2, 1959, S. 79–88.

Lopes, Carlos, Leveraging Africa's extractive sector for inclusive economic transformation, in: *Great Insights,* Vol. 3, Nr. 7, 2014, S. 6–9.

Lüchinger, Stephan, *Das politische Denken von Condorcet (1743-1794),* Bern, Stuttgart, Wien 2002.

Lundsgaarde, Erik, *Bureaucratic Pluralism and the Transformation of Development Cooperation,* Deutsches Institut für Entwicklungspolitik (DIE) Discussion Paper, Nr. 16, Bonn 2013.

Mackie, James, *The European Experience on PCD: Lessons Learned and Challenges for the Future,* Maastricht 2014.

Magrin, Géraud/Perrier-Burslé, Laetitia, New geographies of resource extraction, in: *EchoGéo,* Vol. 17, 2011, S. 2–11.

Mahdavy, Hossein, Pattern and Problems of Economic Development in Rentier States: The Case of Iran, in: Cook, M. A. (Hrsg.), *Studies in the Economic History of the Middle East: From the Rise of Islam to the Present Day,* Oxford 1970, S. 428–467.

Mai, Manfred, Strukturelle Konflikte in Regierungszentralen: Zur Koordination unterschiedlicher Rationalitäten in Organisationsstrukturen, in: Florack, Martin/Grunden, Timo (Hrsg.), *Regierungszentralen: Organisation, Steuerung und Politikformulierung zwischen Formalität und Informalität,* Wiesbaden 2011, S. 107–122.

Maihold, Günther, Über den Tag hinaus: Deutsche Außenpolitik jenseits des Krisenmodus, in: Perthes, Volker (Hrsg.), Ausblick 2016: *Begriffe und Realitäten internationaler Politik,* Berlin 2016, S. 49–54.

Management Advisory Committee, *Whole of Government Responses to Australia's Priority Challenges,* Canberra 2004.

Mangold, Klaus, *Rede von Prof. Dr. Klaus Mangold auf der Jahrestagung des Ost-Ausschusses der Deutschen Wirtschaft am 14. Oktober 2010,* Berlin 2010.

Manzano, Ozmel/Rigobón, Roberto, Resource Curse or Debt Overhang? in: Lederman, Daniel/ Maloney, William F. (Hrsg.), *Natural Resources: Neither Curse nor Destiny,* Washington D.C. 2007, S. 41–70.

Marbler, Herwig et al., *Brasilien – Ein Rohstoff-Champion,* Commodity TopNews, Nr. 44, Hannover 2014.

Matschullat, Jörg, Strategische Rohstoffe – Risikovorsorge, in: Kausch, Peter/Bertau, Martin/Gutzmer, Jens/Matschullat, Jörg (Hrsg.), *Strategische Rohstoffe – Risikovorsorge,* Berlin 2014, S. 261–269.

Maull, Hanns W., *Strategische Rohstoffe: Risiken für die wirtschaftliche Sicherheit des Westens,* München 1988.

May, Peter J. et al., Policy Coherence and Component-Driven Policymaking: Arctic Policy in Canada and the United States, in: *The Policy Studies Journal,* Vol. 33, Nr. 1, 2005, S. 37–63.

May, Peter J./Sapotichne, Joshua/Workman, Samuel W., Policy Coherence and Policy Domains, in: *The Policy Studies Journal,* Vol. 34, Nr. 3, 2006, S. 381–403.

Mayntz, Renate, *Soziologie der öffentlichen Verwaltung,* Heidelberg 1978.

Mayntz, Renate/Scharpf, Fritz W., *Policy-Making in the German Federal Bureaucracy,* Amsterdan, Oxford, New York 1975.

Ders., Kriterien, Voraussetzungen und Einschränkungen aktiver Politik, in: Mayntz, Renate/ Scharpf, Fritz W. (Hrsg.), *Planungsorganisation. Die Diskussion um die Reform von Regierung und Verwaltung des Bundes,* München 1973, S. 115–145.

Meadows, Donella H. et al., *Die Grenzen des Wachstums,* Reinbek 1973.

Mehlum, Halvor/Moene, Karl/Torvik, Ragnar, *Cursed by Resources or Institutions?* Norwegian University of Science and Technology (NTNU) Working Paper Series, Nr. 10, Trondheim 2005.

Menzel, Ulrich, *Das Ende der Dritten Welt und das Scheitern der großen Theorie,* Frankfurt am Main 1992.

Messner, Dirk, Globale Ressourcenknappheiten und Erdsystemgrenzen im Anthropozän. Treiber, Lösungsansätze und Ambitionsniveau der Transformation zur Nachhaltigkeit, in: Reder, Michael/Pfeifer, Hanna (Hrsg.), *Kampf um Ressourcen. Weltordnung zwischen Konkurrenz und Kooperation,* Stuttgart 2012, S. 138–158.

Messner, Dirk/Faust, Jörg, *Gestaltungsmacht Deutschland – Herausforderungen globalen Wandels gehören auf die Agenda,* Die aktuelle Kolumne vom 12.02.2014, Bonn 2014.

Messner, Dirk/Scholz, Imme, Entwicklungspolitik als Beitrag zur globalen Zukunftssicherung, in: Faust, Jörg/Neubert, Susanne (Hrsg.), *Wirksamere Entwicklungspolitik: Befunde, Reformen, Instrumente,* Baden-Baden 2010, S. 71–100.

Mezger, Dorothea, *Konflikt und Allianz in der internationalen Rohstoffwirtschaft: Das Beispiel Kupfer,* Bonn 1977.

Michaelis, Hans, *Europäische Rohstoffpolitik,* Essen 1976.

Michaelowa, Katharina/Naini, Ahmad, *Der Gemeinsame Fonds und die Speziellen Rohstoffabkommen (Studie im Auftrag des Bundesministeriums für Wirtschaft),* Baden-Baden 1995.

Mihalache-O'Keef, Andreea/Li, Quan, Modernization vs. Dependency Revisited: Effects of Foreign Direct Investment on Food Security in Less Developed Countries, in: *International Studies Quarterly,* Vol. 55, Nr. 1, 2011, S. 71–93.

Mihm, Andreas, Rohstoffpartnerschaften sind noch selten, in: *Frankfurter Allgemeine Zeitung,* 239, 15.10.2013, S. 13.

Ders., Merkel propagiert neue Rohstoffstrategie, in: *Frankfurter Allgemeine Zeitung,* 68, 21.03.2007, S. 11.

Ders., Rohstoffallianz: Weniger abhängig, in: *Frankfurter Allgemeine Zeitung,* 24.04.2012.

Mildner, Stormy-Annika, *Konfliktrisiko Rohstoffe? Herausforderungen und Chancen im Umgang mit knappen Resourcen,* Berlin 2011.

Mildner, Stormy-Annika/Lauster, Gitta, *Curse or Blessing: Development or Misery – Scrambling to the Bottom or Scrambling to the Top? Natural Resources, Economic Growth, and Conflict: A Literature Review,* Eschborn 2011.

Mildner, Stormy-Annika/Wassenberg, Florian, *Rohstoffreichtum darf nicht länger arm machen,* SWP-Aktuell, Nr. 43, Berlin 2012.

Ders., Immer knapper, immer teurer? Die Importabhängigkeit bei metallischen Rohstoffen schafft Verwundbarkeiten, in: *Internationale Politik (IP),* Nr. 11/12, 2009, S. 52–58.

Ministerie van Buitenlandse Zaken/Minister van Economische Zaken, Landbouw en Innovatie, *Dutch Government Policy Document on Raw Materials (Grondstoffennotitie),* Den Haag 2011.

Ministry of Economy, Trade and Industry (METI), *Guidelines for Securing Natural Resources,* Tokio 2006.

Ministry of Foreign Affairs of Denmark, *A Shared Agenda: Denmark's Action Plan for Policy Coherence for Development,* Kopenhagen 2014.

Mischo, Helmut, Lagerstätten Seltener Erden in Namibia, in: Kausch, Peter/Bertau, Martin/Gutzmer, Jens/Matschullat, Jörg (Hrsg.), *Strategische Rohstoffe – Risikovorsorge,* Berlin 2014, S. 123–147.

Mischo, Helmut/Grund, Klaus, *Forschung in einem europäischen Umfeld: Der Ausbau des Forschungs- und Lehrbergwerks der Bergakademie Freiberg zum zentralen Forschungsstandort unter Tage,* Freiberg 2014.

Mo Ibrahim Foundation, *2013 Ibrahim Index of African Governance (IIAG),* Swindon 2013.

Mokhawa, Gladys, All that Glitters is not Diamond: The Politics of Diamond Dependence and Abundance in Botswana, in: Basedau, Matthias/Mehler, Andreas (Hrsg.), *Resource Politics in Sub-Saharan Africa,* Hamburg 2005, S. 105–120.

Morgenthau, Hans J., The Purpose of Political Science, in: Charlesworth, James C. (Hrsg.), *A Design for Political Science: Scope, Objectives, and Methods,* Philadelphia 1966, S. 63–79.

Mulgan, Geoff, Joined-Up Government: Past, Present, and Future, in: Bogdanor, Vernon (Hrsg.), *Joined-Up Government,* Oxford 2005, S. 175–187.

Murswieck, Axel, Des Kanzlers Macht: Zum Regierungsstil Gerhard Schröders, in: Egle, Christoph/Ostheim, Tobias/Zohlnhöfer, Reimut (Hrsg.), *Das rot-grüne Projekt: Eine Bilanz der Regierung Schröder 1998–2002,* Opladen 2003, S. 117–135.

N.N., Steigendes Interesse an Rohstoffen im Meer, in: *Neue Zürcher Zeitung,* 20.02.2014.

N.N., *Disclosing government payments: Implications for the oil and gas industry,* Ernst & Young 2013.

N.N., Rohstoffabkommen mit Kasachstan in der Kritik, in: *Frankfurter Allgemeine Sonntagszeitung,* 08.02.2012, S. 10.

N.N., Deutschlands Rohstoffallianz kommt zu spät, in: *Financial Times Deutschland,* 30.01.2012.

N.N., Horst Köhler bricht sein Schweigen, in: *ZEIT ONLINE,* 08.06.2011.

N.N., The Dutch Disease, in: *The Economist*, November 1977, S. 82–83.

N.N., Noch nie gesehen, in: *Der Spiegel,* Nr. 24, 1976, S. 125–130.

Ncube, Mthuli et al., *African Economic Outlook 2013. Special Theme: Structural Transformation and Natural Resources,* Addis Abeba 2013.

Neukirchen, Florian/Ries, Gunnar, *Die Welt der Rohstoffe: Lagerstätten, Förderung und wirtschaftliche Aspekte,* Berlin 2014.

Niebel, Dirk, Die Zukunft der deutschen Entwicklungspolitik, in: Harnisch, Sebastian/Schmidt, Siegmar (Hrsg.), *Auf Augenhöhe: 50 Jahre Bundesministerium für wirtschaftliche Zusammenarbeit und Entwicklung,* Baden-Baden 2012, S. 11–19.

Ders., *Für eine kohärente Entwicklungspolitik,* 14.10.2012. Online einzusehen unter http://www.fr-online.de/meinung/gastbeitrag-fuer-eine-kohaerente-entwicklungspolitik,1472602,20593430.html, zuletzt aufgerufen am 2012, zuletzt aufgerufen am 14.05.2015.

Nilsson, Måns et al., Understanding Policy Coherence: Analytical Framework and Examples of Sector–Environment Policy Interactions in the EU, in: *Environmental Policy and Governance,* Vol. 22, 2012, S. 395–423.

Nooke, Günter, Internationale Aspekte deutscher Rohstoffpolitik, in: Thomé-Kozmiensky, Karl J./Goldmann, Daniel (Hrsg.), *Recycling und Rohstoffe,* Berlin 2014, S. 3–11.

Ders., *Wirtschaftskooperation auf Augenhöhe: Von der Rohstoffabhängigkeit zur Wertschöpfungskette (Eingangsstatement während des Fachgespräches der CDU/CSU-Bundestagsfraktion am 24.09.2014: Gemeinsam in Afrikas Zukunft investieren: Chance für die deutsch-afrikanische Wirtschaftskooperation),* Berlin 2014.

Ders., Welche Rohstoffpolitik wollen wir? Deutsche Wirtschaftsinteressen und afrikanische Rohstoffe, in: Wahlers, Gerhard (Hrsg.), *Deutsche Wirtschaftsinteressen und afrikanische Rohstoffe: Nachhaltigkeit und Transparenz in der globalisierten Welt,* Sankt Augustin 2013, S. 9–14.

Nöthiger, Markus, Kirgistans Goldschatz ist vergänglich, in: *Neue Zürcher Zeitung,* 26.04.2014.

Nuscheler, Franz, Ressourcenarmut – „Ressourcenfluch“ – Ressourcenkonflikte, in: Menzel, Ulrich/Nuscheler, Franz/Stockmann, Reinhard (Hrsg.), *Entwicklungspolitik. Theorien – Probleme – Strategien,* München 2010, S. 219–233.

Nuttall, Simon, Coherence, in: Smith, Michael (Hrsg.), *International Relations and the European Union,* Oxford 2005, S. 92–112.

Obrovsky, Michael/Schlögl, Lukas, *Politikkohärenz durch Kohärenzpolitik! Bedingungen für Policy Coherence for Development in Österreich,* Wien 2011.

OECD, *Enhancing coherence for development: from theory to practice,* Paris 2014.

Ders., *Aid (ODA) by sector and donor,* Paris 2013.

Ders., *OECD Environmental Performance Reviews: Germany 2012,* Paris 2012.

Ders., *OECD Strategy on Development,* Paris 2012.

Ders., *Recommendation of the Council on Good Institutional Practices in Promoting Policy Coherence for Development,* 29. April 2010, C(2010)41, Paris 2010.

Ders., *Building Blocks for Policy Coherence for Development,* Paris 2009.

Ders., *Principles for Good International Engagement in Fragile States & Situations,* Paris 2007.

Ders., *Policy coherence: Vital for global development,* Policy Brief, Nr. 7, Paris 2003.

Ders., *The DAC Guidelines: Poverty Reduction,* Paris 2001.

OECD DAC, *DAC mid-term review of Germany,* OECD DAC Mid-Term Review, Nr. DCD/JL(2012)63, Berlin 2012.

Ders., *Deutschland Peer Review,* Paris 2010.

Ders., *Prüfbericht über die Entwicklungszusammenarbeit: Deutschland,* Paris 2005.

Ders., *Prüfbericht über die Entwicklungszusammenarbeit: Deutschland,* Paris 2001.

OECD Development Co-operation Directorate, *Synthesis Report on Policy Coherence for Development,* Paris 2008.

OECD Unit for Policy Coherence for Development, *Policy Framework for Policy Coherence for Development,* Working Paper, Nr. 1, Paris 2012.

OECD-Ministerrat, *OECD Ministerial Declaration on Policy Coherence for Development (Adopted by Ministers of OECD countries at the Ministerial Council, on 4 June 2008),* Paris 2008.

Okrusch, Martin/Matthes, Siegfried, *Mineralogie: Eine Einführung in die spezielle Mineralogie, Petrologie und Lagerstättenkunde,* Berlin 2014.

Ölcer, Dilan, *Extracting the Maximun from the EITI,* OECD Development Centre Working Paper, Nr. 276, Paris 2009.

O'Neill, Helen, Ireland's Official Aid Programme, in: Tonra, Ben/Ward, Eilis (Hrsg.), *Ireland in International Affairs: Interest, Institutions and Identities,* Dublin 2002, S. 66–92.

Oppenheimer, Peter, „Anleger sollten unbedingt in Rohstoffe investieren", in: *FAS,* 42, 17.10.2004, S. 51.

Ostrom, Elinor, Institutional Rational Choice: An Assessment of the Institutional Analysis and Development Framework, in: Sabatier, Paul A. (Hrsg.), *Theories of the Policy Process,* Cambridge 2007, S. 21–64.

Paál, Gábor, *SWR2 Forum: Globalisierung der Knappheit – Der Kampf um Rohstoffe,* Südwestrundfunk 2, 05.11.2010.

Paasch, Armin, Freihandel macht hungrig, in: *Le Monde diplomatique,* Januar 2012, S. 5.

Page, Edward C., Joined-Up Government and the Civil Service, in: Bogdanor, Vernon (Hrsg.), *Joined-Up Government,* Oxford 2005, S. 139–174.

Parsons, Talcott, Values, Motives, and Systems of Action, in: Parsons, Talcott/Shils, Edward (Hrsg.), *Toward a general Theory of action,* Cambridge 1962, S. 47–275.

Partnership Africa Canada, *A Guide to the Kimberley Process,* Ottawa 2013.

Paust, Sebastian, Deutsche Rohstoffpartnerschaften für Afrika, in: Wahlers, Gerhard (Hrsg.), *Deutsche Wirtschaftsinteressen und afrikanische Rohstoffe: Nachhaltigkeit und Transparenz in der globalisierten Welt,* Sankt Augustin 2013, S. 37–41.

Performance and Innovation Unit, *Wiring It Up: Whitehall's Management of Cross-Cutting Policies and Services,* London 2000.

Perthes, Volker, *Führen setzt Vertrauen voraus! Wo deutsche Außenpolitik besser werden kann,* Berlin 2014.

Peters, B. G., Concepts and Theories of Horizontal Policy Management, in: Peters, B. G./Pierre, Jon (Hrsg.), *Handbook of Public Policy,* London; Thousands Oaks; New Delhi 2006, S. 115–138.

Peters, Dirk, Ansätze und Methoden der Außenpolitikanalyse, in: Schmidt, Siegmar/Hellmann, Gunther/Wolf, Reinhard (Hrsg.), *Handbuch zur deutschen Außenpolitik,* Wiesbaden 2007, S. 815–835.

Picciotto, Robert, The Evaluation of Policy Coherence for Development, in: *Evaluation,* Vol. 11, Nr. 3, 2005, S. 311–330.

Pilarsky, Günter, *Wirtschaft am Rohstofftropf: Der Kampf um die wichtigsten mineralischen Ressourcen,* Wiesbaden 2014.

Placek, Kevin, Australia and Chinese Investment: How big an investor in Australia is China, really? in: *The Diplomat,* 18.06.2013.

Ploeg, Frederick van der, *Fiscal Policy and Dutch Disease,* Center for Economic Studies am Leibniz-Institut für Wirtschaftsforschung an der Universität München e.V. (CESifo) Working Paper, Nr. 3398, München 2011.

Popper, Karl R., Von der Notwendigkeit des Friedens (Danksagung anläßlich der Verleihung der Otto-Hahn-Friedensmedaille am 17. Dezember 1993 in Berlin), in: Popper, Karl R. (Hrsg.), *Alles Leben ist Problemlösen: Über Erkenntnis, Geschichte und Politik,* München 1995, S. 319–326.

Prébisch, Raúl, Für eine bessere Zukunft der Entwicklungsländer (1968), in: Fischer, Karin/Hödl, Gerald/Sievers, Wiebke (Hrsg.), *Klassiker der Entwicklungstheorie: Von Modernisierung bis Post-Development,* Wien 2008, S. 131–146.

Preez, Mari-Lise du/Benkenstein, Alex, *The New EITI Standard and the role of civil society,* 04.06.2013. Online einzusehen unter http://www.saiia.org.za/opinion-analysis/the-new-eiti-standard-and-the-role-of-civil-society?print=1&tmpl=component, zuletzt aufgerufen am 14.05.2015.

Prior, Harm, *Die interministeriellen Ausschüsse der Bundesministerien. Eine Untersuchung zum Problem der Koordinierung heutiger Regierungsarbeit,* Stuttgart 1968.

Qipeng, Mu, *Deutsche Architektur in Fangtse: Untersuchung der Infrastruktur der Schantung-Bergbau-Gesellschaft (1899–1914),* Berlin 2012.

RA Rohstoffallianz GmbH, *Rohstoffallianz – Unternehmenspräsentation,* Berlin 2012.

Radunski, Peter, *Aus der politischen Kulisse: Mein Beruf zur Politik,* Berlin 2015.

Ramdoo, Isabelle, Interview with Fatima Haram Acyl (Commissioner for Trade and Industry of the African Union), in: *Great Insights,* Vol. 3, Nr. 7, 2014, S. 4–5.

Ders., *From Curse to Purse: Making Extractive Resources Work for Development,* ECDPM Discussion Paper, Nr. 136, Maastricht 2012.

Ders., *Shopping for raw materials: Should Africa be worried about EU Raw Materials Initiative?* ECDPM Discussion Paper, Nr. 105, Maastricht 2011.

Randáková, Lucie, *Ehemalige deutsche Kolonien (Abschlussarbeit),* Universität Pardubice 2009.

Raschke, Joachim/Tils, Ralf, *Politische Strategie. Eine Grundlegung,* Wiesbaden 2007.

Rau, Albert, „Null Bewegung bei den Deutschen“, in: *Wirtschaftswoche,* 26.04.2013.

Reckordt, Michael, *Rohstoffpartnerschaft mit Peru,* AK Rohstoffe – Newsletter, Nr. 3, Berlin 2014.

Redaktion Der Tag, *Im deutschen Interesse? Waffen gegen Rohstoff,* Hessischer Rundfunk 2, 2011.

Reichl, C. S., M./Weber, L./Zsak, G., *Welt-Bergbau-Daten,* Wien 2011.

Renner, Sven/Wagner, Markus, *GeRI: Die Globale entwicklungspolitische Rohstoffinitiative. Flexibilität, Sichtbarkeit, Kohärenz der Entwicklungspolitik im Rohstoffsektor,* Bonn, Hannover 2013.

Reul, Herbert, Über die Gurkenkrümmung, in: *Die Politische Meinung,* Vol. 59, Nr. 524, 2014, S. 16–19.

Reuter, Benjamin/Mattheis, Philipp, Trendwende im Energiemarkt: Goodbye, Öl, in: *WiWo,* 11.08.2014.

Rinkineva, Hanna (Deputy director of the unit for development policy and planning at the Ministry of Foreign Affairs Finland), *Finland using OECD's PCD tool in food security pilot,* 18.12.2013. Online einzusehen unter http://www.donorplatform.org/aid-effectiveness/interviews/1115-hanna-rinkineva-on-finland-testing-oecds-pcd-tool-for-food-security-pilot.html, zuletzt aufgerufen am 14.05.2015.

Robbe, Patrizia, *Bundesbeauftragte und Beauftragte der Bundesregierung,* Infobrief, Nr. WD 3 - 367/08, Berlin 2010.

Roodman, David/Clark, Julia, *Commitment to Development Index (CDI) 2012: Deutschland,* Washington D.C. 2012.

Ross, Michael L., Does Oil Hinder Democracy? in: *World Politics,* Vol. 53, Nr. 3, 2001, S. 325–361.

Roth, Michael, „Mit Schrott kann man sehr gut Geld verdienen", in: *Frankfurter Allgemeine Zeitung,* 25.06.2006.

Ruck, Christian, Herausforderung Ressourceneffizienz, in: *Politische Studien,* 63, Juli-August 2012, S. 18–29.

Rudolph, Barbara, *Predigt über Hiobsbotschaft und Gottes Weisheit im Rahmen des Festaktes anlässlich des Tages zum Abschied vom saarländischen Bergbau am Samstag, 30. Juni 2012, auf dem Gelände des Bergwerks Ensdorf,* Textservice zu Pressemitteilung (Landeskirchenamt der Evangelischen Kirche im Rheinland), Nr. 99/2012, Düsseldorf 2012.

Rudzio, Wolfgang, *Das politische System der Bundesrepublik Deutschland,* Wiesbaden 2011.

Rühl, Bettina, *Rohstoff-Zertifikate – Fair Trade mit Mineralien,* radioWissen (Bayern 2), 20.04.2012.

Ruppert, Peter/Schück, Jo/Strompen, Michael, *Böse Mine – gutes Spiel: Das schmutzige Geschäft mit der Kohle,* ZDF, Mainz 2013.

Sachs, Jeffrey D., Bemerkungen zu einer neuen Soziologie der wirtschaftlichen Entwicklung, in: Huntington, Samuel P./Harrison, Lawrence E. (Hrsg.), *Streit um Werte,* München 2004, S. 66–87.

Sachs, Jeffrey D./Warner, Andrew M., *Natural Resource Abundance and Economic Growth,* National Bureau of Economic Research (NBER) Working Paper, Nr. 5398, Cambridge 1995.

Scharpf, Fritz W., *Interaktionsformen. Akteurszentrierter Institutionalismus in der Politikforschung,* Opladen 2000.

Ders., Positive und negative Koordination in Verhandlungssystemen, in: *Politische Vierteljahresschrift (PVS),* Sonderheft 24, 1993, S. 57–83.

Ders., Interorganizational Policy Studies: Issues, Concepts and Perspectives, in: Hanf, Kenneth/Scharpf, Fritz W. (Hrsg.), *Interorganizational Policy Making. Limits to Coordination and Central Control,* London 1978, S. 345–370.

Ders., Fallstudien zu Entscheidungsprozessen in der Bundesregierung, in: Mayntz, Renate/Scharpf, Fritz W. (Hrsg.), *Planungsorganisation. Die Diskussion um die Reform von Regierung und Verwaltung des Bundes,* München 1973, S. 68–90.

Ders., *Planung als politischer Prozeß. Aufsätze zur Theorie der planenden Demokratie,* Frankfurt am Main 1973.

Schattschneider, Elmer E., *The Semi-Sovereign People: A Realist's View of Democracy in America,* New York 1960.

Schatz, Heribert, Auf der Suche nach neuen Problemlösungsstrategien: Die Entwicklung der politischen Planung auf Bundesebene, in: Mayntz, Renate/Scharpf, Fritz W. (Hrsg.), *Planungsorganisation. Die Diskussion um die Reform von Regierung und Verwaltung des Bundes,* München 1973, S. 9–67.

Scheen, Thomas, Die Rückkehr der Räuber, in: *Frankfurter Allgemeine Zeitung,* 183, 08.08.2012, S. 3.

Scheffer, Ulrike, Konfliktrohstoffe – Können wir so weitermachen wie bisher? in: *Der Tagesspiegel,* 03.09.2014.

Schinzinger, Francesca, Die Rolle der Zölle in den Beziehungen zwischen dem Deutschen Reich und seinen Kolonien, in: Feldsieper, Manfred/Groß, Richard (Hrsg.), *Wirtschaftspolitik in weltoffener Wirtschaft. Festschrift zum 70. Geburtstag von Rudolf Meimberg,* Berlin 1983, S. 125–142.

Schmid, Josef/Buhr, Daniel, Federal government: permanent in-house capacities – life within the 'apparatus', in: Blum, Sonja/Schubert, Klaus (Hrsg.), *Policy analysis in Germany,* Bristol 2013, S. 91–104.

Schnapp, Kai-Uwe, *Ministerialbürokratien in westlichen Bürokratien. Eine vergleichende Analyse,* Opladen 2004.

Schneider, Gerald, Die bürokratische Politik der Außenpolitikanalyse. Das Erbe Allisons im Licht der gegenwärtigen Forschungspraxis, in: *Zeitschrift für Internationale Beziehungen,* Vol. 4, Nr. 1, 1999, S. 107–123.

Schneider, Volker/Wagemann, Claudius/Janning, Frank, Methods and study types in German policy analysis, in: Blum, Sonja/Schubert, Klaus (Hrsg.), *Policy Analysis in Germany,* Bristol 2013, S. 59–73.

Schodde, Richard, *Geological Society of South Africa GeoForum 2013 Conference 2nd–5th July 2013,* Johannesburg 2013.

Scholl-Latour, Peter, *Afrikanische Totenklage: Der Ausverkauf des Schwarzen Kontinents,* München 2003.

Schöne, Siegfried, *Von der Reichskanzlei zum Bundeskanzleramt. Eine Untersuchung zum Problem der Führung und Koordination in der jüngeren deutschen Geschichte,* Berlin 1968.

Schopenhauer, Arthur, *Die Welt als Wille und Vorstellung,* Leipzig 1819.

Schradi, Johannes, Fragwürdige Partnerschaften, in: *welt-sichten,* Nr. 12/2010. Online einzusehen unter http://www.welt-sichten.org/artikel/1268/fragwuerdige-partnerschaften, zuletzt aufgerufen am 14.05.2015.

Schröder, Tim, Goldgräberstimmung am Meeresboden, in: *Neue Zürcher Zeitung,* 23.07.2014.

Schubert, Christian, Frankreich gründet einen Staatsbergbaukonzern, in: *Frankfurter Allgemeine Zeitung,* 21.02.2014.

Schubert, Klaus/Bandelow, Nils C., *Lehrbuch der Politikfeldanalyse 2.0,* München 2009.

Schubert, Klaus/Blum, Sonja, *Politikfeldanalyse,* Wiesbaden 2009.

Schulz, Daniel, *Marquis de Condorcet: Freiheit, Revolution, Verfassung,* Berlin 2010.

Schwab, Tobias, Misereor warnt vor Abkommen, in: *Frankfurter Rundschau (FR),* 15.11.2013.

Schwarz, Rüdiger, Rohstoffpartnerschaften – Chile und wie weiter? in: *WeltTrends,* Vol. 21, Nr. 90, 2013, S. 15–20.

Ders., Nationale Rohstoffstrategie – Wie Deutschland international wieder ins Spiel kommt, in: *WeltTrends,* Vol. 19, Nr. 80, 2011, S. 95–102.

Seib, Gerald F., In Crisis, Opportunity for Obama, in: *Wall Street Journal,* 21.11.2008. Online einzusehen unter http://www.wsj.com/news/articles/SB122721278056345271, zuletzt aufgerufen am 14.05.2015.

Seidman, Harold, *Politics, Position and Power. The Dynamics of Federal Organization,* London, Toronto 1998.

Shaxson, Nicholas, Oil, corruption and the resource curse, in: *International Affairs,* Vol. 83, Nr. 6, 2007, S. 1123–1140.

Shepsle, Kenneth A., *Analyzing Politics: Rationality, Behavior, and Institutions,* London 2010.

Sieberer, Ulrich, Die Politik des Ressortzuschnitts zwischen Koalitionsarithmetik und thematischer Profilierung. Eine koalitionspolitische Erklärung für Kompetenzänderungen der Bundesministerien, 1957-2013, in: *Politische Vierteljahresschrift (PVS),* Vol. 56, Nr. 1, 2015, S. 77–103.

Singer, Hans W., The Distribution of Gains between Investing and Borrowing Countries, in: *American Economic Review,* Vol. 40, 1950, S. 473–485.

Skriver, Ansgar, Das Ende der Rohstoffdiplomatie: Industrienationen leben auf Kosten der Dritten Welt, in: *Lutherische Monatshefte,* Vol. 25, Nr. 6, 1986, S. 258–259.

Social Exclusion Unit, *Bringing Britain Together: A National Strategy for Neighbourhood Renewal,* Command Paper 4045, London 1998.

Solheim, Erik, Steuerfahnder ohne Grenzen, in: *E+Z,* Vol. 55, Nr. 2, 2014, S. 84–85.

Soll, Armin, *Die Befragung,* Konstanz 2003.

Speitkamp, Winfried, *Kleine Geschichte Afrikas,* Bonn 2010.

Ders. *Deutsche Kolonialgeschichte,* Stuttgart 2005.

Spohr, Frederic, Der Fluch der Bodenschätze, in: *ZEIT ONLINE,* 20.04.2012.

Steinbach, Volker, *Ohne Rohstoffe ist alles nichts! – Rohstoffversorgung als Langfristaufgabe für die Zukunftssicherung des Technologiestandortes Deutschland,* Halle 2012.

Ders., Rohstoffsicherung für die Zukunftsfähigkeit Deutschlands? Interview mit Volker Steinbach, in: *WeltTrends Spezial,* Vol. 6, 2011, S. 5–13.

Stern, Nicholas, *Der Global Deal,* München 2009.

Stiftung neue Verantwortung, *Kein Kampf um Rohstoffe: Die Zukunft der Industriepolitik liegt in internationaler Kooperation und Regulierung,* Policy Brief 05/11, Berlin 2011.

Strünck, Christoph, Public interest groups and policy analysis: a push for evidence-based policy-making? in: Blum, Sonja/Schubert, Klaus (Hrsg.), *Policy analysis in Germany,* Bristol 2013, S. 217–229.

Stürmer, Peter/Wolff, Peter, *Rohstoffpolitik und Entwicklungspolitik,* Deutsches Institut für Entwicklungspolitik, Bonn 2010.

Stutte Harald, Aufstieg und Fall der Stadt Kolmannskuppe, in: *Berliner Zeitung,* 05.04.2008.

Tax Justice Network, *Narrative Report on Germany,* 2013.

Teijlingen, Karolien v., *Extractive industries, power struggles and the battle of ideas,* 23.07.2014. Online einzusehen unter http://www.unrisd.org/ystp-vanteijlingen, zuletzt aufgerufen am 14.05.2015.

Thomas, Daniel C., Still Punching below Its Weight? Coherence and Effectiveness in European Union Foreign Policy, in: *Journal of Common Market Studies,* Vol. 50, Nr. 3, 2012, S. 457–474.

Thomson, Alex, *An Introduction to African Politics,* New York 2010.

Thurber, James A., Political Power and Policy Subsystems in American Politics, in: Peters, B. G./ Rockman, Bert A. (Hrsg.), *Agenda for Excellence: Administering the State,* Chatham 1996, S. 76–104.

Tiess, Guenter, *Rechtsgrundlagen der Rohstoffpolitik: Ausgewählte Länder Europas,* Wien, New York 2009.

Ders., *Rohstoffpolitik in Europa: Bedarf, Ziele, Ansätze,* Wien, New York 2009.

Torgemen, Émilie, Arnaud Montebourg: La renaissance d'une compagnie nationale des mines, in: *Le Parisien,* 21.02.2014.

Transparency International, *Corruption Perceptions Index 2013,* Berlin 2013.

Trumm, Silke, *Das Prinzip des Weltfreihandels und der europäische Agraraußenhandel am Beispiel der Gemeinsamen Marktordnungen für Getreide, Zucker und Bananen,* Berlin 1999.

U.S. Department of Energy, *Critical Materials Strategy,* 2010.

United Nations Environment Programme (UNEP), *Responsible Resource Management for a Sustainable World: Findings from the International Resource Panel,* Paris 2012.

United Nations Conference on Trade and Development, *UNCTAD Handbook of Statistics 2013,* New York 2013.

Ders., *UNCTAD Handbook of Statistics 2011,* New York 2011.

United Nations Development Programme (UNDP), *The Rise of the South: Human Progress in a Diverse World,* Human Developemt Report, Nr. 2013, New York 2013.

Ders., *Strategy Note: UNDP's Strategy for Supporting Sustainable and Equitable Management of the Extractive Sector for Human Development,* New York 2012.

United Nations Economic Commission for Africa, *Launch of the African Minerals Development Centre a new dawn for Africa,* 16.12.2013. Online einzusehen unter http://www.uneca.org/print/4255, zuletzt aufgerufen am 14.05.2015.

Unmüßig, Barbara/Kellner, Michael, *Gegen die Silo-Mentalität in den Amtsstuben,* in: *Frankfurter Rundschau,* 02.10.2012. Online einzusehen unter http://www.fr-online.de/meinung/gastbeitrag-gegen-die-silo-mentalitaet-in-den-amtsstube n,1472602,20071364.html, zuletzt aufgerufen am 14.05.2015.

Vajna, Thomas, *Importabhängigkeit und Rohstoffpolitik,* Köln 1974.

Vereinte Nationen, *Offizielle Liste der Indikatoren für die Millenniums-Entwicklungsziele,* New York 2008.

Verzichelli, Luca, Portfolio Allocation, in: Strøm, Kaare/Müller, Wolfgang C./Bergman, Torbjörn (Hrsg.), *Cabinets and Coalition Bargaining. The Democratic Life Cycle in Western Europe,* Oxford 2008, 237–267.

Viebahn, Peter et al., *Kritische mineralische Ressourcen und Stoffströme bei der Transformation des deutschen Energieversorgungssystems,* Abschlussbericht an das Bundesministerium für Wirtschaft und Energie (BMWi), Wuppertal 2014.

Viebahn, Peter et al., Assessing the need for critical minerals to shift the German energy system towards a high proportion of renewables, in: *Renewable and Sustainable Energy Reviews*, Vol. 49, 2015, S. 655–671.

Wachter, Matthias, Sicherheitspolitik, Rohstoffsicherung und Afrika im Koalitionsvertrag, in: *Fokus Sicherheit und Rohstoffe,* September 2013, S. 4–5.

Wacker, Holger/Blank, Jürgen E., *Ressourcenökonomik. Einführung in die Theorie erschöpfbarer natürlicher Ressourcen,* München, Wien 1999.

Walker, Jack L., Setting the Agenda in the U.S. Senate: A Theory of Problem Selection, in: *British Journal of Political Science,* Vol. 7, Nr. 4, 1977, S. 423–445.

Walker, Rob, *BBC Documentaries: Peru's Gold Rush,* BBC World Service, 12.07.2012.

Wartenweiler, Roland, Restbestände multilateraler Rohstoffpolitik, in: *Neue Zürcher Zeitung,* 11.08.2004.

Weber, Max, *Die protestantische Ethik und der Geist des Kapitalismus,* Tübingen 1934.

Weber, Saskia, *Rohstoffallianz: Experte zieht Bilanz,* 25.09.2013. Online einzusehen unter http://www.marktund mittelstand.de/nachrichten/produktion-technologie/rohstoffallianz-experte-zieht-bilanz/, zuletzt aufgerufen am 14.05.2015.

Weimann, Joachim, *Wirtschaftspolitik: Allokation und kollektive Entscheidung,* Berlin, Heidelberg, New York 2001.

Weller, Christoph, Bundesministerien, in: Schmidt, Siegmar/Hellmann, Gunther/Wolf, Reinhard (Hrsg.), *Handbuch zur deutschen Außenpolitik,* Wiesbaden 2007, S. 210–224.

Wellmer, Friedrich-W., *Rohstoffgewinnung auf dem Prüfstand: Wie schaut es um unsere Ressourcen in der Zukunft aus?* Hannover 2013.

Weltbankgruppe, *World Development Indicators,* Washington D.C. 2013.

Ders., *Commodity Markets: Historical Data (Annual),* 04.04.2014. Online einzusehen unter http://siteresources. worldbank.org/INTPROSPECTS/Resources/334934-1304428586133/pink_data_a.xlsx, zuletzt aufgerufen am 14.05.2015.

Ders., *The World Bank Group in Extractive Industries 2010 Annual Review,* Washington D.C. 2011.

Ders., *Striking a Better Balance – The World Bank Group and Extractive Industries: The Final Report of the Extractive Industries Review*, Washington D.C. 2003.

Ders., *The Mining Industry and the Developing Countries,* Washington D.C. 1977.

Werland, Stefan, *Debattenanalyse Rohstoffknappheit,* PolRess – Ressourcenpolitik Arbeitspapier, Nr. AS 5.1, Berlin 2012.

Werner, Jann, Die skandinavische Schule der Verwaltungswissenschaft: Neo-Institutionalismus und die Renaissance der Bürokratie, in: Bogumil, Jörg/Jann, Werner/Nullmeier, Frank (Hrsg.), *Politik und Verwaltung. Politische Vierteljahresschrift (PVS) Sonderheft 37,* Wiesbaden 2005, S. 121–148.

Westle, Bettina, David Easton: A Systems Analysis of Political Life, in: Kailitz, Steffen (Hrsg.), *Schlüsselwerke der Politikwissenschaft,* Wiesbaden 2007, S. 104–109.

Whetten, David A., Issues in Conducting Research, in: Rogers, David L./Whetten, David A. (Hrsg.), *Interorganizational Coordination: Theory, Research, and Implementation,* Ames 1982, S. 97–136.

Wiesmann, Gerrit, Armut trotz Bodenschätzen in: *E+Z,* Nr. 6, 2014, S. 226.

Willershausen, Florian, Schatzsuche im Nirgendwo, in: *Wirtschaftswoche,* Nr. 17, 2013, S. 26–30.

Wilson, James Q., *Bureaucracy. What Government Agencies Do and Why They Do It,* New York 1989.

Wittkämper, Gerhard W., Planungsideologien in der Politik, in: *Liberal,* Vol. 11, Nr. 1, 1969, S. 52–61.

Wright, Lawrence, Lithium Dream: Can Bolivia become the Saudi Arabia of the electric-car era? in: *The New Yorker,* 22.10.2010.

Wrong, Michaela, *Auf den Spuren von Mr. Kurtz. Mobutus Aufstieg und Kongos Fall,* Berlin 2002.

Wüpper, Gesche, Frankreich investiert nochmal groß in Bergbau, in: *Die Welt,* 21.02.2014.

Yin, Robert K., *Applications of Case Study Research,* Thousand Oaks 2011.

Zajec, Olivier, China – Herr über die seltenen Erden, in: *Le Monde diplomatique,* Nr. 9342 vom 12.11.2010, S. 6–7.

Zeigermann, Ulrike, Effects of non-aid policies on fragile and conflict-affected countries, in: Medeiros, Rodrigo/Swatuk, Larry (Hrsg.), *Sustainable Development Practice: Advancing Evidence-Based Solutions for the Post-2015 Agenda,* New York 2013, S. 36–45.

Zeller, Jürgen R., *Nationale Rohstoffpolitik,* Bern, Stuttgart 1981.

6, Perri, Joined-Up Government in the West beyond Britain: A Provisional Assessment, in: Bogdanor, Vernon (Hrsg.), *Joined-Up Government,* Oxford 2005, S. 43–106.

Kolibri 360 GmbH
Ferdinand-Jühlke-Straße 7
99095 Erfurt, Deutschland
produktsicherheit@kolibri360.de